普通高等教育“十一五”国家级规划教材

现代印刷机原理与结构

第二版

潘杰 主编　　许文才 主审

化学工业出版社
·北京·

本书以 J2108、PZ4880-01、BEIREN 300、海德堡 Speedmaster 102V、海德堡 Speedmaster 102V CD、海德堡 M600、罗兰 ROLAND 700、秋山 J Print、小森 LITHRONE40、小森 LITHRONE 40 SP、三菱 DIAMOND 3000、高宝 KBA RAPIDA 105 型等国内外知名印刷机为例，介绍了印刷机的工作原理、机械结构、机构的运动要求及主要工作装置之间的配合要求和调整方法。其中重点介绍了现代印刷机最先进的技术，概括为九大技术即无轴传动技术、共轴传动技术、无缝技术、上光技术、无需翻转的双面印刷技术、空气导纸技术、输纸真空吸气带技术、全新的集中输墨技术、气压传动的离合压技术。

本书主要为包装印刷工程非机械制造专业的学生提供教材之用，也可作为其他专业人员的参考书。

图书在版编目（CIP）数据

现代印刷机原理与结构/潘杰主编．—2 版．—北京：化学工业出版社，2010.10（2024.9 重印）
普通高等教育“十一五”国家级规划教材
ISBN 978-7-122-09410-0

Ⅰ．现…　Ⅱ．潘…　Ⅲ．印刷机　Ⅳ．TS803

中国版本图书馆 CIP 数据核字（2010）第 169858 号

责任编辑：王蔚霞　　文字编辑：张绪瑞
责任校对：边　涛　　装帧设计：王晓宇

出版发行：化学工业出版社（北京市东城区青年湖南街 13 号　邮政编码 100011）
印　　装：北京盛通数码印刷有限公司
787mm×1092mm　1/16　印张 16¾　字数 444 千字　2024 年 9 月北京第 2 版第 7 次印刷

购书咨询：010-64518888　　售后服务：010-64518899
网　　址：http://www.cip.com.cn
凡购买本书，如有缺损质量问题，本社销售中心负责调换。

定　　价：49.00 元

第二版前言

在广大读者的支持与帮助下,《印刷机原理与结构》第一版于2004年获得第八届中国石油和化学工业优秀科技图书奖一等奖，本书第二版又被批准为普通高等教育“十一五”国家级规划教材。在本书第一版出版后的几年来，我国印刷业得到了进一步的快速发展，印刷技术已步入高科技领域，光纤通信网络技术、计算机技术、电气控制技术、激光电子技术、数字技术、纳米技术、节能环保技术等已渗透到印刷的方方面面，印刷设备的自动化程度、精度越来越高，对专业技术人才的要求也越来越高，培养造就高层次、高素质的印刷专业人才成为日益紧迫的任务。为此，我们在第一版的基础上增加了现代印刷机的集成印刷与数字化工作流程技术、数字印刷技术、无水平版印刷技术、印刷机检测技术、虚拟侧规技术、对角线套准技术、印刷压力调节的液压传动技术、网纹辊在平版印刷机上的应用技术、输纸装置的无轴传动技术等，以期能融入印刷行业的最新技术成果，反映印刷机的前沿技术，为我国印刷专业人才的培养奠定坚实的基础。

本书由潘杰主编，其中第一、二、四、五、六、七、九章由潘杰编写，第三章由杭州电子科技大学刘彩凤、上海理工大学崔子伟、马艳艳编写，第八章由北京印刷学院蔡吉飞、湖南工业大学李小东编写，第十章由天津科技大学唐万有、北京印刷学院赵吉斌编写，第十一章由西安理工大学刘昕、武汉大学刘武辉、郑州大学段华伟、南京林业大学邢洁芳编写，第十二章由北京印刷学院程常现编写，第十三章由西安理工大学张志刚编写，全书由潘杰统稿，由许文才、黄祖兴审阅。

本书在编写过程中得到瞿根梅、赵伟立、温良军、徐毛清、杨建中、马静君、潘光华、章佳丽、刘渝、徐备、郑德华、张建法、宫毓高、王清冰、郭兴泉等同仁的大力帮助，在此表示衷心的感谢。

由于学识和水平所限，再加上时间仓促，书中难免有疏漏和不足之处，恳请读者给予批评与指正。

编者
2010年6月

第一版前言

随着我国加入世界贸易组织，我国的包装印刷业将会得到大力发展，为了适应这一新形势，全国部分包装、印刷院校的专业教师共同编写了《现代印刷机原理与结构》一书，以满足包装印刷工程技术非机械制造专业师生、印刷企事业工程技术与管理人员及包装印刷贸易机构的相关专业技术人员的需要。

本书共分为十二章，内容包括：单张纸的输纸装置、定位与递纸装置、印刷装置、输墨装置与润湿装置、上光与干燥装置、自动控制装置、收纸装置及卷筒纸的折页装置与输纸装置等，对凹版印刷机、丝网印刷机、柔版印刷机以及印刷机的安装调试与维护保养也作了简介。

本书由潘杰主编。其中：第一、二、五、七、九章及第四章的第六节、第六章的第三节由潘杰编写，第三、八章由马静君编写，第四（除第六节）、十章由赵吉斌编写，第六（除第三节）、十二章由李小东编写，第十一章由潘光华编写。全书由潘杰统稿，由程常现、杨建中审阅。

本书在编写过程中得到了姚海根、瞿根梅、赵伟立、程杰铭、刘昕、郑虹、刘忠荣、董正平、郝青霞、肖颖、顾全珍、高雪玲、钟兆魂、王联彪、孙铭均、张晓雷、王清冰、田斌、沈俊杰、成群、刘震、丁昊等同志的大力帮助，在此表示衷心的感谢。

由于编者水平和能力有限，加上时间仓促，书中难免会出现错误与不足，希望各位读者能提出批评和建议，以便我们及时改正。谢谢！

编者

目　录

第一章 总 论

第一节 概 述

人类社会的历史就是一部文明发展史，而离开了知识的普及、积累和传播，文明便无从谈起，因为人们总是在总结前人的基础上有所发展、有所前进。人不可能事事都是由自己亲身取得直接经验，如果每个人都要从结绳记事开始，今天就不会有计算机。而离开了印刷品的媒介，人们就无法得到间接经验。因此马克思对印刷做出了精确的评价：印刷是对精神发展创造必要前提的最强大的杠杆之一。孙中山先生曾说："据近世文明言，生活之物质原件共有五种，即食、衣、住、行及印刷是也。"

人们平时用语言来传递信息，交流经验和传授科学文化知识。但除非采用现代科学技术，否则语言不能保存，也不能传递到较远的地方去。文字虽然可弥补上述特点，但要将信息长期保存同时使许多人都能获取信息，则必须依赖印刷。今天发达的信息技术虽然部分地取代了印刷的作用，但是现在和将来也难以完全取代印刷品。

如今除了为政治、经济技术的需要而从事报纸、图书、杂志的印刷外，在国民经济的各个领域和人民日常生活的各个方面，也都已经离不开印刷。尤其在高度文明的人类社会和市场经济，商品竞争不断发展的今天也是如此。

印刷业的发展是衡量一个国家经济和科学技术、文化教育水平高低的标志，发达的印刷业又能促使国家经济、科学技术、文化教育和人民生活质量的发展。

印刷术是我国的古代四大发明之一，对推动世界文明与发展起着巨大的作用。随着时间的推移，社会的进步与发展，印刷对人们的重要性越来越大，印刷几乎渗透到各行各业中，印刷的范围也越来越广（除了溶剂与气体），如：报刊杂志、书籍资料、地图画册、有价证券、包装商标、商业广告、单据票证、电路板、塑料制品、金属制品以及纺织制品、木制品、玻璃陶瓷品等，无一不是经过印刷的产物，这样人们在工作学习、信息交流、享受生活当中时时离不开印刷，如果人们一旦失去了印刷，人们的工作、生活等简直都是无法想象的。

另外，印刷工业水平的高低从另一方面也体现了一个国家的综合国力和精神面貌的高低好坏，发达国家的印刷工业产值一般排在整个国家各个工业产值的前十位，有的甚至排在前三位，而我国的印刷工业产值远远排在后面。因此我们要大力发展我国的印刷工业，不断地提高和发展印刷技术，赶超世界印刷先进水平，才不愧是发明印刷术的文明古国。

要发展印刷业，首先要装备好印刷设备，俗话说"工欲善其事，必先利其器"，为此我们以常见国外最先进印刷机来介绍印刷机的基本工作原理、结构性能、特点分析、应用发展。

1. 印刷（printing）

使用印版或其他方式将原稿上的图文信息转移到承印物上的工艺技术。传统印刷方法是先在印版上涂以油墨，然后通过印刷机的印刷装置，使印版上的油墨转印到承印物表面，成为印刷品。

2. 印刷的五要素

(1) 原稿（original） 制版所依据的实物或载体的图文信息。

(2) 印版（printing plate） 用于传递油墨至承印物上的印刷图文载体。通常划分为凸版、凹版、平版和孔版四类。

(3) 承印物（printing stock） 能接受油墨或吸附色料并呈现图文的各种物质。

(4) 油墨（printing ink） 在印刷过程中被转移到承印物上的成像物质：一般由色料、连结料、填充料与助剂组成，具有一定的流动性和黏性。

(5) 印刷机（print press） 用于生产印刷品的机器、设备的总称。

3. 印刷技术（printing technique）

通过制版、印刷、印后加工批量复制文字、图像的方法。

4. 印刷工艺（printing technology）

实现印刷的各种规范、程序和操作方法。

5. 印刷科学（printing science）

印刷范畴内规律性的知识体系。

第二节　印刷机的发展

印刷术是我国古代四大发明之一。在印刷发展史上，凸版印刷是最先使用的印刷方法，自 1439 年德国人谷登堡做出了世界上第一台印刷机——凸版印刷机，属垂直螺旋手摆式的凸版印刷机，经过 5 个多世纪的不断摸索、研究和发展，已经形成了凸版、平版、凹版等主要类型的传统印刷机，随着近代的电子技术、计算机技术、光电技术、信息技术、网络技术等迅猛发展，又产生了不同于传统印刷机概念的数字印刷机。

一、凸版印刷机

凸版印刷机（letterpress machine 或 relief printing press）（包括柔性版印刷机）所用印版的图文部分高于空白部分。印刷过程中，先由着墨辊把油墨涂布于印版的图文部分，然后通过压力作用，使印版图文部分直接与承印物接触，图文部分的油墨便转印到承印物表面，所以凸版印刷机采用直接印刷方式。

凸版印刷机在 20 世纪 60 年代以前一直占据着印刷工业的主导地位。随着印刷的发展、社会的进步，以活字（铅字）版、铅版、铜版、锌版等为印版的凸版印刷机，由于印版的制版和装版工艺复杂、生产周期长、印刷压力大、印刷速度低，这类印刷机已被淘汰，有的已搬进了印刷博物馆。但是以橡皮版、塑料版、感光版（如树脂版、尼龙版）等作为印版的凸版印刷机即柔性版印刷机（flexographic press），由于这类版材版面的柔软性、传墨性、稳定性比较好，制版速度快，制版精度、分辨率高，操作方便，生产成本低，速度快，承印材料也由纸张发展到软包装方面的塑料薄膜、铝箔、玻璃纸等材料，因此柔性版印刷机一跃成为新的凸版印刷机出现在包装印刷领域里，发展趋势十分看好。

二、平版印刷机

平版印刷机（planegraphic press，通常以 offset printing press 表示）是一种将印版上的图文先印在中间载体（橡皮布滚筒）上，再转印到承印物上的间接印刷方式的印刷机。它的印版图文部分与空白部分几乎处于同一平面，利用油、水不相溶的自然规律，通过对版材的技术处理，使图文部分亲油疏水，空白部分亲水疏油。印刷过程中先用水辊润湿版面，再由墨辊对图文部分上墨。

1797 年德国人塞纳菲尔德做成了世界上第一台平版印刷机，它是采用直接印刷的方式，经过70多年的发展，采用橡皮布作为中间载体的间接印刷方式，延续到现在。由于平版印刷机印版的制作、装版工艺简单，操作方便，又采用间接印刷的方式，以较小的压力就能获得结实、清晰的印迹，印刷速度快，效率高，印刷质量好，因此平版印刷机占整个印刷机的比例是最大的，得到了空前的发展。当然平版印刷机正是利用油、水不相溶的规律，在实际印刷生产过程中，会产生油墨的乳化、纸张伸缩等现象，对印刷质量带来了不良影响。近三十年来，人们发明了无水平版印刷机（waterless lithographic press），它是在印版上用斥墨的硅橡胶层作为印版空白部分，不需润版液，用特制油墨印刷的一种平版印刷方式的印刷机。这种印刷机印刷的产品，印刷质量得到了进一步提高，但油墨、印版是专用的，成本较高。

另外，胶印机一般是指平版印刷机，就是印版滚筒通过橡皮布滚筒（即胶皮滚筒）将图文转印在承印物上进行印刷的，随着印刷机的发展，有的凸版印刷机、凹版印刷机也采用了橡皮布滚筒，有时也被称作胶印机，这样容易混淆，所以不要把平版印刷机再称为胶印机了。

三、凹版印刷机

凹版印刷机（gravure press）所有印版的图文部分低于印版版面。印刷过程中，首先使整个印版着墨，然后用刮墨刀将版面（空白部分）的油墨刮除，只留图文部分的油墨。印版版面直接与承印物接触，通过压力作用，使图文的油墨转印到承印物的表面，它采用直接印刷的方式。

凹版印刷技术大约在1430年被发明，约在1910年后推广使用。凹版印刷的印刷品色彩鲜艳，墨层厚实，印版耐印率高，但印版滚筒的制作工艺复杂，周期长，成本高，而且它是以有机溶剂为原料的油墨，污染环境，发展受到制约。

四、孔版印刷机

孔版印刷机（porous printing press）所用印版的图文由大小不同或大小相同但数量不等的孔洞或网眼组成。印刷时，在压力的作用下，油墨透过空洞或网眼印到承印物的表面。

孔版印刷是一种古老的印刷方式，它包括丝网印刷、誊写版印刷、打字蜡版印刷、镂空版印刷，最常用的是丝网印刷机（screen printing press），它能在不同的材料和成品上印刷图文，印刷品上的墨层厚，印刷幅面大。丝网印刷机也得到了一定的发展。

五、特种印刷机

特种印刷机（speciality printing machine）是指采用不同于一般制版、印刷、印后加工方式和材料生产供特殊用途的印刷方式之总和的印刷机。按工艺原理、承印材料、印刷品种类可分为热转印机、发泡印刷机、软管印刷机、曲面印刷机、贴花印刷机、液晶印刷机、磁性印刷机、立体印刷机、盲文印刷机、全息印刷机、移印机、木刻水印机、拓印机等。

六、数字印刷机

数字化印刷机（digital printing press）可定义为：利用数字技术将数字化的图文信息通过某种技术或工艺记录到有形介质上的机械设备或装置。

数字印刷机是20世纪末发展起来的，与传统印刷机和特种印刷机的概念不同。因为被转移的图文信息必须是数字化的信息，同时图文信息被转移时工艺、设备也采用了数字技术。数字印刷机特别适宜短版印刷、按需印刷、可变数据印刷及先发行后印刷等方面。它包括：静电印刷机、喷墨印刷机及直接成像印刷机（DI）等。

第三节　印刷机的组成、分类及命名

一、印刷机的组成

1. 按机器本身性能来分

有原动部分、传动部分、工作部分。

(1) 原动部分　是提供印刷机运转所需的功率和运动的动力来源。现代印刷机的原动机均采用可控硅直流调速电动机，能在额定的转速范围内进行无级调速，满足印刷机转速选择的需要。

(2) 传动部分　是将电动机输出的功率及转动，传递到印刷机工作部分的中间装置。由于印刷机的工作部分由许多装置组成，需采用多种形式的传动（如用带传动、链传动、齿轮传动等）改变转速；用凸轮机构、连杆机构等改变运动形式，以实现工作部分中各种机件所需要的机械运动。

(3) 工作部分　是直接完成印刷工艺动作的部分，分为主要工作部分和辅助工作部分。主要工作部分是印刷装置；辅助工作部分是输纸装置、定位与递纸装置、输墨装置（润湿装置）、收纸装置等。

2. 按印刷工艺流程分

由于印刷机的种类繁多、用途不同、结构形式也不一样，其组成也不尽相同。

(1) 单张纸印刷机　输纸装置、定位与递纸装置、输墨装置（润湿装置）、印刷装置、收纸装置（可包括上光与干燥、模切与压痕）等。

(2) 卷筒纸印刷机　供纸装置、输墨装置（润湿装置）、印刷装置、收纸装置（可包括折页与复卷、上光与干燥、磨切与压痕）等。

二、印刷机的分类

印刷机的种类繁多，有许多不同的分类方法（见表 1-1）。

表 1-1　印刷机的分类

印刷机械分类名称	印刷机								
印刷用途	书报杂志		包装装潢		证券票据		商用广告		特种
印刷面数	单面					双面			
承印形式	单张纸					卷筒纸			
印刷装置类型	圆压圆型			圆压平型				平压平型	
印版的种类	凸版			平版			凹版	孔版	
承印物幅面	128 开	64 开	32 开	16 开	8 开	4 开	对开	全张	双全张
印刷色数	单	双	四	五	六	七	八	十	十二等
印刷的性质	传统			特种				数字	
承印物的材质	纸张	玻璃	塑料		金属	纺织品	木板		其他
印刷生产程序	直接印刷					间接印刷			

其中最主要的有两种分类法。

按印版种类分为：凸版印刷机、平版印刷机、凹版印刷机、孔版印刷机。

按印刷装置类型分为：平压平型印刷机、圆压平型印刷机、圆压圆型印刷机。

1. 平压平型印刷机（platen press）

平压平型印刷机是指压印机构和装版机构均呈平面形的印刷机，即平压平型凸版印刷机。如图 1-1 所示，印刷时，整个压印机构与印版全面接触，因此这类印刷机压印时间长，总的工作压力大，印刷幅面小，印刷速度慢，印刷质量差。作为传统印刷机已较少使用，但稍加改装可被用来作为烫金机或模切机，还是有一定的占有量。

2. 圆压平型印刷机（flat-bed cylinder press）

圆压平型印刷机是指压印机构呈圆筒形、装版机构呈平面形的印刷机，即圆压平型凸版印刷机。如图 1-2 所示，印刷时，压印滚筒咬牙咬住纸张并带其旋转，与固定在做往复运动版台上的印版接触，是线接触，循环完成印刷，每当版台往复运动一次，完成一个工作循环，印刷一张产品。相对平压平型印刷机总的工作压力要小、印刷幅面要大、印刷速度要快、印刷质量要好。同样圆压平型的传统印刷机也很少使用，但作为平版打样机或用来作为烫金机或模切机，还是有一定的占有量。

3. 圆压圆型印刷机（rotary letterpress machine）

圆压圆型印刷机是指压印机构和装版机构均呈圆筒形的印刷机，印刷时，压印机构和装版机构是线接触，印刷压力较小，运转平稳，速度快，印刷质量好，按其承印材料的形式分为单张和卷筒两大类。

按印版的形式可分为凸版印刷机、凹版印刷机、孔版印刷机和平版印刷机。

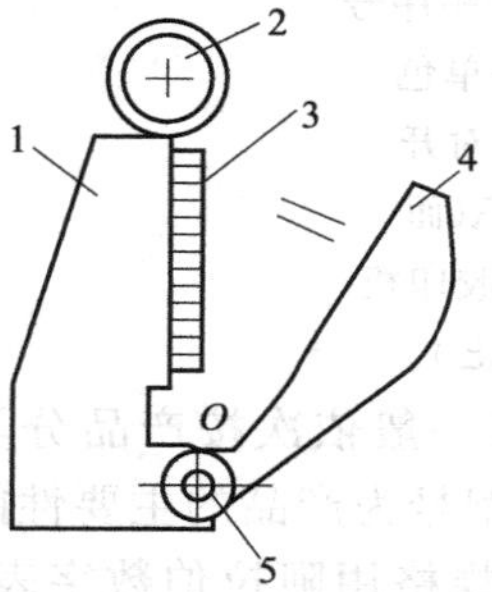

图 1-1 平压平型印刷机

1—版台；2—墨辊；3—印版；
4—压印平板；5—铰链

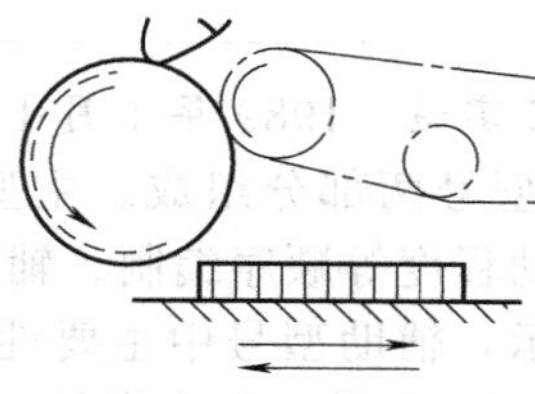

图 1-2 圆压平型印刷机

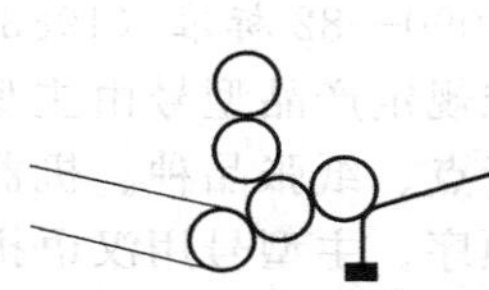

图 1-3 单张纸圆压圆型印刷机

（1）单张纸圆压圆型印刷机　印刷装置结构简单，操作方便，容易组合成双面印刷机或多面印刷机；滚筒空隙较小，各个滚筒连续匀速旋转，运转平稳，印刷质量好，现代单张纸平版印刷机的印刷速度最高已超过每小时 20000 印张；适用各种印刷方法，还可加装其他辅助装置，成为能印号码、分切、上光、模切、折页等多种功能的印刷机。如图 1-3 所示。

（2）卷筒纸圆压圆型印刷机　滚筒空隙很小，各个滚筒连续匀速旋转，运转稳定性比单张纸圆压圆型印刷机更好，生产效率更高；现代卷筒纸印刷机的印刷速度最高已超过每分钟 1000m，适用各种印刷方法，还可以组成凸版和平版联合印刷机，或加装其他辅助装置，成为能印号码、分切、上光、折页、模切等多种功能的印刷机。当然纸卷幅面受到限制，纸耗较大，噪声大，印刷速度较快，印刷质量受到影响。如图 1-4 所示。

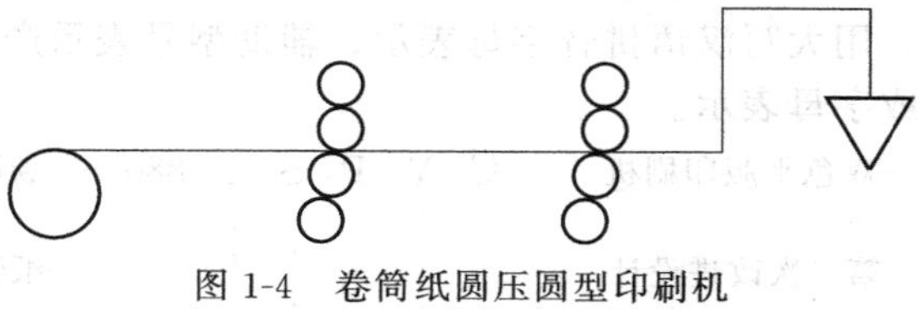

图 1-4 卷筒纸圆压圆型印刷机

三、印刷机的命名

我国印刷机产品型号编制方法经历了四个标准，第一个为 JB/E 106—73，这是我国第一次为印刷机产品命名，实现了从无到有，经过不断的补充、发展和完善，又相继诞生了 JB 3090—82、ZBJ 87007·1—88 和 JB/T 6530—92 三个印刷机的命名标准。每当后一个标准出台，相应地替代前一个标准，前一个标准就自动废除，若按老型号命名的印刷机，继续生产，则仍按原来的型号命名，若生产新品种的印刷机，则按最新的一个标准命名。第四个标准见附录一，供参考。

1. JB/E 106—73 标准（1973 年 7 月 1 日实施，1983 年 1 月 1 日止）

该标准规定机器型号由基本型号和辅助型号两个部分组成。基本型号采用机器分类（组）名称汉语拼音的第一个字母，辅助型号包括机器的主要规格（如纸张幅面、印刷色数等）和设计序号。对纸张幅面而言，1 代表全张，2 代表对开，4 代表四开…。对印刷色数而言，1 代表单色，2 代表双色，3 代表 3 色…。产品的顺序号用 01，02，03…表示。若在产品的顺序号后面加上字母 A、B、C…，则表示改进设计的次数，一次改进设计为 A，二次改进设计为 B，三次改进设计为 C…。

产品型号示例：

① J 2 1 08 A——对开单色平版印刷机

- A——第一次改进设计
- 08——顺序号
- 1——单色
- 2——对开
- J——胶印机

② J S 2 1 01——对开单色双面平版印刷机

- 01——顺序号
- 1——单色
- 2——对开
- S——双面
- J——胶印机

2. JB 3090—82 标准（1983 年 1 月 1 日实施，1989 年 1 月 1 日止）

该标准规定产品型号由主型号和辅助型号两部分组成。主型号一般依次按产品分类名称、结构特点、纸张品种、机器用途和自动程度等顺序编制。辅助型号为产品的主要性能规格和设计顺序。主型号用汉语拼音字母表示，辅助型号中主要性能规格用阿拉伯数字表示，改进设计顺序依次用汉语拼音字母 A、B、C…表示，其中字母“O”不宜使用。

该标准与上述标准（JB/E 106—73）相比，主要区别有两点：第一，它在名称中用平版的第一个拼音字母“P”代替了平版印刷机的“J”；第二，用纸张幅面宽度（如 1575mm，880mm…）代表了纸张幅面（纸张的开数）。

① P Z 4 880-01——机组式四色平版印刷机

- 01——第一次设计
- 880——进纸宽度
- 4——四色
- Z——机组式
- P——平版印刷机

② P 2 880 B——双色平版印刷机

- B——第二次改进设计
- 880——进纸宽度
- 2——双色
- P——平版印刷机

3. ZBJ 87007·1—88 标准（1989 年 1 月 1 日实施，1993 年 1 月 1 日止）

该标准的产品型号由主型号和辅助型号两部分组成。主型号表示产品的分类名称、印版种类、压印结构形式等，用大写汉语拼音字母表示。辅助型号表示产品的主要性能规格和设计顺序，用阿拉伯数字或字母表示。

① Y P 2 A1 A——双色平版印刷机

- A——第一次改进设计
- A1——A 系列对开单张纸
- 2——双色
- P——平版
- Y——印刷机

② Y P S 1 880——卷筒纸单色双面平版印刷机

- 880——纸张规格：幅面宽度
- 1——单色
- S——双面
- P——平版
- Y——印刷机

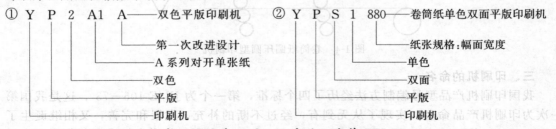

4. JB/T 6530—92 标准（1993 年 1 月 1 日实施，代替 ZBJ 87007·1—88）

该标准与所代替的标准基本相同，不同之处主要有三点：其一是用字母 S 表示双面印刷机或单双面可变印刷机，单面印刷机以及卷筒纸或其他承印材料（简称卷筒纸）的双面印刷机，型号中一般不表示；其二是单色印刷机一般不表示；其三是改进设计的字母也可表示厂家新开发的产品。

5．国外印刷机的命名

生产印刷机的每个公司都有自己的命名方法，他们并没有统一的命名规则可循，现分别对常见产品型号示例如下：

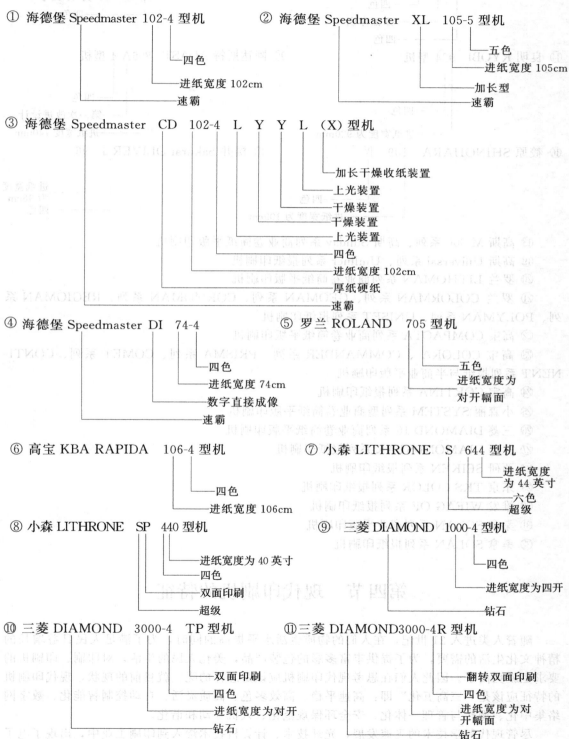

① 海德堡 Speedmaster 102-4 型机
- 四色
- 进纸宽度 102cm
- 速霸

② 海德堡 Speedmaster XL 105-5 型机
- 五色
- 进纸宽度 105cm
- 加长型
- 速霸

③ 海德堡 Speedmaster CD 102-4 L Y Y L (X) 型机
- 加长干燥收纸装置
- 上光装置
- 干燥装置
- 干燥装置
- 上光装置
- 四色
- 进纸宽度 102cm
- 厚纸硬纸
- 速霸

④ 海德堡 Speedmaster DI 74-4
- 四色
- 进纸宽度 74cm
- 数字直接成像
- 速霸

⑤ 罗兰 ROLAND 705 型机
- 五色
- 进纸宽度为对开幅面

⑥ 高宝 KBA RAPIDA 106-4 型机
- 四色
- 进纸宽度 106cm

⑦ 小森 LITHRONE S 644 型机
- 进纸宽度为 44 英寸
- 六色
- 超级

⑧ 小森 LITHRONE SP 440 型机
- 进纸宽度为 40 英寸
- 四色
- 双面印刷
- 超级

⑨ 三菱 DIAMOND 1000-4 型机
- 四色
- 进纸宽度为四开
- 钻石

⑩ 三菱 DIAMOND 3000-4 TP 型机
- 双面印刷
- 四色
- 进纸宽度为对开
- 钻石

⑪ 三菱 DIAMOND3000-4R 型机
- 翻转双面印刷
- 四色
- 进纸宽度为对开幅面
- 钻石

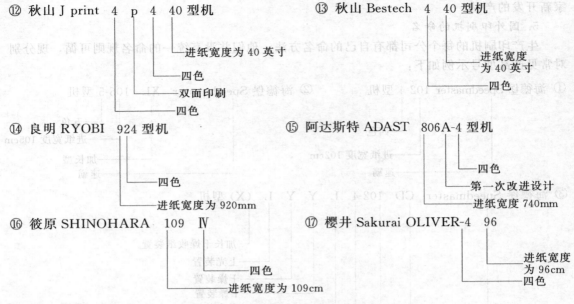

⑫ 秋山 J print 4 p 4 40 型机

- 进纸宽度为 40 英寸
- 四色
- 双面印刷
- 四色

⑬ 秋山 Bestech 4 40 型机

- 进纸宽度为 40 英寸
- 四色

⑭ 良明 RYOBI 924 型机

- 四色
- 进纸宽度为 920mm

⑮ 阿达斯特 ADAST 806A-4 型机

- 四色
- 第一次改进设计
- 进纸宽度 740mm

⑯ 筱原 SHINOHARA 109 Ⅳ

- 四色
- 进纸宽度为 109cm

⑰ 樱井 Sakurai OLIVER-4 96

- 进纸宽度为 96cm
- 四色

⑱ 高斯 M 600 系列、高斯 Sunday 系列商业卷筒纸平版印刷机

⑲ 高斯 Universal 系列、Uniliner 系列报纸印刷机

⑳ 罗兰 LITHOMAN 系列商业卷筒纸平版印刷机

㉑ 罗兰 COLORMAN 系列、GEOMAN 系列、CORMOMAN 系列、REGIOMAN 系列、POLYMAN 系列、UNISET 系列报纸印刷机

㉒ 高宝 COMPACTA 系列商业卷筒纸平版印刷机

㉓ 高宝 COLORA 、COMMANDER 系列、PRISMA 系列、COMET 系列、CONTINENT 系列报纸与半商业平版印刷机

㉔ 高宝 CORTINA 系列报纸印刷机

㉕ 小森丽 SYSTEM 系列型商业卷筒纸平版印刷机

㉖ 三菱 DIAMOND 16 系列商业卷筒纸平版印刷机

㉗ 三菱 DIAMONDSTAR 系列报纸印刷机

㉘ 西研 SEIKEN 系列报纸印刷机

㉙ 东京 TKS COLOR 系列报纸印刷机

㉚ 维发 WIFAG OF 系列报纸印刷机

㉛ 桑拿 SOLAN 系列商业平版印刷机

㉜ 桑拿 SOLAN 系列报纸印刷机

第四节 现代印刷机的特征

随着人类进入 21 世纪，在人们的物质生活水平提高的同时，为了满足人民日益增长的精神文化生活的需要，为了提供丰富多彩的包装产品，美化人民的生活，对印刷、印刷机的要求也就更高了。因此人们在思考现代印刷机应该是怎样的呢？就目前的现状，现代印刷机的特征应该是“三高五化”即：高速平稳、高效多色、高质灵活、自动控制智能化、数字网络集中化、操作与管理一体化、安全环保规范化、人机互动和谐化。

尽管现代科学技术的飞速发展，光纤技术、计算机技术渗入到印刷工业中，出现了电子出版物、数字印刷产品等，但它们占的比重非常小，传统印刷将在中国相当长的时间内占绝对主导地位，而平版印刷在传统印刷中又是占主导地位的，并要持续保持这个优势。因此这里主要以平版印刷机为例。

当今具有代表性的有海德堡 Speedmaster102 型机、海德堡 Speedmaster XL 105 型机、海德堡 DI 74 型机、罗兰 700 型机、高宝利必达 106 型机、小森丽色龙 40 型机、三菱钻石 3000 型机、高斯 M-600 型机、高宝 KBA COMPACTA 型机、罗兰 POLYMAN 型机、三菱钻石型机、小森 SYSTEMX 型机等国内外著名系列印刷机，都具有以下特征。

1. 高速平稳

现代印刷机的速度都比较高，同时还达到一定的印刷质量要求，由于现代印刷机简化了机械本身的结构，并朝着光、电、液、气、计算机一体化交叉的方向发展，因此在平稳的印刷生产的过程中，印刷速度的再度提高将成为现实，目前现代印刷机的印刷速度最高超过 20000r/h，卷筒纸印刷机为 1000m/min。

2. 高质灵活

现代印刷机在高速运转的情况下，要保持良好的印刷质量和灵活性。因此印刷机在设计理念上敢于创新，采用了共轴或无轴传动技术、空气导纸传输技术、超窄缝与无缝技术、输纸真空吸气带传动技术、全新的集中输墨技术、气压传动的离合压技术、联机的上光技术、双面印刷技术、自动控制技术、无水平版印刷技术等。正是这些技术的应用，现代印刷机在高速的情况下仍能获得良好的印刷质量和灵活性。例如现代印刷机均可广泛承印从薄纸至厚纸板及塑料薄膜等几乎所有的承印材料；同时现代印刷机也能很快速、方便、安全地从单面印刷转换双面印刷，再加上可灵活选择与印刷相匹配的上光方式、与上光方式相匹配的干燥方式等。只有这样才能灵活满足各种不同层次、不同类型的印刷要求。

3. 高效多色

现代印刷机在保证印刷质量的情况下，进一步提高了效率和印刷色数。现代印刷机采用了自动清洗墨辊、橡皮布滚筒和压印滚筒机构、不停机的输纸与收纸机构、全新的集中输墨技术、自动控制技术，再加上印前技术的应用，印件开印前的预调准备时间也大大缩短，由原来 2h 左右的时间变为目前只需 10min 左右的时间，同时印刷色数达十色或十二色也已经不足为奇了。

4. 自动控制智能化

现代平版印刷机均有自动化程度很高的控制系统，如海德堡 Speedmaster XL 105 型机的 CP2000、罗兰 700 型机的 PECOM、高宝利必达 106 型机的可乐奇 MC、小森丽色龙 40 型机的 PRESSSTATION、三菱 DIAMOND 3000 型机的 COMRAC、BEIREN 300 型机的 CP 等，它们都具备了水墨平衡自动控制、印刷质量的自动监测与控制、纸张尺寸预置控制、自动或半自动装版自动控制，以及对印刷机随时进行控制、监测和诊断的全数字化电子显示系统等。

5. 数字网络集中化

用来自印前系统的数字化文件直接在印刷机的版面上成像的技术，对印刷机的发展具有重要意义。最现代的激光技术构成了这种“直接成像技术”的基础，已经出现海德堡 DI74 型机、小森 Project D 型机等。同时网络技术的应用和发展，还可以在整个印刷车间、印前系统、管理信息系统、生产管理部门、业务部门等部门相互之间构建一个完整的数字网络环境，真正实现印刷的数字化和网络化。另外也正是随着数字化和网络化的发展以及印刷市场对印刷解决方案的需求，现代印刷机与印前设备、印后设备有机地结合在一起，形成可以完成印刷解决方案的印刷系统。

6. 操作与管理一体化

现代印刷机自动化程度很高，实现了从纸张搬运、自动装卸印版等到印刷结束整个印刷过程及操作系统的全自动化，一台或几台印刷机只需要一两个操作人员的操作管理已经成为现实，自动化程度的提高可减少操作人员的数量，降低成本；以及使操作人员的精力和时间更多地投入到印刷质量的控制方面上去。

7. 安全环保规范化

现代印刷机都具有很高的安全保护措施和环保要求。印刷机设计制造朝着使印刷中的油墨、酒精、喷粉、紫外光线、噪声等对操作者健康和环境影响最小的方向发展。像高宝利必达 106 型机是世界上第一台获得环保证书的真正绿色的环保机型的单张纸平版印刷机，该机采用了低酒精和无酒精的连续酒精的润湿装置，该机还采用下部机身一体浇铸，T 形墙板安装方式，既减少了振动，又解决了润滑油漏出的问题，最终实现了无污染印刷即绿色印刷。既注重工作环境安全舒适，同时现代印刷机也特别强调的印刷机本身的安全防范措施。

8. 人机互动和谐化

现代印刷机的设计均应用了人类工程学设计原理，强调以人为本，协调人机关系。一台好的印刷机，不仅要先进，更要好用，因此印刷机的研制，必定要遵循以人为本的原则，在追求印刷机技术性能的同时，还要考虑是不是符合人的生理特点，方便不方便操作者使用，印刷机不仅有技术指标，还有“人文指标”，两者之间达到完美的平衡，才能发挥出最佳的性能。

第五节　印刷机的评估

随着我国加入 WTO，印刷机的进口关税将大幅度逐渐下降，包装、出版、印刷业也将会迅速飞快的发展，新一轮购买印刷机的热浪迎面而来，根据我国已有二十年来引进印刷机的经验和目前国际上印刷机的发展形势，针对印刷机（这里主要是指单张纸平版印刷机）应该怎样评估，无论是印刷机制造厂、印刷机的经销商，还是印刷机的用户，都是非常关心和重视的，为此通常可从以下几个方面去考虑。

1. 操作性

印刷机自动化程度越高，操作者触及印刷机的机会就越少，有更多的时间触及控制台，操作方便、简单与安全，减轻操作者的劳动强度，使操作者的主要精力更多地放在印刷质量的管理上。现代印刷机是高度自动化的，它可直接对整个印刷机的输墨装置、润湿装置、套印装置、色彩控制、自动清洗、串动调整、印刷质量控制等进行控制，能对整个机器的工作状态进行监控并把故障显示出来。这大大方便了操作者的操作、控制及机器故障的排除，同时还可以在整个印刷车间、印前系统、管理信息系统、生产管理部门、业务部门等部门相互之间构建一个完整的数字网络环境，真正实现印刷的数字化、网络化、自动化。

2. 接近性

指在印刷机结构紧凑，机器占地比较经济的前提下，各机（色）组之间是否有比较宽敞的空间。现代印刷机是非常注重人机协调关系的，在设计理念上均是以人为本，符合人类工程学，这样操作者在更换印版或橡皮布及衬垫、对滚筒表面清洗、对各有关机件作调整、维护、保养时，操作人员的操作空间应该是比较大的，容易触及印刷机。

3. 安全性

指操作者在工作中的人身和机器的安全。在印刷机上必须装有保护和保险装置，而且要灵敏可靠，万无一失，一旦机器发生故障，印刷机应自动停机。对于这一点是绝对不能含糊的。

4. 印刷质量的要求

现代印刷机是否高速平稳运转、效率高、套印准确，墨色匀实，是评估一台印刷机优劣的很重要的因素，在印刷过程中，印刷机无论是高速还是低速，纸张在传送、交接及印刷的位置和时间都要有严格要求，尤其在印刷高档产品时，要求更高，因此印刷机的各个装置和各个装置之间传动与装配都要有一定的精度要求，确保套印精度和墨色匀实。当然，具体要对印刷机主要的技术指标如滚筒的离让值、齿轮的齿侧间隙、色组之间的传纸时间系数等进行论证。

5. 印刷机结构的合理性

印刷滚筒的排列形式与大小、传纸滚筒的多少与大小、定位与递纸装置的形式、润湿与输墨装置的形式、输纸与收纸装置的形式等都存在机器结构合理性的问题。目前现代印刷机在结构设计方面有许多地方达成共识，采用了相近或相同的装置。

6. 效率

印刷机的生产率一般用印刷速度来表示，印刷速度越高，生产率就越高。对于单张纸印刷机，用印/小时表示，最高已超过 20000 印/小时，对于卷筒纸印刷机，用 m/min 表示，最高已达到 1000m/min。另外，现代印刷机可带上光与干燥机组，可满足商用印刷中的全部的需求，效率高。

7. 价格性能比

印刷机的价格是衡量印刷机是否有竞争力的十分重要因素，只有质优价廉的印刷机才最有竞争力。在这里强调的是：要根据经济能力和承印产品的结构，恰当地选择符合自身要求的一款称心的印刷机。

8. 售后服务

良好的售后服务和形象，可最大限度发挥印刷机的能力，延长印刷机的寿命，使客户放心和满意。

9. 外观

印刷机的造型应符合比例、和谐、平整。好的造型和颜色可使操作者减轻疲劳。使操作者有一个良好的工作心情和环境，更好的工作。

10. “三化”程度

所谓“三化”是指零配件的标准化、部件的通用化和产品的系列化。“三化”的程度越高，该印刷机的成本越低、普及与发展越快、质量越高。给操作者和管理者带来方便。

11. 灵活性与广泛性

现代印刷机均可广泛承印从薄纸至厚纸板及塑料薄膜等几乎所有的承印材料；同时现代印刷机也很快速、方便、安全地从单面印刷转换双面印刷。只有这样才能满足各种不同层次、不同类型的要求。

12. 印刷机寿命

要求印刷机在保质期内，要能保持其原有印刷机的机械精度，有良好的使用寿命，有较好的印刷品质量。为此印刷机制造时要合理选择材料和加工方法，操作者在使用过程中要安全规范操作。

第二章 印刷机的传动

按其本身的功能来看，印刷机由三个部分组成，即原动部分、传动部分、工作部分。传动部分连接原动部分和工作部分，是将电动机输出的功率及转动，传递到印刷机的工作部分，由它实现减速（或增速）、变速以及运动形式的转变，使各执行机构能实现预想的运动，同时把电动机的输出功率和扭矩传递到执行机构上，使它们能克服各种阻力而做功。执行机构是利用机械能来实现印刷机对承印物的印刷。

印刷机（包括单张纸印刷机和卷筒纸印刷机）各部位名称如图 2-1 所示。印刷机两侧分为操作面和传动面，操作面是操作人员控制印刷机的主要位置，设有控制印刷机运转的控制台或操作手柄；印刷机的另一侧称为传动面，大部分传动机械设置在这一侧；操作面的右侧，称印刷机的后面，设有输纸装置；左侧称为前面是收纸装置。

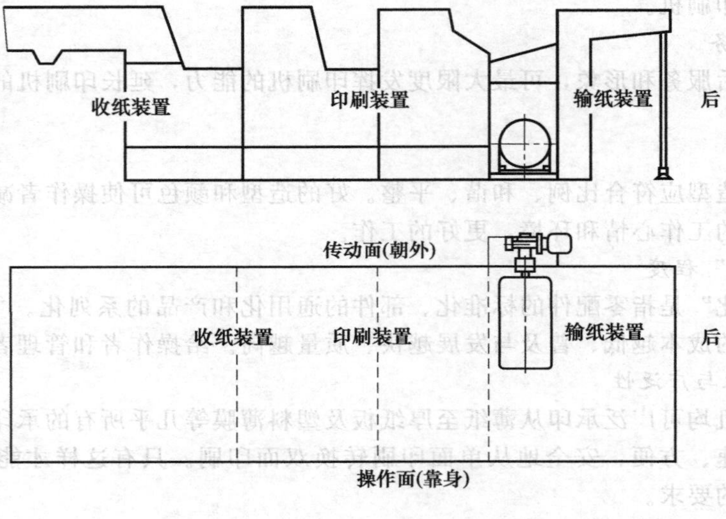

图 2-1 印刷机各部位名称示意图

印刷机常见的传动方式有：有轴传动、共轴传动和无轴传动。

有轴传动是大多单张纸平版印刷机所采用常见的印刷机传动形式，它是通过常见的以机械轴的形式，把电动机的运动和功率传送到各个工作装置中去，最终完成印刷的功能。

随着人类社会的进步与发展，人们对印刷机的要求也越来越高，传统的卷筒纸平版印刷机的传动是通过带轮、齿轮和链轮等一系列的传动副，将电动机的动力和功率传递给各个机组中去的，这些传动副在传动过程中，会产生摩擦和振动，从而影响印刷速度和印刷质量的提高，不适应现代社会发展的要求。而现代卷筒纸印刷机要求结构简单、高速多色、运转平稳、安全可靠、印刷质量高，为此现代卷筒纸印刷机的传动采用了共轴与无轴传动技术，从而从另一个方面来达到这个目的——高速、高效、高质。

第一节　印刷装置的传动

一、印刷机的有轴传动

有轴传动技术是把电动机的动力传递到连接各印刷机组的长轴，长轴通过一系列的传动副，把动力按照要求分配到各个印刷机组，它是最为常见的传统的传动方式，被广泛应用在单张纸印刷机传动中。

1. J2108 型平版印刷机的传动

J2108 型平版印刷机是北京人民机器总厂生产的定型产品，与其同类的机器有 J2108B 型机、J2203 型机、J2204 型机、J2205 型机等。

该机的主电机为 JZT42-4 型电磁调速电机，转速范围为 120～1200r/min，功率 5.5kW。为满足工艺要求，还设有辅助电机，其型号为：XWD0.8～3，转速 1500r/min，功率 0.8kW。传动关系如图 2-2 所示。

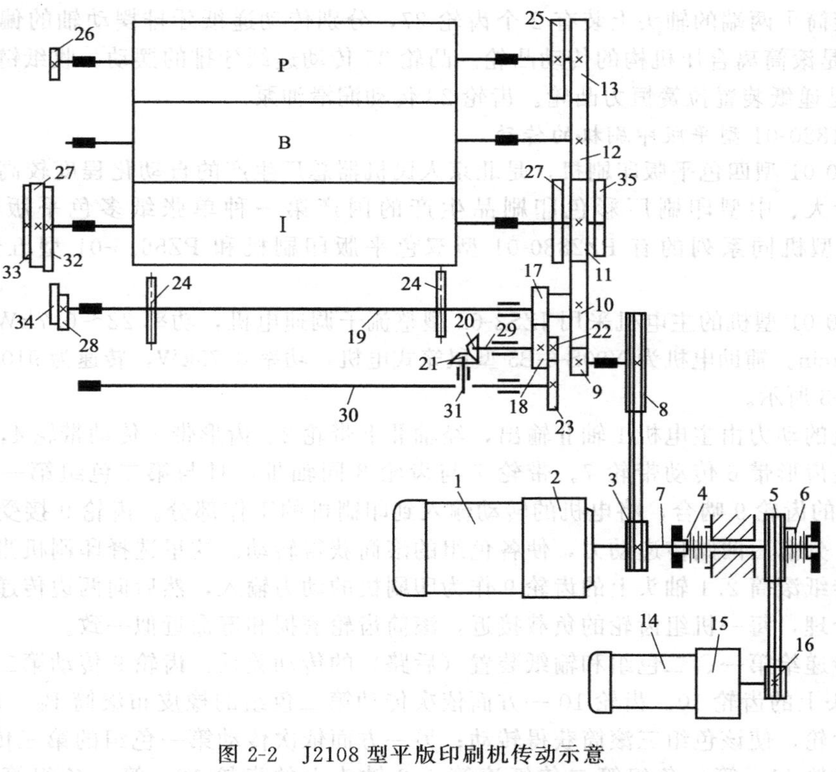

图 2-2　J2108 型平版印刷机传动示意

1—主电机；2—电磁调速滑差离合器；3,5,8,16—带轮；4—制动电磁离合器；6—低速电磁离合器；7,29—轴；9～13,17,18,22,23,25～28—齿轮；14—辅助电机；15—摆线针轮减速器；19—收纸链轮轴；20,21—圆锥齿轮；24—收纸链轮；30—侧规传动轴；31—万向轴；32～35—凸轮

印刷机正常运转时，主电机 1 工作，经电磁调速滑差离合器 2 和轴 7，使带轮 3 获得工作转速。此时，制动电磁离合器 4 和低速电磁离合器 6 的线圈断电松开，轴 7 与带轮 3 一起转动，带轮 5 不转，带轮 3 经三根 B 型 V 带传动带轮 8，与带轮 8 固定于同一根动力输入轴上的斜齿轮 9，传动斜齿轮 10，使收纸链轮轴 19 转动。斜齿轮 10 传动压印滚筒Ⅰ轴头上的斜齿轮 11，再传动橡皮布滚筒 B 轴头上的斜齿轮 12，印版滚筒 P 轴头上的斜齿轮 13，使三

滚筒获得工作转速。

辅助电机 14 运转时，经传动比为 43 的摆线针轮减速器 15，使带轮 16 获得 35r/min 的转速。经过 V 带传动带轮 5 和电磁离合器 6（通电吸合），由轴 7 传动带轮 3，再经上述传动系统，使滚筒得到约 3.2r/min 的低速转动。辅助电机 14 有三种工作情况：正点动、反点动和正运转。

辅助电机和主电机不能同时工作，由控制电路互锁。

电磁离合器 4 的作用是：在主电机和辅助电机停转时，为保证机器及时停转，短期通电制动，将机器运转的惯性动能，由离合器的摩擦消耗。

在收纸链轮轴 19 上，与斜齿轮 10 联体的齿轮 17，传动齿轮 18，使轴 29 转动。在轴 29 上有圆锥齿轮 20，经另一圆锥齿轮 21 传动万向轴 31，将动力传递给输纸装置，在轴 29 上还有齿轮 22，带动齿轮 23，使侧规传动轴 30 转动。

收纸咬牙排由一对收纸链轮 24，经链条传动。

在印版滚筒 P 轴头上，有一个斜齿轮 25，分别传动输墨、润湿装置，使串墨辊、串水辊转动。印版滚筒 P 轴头另一端有齿轮 26，传动串墨辊、串水辊作轴向串动。

压印滚筒 I 两端的轴头上装有 2 个齿轮 27，分别传动递纸牙排摆动轴的偏心轴承。凸轮 32、33 是滚筒离合压机构的传动凸轮。凸轮 35 传动递纸牙排的摆动。收纸链轮轴轴端的凸轮 34，是递纸装置拉簧恒力凸轮。齿轮 28 传动润滑油泵。

2. *PZ4880-01 型平版印刷机的传动*

PZ4880-01 型四色平版印刷机，是北京人民机器总厂生产的自动化程度较高、印刷速度较快、适合大、中型印刷厂彩色印刷品生产的国产第一种单张纸多色平版印刷机。与 PZ4880-01 型机同系列的有 PZ2880-01 型双色平版印刷机和 PZ5615-01 型五色平版印刷机等。

PZ4880-01 型机的主电机采用 JZS2-62 型整流子调速电机，功率 22～0.7kW，转速范围 80～2400r/min。辅助电机为 Y90S-6-B5 型鼠笼式电机，功率 0.75kW，转速为 910r/min。传动系统如图 2-3 所示。

印刷机的动力由主电机 1 轴Ⅱ输出，经轴Ⅱ上带轮 2、齿形带 3 传动带轮 4，带轮 4 与 5 同轴，再经齿形带 6 传动带轮 7。带轮 7 与齿轮 8 同轴Ⅲ，且与第二色组第一个传纸滚筒 2.1 轴头上的齿轮 9 啮合，将电机的转动输入到印刷机的工作部分。齿轮 9 接受动力后，经齿轮传动，分前后两路传递动力，使各色组的滚筒获得转动。这里选择印刷机当中的第二色组第一个传纸滚筒 2.1 轴头上的齿轮 9 作为印刷机的动力输入，然后向两边传递，动力分配比较均衡合理，每一机组齿轮的负载接近，滚筒齿轮磨损和寿命近似一致。

动力传递给第一、二色组和输纸装置（后路）的传动关系：齿轮 9 传动第二色组压印滚筒 I_2 的轴头上的齿轮 10。齿轮 10 一方面依次传动第二色组的橡皮布滚筒 B_2、印版滚筒 P_2 轴头上的齿轮，使该色组三滚筒获得转动；另一方面依次传动第一色组的第三传纸滚筒 1.3 轴头上的齿轮 11、第一色组第二传纸滚筒 1.2 轴头上的齿轮 12、第一色组第一传纸滚筒 1.1 轴头上的齿轮 13、第一色组压印滚筒 I_1 轴头上的齿轮 14（它使该色组橡皮布滚筒 B_1、印版滚筒 P_1 转动）和递纸滚筒轴头上的齿轮 15。

动力传递给第三、四色组和收纸装置（前路）的传动关系：齿轮 9 依次传动第二色组第二传纸滚筒 2.2 轴头上的齿轮 16、第二色组第三传纸滚筒 2.3 轴上的齿轮 17、第三色组压印滚筒 I_3 轴头上的齿轮 18（它依次传动第三色组橡皮布滚筒 B_3、印版滚筒 P_3）、第三色组第一传纸滚筒 3.1 轴头上的齿轮 19、第三色组第二传纸滚筒 3.2 轴头上的齿轮 20、第三色组第三传纸滚筒 3.3 轴头上的齿轮 21、第四色组压印滚筒 I_4 轴头上的齿轮 22。齿轮 22 一方面使第四色组橡皮布滚筒 B_4、印版滚筒 P_4 转动，另一方面把动力传递给收纸装置的收纸

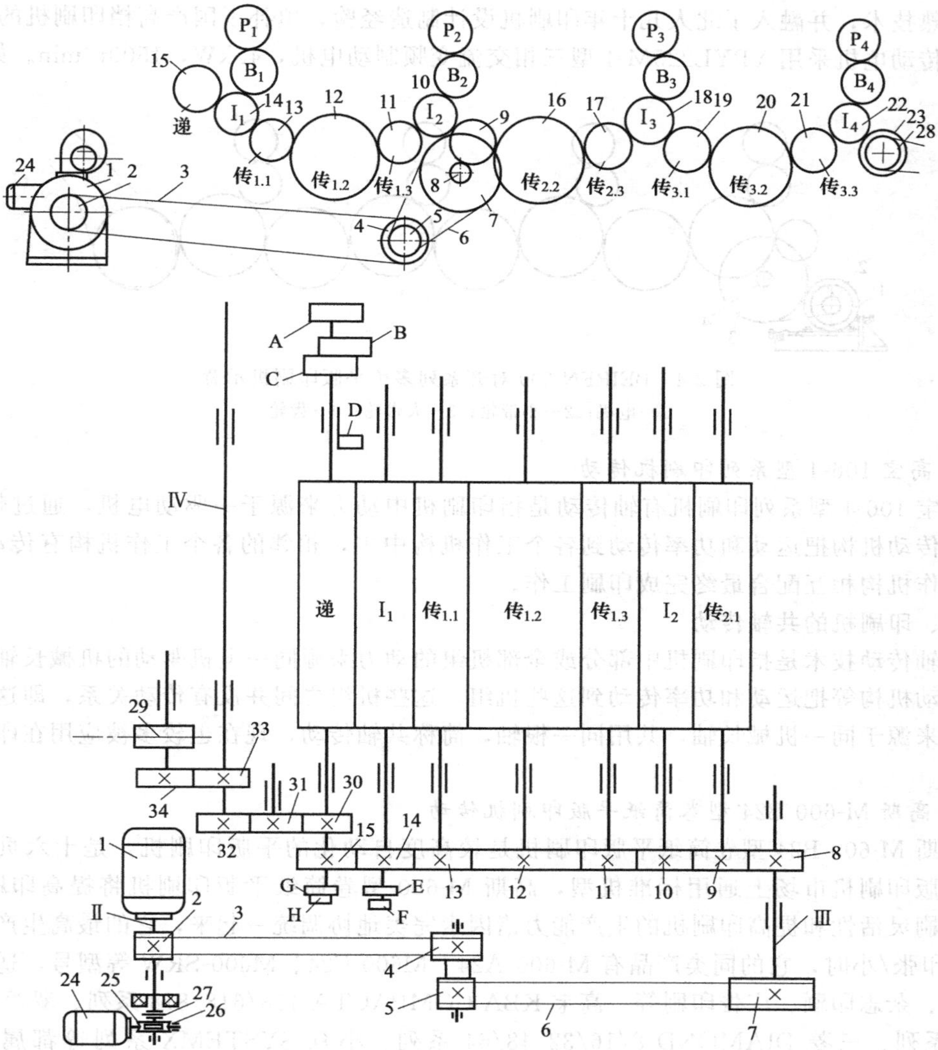

图 2-3 PZ4880-01 型平版印刷机传动示意

1—主电机；2,4,5,7—带轮；3,6—齿形带；8～23,30～34—齿轮；24—辅助电机；25,26—蜗杆、蜗轮；27—电磁离合器；28—收纸链轮；29—输纸链轮；Ⅰ,Ⅱ,Ⅲ—轴；Ⅳ—侧规轴；A,B,C,D,E,F,G,H—凸轮

滚筒轴头上的齿轮 23，齿轮 23 同轴上装有收纸链轮 28，带动了收纸装置。

在递纸滚筒轴头上有恒力凸轮 A、递纸牙排摆动传动凸轮 B、停止递纸咬牙咬纸凸轮 C 和在墙板内侧有递纸咬牙张闭凸轮 D。齿轮 15 旁还有齿轮 30，经齿轮 31、32 使侧规轴Ⅳ转动。经齿轮 33、34，到达输纸链轮轴，然后通过该轴的输纸链轮 29 把链传动的动力传递给输纸装置去。

各色组的压印滚筒轴头上均有离压传动凸轮 E，合压传动凸轮 F。输墨装置、润湿装置是由每一色组印版滚筒轴头上的专用齿轮传动的。

PZ4880-01 型平版印刷机的辅助电机 24 的输出轴上有蜗杆 25，传动蜗轮 26，经电磁离合器 27（通电），传动主电机轴Ⅱ，然后按上述传动关系，使机器低速运转。

3. BEIREN 300 对开系列多色平版印刷机的传动

BEIREN 300 对开系列多色平版印刷机，是北人印刷机械股份有限公司于 20 世纪 90 年代中期独立自行开发的、具有同期世界同类产品先进水平的高档印刷机，该机采用了国际流行的成熟技术，并融入了北人几十年印刷机设计制造经验，填补了国产高档印刷机的空白。

主传动电机采用 YPYE225M-4 型三相交流变频制动电机，45kW，1500r/min。如图 2-4 所示。

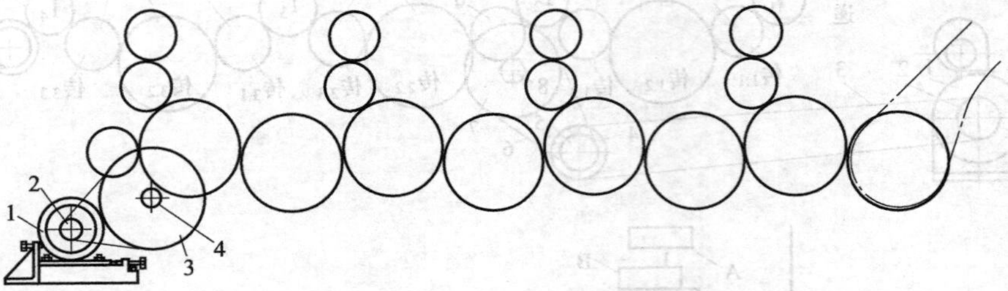

图 2-4 BEIREN 300 对开系列多色平版印刷机示意
1—电机；2—小带轮；3—大带轮；4—齿轮

4. 高宝 106-4 型系列印刷机传动

高宝 106-4 型系列印刷机有轴传动是指印刷机中动力来源于一驱动电机，通过带传动、齿轮等传动机构把运动和功率传动到各个工作机构中去，相邻的各个工作机构有传动关系，各个工作机构相互配合最终完成印刷工作。

二、印刷机的共轴传动

共轴传动技术是指印刷机中部分或全部机组的动力来源同一电机驱动的机械长轴，通过齿轮传动机构等把运动和功率传动到这些机组，这些机组之间并没有传动关系，即这些机组的动力来源于同一机械长轴，共用同一根轴，简称共轴传动，现在也较多被应用在印刷机传动中。

1. 高斯 M-600 B24 型卷筒纸平版印刷机传动

高斯 M-600 B24 型卷筒纸平版印刷机是较高度自动化的平版印刷机，是十六页商用卷筒纸平版印刷机市场上通用标准机型，高斯 M-600 型卷筒纸平版印刷机将提高印刷质量、增强印刷灵活性和提高印刷机的生产能力诸因素完美地协调统一起来，它的最高生产速度是 50000 印张/小时，它的同类产品有 M-600 A24、M600 C24、M600-SRW 等型号，适用于商用印刷、杂志印刷、广告印刷等。高宝 KBA COMPACTA 418/618/818 系列、罗兰 POLYMAN 系列、三菱 DIAMOND 8/16/32/48/64 系列、小森 SYSTEMX 系列等都属于这一类型。

高斯 M-600 型卷筒纸系列平版印刷机基本设置有：4～8 个印刷机组、烘干机构、冷却机构和折页装置等。另外可配置加印装置、上光机组、打孔装置及裁单张纸机构等。如图 2-5 所示。

图 2-6 是高斯 M-600 B24 型卷筒纸平版印刷机的传动，它是采用共轴传动，印刷机印刷

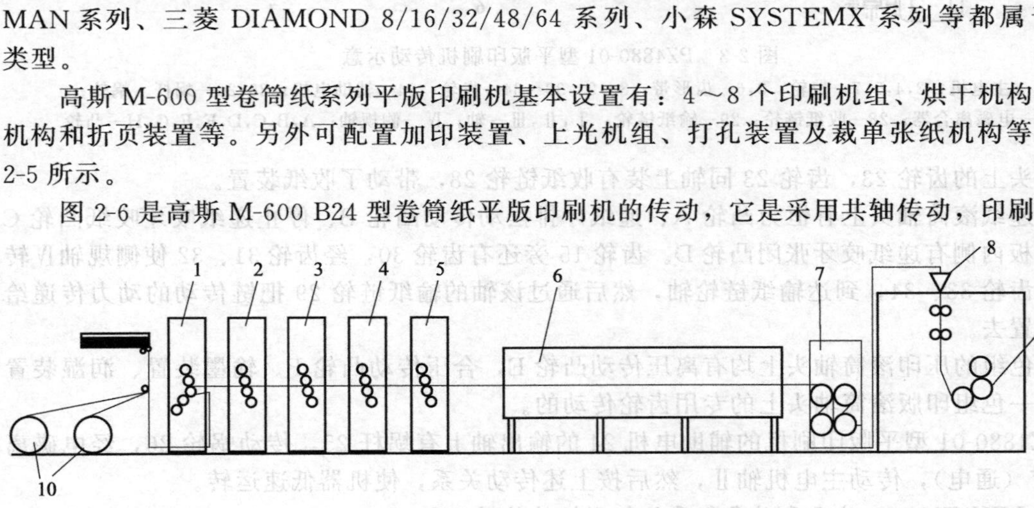

图 2-5 高斯 M-600 型卷筒纸平版印刷机示意
1—加印机组；2～5—印刷机组；6—烘干装置；7—冷却装置；8—三角板；9—滚折装置；10—纸卷

装置的传动是由电动机 18 经带轮传动到一主传动轴，这个主传动轴根据机组的个数又被分成几段，一段就一个机组，机组与机组之间采用万向轴连接，每个机组经一组蜗轮蜗杆系统直接带动该机组下面的橡皮布滚筒，它减少了齿轮啮合点，保证了良好的传递扭力，同时保证了机组与机组之间的高精度相位同步，也使机器噪声显著降低。

纸带经过印刷机组后穿过烘干机构、冷却机构，最后通过折页装置。折页装置与冷却机构之间有一电动机 11，该电机经过带轮、联轴器把动力传动到折页装置与冷却机构中去，这里也采用了共轴传动。

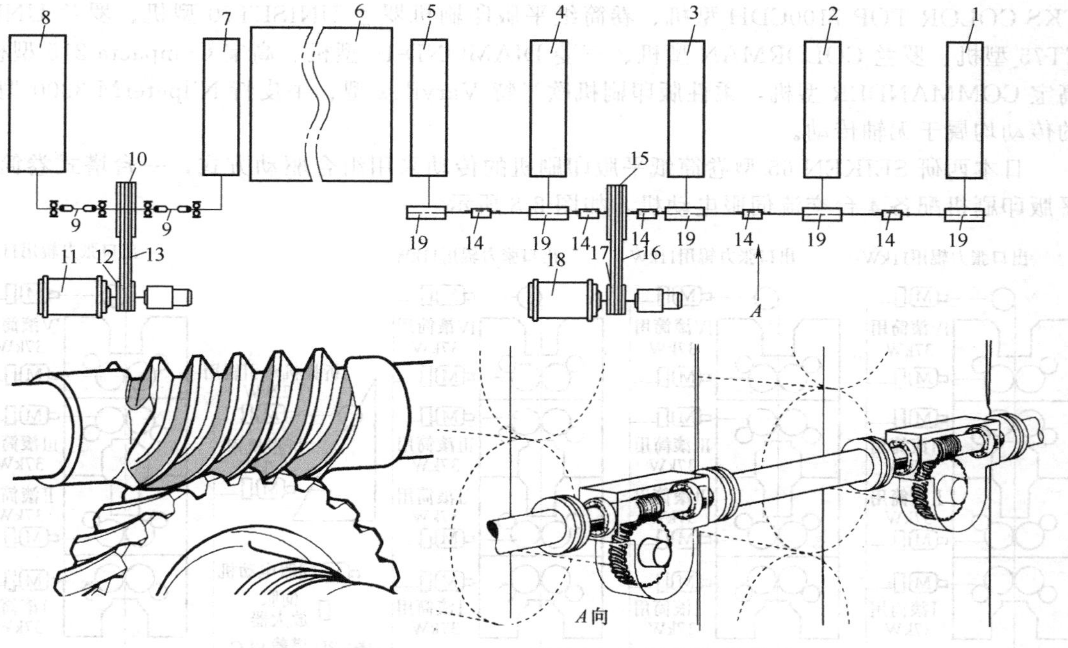

图 2-6　高斯 M-600 B24 型卷筒纸平版印刷机的传动

1—加印机组；2～5—印刷机组；6—烘干装置；7—冷却装置；8—折页装置；9—万向联轴节；10,12,15,17—带轮；11,18—电动机；13,16—带；14—联轴器；19—蜗轮蜗杆

2．罗兰 700 系列单张纸平版印刷机的传动

罗兰 700 系列单张纸平版印刷机的传动采用的是共轴技术，每个机组的动力均来自于一根长轴。

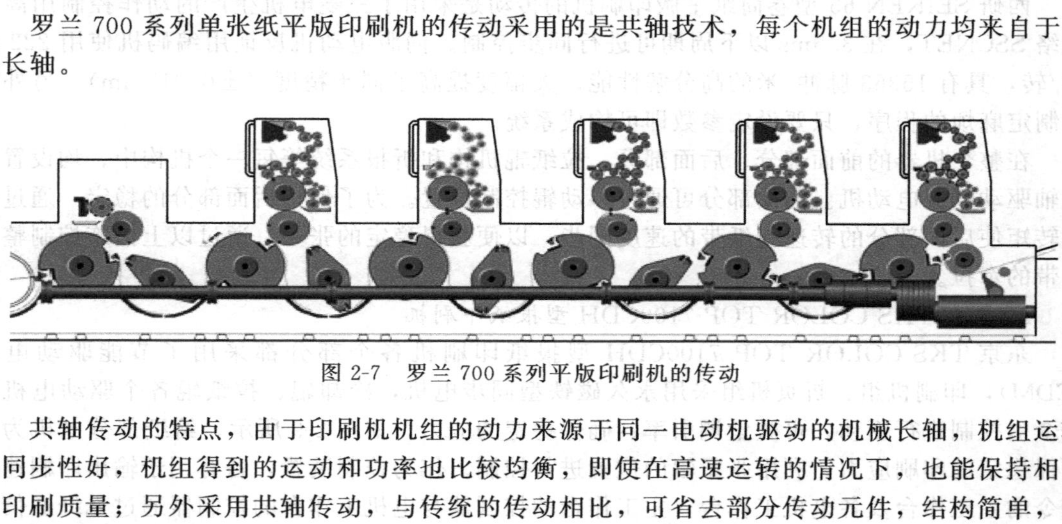

图 2-7　罗兰 700 系列平版印刷机的传动

共轴传动的特点，由于印刷机机组的动力来源于同一电动机驱动的机械长轴，机组运转的同步性好，机组得到的运动和功率也比较均衡，即使在高速运转的情况下，也能保持相当的印刷质量；另外采用共轴传动，与传统的传动相比，可省去部分传动元件，结构简单，降低了噪声，安装调试与维修保养也较方便。

三、印刷机的无轴传动

无轴传动是指印刷机中每个机组，甚至是每个滚筒或辊子的动力都是相互独立，分别采用单独的伺服电动机按照运动控制器发出的程序指令进行驱动，从而保证各机组间同步运转的传动方式。由于各机组间单独驱动，省却了传递动力的机械长轴。故称该技术为无轴传动技术。无轴传动有时称为电子轴驱动。电子轴是抽象的轴，又称虚拟主轴。

1. 西研 SEIKEN 65 型印刷机的传动

无轴传动技术在印刷机传动中的应用越来越多，如日本西研 SEIKEN 65 型机、东京 TKS COLOR TOP 7100CDH 型机、卷筒纸平版印刷机罗兰 UNISET70 型机、罗兰 UNISET75 型机、罗兰 COLORMAN 型机、三菱 DIAMOND-16 型机、高宝 Compacta 215 型机、高宝 COMMANDER 型机，柔性版印刷机欧米特 Varyflex 型、牛皮特 NilpeterM-3300 型等的传动均属于无轴传动。

日本西研 SEIKEN 65 型卷筒纸平版印刷机的传动采用组合驱动方式，一台塔式卷筒纸平版印刷机配备 4 台交流伺服电动机，如图 2-8 所示。

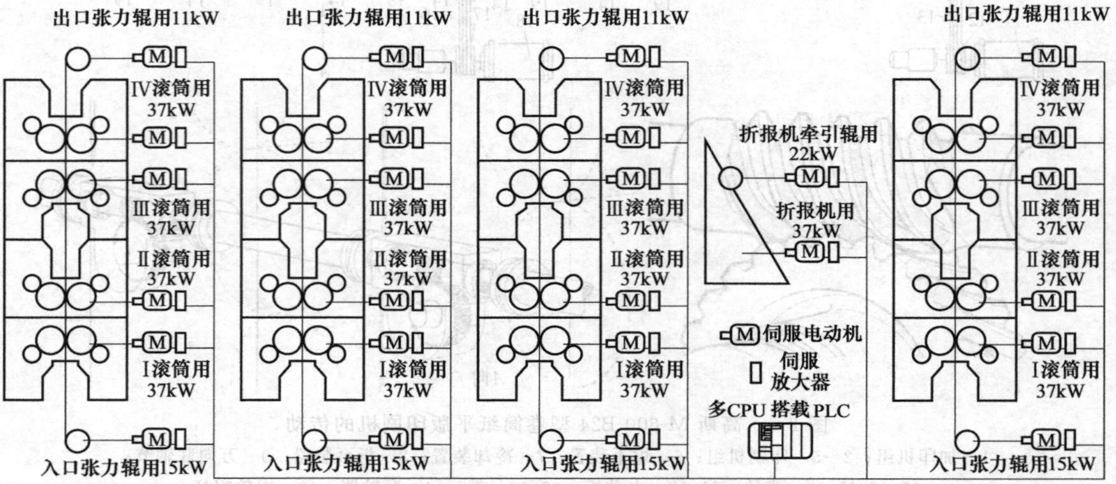

图 2-8　西研 SEIKEN 65 型印刷机的传动示意

西研 SEIKEN 65 型卷筒纸平版印刷机的传动是采用了三菱电机生产的动作控制用高速网络 SSCNET，在 3.5ms 以下周期可进行同步控制。伺服电动机反馈用编码机使用 222 脉冲/转，具有 15363 脉冲/米的高分解性能，大幅度提高了同步精度（±0.015mm）。另外无需制定麻烦的程序，只要设定参数即可构成系统。

在整个机器的前面部分、后面部分、拉纸辊机构和折报系统等每一个机构中，均设置了无轴驱动伺服电动机。前面部分可通过浮动辊控制位置。为了保持后面部分的稳定，通过控制转矩使后面部分的转速与纸带的速度同步，以便获得稳定的张力。通过以上措施控制整体纸带的牵拉。

2. 东京 TKS COLOR TOP 7100CDH 型报纸印刷机

东京 TKS COLOR TOP 7100CDH 型报纸印刷机各个部分都采用了节能驱动电机（EDM），印刷机组、折页机组采用永久磁铁型同步电机，冷却辊、拉纸辊各个驱动电机采用牵引控制进行驱动，可微量调引率、确保稳定的应力，如图 2-9 所示。给纸部分电机为了确保稳定的印刷应力，利用张紧辊的位置进行控制。作为控制装置，备有用于输出印刷速度指令的主工作台及各电机工作台，主工作台的控制器与电机工作台的控制器通过光纤通信网络相互连接，用于控制整个无轴系统。

通过主工作台的控制器，将作为速度、位置指令的主信号（虚拟PG相互）发往各电机工作台，各电机工作台将此信号作为速度与位置的基本信号，将来自节能驱动电机的回转式编码器作为反馈信号，通过电机控制器进行同步位置控制。此虚拟信号通过光纤电缆同时发送给各电机工作台，各电机控制不会发生延迟现象。节能驱动电机的转子采用永久磁铁，是不会由于转子绕组而发热的高效同步电机。当设备停机时，印刷机的永久磁铁电机变为发动机，将印刷机的惯性能量转换为电力供给折页电机。

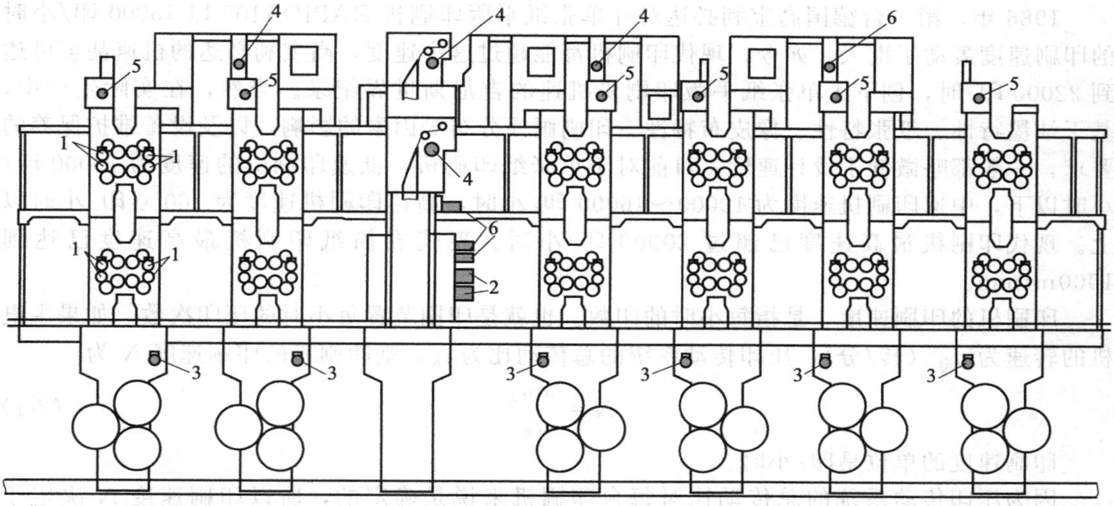

图 2-9　东京 TKS COLOR TOP 7100 CDH 型印刷机传动示意

1—印刷机组电机；2—折页机电机；3—进纸辊电机；4—拉纸辊电机；5—出纸辊电机；6—折页夹辊电机

由此可见，采用无轴传动的特点如下。

① 结构简单，成本低。采用无轴传动后，可以简化印刷机的传动装置，省去带传动尤其是齿轮传动机构，机器运转和操作、安装调试、维护保养等以每个色组为单位，这样结构简单，运转平稳，即使在高速（14.4万张/小时）也能保证印刷质量。另外由于操作十分方便、节省时间，同时因为去掉了驱动组合（驱动轴、离合器轴等），从而大大降低了印刷机制造成本。

② 运行平稳，质量好。采用无轴传动后，可避免像传统的机械轴驱动那样，由于一个印刷机组的机械振动可能通过传动轴传送到下一个印刷机组，从而造成机械振动的累积，影响印刷机的传动精度，印刷质量得不到很好的保证。另外，计算机控制电机驱动器有利于交流电动机的控制精度提高，再加上各个电机的同步信号由高速光纤传递，可用电脑程序优化各个电机的控制，进一步保证了印刷机的运转平稳性。

③ 操作方便，人性化。采用无轴传动后，印刷颜色组合选择灵活，操作者只要在操作台上按几个按钮便可以选择想要的印刷操作组合；动态印版更换，每个印刷色组都可以独立更换印版；纸路选择比传统的有轴印刷机多而且灵活；由于张力控制可由专用的电机控制，而电机的控制可以用软件方案解决，这使得印刷张力更恒定；同时独立的电机驱动非常灵活，增加或撤消一个印刷机组变得十分容易、方便。整个系统的结构简单，与以往的有轴系统相同。

④ 维修方便，能耗小。采用无轴传动后，安装、维护、保养较简单，大大减少了由于机械故障带来的维修停机时间，从而提高印刷机的效率；采用无轴传动技术的印刷机比传统印刷机节省了3%～6%的能源，如前端电机为回收控制式的，可充分利用产生的电力，另外还能减少机械噪声。

但无轴传动技术对电的品质要求很高，它不仅与电压电流等有关，还与电的谐波等许多因素有关。

第二节 印刷速度

1986 年，第一台德国高宝利必达对开单张纸平版印刷机 RAPIDA105 以 15000 印/小时的印刷速度轰动了世人，如今，现代印刷机都能超过这个速度，高宝利必达的机速甚至可达到 22000 印/时，创下了单张纸平版印刷机机速的吉尼斯世界纪录。当然，在实际生产中，基于油墨特性、纸张特性、橡皮布特性、印刷画面分布等因素的影响，以及设备维护保养的要求，一般都略微低于设计速度。目前对于单张纸印刷机，低速印刷机的速度为 10000 印/小时以下，中速印刷机速度为 10000～16000 印/小时，高速印刷机速度为 16000 印/小时以上。现代印刷机最高速度已超过 20000 印/小时。现代卷筒纸印刷机最高速度已达到 1000m/min。

印刷机的印刷速度，是指每小时的印数。也就是印刷装置每小时的压印次数。如果主电机的转速为 $n_{电}$（转/分），压印传动系统的总传动比为 i_k，则印刷机的印刷速度 N 为

$$N=\frac{60n_{电}}{i_k} \tag{2-1}$$

印刷速度的单位是印/小时。

因为压印传动系统的总传动比对每台印刷机来说是确定的，所以印刷速度 N 决定于 $n_{电}$。在现代印刷机的主电机轴端装有三相测速发电机，经整流变为直流电，其电压的大小反映了电机转速 $n_{电}$。由于式中 $\frac{60}{i_k}$ 为比例常数，就可从电压表的刻度直接读出印刷速度 N 的值。

下面结合实例加以说明。

【例 2-1】 J2108 型平版印刷机印刷速度的计算。

该机印刷装置的传动系统（图 2-2）中，带轮的直径 D_3 为 140mm，D_8 为 300mm，D_{16} 为 140mm，D_5 为 172mm。斜齿轮 9 的齿数 $Z_9=21$，$m_n=3.25$mm，旋角 β 为 $17°34'23''$，压力角 α 为 15°。齿轮 Z_{10}、Z_{11}、Z_{12}、Z_{13} 的齿数均为 88 齿。

主电机至印刷滚筒的总传动比为

$$i_{电 \cdot Ⅱ}=\frac{D_8}{D_3}\times\frac{Z_{10}}{Z_9}\times\frac{Z_{11}}{Z_{10}}=\frac{300}{140}\times\frac{88}{21}\times\frac{88}{88}=8.98$$

该机的印刷速度为

$$N=n_{电}\frac{1}{i_{电 \cdot Ⅱ}}\times 60=n_{电}\times 6.68$$

测得电机工作转速 $n_{电}$，代入上式即可求得此时的印刷速度。

当电机达到最高转速 1200r/min 时，最大印刷速度为

$$N_{max}=6.68\times 1200\approx 8000\text{印/小时}$$

以电机最低转速代入，则最小印刷速度为

$$N_{min}=6.68\times 120\approx 800\text{印/小时}$$

辅助电机至印刷滚筒的总传动比为

$$i_{辅 \cdot Ⅱ}=i_{针}\times\frac{D_5}{D_{16}}\times i_{电 \cdot Ⅱ}=43\times\frac{172}{140}\times 8.98=474.4$$

印刷滚筒低速运转时的转速为

$$n=n_{低}\times\frac{1}{i_{低 \cdot Ⅱ}}=1500\times\frac{1}{474.4}=3.2\text{r/min}$$

【例 2-2】 PZ4880-01 型平版印刷机印刷速度的计算。

该机印刷装置传动系统（图 2-3）中，带轮 2 的直径 D_2 为 180mm，D_4 为 240mm，D_7 为 450mm，D_5 为 170mm。斜齿轮齿数 $Z_8=21$，$Z_9=65$（$m_n=4$mm，螺旋角为 19°0′41″，压力角为 15°）。除三个倍径传纸滚筒轴头上的齿轮 12、16 和 20（它们的齿数为 Z_9 的 2 倍）外，其他滚筒齿轮的齿数均与 Z_9 相同。因此，只要求出齿轮 9 的每小时转数，就是该机的印刷速度。

主电机至齿轮 9 之间的总传动比

$$i_{1 \cdot 9}=\frac{D_4}{D_2}\times\frac{D_7}{D_5}\times\frac{Z_9}{Z_8}=\frac{240}{180}\times\frac{450}{170}\times\frac{65}{21}=\frac{1300}{119}=10.924$$

印刷速度

$$N_{max}=n_{电max}\times\frac{1}{i_{1\text{-}9}}\times60=2400\times\frac{119}{1300}\times60=13180\text{印/小时}$$

该机规定最高印刷速度为 11000 印/小时。

$$N_{min}=n_{电min}\times\frac{1}{i_{1\text{-}9}}\times60=80\times\frac{119}{1300}\times60=440\text{印/小时}$$

第三节 输纸装置的传动

输纸装置的动力一般由印刷机的传动面某一机件单路输入，再把运动传递到各个工作机构。工作周期与印刷装置的工作周期相同，因此无论采用哪一种传动形式，都应该保持严格的传动比。

现代单张纸平版印刷机输纸装置的传动有两种：一种是海德堡 Speedmaster 系列、罗兰 ROLAND 系列、小森 LITHRONE 系列、三菱 DIAMOND 系列和国产平版印刷机上所使用的有轴传动方式，即输纸装置的动力由印刷机传动面某一机件单路输入，再把运动传递到各个工作机构，工作周期与印刷装置的工作周期相同，两者之间保持严格的传动比；另一种是高宝利必达 KBA RAPIDA 系列平版印刷机上所使用的无轴传动方式，即输纸装置的动力由单独的电机驱动，与印刷装置同步转动，但各自独立。

一、有轴传动方式

1. J2108 型机输纸装置的传动

这种印刷机采用 SZ201 型输纸装置。由于输纸装置与印刷机的传动距离长，采用双万向联轴器和齿轮机构组合的传动形式，传动平稳，适用于高速印刷。

(1) 传动关系　输纸装置的动力来自收纸链轮轴 19（参阅图 2-2）上的齿轮 17，经过齿轮 18、圆锥齿轮 20 和 21，传动双万向联轴器 31 的中间轴 1（图 2-10），再通过联轴器 2，圆锥齿轮 3，使输纸离合器圆锥齿轮 5 转动，如果离合器的滑块 6 合上，则离合器轴Ⅲ旋转。

固定在轴Ⅲ上的齿轮 8 经过齿轮 9，分别传动送纸辊轴齿轮 10 和线带辊轴齿轮 11，使送纸辊轴Ⅵ和线带辊轴Ⅶ旋转。而齿轮 11 经齿轮 12 传动齿轮 13，使输纸轴Ⅳ旋转。输纸轴上的圆锥齿轮 14 传动圆锥齿轮 15，经轴 16、圆锥齿轮 17、18 和双万向联轴器 19，使分纸轴Ⅴ旋转。

在滑块 6 脱开时（即图示位置），可以通过手轮 22 轴上的齿轮 23 传动固定在输纸轴上的齿轮 24，用人工摇转输纸装置。

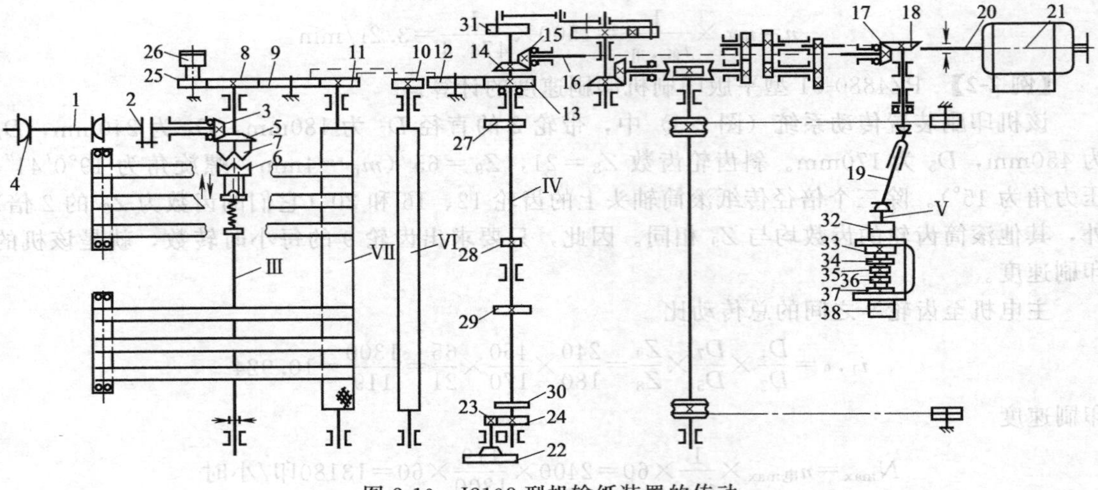

图 2-10 J2108 型机输纸装置的传动

1,16,20—轴；2—联轴器；3,5,14,15,17,18—圆锥齿轮；4,19—双万向联轴器；6—滑块；7—端面螺旋齿；8～13,23～25—齿轮；21—电机；22—手轮；26—油泵；27,30,33～37—凸轮；28—开关；29—偏心轮；31—曲柄；32,38—气路开关；Ⅲ—离合器轴；Ⅳ—输纸轴；Ⅴ—分纸轴；Ⅵ—送纸辊轴；Ⅶ—线带辊轴

齿轮 7 还传动齿轮 25，使油泵 26 工作。

输纸轴上还装有：送纸压轮摆动凸轮 27，双张控制偏心轮 29，控制气泵开动时间的无触点接近开关 28，前挡纸板摆动凸轮 30，以及堆纸台自动上升机构中传动棘爪的曲柄 31。

分纸轴上装有：控制吹风时间的气路开关 32，控制吸气时间的气路开关 38，分纸吸嘴升降凸轮 33，压纸吹嘴升降凸轮 34，堆纸台自动上升控制凸轮 35，送纸吸嘴升降凸轮 36，送纸吸嘴移动凸轮 37。

(2) 端面螺旋齿电磁离合器结构　如图 2-11 所示，离合器由套在轴Ⅲ上的圆锥齿轮 5、滑块 6、弹簧 7、摆杆 8、限位螺钉以及电磁铁等机件组成。圆锥齿轮反面连接一个端面螺旋齿 4，相对应的是滑块 6 右边的一个端面螺旋齿 3，两者旋向相反。滑块左边是一个端面凸轮 2，滑块的位置由电磁铁 2CT 通过摆杆 8 控制。

机器启动后，需要输纸时可按下主按钮盒上的“给纸开”按钮，接通电磁铁 2CT 的电路，线圈励磁，铁芯牵引杠杆 9，左端的短轴 10 就压下摆杆 8（即到达图中点画线位置），滑块 6 便在弹簧 7 的作用下向右移动，端面螺旋齿 3、4 相啮合，由于滑块与轴Ⅲ是滑键连接，所以圆锥齿轮 5 通过端面螺旋齿推动滑块 6 后，就带动轴Ⅲ一起旋转。

在正常印刷过程中，电磁铁始终处于励磁状态，离合器滑块就保持上述工作位置。如果出现双张、或纸堆不断升高触动限位开关以及因其他故障需要停止输纸时，只要按下任意一只“给纸停”按钮，都能使电磁铁断电，杠杆 9 抬升。随着端面凸轮 2 从低点转向高点、推动摆杆 8，摆杆 8 向上摆动时，又推动滑块向左移动，螺旋齿脱开，圆锥齿轮 5 与轴Ⅲ中断传动关系，输纸装置停止工作。

端面凸轮 2 分成两个部分，即凸轮部分和平面部分。凸轮部分与摆杆 8 的滚子配合，它在圆周方向等距离分布三个凸面，每个凸面区域的圆心角为 60°，说明在一个周期中有三个位置可以使螺旋齿脱开，达到及时停止输纸装置运动的要求。由于螺旋齿具有特殊的结构形式，在一个周期中只有一个啮合位置，使输纸装置在那个位置联结与印刷机的关系，保证离合器的离合不改变原有配合位置，保持输纸动作的连续性。

端面凸轮的平面部分与凸面高点等高，另有一根摆杆的滚子同它相配合，因这支摆杆 8

同方向同支点，故图中未表示。它的作用是：在离合器工作时，通过该平面给予滑块 6 一定的推力，防止两个螺旋齿端面啮合过紧；在离合器停止工作时，保持滑块 6 脱开后的稳定状态。

摆杆 8 上摆位置，可以用杠杆 9 上方的限位螺钉进行调节。弹簧 7 的弹力可以通过改变左边挡圈的位置进行调节。

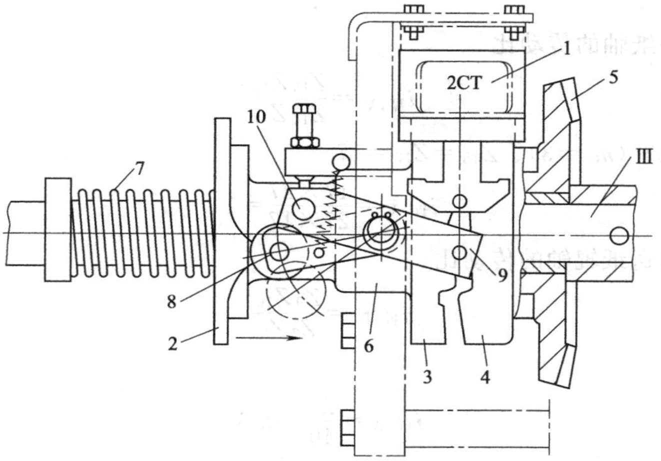

图 2-11　端面螺旋齿电磁离合器

1—电磁铁 2CT；2—端面凸轮；3，4—一对端面螺旋齿；5—圆锥齿轮；6—滑块；7—弹簧；8—摆杆；9—杠杆；10—短轴

（3）输纸装置与压印滚筒相对位置的调节　两者的配合关系，一般是以纸张到达前规的时间来判断，即采用低速输纸，当前规刚下摆到定位位置（动作角位指针应指在 148°上）时，纸张咬口边与前规定位板约有 5mm 的间距为适宜。调节是通过联轴器的两个法兰盘，改变万向联轴器的从动轴与图 2-10 中圆锥齿轮 3 轴的相对位置来达到的。同圆锥齿轮轴固定的一个法兰盘的端面圆周上均布 6 个螺孔，另一个同万向联轴器从动轴相固定的法兰盘的端面圆周上均布三个长孔，两者之间用三个螺栓作紧固连接来传递动力。

调节分为粗调和微调。如果配合误差较大，先进行粗调，方法是卸下联轴器的三个螺栓，点动机器或摇转输纸装置，待基本符合配合要求后，选择适当的螺孔和长孔位置，用螺栓把两个法兰盘固紧，然后开动机器进行输纸检查，如仍有少量误差，可以旋松法兰盘连接螺栓的螺母，利用长孔进行微调。

（4）传动比分析　由传动关系知道，J2108 型机的输纸装置，除了输送纸张的送纸辊轴Ⅵ和线带辊轴Ⅶ外，其余各个工作机构分别由输纸轴Ⅳ、分纸轴Ⅴ上的有关机件传动，而这些轴又都是从离合器轴Ⅲ获得动力。由于这两种平版印刷机以滚筒一周为一个工作周期，要求输纸装置分离和输送一张纸，所以离合器轴、输纸轴、分纸轴的转速应与滚筒的转速一致，传动比等于 1，可根据有关传动齿轮的齿数，通过计算加以验证。滚筒与送纸轴、线带棍也应有固定的传动比。

① 压印滚筒与离合器轴的传动比

$$i_{\mathrm{I},\mathrm{III}}=\frac{Z_{10}Z_{18}Z_{21}Z_5}{Z_{11}Z_{17}Z_{20}Z_3}$$

式中　$Z_{11}=Z_{10}=88$、$Z_{17}=Z_{18}=70$（$m=3$）

$Z_{20}=27$（$m_s=3$）、$Z_{21}=18$、$Z_3=22$（$m_s=3$）、$Z_5=33$

所以

$$i_{\mathrm{I},\mathrm{III}}=\frac{88\times70\times18\times33}{88\times70\times27\times22}=1$$

② 离合器轴与输纸轴的传动比（参阅图 2-7）

$$i_{\text{Ⅲ},\text{Ⅳ}}=\frac{Z_9 Z_{11} Z_{12} Z_{13}}{Z_7 Z_9 Z_{11} Z_{12}}$$

式中 $Z_7=40$（$m=2.5$）、$Z_9=48$、$Z_{11}=36$、$Z_{12}=48$、$Z_{13}=40$。

所以

$$i_{\text{Ⅲ},\text{Ⅳ}}=\frac{40}{40}=1$$

③ 输纸轴与分纸轴的传动比

$$i_{\text{Ⅳ},\text{Ⅴ}}=\frac{Z_{15} Z_{18}}{Z_{14} Z_{17}}$$

式中 $Z_{14}=Z_{18}=27$（$m_s=3$）、$Z_{15}=Z_{17}=17$

所以

$$i_{\text{Ⅳ},\text{Ⅴ}}=\frac{17\times27}{27\times17}=1$$

④ 离合器轴与送纸辊轴的传动比

$$i_{\text{Ⅲ},\text{Ⅳ}}=\frac{Z_9 Z_{10}}{Z_7 Z_9}$$

式中 $Z_{10}=24$

所以

$$i_{\text{Ⅲ},\text{Ⅳ}}=\frac{24}{40}=0.6$$

⑤ 离合器轴与线带辊轴的传动比

$$i_{\text{Ⅲ},\text{Ⅶ}}=\frac{Z_9 Z_{11}}{Z_7 Z_9}=\frac{36}{40}=0.9$$

2. PZ4880-01 型机输纸装置的传动

PZ4880-01 型机采用 SZP880-01 型输纸装置。

(1) 传动关系　PZ4880-01 型机输纸装置的动力来自递纸滚筒轴头上的齿轮 30（参阅图 2-3），经过齿轮 31、32 和 33，传动侧规轴Ⅳ，然后由齿轮 33 传动齿轮 34，使输纸链轮轴传动，该轴上的链轮 29 通过链条传动到图 2-12 中的离合器轴Ⅲ上的链轮 1，如果定位牙嵌电磁离合器的滑动牙盘 2 合上，离合器轴就旋转。轴端的齿轮 4 经过齿轮 5、6 传动线带辊

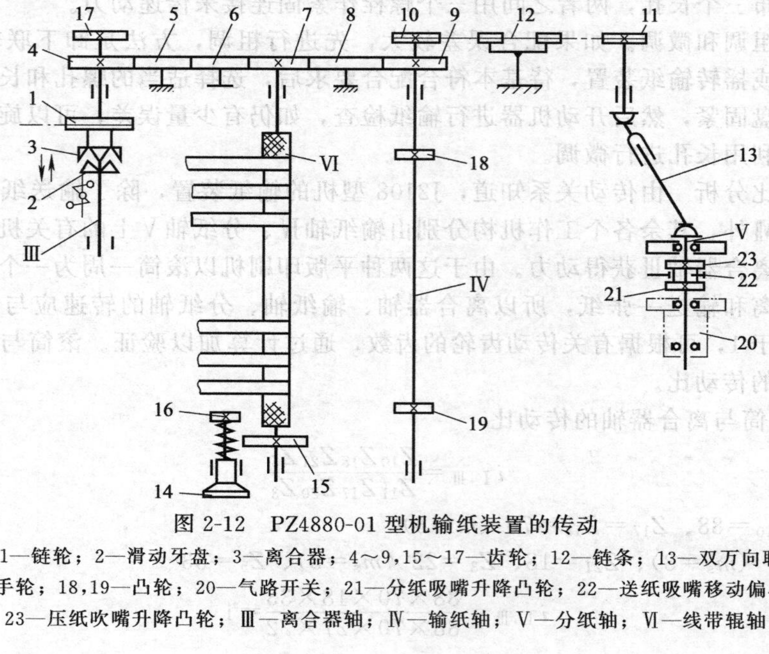

图 2-12　PZ4880-01 型机输纸装置的传动

1,10,11—链轮；2—滑动牙盘；3—离合器；4～9,15～17—齿轮；12—链条；13—双万向联轴器；14—手轮；18,19—凸轮；20—气路开关；21—分纸吸嘴升降凸轮；22—送纸吸嘴移动偏心轮；23—压纸吹嘴升降凸轮；Ⅲ—离合器轴；Ⅳ—输纸轴；Ⅴ—分纸轴；Ⅵ—线带辊轴

轴Ⅵ上的齿轮 7，使线带辊轴轴旋转。并通过齿轮 8 传动齿轮 9，使输纸轴Ⅳ旋转。轴上的链轮 10 通过链条 12 传动链轮 11，再用双万向联轴器 13 传动分纸轴Ⅴ。

电磁离合器的滑动牙盘脱开时，可摇转手轮 14，经过齿轮 16 和 15，使线带辊轴Ⅵ转动，通过它带动整个输纸装置。

离合器轴端的齿轮 17 传动油泵。输纸轴上的凸轮 18 传动前挡纸板摆动，凸轮 19 传动送纸压轮摆动。分纸轴上装有：控制吸气和吹风时间的气路开关 20，分纸吸嘴升降凸轮 21、压纸吹嘴升降凸轮 23、送纸吸嘴移动偏心轮 22。

(2) 端面直齿电磁离合器结构　如图 2-13 所示，离合器由圆盘 2、滑动牙盘 3、圆铁芯 5、弹簧 9、固定牙盘 7、线圈 8 等组成。

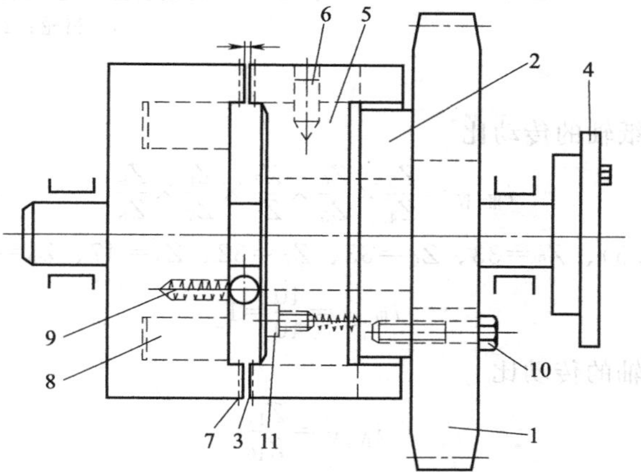

图 2-13　端面直齿电磁离合器

1—链轮；2—圆盘；3—滑动牙盘；4,10,11—螺钉；
5—圆铁芯；6—圆销；7—固定牙盘；8—线圈；9—弹簧

圆盘的圆周上均布 6 条凹槽，它与链轮 1 用螺钉 10 紧固在一起，随链轮转动。圆铁芯 5 与离合器轴的轴套是滑动配合，它与滑动牙盘 3 之间用圆销 6 连接，组成离合器的滑动部分。滑动牙盘的右端面有 6 个凸块，嵌入圆盘 2 的凹槽内，在左端面的圆周方向有不均匀分布的直齿（图 2-14)，与固定牙盘的直齿相对应。

当按下“给纸开”按钮时，线圈 8 通电，吸合铁芯 5，滑动牙盘与固定牙盘啮合，由于固定牙盘与离合器轴是键连接，链轮 1 通过离合器带动轴Ⅲ旋转，传动输纸装置。如果线圈断电，则滑动牙盘在弹簧 9 的作用下向右移动，离开固定牙盘，输纸装置停止运转。

端面直齿电磁离合器在高低速输纸时均可灵活脱开，但合上时的机器转速应不大于 2500r/h，由主机电路加以控制，即离合器没有合上时，机器不能增速。

滑动牙盘与固定牙盘脱开时，齿顶间隙应为 0.3mm，通过螺钉 4 可以调节。

(3) 输纸装置与递纸滚筒相对位置的调节　输纸装置与递纸滚筒相对位置的配合要求一般是以纸张到达前规的时间来判断，即采用低速输纸，当前规刚摆到定位位置时，纸张咬口边与前规定位板约有 5mm 的间距为适宜。如果误差较大，可以卸下传动离合器轴链轮 1（图 2-13）的链条，点动机器或摇转输纸装置，改变链条与链轮的相对啮合位置。但链轮链条啮合位置的调整，调节量最少一牙，所以误差较小时，应通过微调装置进行调节，如图 2-15 所示，离合器轴端的齿轮 1 有两个长孔，用两只螺钉 2 与固定轴套连接。调节时先旋松螺钉 2，如果纸张到达前规的时间早，可合离合器，然后点动机器顺转一点。如果纸张到达前规的时间晚，可通过手轮把输纸装置摇转一点，合适后旋紧调节螺钉。或者利用传动分纸轴的链轮长孔进行调节，方法相同。

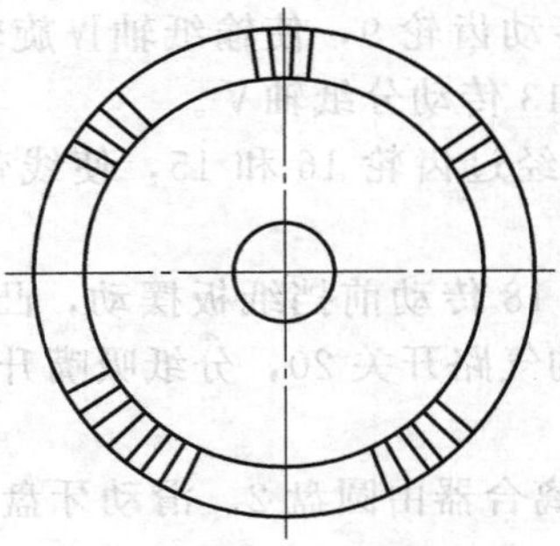

图 2-14　端面直齿

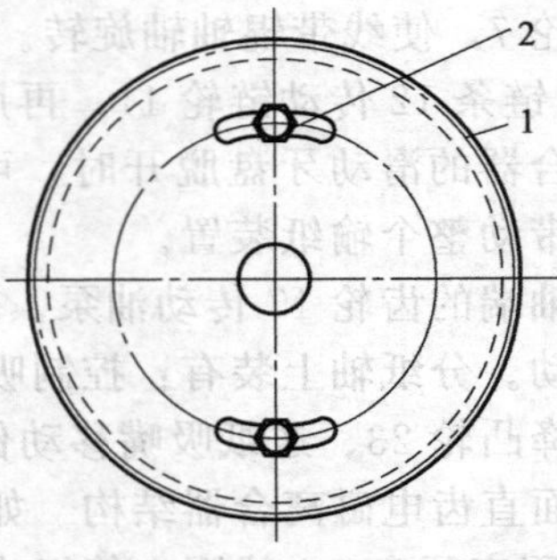

图 2-15　输纸装置与递纸滚筒相对位置的调节示意

1—齿轮；2—螺钉

(4) 传动比分析

① 离合器轴与输纸轴的传动比

$$i_{Ⅲ,Ⅳ}=\frac{Z_5}{Z_4}\times\frac{Z_6}{Z_5}\times\frac{Z_7}{Z_6}\times\frac{Z_8}{Z_7}\times\frac{Z_9}{Z_8}$$

式中　$Z_4=40$ ($m=2.5$)、$Z_5=33$、$Z_6=33$、$Z_7=32$、$Z_8=47$、$Z_9=40$

所以

$$i_{Ⅲ,Ⅳ}=\frac{40}{40}=1$$

② 输纸轴与分纸轴的传动比

$$i_{Ⅳ,Ⅴ}=\frac{Z_{11}}{Z_{10}}$$

式中　$Z_{10}=Z_{11}=18$

所以

$$i_{Ⅳ,Ⅴ}=\frac{18}{18}=1$$

③ 离合器轴与线带辊轴的传动比

$$i_{Ⅲ,Ⅷ}=\frac{Z_5}{Z_4}\times\frac{Z_6}{Z_5}\times\frac{Z_7}{Z_6}\times\frac{Z_7}{Z_4}=\frac{32}{40}=0.8$$

同 J2108 型机相比较，虽然 PZ4880-01 机输纸装置的传动形式有所不同，但印刷滚筒与离合轴、输纸轴、分纸轴的传动比均为 1，这个传动规律，同样也适用于国外生产的其他平版印刷机。

3. 海德堡 Speedmaster XL 105-4 型机输纸装置的传动

海德堡 Speedmaster XL 105-4 型平版印刷机输纸装置的动力来自于递纸滚筒轴头上的链轮 1，经链条 2 及张紧轮 3、4、5、6 带动链轮 7 转动，当离合器 8 的滑动牙盘合上后，离合器轴旋转，轴端的链轮 9 经链条 10 带动链轮 11、12、13 转动，链轮 11 带动输纸线带轴转动，通过它带动整个输纸装置工作；链轮 12 带动输纸机凸轮轴转动，通过它带动前挡纸板驱动凸轮及送纸压轮驱动凸轮转动，从而使前挡纸板及送纸压轮摆动；链轮 13 带动分纸机构的万向轴转动，从而使给纸头分纸轴上的旋转式气体分配阀工作，并带动分纸轴上的分纸吸嘴升降凸轮、压脚吹嘴升降凸轮、送纸吸嘴移动偏心轮、纸堆高度探测凸轮轴转动转动。如图 2-16 所示。

输纸装置与递纸滚筒相对位置的配合要求一般是以纸张到达前规的时间来判断，即前规刚摆到定位位置时，纸张咬口边与前规定位板约有 5mm 的间距为适宜。该距离的调节分为手动和自动两种。

如图 2-17 (a) 所示，当手动调节该距离时，若误差较大，可以卸下传动离合器轴链轮 9 (如图 2-16 所示) 上的链条 10，点动机器或摇转输纸装置上的手轮 1 经齿轮 2、3、4 及其

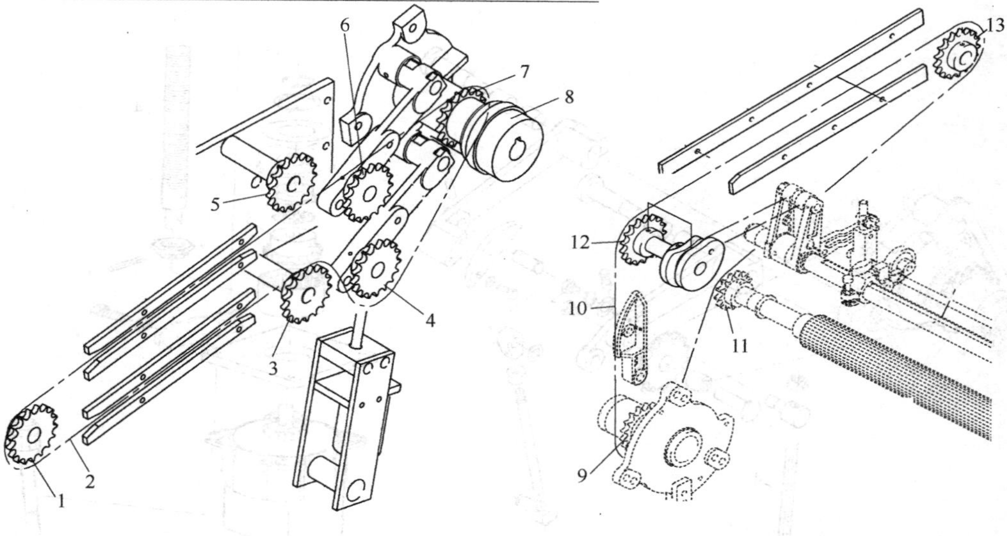

图 2-16　海德堡 Speedmaster XL 105-4 型平版印刷机输纸装置的传动关系

1,7,9,11～13—链轮；2,10—链条；3～6—张紧轮；8—离合器

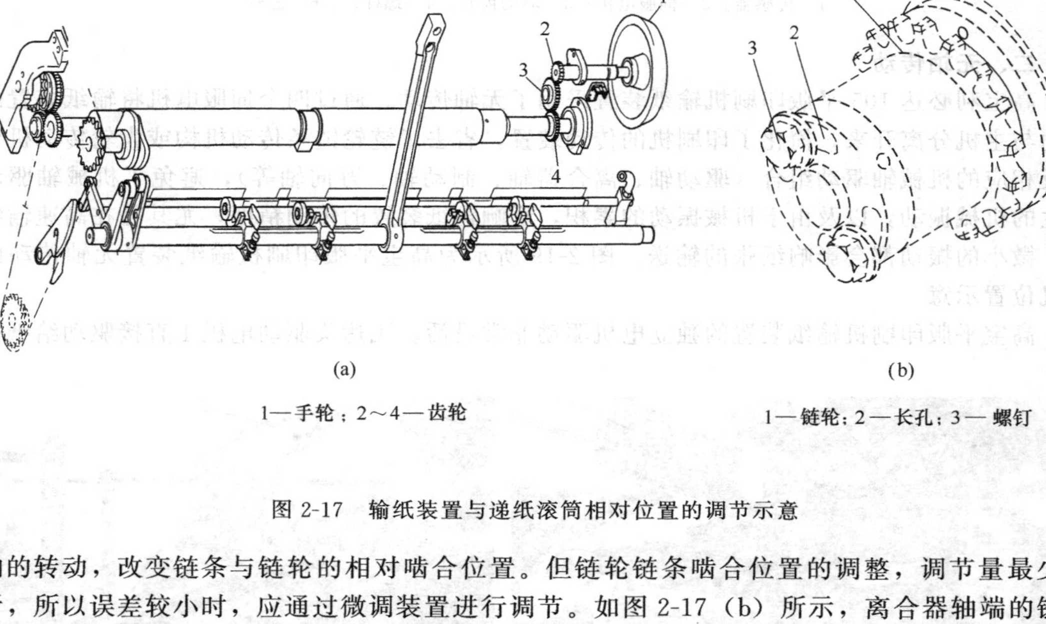

(a)　　　　　　　　　　　　　　　　　　　　(b)

1—手轮；2～4—齿轮　　　　　　　　　　1—链轮；2—长孔；3—螺钉

图 2-17　输纸装置与递纸滚筒相对位置的调节示意

轴的转动，改变链条与链轮的相对啮合位置。但链轮链条啮合位置的调整，调节量最少一牙，所以误差较小时，应通过微调装置进行调节。如图 2-17（b）所示，离合器轴端的链轮 1 上有两个长孔 2，用两只螺钉 3 与固定轴套连接，通过改变螺钉在长孔中的位置，调节链轮一个微小的角度，从而通过链条校正输纸误差。

现代单张纸平版印刷机在前规处都设有检测机构来自动检测承印物与前规刚到输纸台板处的距离，工作原理基本相同。如图 2-18 所示为海德堡单张纸平版印刷机的调节机构部件图。当纸张超前或滞后时，检测到的误差信号经传感器 1 传给伺服电机 2，电机 2 驱动齿轮 3 及螺杆 4 转动，通过杠杆机构带动链轮 5 转动一个微小的角度，经链轮 6 及一系列链轮链条的传动，使分纸机构的万向轴、输纸机构的凸轮轴、线带辊轴等同步转动一个微小的角度，从而校正输纸机构与递纸滚筒的相对位置。

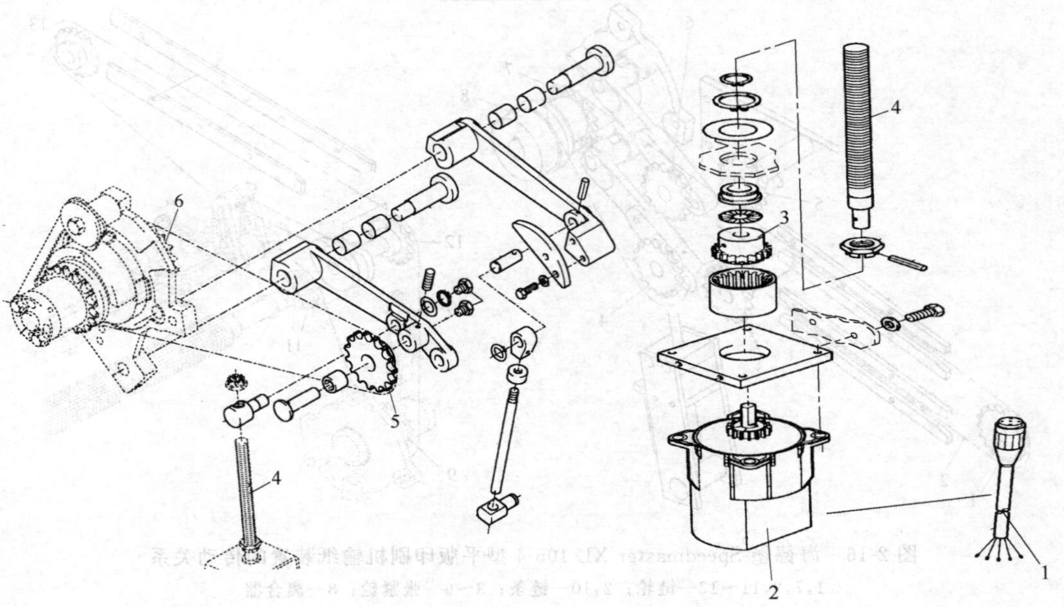

图 2-18　海德堡单张纸平版印刷机的调节机构部件图

1—传感器；2—伺服电机；3—驱动齿轮；4—螺杆；5,6—链轮

二、无轴传动

高宝利必达 105 平版印刷机输纸装置采用了无轴传动，通过四个伺服电机将输纸装置的传动与主机分离开来，简化了印刷机的传动装置，省去了链轮链条传动机构或齿轮传动机构以及相应的机械轴驱动组合（驱动轴、离合器轴、制动轴、万向轴等），避免了机械轴驱动产生的机械振动，以及由于机械振动的累积，影响输纸装置的传动精度，尤其是在高速输纸时，微小的振动都会影响纸张的输送。图 2-19 所示为高宝平版印刷机输纸装置无轴传动的电机位置示意。

高宝平版印刷机输纸装置的独立电机驱动非常灵活。飞达头驱动电机 1 直接驱动给纸头

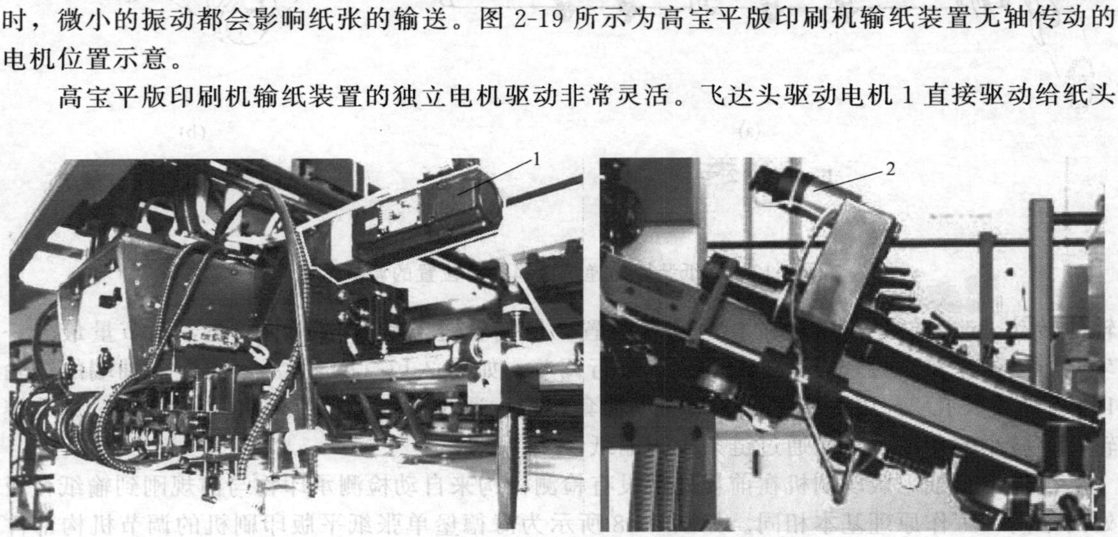

(a)　　(b)

图 2-19　高宝平版印刷机输纸装置无轴传动的电机位置示意

1—飞达头驱动电机；2—输纸台板处驱动电机

的凸轮轴转动，使旋转式气体分配阀、分纸吸嘴摆动凸轮、压脚吹嘴摆动凸轮、送纸吸嘴摆动偏心轮及探测纸堆高度凸轮旋转，从而使给纸头工作。输纸台板处驱动电机2直接驱动线带轴、送纸凸轮轴转动，使吸气带绕输纸台板旋转并作变速运动。输纸装置与印刷装置的时间配合以及纸张输送过程中检测到的距离误差等信号通过传感器传给相应的电机，使其工作时间发生相应的改变。

采用无轴传动技术结构简单，操作方便，节省能源，减少机械噪声。但是无轴传动技术对电的品质要求很高，它不仅与电压、电流有关，还与电的谐波等许多因素有关。

第三章　单张纸印刷机的输纸装置

第一节　概　　述

单张纸输纸装置又称输纸器、给纸机，俗称飞达。输纸装置的好坏直接影响印刷质量，它是现代单张纸印刷机的重要组成部分。

随着印刷技术的发展，印刷机速度的不断提高，单张纸印刷机的给纸也由人工续纸发展到自动输纸。在 1922 年德国罗兰公司生产的平版印刷机上首次配置了自动输纸机。目前，现代的单张纸印刷机输纸装置已全部采用了自动输纸机。作为印刷机的一个重要组成部分，现代单张纸印刷机的自动输纸机已成为一个相对独立的工作装置。自动输纸机的功能是用来自动、准确、平稳，与印刷装置同步有节奏地将纸逐张自纸堆分离，并将它们输送到定位部件进行定位，继而送入印刷装置进行印刷。

印刷质量和印刷速度的不断提高，要求输纸机的结构与性能不断地完善与改进，当今的单张纸印刷机最高速度已超过 22000 印/小时，这对于现代自动输纸机的性能提出了更高的要求。

一、自动输纸装置的分类

输纸装置的性能直接影响印刷机的工作效率，根据印刷工艺的要求，自动输纸机在工作过程中应符合以下几点要求：

① 给纸机应保证能可靠、准确、周期性地将不同规格、不同厚度的纸张从纸堆分离，并输送到定位部件；

② 在输送过程中不损坏纸张，不弄脏已印在纸上的图文；

③ 在机器运转过程中能补充或更换纸堆，保证机器不停顿地连续工作；

④ 输纸台要有足够的容量，以满足每装一次纸连续工作较长的时间；

⑤ 纸堆高度能随时自动调整，以保证纸张分离工作的正常进行；

⑥ 在输纸不正常时（如发生歪张和双张时）能自动停机。

根据上述对输纸机的要求，目前各种单张纸印刷机，虽然机型各不相同，但无论哪一种形式的输纸装置，均有传动装置、分纸机构、纸台升降机构、纸张输送装置、气泵和气路系统，以及自动检测机构等组成。

自动输纸装置有各种不同的形式，根据分离纸张的方法可分为摩擦式输纸机和气动式输纸机。

1. 摩擦式输纸机

摩擦式自动输纸机是依靠摩擦力的作用把纸张从纸堆中分离出来，完成纸张的分离工作，同时通过相应的传送机构把纸输送到规矩部件。如图 3-1 所示。

2. 气动式输纸机

气动式自动输纸机是依靠吹风和吸气工作把纸张从纸堆中分离出来。其纸张的分离工作是利用空气压缩机构来完成的。气动式自动输纸机工作平稳、可靠、噪声小。目前单张纸平

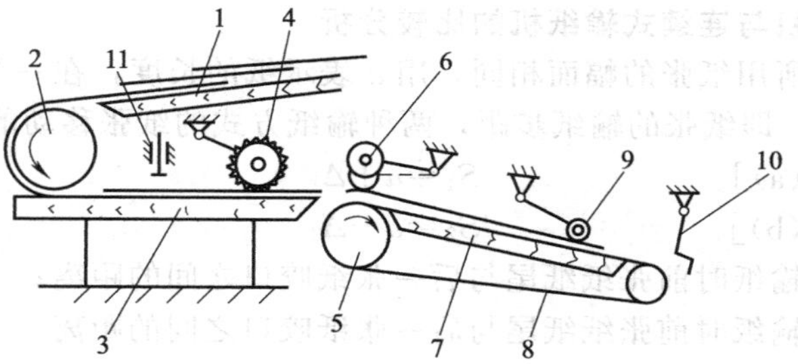

图 3-1 摩擦式自动输纸机

1,7—输纸板；2—传纸滚筒；3—辅助板；4—摩擦轮；5—送纸辊；6—压纸轮；
8—传送带；9—压纸滚轮；10—前挡规；11—压纸器

版印刷机上，气动式自动输纸机已得到了普遍而广泛的应用。气动式输纸机根据它们的输送方式可分为间歇式输纸（也称序列式）和连续式输纸（又称重叠式输纸）两种类型。

（1）间歇式自动输纸机　间歇式自动输纸机在纸张的输送过程中相邻两张纸之间保持一定的距离。如图 3-2 所示，在输纸台纸堆前沿上方装有一排分纸吸嘴 5，工作时先由纸堆前面的松纸吹嘴将纸堆表面的纸张吹松，然后吸嘴 5 下降，吸取纸堆上第一张纸 1，吸嘴吸住纸张上升并向前递送给送纸辊 3，此时压纸轮 4 下降压纸，依靠摩擦力把纸送到输纸板，并由输送带 6 和压纸滚轮 2 的配合，将纸传送到前规进行定位。这种输纸方式吸嘴可在纸张的咬口部位吸纸。它一般适用于低速印刷机。

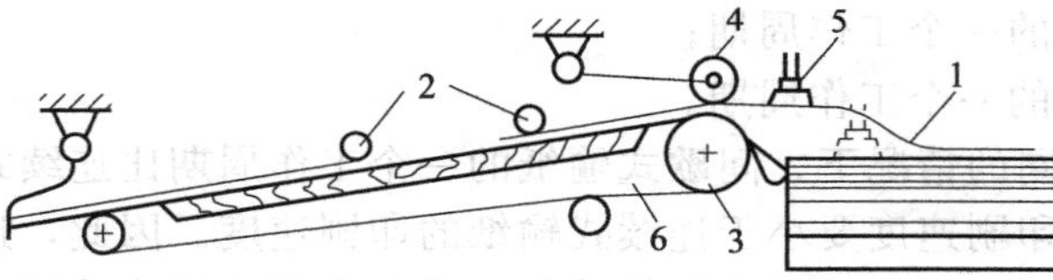

图 3-2 间歇式自动输纸

1—纸张；2—压纸滚轮；3—送纸辊；4—压纸轮；5—吸嘴；6—输送带

（2）连续式自动输纸机　连续式自动输纸机在纸张的输送过程中，后一张纸的前面部分重叠在前一张纸的后面部分下一段距离一起在输纸板上向前移动。如图 3-3 所示，由于重叠，后一张纸的咬口被前一张纸的拖梢盖住，因此，这种输纸机的吸嘴不能在纸张的咬口部位吸纸，而只能在纸张的拖梢部位吸纸。工作时，先由松纸吹嘴 2 将纸堆表面的纸张吹松，然后再由分纸吸嘴 1 下降吸起纸堆最上面的一张纸，并在挡纸毛刷 3 的协助下，使纸张与下面纸堆上的纸分离，与此同时，压纸吹嘴 4 插入被吸纸张与纸堆之间，压住纸堆并进行吹风，使纸张与纸堆完全分离，此时前齐纸板 6 下摆让纸，接着送纸吸嘴 5 接过纸张并送出纸堆，在送纸辊 7 和压纸轮 8 的摩擦力作用下，纸张进入输纸板，经输送带 9 和压纸滚轮 12 的输送，移向前规 10，并由侧规 11 定位。图中 13 是检测纸张歪斜、折角和断张的探针。

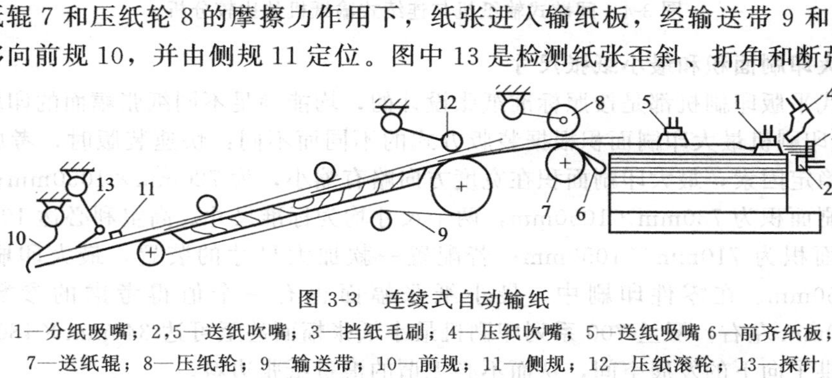

图 3-3 连续式自动输纸

1—分纸吸嘴；2,5—送纸吹嘴；3—挡纸毛刷；4—压纸吹嘴；5—送纸吸嘴 6—前齐纸板；
7—送纸辊；8—压纸轮；9—输送带；10—前规；11—侧规；12—压纸滚轮；13—探针

二、间歇式输纸机与连续式输纸机的比较分析

设两种输纸方式所用纸张的幅面相同，用 a 表示纸的长度，在一个工作循环周期 T 内，纸张的移动距离为 S，即纸张的输纸步距，两种输纸方式的纸张移动的距离是（图 3-4）。

间歇式［图 3-4（a）］ $$S_1=a+\Delta_1 \tag{3-1}$$

连续式［图 3-4（b）］ $$S_2=a-\Delta_2 \tag{3-2}$$

式中 Δ_1——间歇式输纸时前张纸纸尾与后一张纸咬口之间的距离；

Δ_2——连续式输纸时前张纸纸尾与后一张纸咬口之间的距离。

显然 $$S_1>S_2 \tag{3-3}$$

如果两种输纸方式的工作周期相同，即 $T_1=T_2$，印刷速度相等，因为

$$v_1=\frac{S_1}{T_1} \quad v_2=\frac{S_2}{T_2} \tag{3-4}$$

所以 $$v_1>v_2$$

式中 v_1——间歇式输纸的平均速度；

v_2——连续式输纸的平均速度。

可见，在印刷速度相同的情况下，间歇式输纸速度要比连续式输纸速度大，输纸速度大则会出现纸张到达前规时冲击较大，而引起纸张反弹或纸边卷曲，易使定位不准，影响印刷质量。

如果两种输纸方式的输纸速度相等，即 $v_1=v_2$，则可根据式（3-3）和式（3-4）得到

$$T_1>T_2$$

式中 T_1——间歇式输纸的一个工作周期；

T_2——连续式输纸的一个工作周期。

可见，在输纸速度相同的情况下，间歇式输纸的一个工作周期比连续式输纸的一个工作周期长，即间歇式输纸的印刷速度要小于连续式输纸的印刷速度。因此，连续式输纸易保证印刷质量，能适应高速印刷。现代的单张纸轮转机几乎都利用连续式输纸方式，同时为了延长定位时间，提高定位精度，还可采用变速的输纸机构，使纸张在远离前规时快速输送，靠近前规时则慢速输纸，以减少输纸时间而满足纸张定位的稳定性要求。

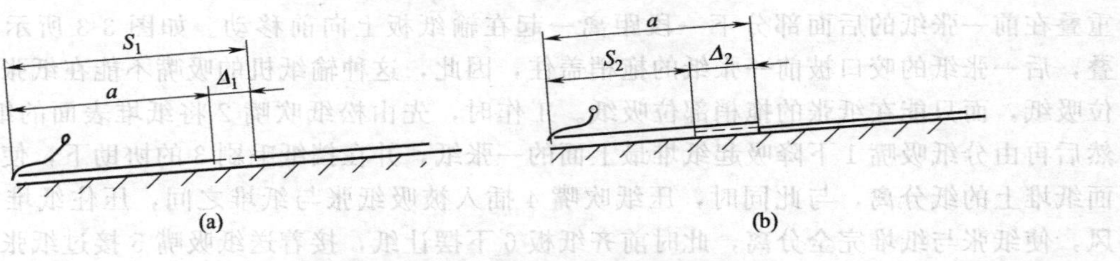

图 3-4 间歇式输纸机与连续式输纸机的比较分析

三、最大印刷面积和最小纸张尺寸

当今现代平版印刷机都是按照标准纸张设计的，均能满足不同纸张幅面的印刷。海德堡 XL 105 系列印刷机最大印刷面积根据装版方式的不同而不同：快速装版时，考虑到手工紧版等操作不稳定因素，最大印刷面积在宽度方向略有缩小，为 720mm×1050mm；自动装版时，最大印刷面积为 730mm×1050mm，两个尺寸均为标准尺寸。高宝利必达 105 系列印刷机最大印刷面积为 710mm×1050mm；若配置一款加大尺寸的装置，最大印刷面积可达 750mm×1050mm。在零件印刷中，最小纸张幅面也有一个值得考虑的参数，一般在 350mm×510mm 左右，罗兰700 系列印刷机最小纸张幅面甚至可达 340mm×480mm，为小尺寸印刷提供了向下的发展空间，从而不必无谓的浪费纸张边料。

四、纸堆高度

当今现代平版印刷机的飞达纸堆高度和收纸纸堆高度都能达到1100mm左右。高宝利必达105飞达纸堆高度和收纸纸堆高度都能达到1300mm，并可提供将机器垫高375mm或600mm所需的配件，从而使纸堆高度达到1675mm或1900mm，十分适用于厚卡纸印刷。以450g、0.6mm的厚卡纸印刷为例，1100mm的纸堆约可装纸2000张（1100/0.6＝1830张），可供机器正常印刷10min左右（60×2000/12000＝10min）。高的纸堆能扩大纸张容量，不必频繁地更换纸堆，从而有足够的时间进行印刷质量的控制。

当然，纸堆过高，不利于操作和观察。况且每家公司也均设计了飞达处的不停机换纸装置及机外预装纸装置。因此，普通的商业印刷和书刊印刷，用1100mm的纸堆高度也已够了，像海德堡Speedmaster 74飞达纸堆高度就只有945mm。小森机LITHRONE26/28纸堆高度只有900mm，但可提供加高200mm所需的配件。

五、纸张厚度

当今现代平版印刷机均可实现从0.04mm的薄纸（$40g/m^2$）到1.0mm的厚纸板（$650g/m^2$）的印刷。所不同的是，三菱公司针对不同厚度的纸张推出了三种不同的机型：钻石DIAMOND3000LS型所印纸张的厚度范围是0.04～0.6mm（约$40\sim450g/m^2$）；钻石DIAMOND3000LC型厚纸版印刷机可以印刷的纸张范围在0.2～0.8mm（约$150\sim550g/m^2$）；多功能的钻石DIAMOND3000LX型平版印刷机，在每个印刷单元上采用了独立的真空室和调整简单的骨架递纸滚筒，印刷厚度可以适应从0.04～1.0mm（约$40\sim650g/m^2$）的各种纸张，目前，三菱公司面向中国市场主要推出的是钻石DIAMOND3000LS型平版印刷机。

从实际应用看，印刷纸张以0.15～0.3mm（约$120\sim350g/m^2$）为最常用，印刷稳定性也最高，特别薄和特别厚的纸张都容易影响印刷的速度和效果，如1.0mm以上的纸板经常就用传统的双张糊裱。再则，同一台平版印刷机也不宜频繁地厚薄纸交替印刷，频繁地机器调节不利于印刷质量的稳定控制，也不利于印刷机的维护保养。因此，海德堡公司针对厚纸型印刷，设计了海德堡Speedmaster CD和Speedmaster XL系列平版印刷机，针对薄纸型印刷，设计了海德堡Speedmaster系列平版印刷机，以期提高机器的使用寿命，稳定印刷的质量。

六、分纸吸嘴和送纸吸嘴的只数

单色平版印刷机和双色平版印刷机飞达机构中的分纸吸嘴和送纸吸嘴都只有两只，俗称“两提两送”，能适应常规纸张及10000印/小时以下的印刷。但是当今现代平版印刷机适印的纸张范围更大了，机器速度更是不可同日而语，要求达到15000印/小时以上，因此，确保分纸的迅速、准确和送纸的稳定就显得十分重要了。当今现代平版印刷机均使用了四只分纸吸嘴，以提高分纸的效率。但送纸吸嘴的只数却有差异，如海德堡系列平版印刷机仍采用两只送纸吸嘴，简称“四提两送”；小森、三菱平版印刷机均配备了四只送纸吸嘴，简称“四提四送”；高宝平版印刷机配备了六只送纸吸嘴，简称“四提六送”；罗兰平版印刷机甚至还可配备八只送纸吸嘴，简称“四提八送”。从理论上讲，送纸吸嘴应该是越多越好，尤其是印厚纸时，纸张整个幅面上的吸风力充足且均匀，在高速时也能保证纸张平直稳定。但是，吸风头多了，零配件多了，机构之间的协调要求也就高了，如风力大小要相等、吸嘴高度要一致、磨损程度要均匀、动作时刻要匹配等，否则机速高了，若纸张平整度差一些，或某只吸嘴漏风，则一只吸嘴未吸到纸张，直接引起输纸歪斜等故障。因此，要根据产品结构理性地选择吸嘴的只数。

七、纸张输送机构

当今现代平版印刷机的纸张输送机构有两类：一类是小森和海德堡平版印刷机上所使用

的传送带式纸张输送机构；另一类是罗兰、高宝和三菱平版印刷机上所使用的真空吸气带式纸张输送机构。两类机构各有特长。传送带式纸张输送机构是在输纸台板上均匀对称地布置4～6根传送线带，线带上对称布置压纸滚轮、压纸毛刷、压纸毛刷轮、压纸球等，通过压纸滚轮与传送线带之间的压力使纸张在传送线带的引导下输送到前规定位。这种输送方式使纸张在输纸台板上始终受到压纸滚轮等零件较大的压力控制，纸张平稳，结构简单，尤其适合于薄纸的传送。但是，纸面易出现压痕，特别是纸上有墨层时；而且压纸滚轮等零件与线带的压力调节不当时，会引起输纸歪斜、纸不到位等故障；况且纸张是匀速输送的，碰及前规挡纸板时，纸张回弹或咬口受力翘起，影响定位或损坏纸张。机器速度越快，纸张受到的冲击越大；纸张越厚，冲击也越大。值得一提的是：对开海德堡平版印刷机可在输纸台板上方安装一排吸气毛刷辊，吸走纸张表面上的纸粉纸毛，这对于质量较差、纸粉纸毛较多的纸张如灰卡纸等是非常有效的。真空吸气带式纸张输送机构是在输纸台板上均匀地布置两条吸气带，吸住其上的纸张，快速地向前规方向输送，待纸张快到前规处定位时，吸气带速度可减慢至50%左右，缓缓地移向前规定位。这种输送机构减少了纸张到前规处时的冲击，定位准确，而且轻轻地布置在吸气带上的压纸滚轮，稳定纸张但又能避免纸面划痕和刚刚印刷过的画面蹭脏。但是由于增加了气泵、气路、变速机构等，结构复杂，维护保养的要求更高了，尤其是当纸质较差，纸粉纸毛较多时，易堵塞气路，需格外注意。

八、传动机构

除高宝机外，其他当今现代平版印刷机的输纸机构均是有轴传动，即第一印刷机组通过齿轮啮合或链轮链条传动带动输纸凸轮轴、线带轴转动，并经万向轴带动分纸机构工作，即通过有轴传动方式驱动输纸机构各部件的协调工作。高宝机的输纸机构却是无轴传动，即配备了四个驱动装置：为真空吸气带输纸、飞达头、不停机主纸堆及副纸堆分别配备了专用的以电子方式控制的驱动装置，这样一方面省却了一些安装精度要求高、易磨损件的使用，如离合器、联轴器、制动器、万向轴等，且给纸机产生的振动不会传递到机器的其他部分，提高了印品质量；另一方面可对给纸机和真空吸气输纸进行更加精确的调配，以适应更多的承印物；第三是在不停机操作中，纸张从主纸堆向副纸堆的传送可连续进行，不会产生跳动。

九、检测机构

输纸时如何检测双张、多张、空张、歪斜、折角等故障，直接反映了平版印刷机的性能。

当今现代平版印刷机都设置了机电式双张检测装置，根据检测轮下或两电容极板之间的纸张厚度的变化，使电触点或放大电路将故障信号输出。电触点式双张检测器不宜用于60g/m^2 以下的纸张检测；电容式双张检测器不宜用于120g/m^2 以下的纸张检测。

小森平版印刷机和三菱平版印刷机还装配了红外线光电检测装置。根据光线射过纸张时因纸张厚度不同而发出的光强弱变化，使电流继电器工作。红外线光电检测机构宜用于28～170g/m^2 的纸张检测，而且受纸张的白度、透光性、纸张上是否有图文等因素的影响，只能作为配套使用。

目前，现代平版印刷机均装配了超声波检测装置。根据纸张厚度变化导致超声波频率变化而启动检测机构工作，精度高，灵敏度好。

第二节　气路系统

平版印刷机都使用了气泵配合气路完成大量的吸气和吹气工作。气泵供给的气体气流通过气路系统可以：

到达分纸机构的各个吸嘴和吹嘴，完成纸张与纸堆的分离及纸张的传送；

到达真空吸气皮带，通过负压气体吸住纸张并往前输送；

到达气动式侧规完成侧拉纸定位；

到达传纸滚筒形成气垫托起纸张；

到达收纸机构的吸气减速装置降低纸张速度；

到达喷粉装置通过吹气给纸面喷粉；

到达其他一些辅助机构如静电吹风杆、乱张固定头、压印滚筒和橡皮滚筒间的续纸吹风件、收纸机构中的纸张平整器和消卷器等。

因此，现代平版印刷机的气路系统是一个十分重要的机构。气动式输纸机上纸张与纸堆的分离和传送是由气泵所产生的吹风及吸气工作，利用相应的吹嘴、吸嘴机构共同配合来完成。有些印刷机的吸气带输送装置，其负压气体也由气泵提供，在印刷部分，传纸滚筒表面形成的气垫以及在收纸装置中，减速机构的吸气和喷粉装置的吹气也是由气泵提供气体。气泵供给的气体气流通过气路系统到达各个吹嘴和吸嘴。为使气嘴按一定顺序和时间吸气和吹气，在气路中应配备有吸气和吹气分配阀。

一、气泵

气泵是产生气源的装置，在印刷机械中使用的气泵，可分为两大类，即活塞式气泵和旋转式叶片泵，现代轮转印刷机以旋转式叶片泵为主。这里只对旋转式叶片泵加以介绍。现代高速平版印刷机上广泛应用直叶片式气泵，结构见图 3-5。电机轴 1 带动转子 2 旋转，叶片 3 在槽中沿径向滑动，改变各气室的容积大小，形成吸气和吹气，吸进的气体经过滤器 4 过滤纸粉纸毛等，吹出的气体经滤油器 5 滤出油污等杂质。气泵上的两个气量调节阀 6、7 分别调节气泵的吸气量和吹气量。补气口 8 与大气相连，补足需吸入的气量。气泵供给的气体经各气路及气分配阀送到各气嘴。

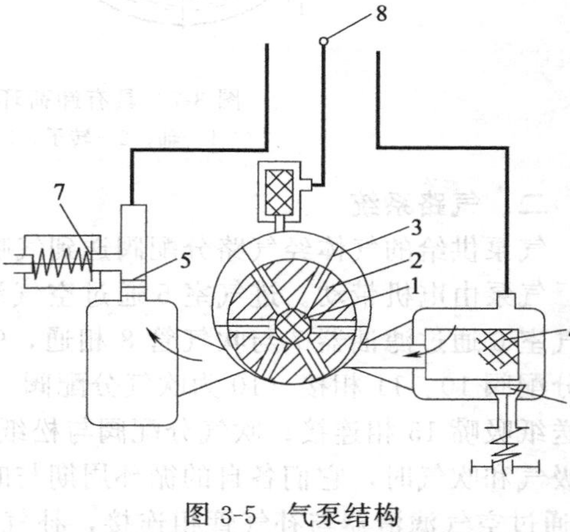

图 3-5　气泵结构

1—电机轴；2—转子；3—叶片；4—过滤器；5—滤油器；6,7—气量调节阀；8—补气口

图 3-6 所示为气泵给各气嘴工作线路，通过气路 1、2 连接飞达头上的旋转式气体分配阀，经吹气管 3、4、5、6 吹嘴工作，经吸气管 7、8、9、10 使各分纸吸嘴工作，经吸气管 11、12 使各送纸吸嘴工作。分纸吸嘴和送纸吸嘴上的补气气路 13、14 与外界接通，用于消除气路负压，使吸嘴完成吸气任务后可以迅速放开纸张。

叶片泵一般分为无油润滑和油润滑两种。无油润滑叶片泵采用自润滑的石墨叶片，泵体内无需加油，因而排出的气体纯净不含油。但叶片寿命短，工作时摩擦损失较大，泵体温升高。油润滑式叶片采用钢质叶片，为避免叶片与泵体内之间的摩擦损失，这种叶片泵内壁两端有卸荷环装置。如图 3-7 所示。

卸荷环 5 嵌在泵体 4 内壁相应的环槽中，与环槽之间间隙配合，且内径略小于泵体内径。转子 2 转动时，叶片 3 被甩出紧贴在卸荷环内壁，与泵体保持微小间隙，同时在摩擦力的作用下，卸荷环随叶片一起旋转。在这种气泵上还附设油润滑系统，气泵工作时，卸荷环与环槽之间，泵体内壁及叶片槽中部分布有润滑油膜，不但保证了良好的润滑，而且也改善了密封效果。这种类型的气泵寿命长，工作稳定可靠。

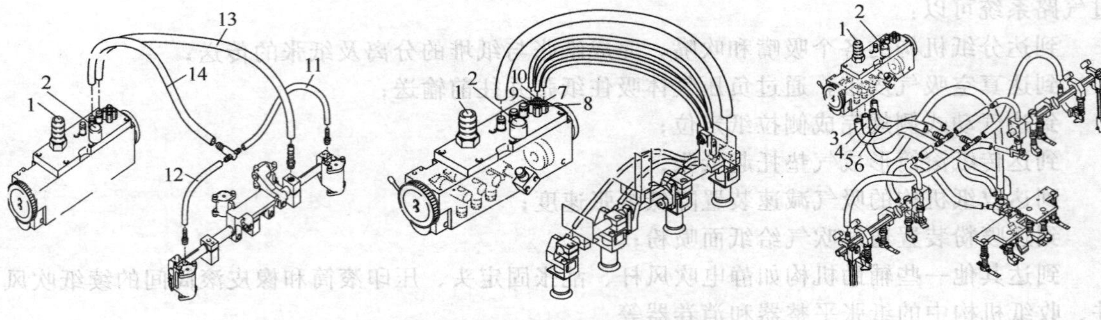

图 3-6　气泵给各气嘴工作线路

1,2—气路；3～6—吹气管；7～12—吸气管；13,14—补气气路

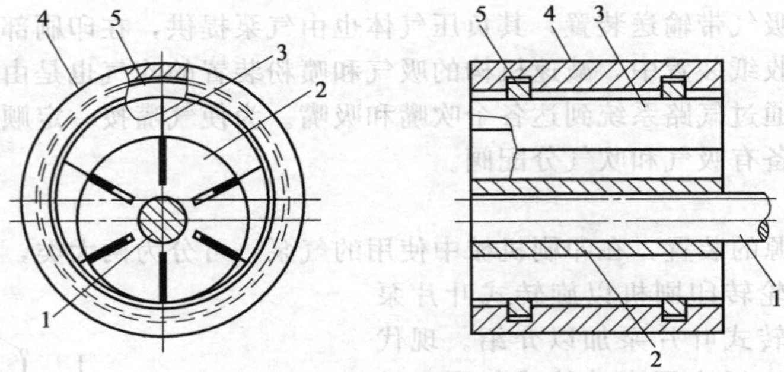

图 3-7　具有卸荷环装置的叶片式气泵工作原理

1—轴；2—转子；3—叶片；4—泵体；5—卸荷环

二、气路系统

气泵供给的气体经气路分配阀送到气嘴，图 3-8 所示为叶片式气泵气路系统示意。

气泵由电机带动。进气室 5 通过空气滤清器 3 与吸气管 4 相通，2 为吸气气压调节阀。排气室 6 通过滤油器 7 与吹气管 8 相通，9 为吹气气压调节阀。吸气管 4、8 分别与两个气体分配阀 10、11 相接（10 为吹气分配阀，11 为吸气分配阀）。吸气分配阀又与分纸吸嘴 14 和送纸吸嘴 15 相连接；吹气分配阀与松纸吹嘴 13 和压纸吹嘴 12 相连接。在吸嘴和吹嘴进行吸气和吹气时，它们各自的循环周期与时间长短由吸气分配阀和吹气分配阀控制。补气室 24 通过空气滤清器与补气管相连接，补气管又与收纸减速装置 16 相接通。图中 17～20 分别为 4 个气嘴的气量调节阀，21 是补气室的气量调节阀，它们都用来调节各吹嘴、吸嘴的气量大小。

三、气体分配阀

气体分配阀是根据需要把气泵所产生的吹气和吸气以一定的节奏和持续时间分别与吹气嘴和吸气嘴接通或断开。

目前常用的气体分配阀是旋转式气体分配阀，如图 3-9 所示。

在分纸器轴一端装有四个旋转式气路开关，每一个气路开关控制一个吹嘴或吸嘴的气路接通和断开。导管 1 通气泵进气口，导管 2 通气泵排气口，导管 3 接分纸吸嘴，导管 4 接送纸吸嘴，导管 5 接压纸吹嘴，导管 6 接松纸吹嘴。各吹嘴、吸嘴都有单独的气量调节阀 11。每个气路开、关阀芯上都开有一定角度的缺口，当阀芯上的缺口转到与接气泵的导管和吹嘴或吸嘴的导管连通时，吹嘴或吸嘴的气路接通。否则吹嘴或吸嘴的气路就关闭。吹嘴和吸嘴的气路接通时间长短取决于阀芯缺口角度的大小，而接通的先后顺序则取决于阀芯与分纸器轴的周向固定位置。在控制分纸吸嘴和送纸吸嘴的两个阀芯中［图 3-9（b）中的 *A*—*A* 和

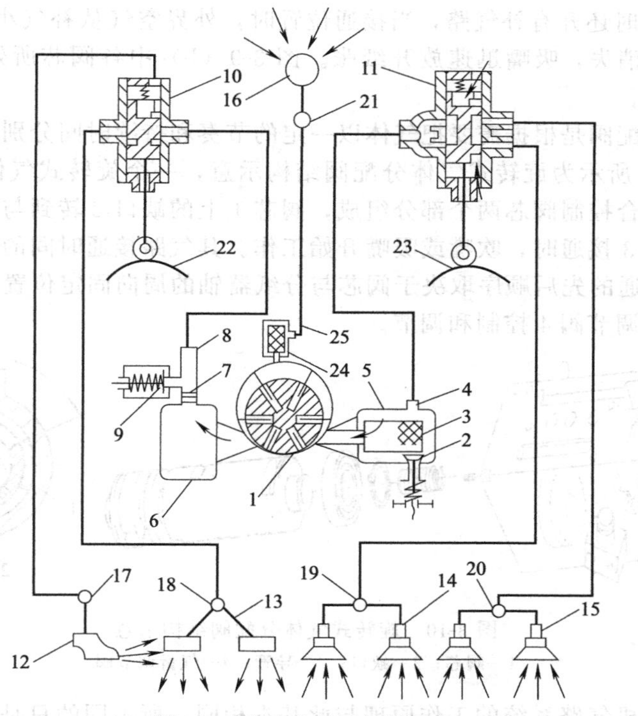

图 3-8　叶片式气泵气路系统

1—泵体；2—吸气气压调节阀；3—空气滤清器；4,8—吸气管；5—进气室；6—排气室；7—滤油器；9—吹气气压调节阀；10,11—气体分配阀；12—压纸吹嘴；13—松纸吹嘴；14—分纸吸嘴；15—送纸吸嘴；16—收纸减速装置；17～21—气量调节阀；22,23—凸轮；24—补气室；25—导管

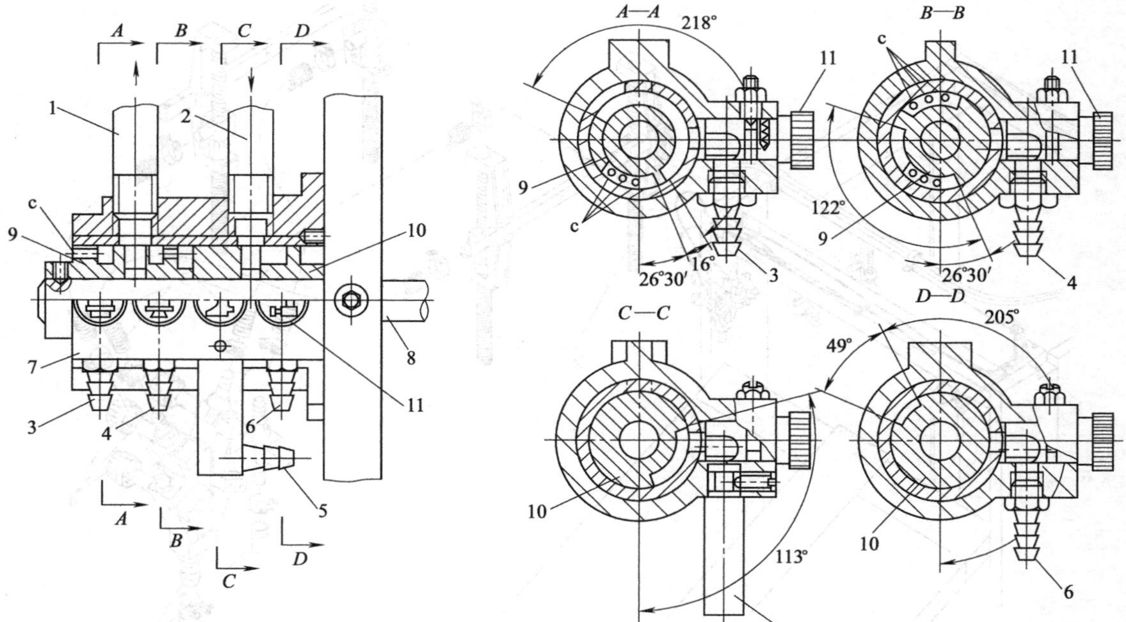

图 3-9　旋转式气体分配阀

1～6—导管；7—阀体；8—轴；9—吸气组合阀芯；10—吹气组合阀芯；11—气量调节阀

B—B 剖视图]，同时还开有补气路，当接通位置时，外界空气从补气小孔 c 进入吸气气路，使气路的负压状态消失，吸嘴迅速放开纸张。图 3-9（b）中各阀芯所处的位置是 0 位时的阀芯标准装配位置。

旋转式气体分配阀是根据需要把气体以一定的节奏和持续时间分别与吹气嘴和吸气嘴接通或断开。图 3-10 所示为旋转式气体分配阀结构示意，一个旋转式气体分配阀由吹气组合控制阀芯和吸气组合控制阀芯两个部分组成，阀芯 1 上的缺口 2 转到与接气泵的导管及吹气嘴或吸气嘴的导管 3 接通时，吹嘴或吸嘴开始工作。其气路接通时间的长短取决于阀芯缺口角度 α 的大小，接通的先后顺序取决于阀芯与分纸器轴的周向固定位置。各个吸嘴和吹嘴的气量大小由各气量调节阀 4 控制和调节。

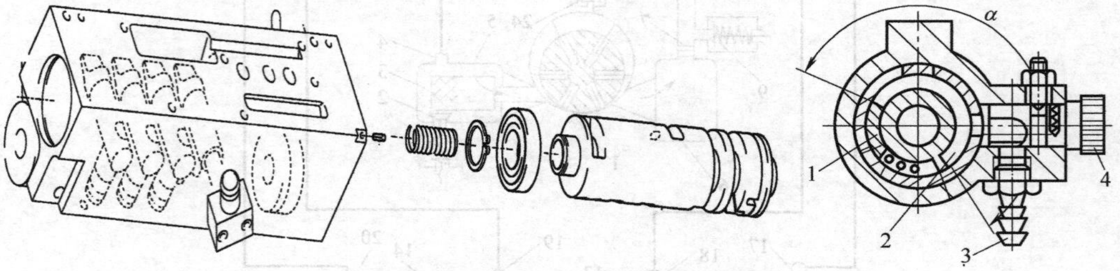

图 3-10　旋转式气体分配阀结构示意

1—阀芯；2—缺口；3—导管；4—气量调节阀

现代平版印刷机气路系统的工作原理与此基本相同，所不同的只是吸气嘴和吹气嘴的只数，表现在结构上略有差别而已。

图 3-11 所示为海德堡、高宝等平版印刷机堆纸台前部的侧吹风装置的气路系统。气管 1

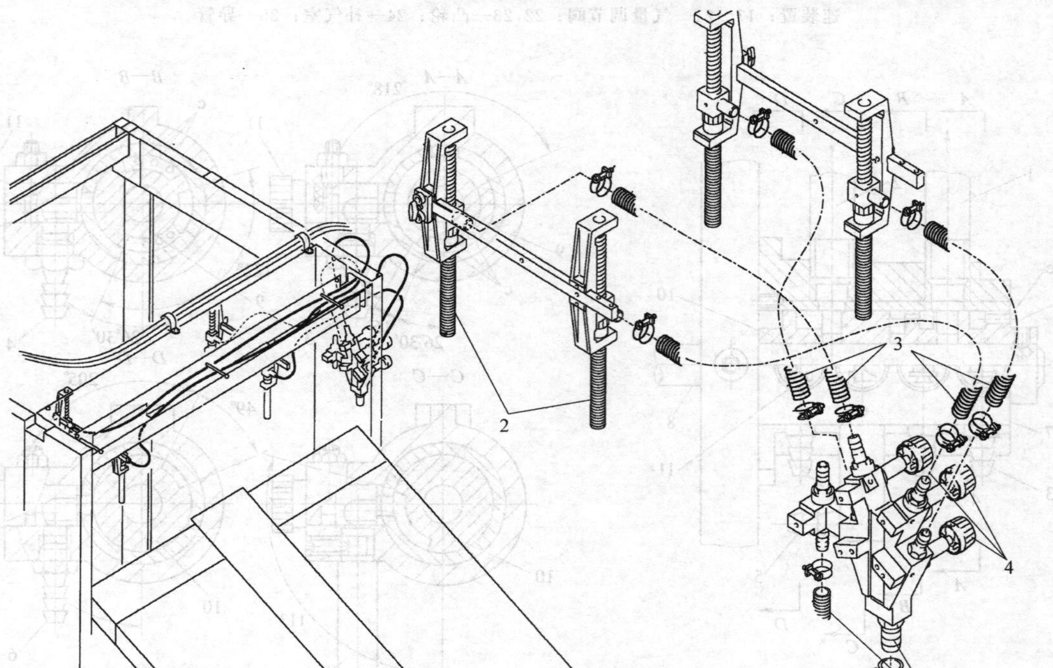

图 3-11　海德堡、高宝等平版印刷机堆纸台前部的侧吹风装置的气路系统

1,3—气管；2—吹风杆；4—气量调节阀

接通气泵的吹气气路，四只前侧吹风杆 2 分别经气管 3 与气管 1 连通，四个气量调节阀 4 分别调节前侧吹风杆的吹风量。

如果输纸机构采用真空吸气带式输纸，则在输纸台板下还必须增加一套气路及气量调节装置，如图 3-12 所示。旋转式吸气阀 1 的阀芯的驱动来自于轴端带轮，经带与主机传动相连，吸气阀 1 旋转后使真空吸气带 2 吸住纸张并往前传送，气量调节阀 3 可根据纸张的厚薄调节真空吸气带吸气气量的大小。输纸台板底下的吸气气路中还装有风扇 4、空气过滤器 5 等装置，防止纸张上的纸粉纸毛堵塞气路及阀芯。

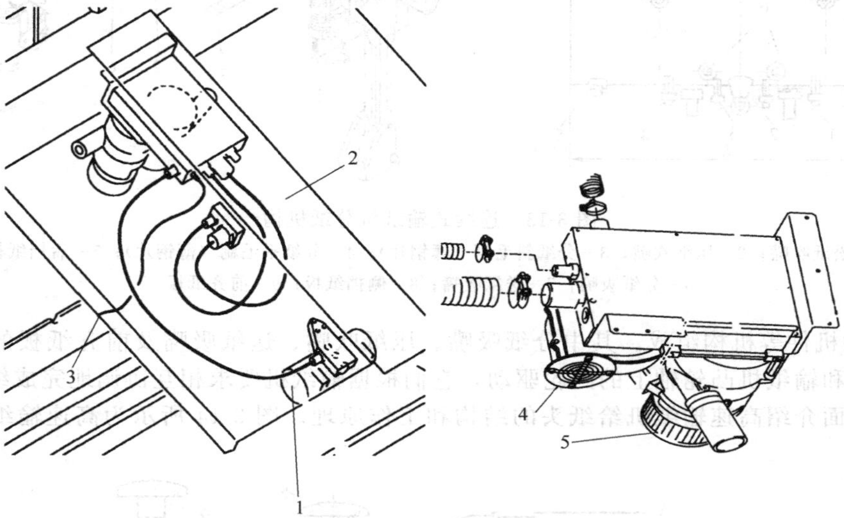

图 3-12　真空吸气带式输纸气路及气量调节装置

1—旋转式吸气阀；2—真空吸气带；3—气量调节阀；4—风扇；5—空气过滤器

此外，海德堡 Speedmaster CD102 平版印刷机的输纸装置中有两个乱张固定头，经过气路系统的吹气使两个压纸头下落压住纸张，两个机械式侧规也是经过气路系统的吹气使不进行拉纸定位的侧规上抬让纸。

三菱、高宝、罗兰以及海德堡 Speedmaster CD74 等一些型号的平版印刷机采用气动式侧拉规，因此相应的在输纸台板下增加一套气路及气量调节装置。

第三节　分纸机构与齐纸机构

现代平版印刷机的分纸机构都是连续重叠式气动输纸，要求准确无误地将纸张从纸堆中逐张分离出来并向前传递给送纸辊，无双张、多张、空张、早到、迟到、歪斜等故障，同时还要求能适应各种不同规格和品种的纸张。

一、分纸机构

气动式连续输纸机分纸机构又称给纸头。其功能是周期性地将单张纸从纸堆上逐张分离出来并向前传递给送纸辊。分纸机构在工作过程中要求准确、无误，各机构工作要正确、协调，在分离纸张时既不能出现双张或多张，也不能有空张的出现。同时还要求能适应各种不同规格和品种的纸张。

图 3-13 为连续式输纸机分纸机构工作位置及外形结构示意。它主要由松纸吹嘴 1、分纸吸嘴 6、压纸吹嘴 2、送纸吸嘴 7 以及后挡纸板 5、侧挡纸板 8、前齐纸板 9、毛刷（薄钢片）

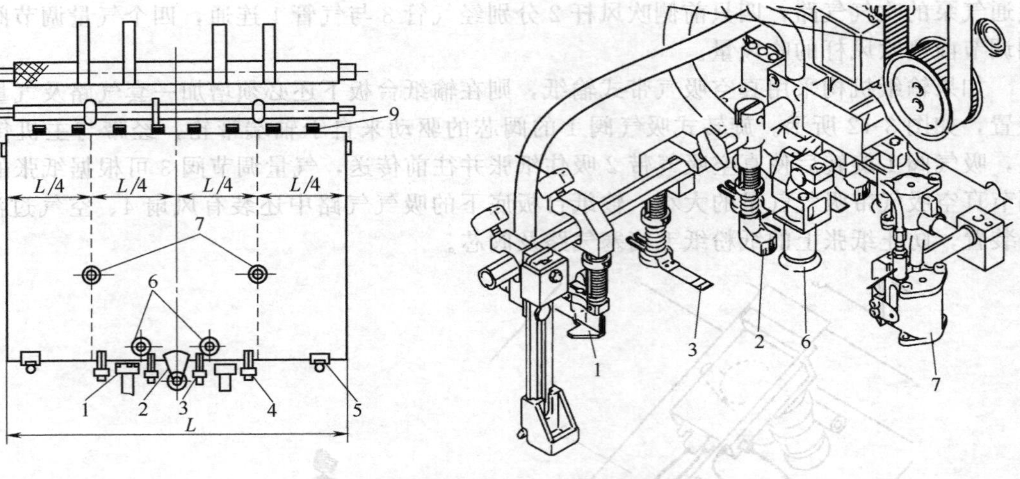

图 3-13　连续式输纸机分纸机构

1—松纸吹嘴；2—压纸吹嘴；3—分纸斜毛刷（薄钢片）；4—分纸平毛刷（薄钢片）；5—后挡纸板；6—分纸吸嘴；7—送纸吸嘴；8—侧挡纸板；9—前齐纸板

3、4 和辅助机件等机构组成。其中分纸吸嘴、压纸吹嘴、送纸吸嘴及前齐纸板的运动均由给纸头凸轮和输纸机凸轮轴上的凸轮驱动，它们根据输纸机要求相互协调地完成纸张的分离与传送。下面介绍高速输纸机给纸头的结构和工作原理。图 3-14 所示为高速输纸机给纸头外形结构。

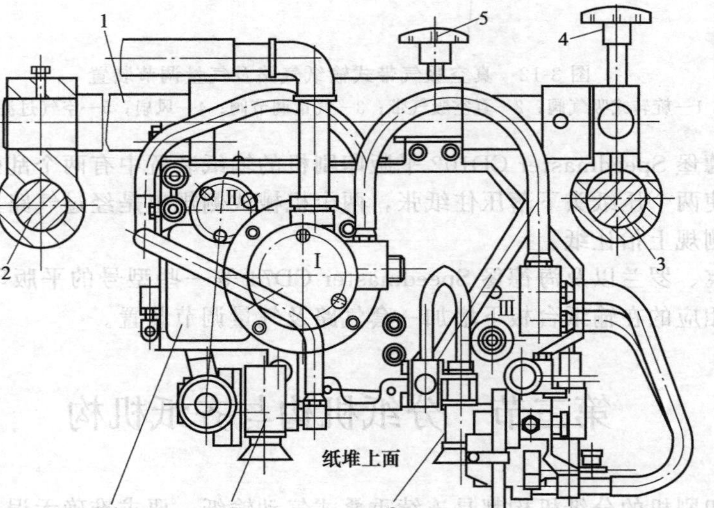

图 3-14　高速输纸机给纸头外形

1—支承轴；2,3—固定轴；4—调节螺钉；5—手轮；6—分离头墙板；7—送纸吸嘴；8—分纸吸嘴

给纸头由支承轴 1 支承，支承轴一端安装在固定轴 2 上的支架上，而另一端通过给纸头升降机构与固定轴 3 相连接。旋转调节螺钉 4，支承轴 1 绕固定轴 2 转动，就可调节给纸头与纸堆面的相对距离。为适应不同幅面的纸张，支承轴 1 侧面装有齿条，当松开偏心块，转动星形手轮 5 时，由于齿轮齿条的啮合关系，从而带动给纸头在支承轴 1 上作前后移动。

图 3-15 所示为高速输纸机给纸头工作原理。

图 3-15 中的横跨给纸头墙板的轴有三根，分别为轴Ⅰ、轴Ⅱ和轴Ⅲ。

轴Ⅰ是给纸头气阀兼凸轮轴，与主机滚筒的速比为1∶1。在轴Ⅰ上有2个凸轮，凸轮2控制压纸吹嘴的运动，凸轮3控制分纸吸嘴的升降运动。四个气阀集中在给纸头墙板的操作面。

送纸吸嘴是在轴Ⅰ上由偏心轮5带动而作前后移动，在摆杆9上通过铰链与拉杆1连接，拉杆上的滚子12在导轨6上作直线滚动，从而使送纸吸嘴10的前后移动基本上是直线运动。

轴Ⅱ是送纸吸嘴摆杆9和分纸吸嘴摆杆14公用的支承轴。

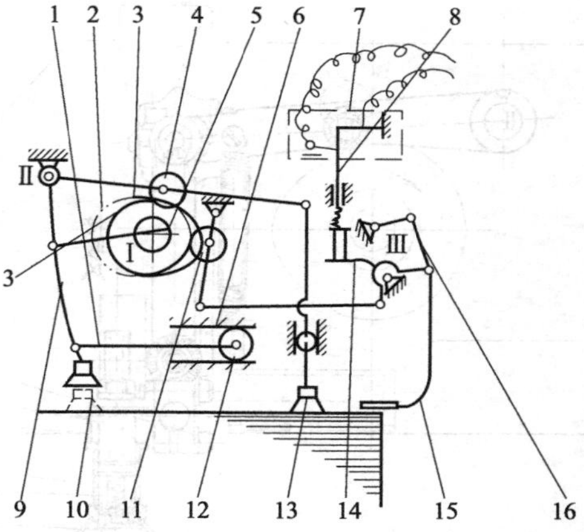

图3-15　高速输纸机给纸头工作原理

1—拉杆；2—压纸吹嘴凸轮；3—分纸吸嘴凸轮；4,11,12—滚子；5—偏心轮；6—导轨；7—微动开关；8—触点；9,14—摆杆；10—送纸吸嘴；13—分纸吸嘴；15—压纸吹嘴；16—连杆

根据图3-15所示的输纸机给纸头工作原理，为使纸张从纸堆上准确无误地分离传送给送纸辊，给纸头各分纸机件的运动需要有一个相互配合、协调的关系，具体的运动要求：首先由松纸吹嘴把纸堆上面的一部分纸吹松；分纸吸嘴下降到最低位置同时吸住纸堆最上面的一张纸上升，压纸吹嘴下落压住由分纸吸嘴吸起纸张下面的纸堆并吹风；送纸吸嘴吸住由分纸吸嘴分离出来的纸，完成纸张的交接过程后，把纸送给送纸辊。

下面分别叙述各机构的结构和它们的工作原理。

1. 松纸吹嘴

松纸吹嘴设置在纸堆的后面，左右各一个。它的作用是将纸堆上面数张到十几张纸吹松，使它们与挡纸毛刷相接触，便于纸张分离。

图3-16所示为松纸吹嘴结构示意。

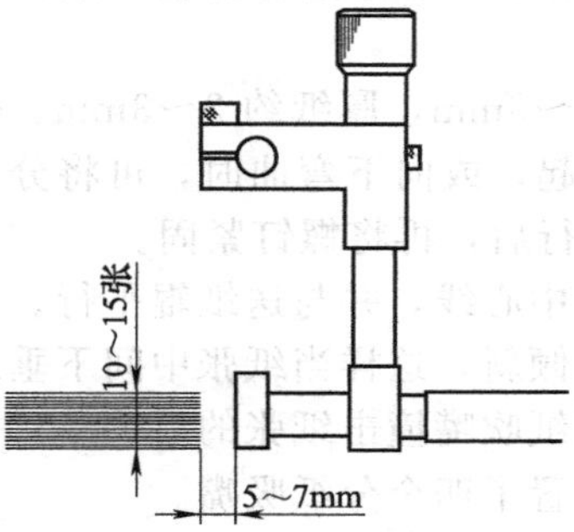

图3-16　松纸吹嘴结构示意

吹嘴上有三排小孔，吹嘴吹出的气流以喇叭状进入纸张之间，这种喇叭状的气流能做到中间风力较大、而两旁风力较小。风力集中的区域对着纸堆，即可保证纸张被吹松，又能使最上面的纸不受过大的风力而飘起，造成双张。一般要求能将纸堆表层5～10张纸吹松为宜。为适应不同纸张的要求（厚纸和薄纸），松纸吹嘴的高低和前后位置可根据不同的要求来进行调节，松纸吹嘴距纸堆后边缘一般在6～10mm。松纸吹嘴的风量调节是通过风量调节阀来进行，风量大小一般控制在纸堆最上面的2～3张纸刚能和毛刷相接触为宜。

侧松纸吹嘴一般在大幅面的印刷机上配置，主要是为了配合压纸吹嘴的工作，扩大被吸起的纸张与下面纸张全面分离的程度，使送纸吸嘴比较顺利地把纸送入到送纸辊。

2. 分纸吸嘴机构

分纸吸嘴是将纸堆最上面的一张纸吸起并交给送纸吸嘴，图3-17及图3-18所示为其结构及机构运动简图。

由图3-18所示，分纸吸嘴机构主要由凸轮1、摆杆2、导杆3、导轨4组成的凸轮—四杆机构和由活塞5、缸体6的气动机构这两套机构组合而成。这里吸嘴仅作单一的上下运动，其运动的行程是两组机构运动的合成。

当凸轮1的最小半径与摆杆2上的滚子接触时，分纸吸嘴在最低位置，此时吸嘴与气路接通，吸嘴吸住已吹松的上面一张纸，这时吸嘴内形成负压（真空），在大气压的作用下，

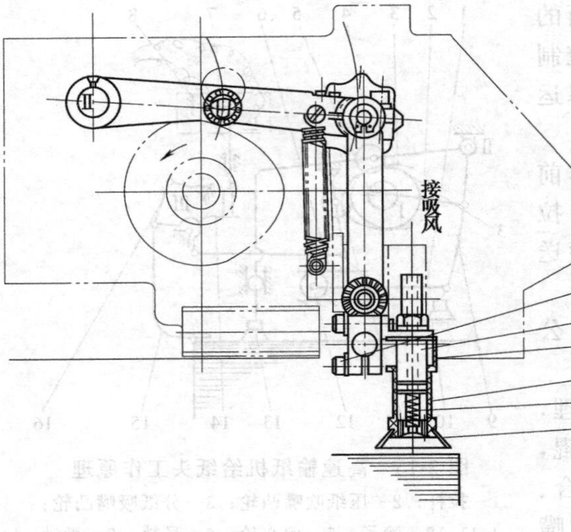

图 3-17　分纸吸嘴机构

1—螺钉；2—吸嘴导柱；3—定位片；4—吸嘴套；5—压簧；6—橡胶圈

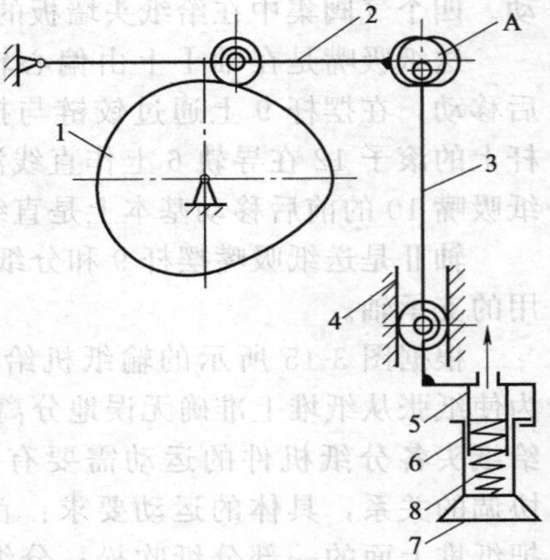

图 3-18　分纸吸嘴原理

1—凸轮；2—摆杆；3—导杆；4—导轨；5—活塞；6—缸体；7—吸嘴；8—弹簧

活塞 5 连同吸嘴克服弹簧 8 的作用力迅速上升，随着凸轮 1 与摆杆 2 上的滚子接触由最小半径转到最大半径，导杆 3 带动整个气动机构上升约 24mm。当送纸吸嘴接过纸张后，分纸吸嘴立刻停止吸气，气缸内真空消失，在弹簧 8 的作用下，活塞 5 连同吸嘴一起被弹下，恢复原位。当凸轮 1、摆杆 2 上的滚子接触由最大半径处转向最小半径处，使导杆 3 带动气动机构下降，直到吸嘴降到吸纸位置准备下一次吸纸工作。图 3-18 中，A 是偏心销轴，用来调节分纸吸嘴与纸堆面的相对距离。

分纸吸嘴在最低位置时，底面与纸堆面的距离，薄纸约 6～8mm，厚纸约 2～3mm。分纸吸嘴中心距纸堆面后边缘约 23mm，如果纸堆后边缘向上翘起，或向下弯曲时，可将分纸吸嘴支架夹紧螺钉 1（图 3-17）松开，调节分纸吸嘴与纸面平行后，再将螺钉紧固。

在给纸头上共有两个分纸吸嘴，其高度相同，对称于机器中心线，并与送纸辊平行。印厚纸时，两吸嘴竖直向下，印普通纸时，两分纸吸嘴稍微向内倾斜，这样当纸张中间下垂或鼓起时，能把纸拉平，提高传送纸张的精度，同时还能防止压纸吹嘴撞击纸张的后边。

在高速状态下为了更好分离纸张，有些印刷机给纸头上设置了四个分纸吸嘴。

3. 压纸吹嘴机构

压纸吹嘴机构的功能可归纳为以下三个：①在分纸吸嘴吸起纸堆最上面的一张纸时，压纸吹嘴立即向下压住纸堆，以免送纸吸嘴将下面的纸张带着；②在压纸吹嘴压住纸堆后便吹风，使分纸吸嘴分离出来的纸张完全与纸堆分离，以便输送；③探测纸堆面高度，当纸堆面降低到一定高度使给纸头将要不能正常工作时，压纸吹嘴探测机构及时发出信号，使输纸台自动上升。

图 3-19、图 3-20 所示为压纸吹嘴机构的结构及运动简图。由图 3-20 所示，它主要由凸轮 1、摆杆 2、压纸吹嘴 8 及微动开关等组成。

压纸吹嘴 8 的摆动是由轴上的凸轮 1 通过摆杆 2、连杆 3、摆杆 4 及机件 5 的配合来完成的。

当压纸吹嘴压住纸堆，纸堆高度低于规定要求时，摆杆 4 上的凸块顶动导杆，导杆克服压簧的力，顶动微动开关，微动开关就发出纸堆上升的信号。当纸堆高度符合规定高度时，

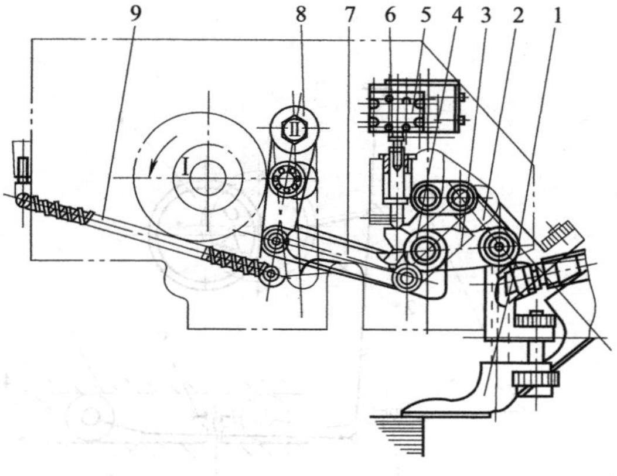

图 3-19　压纸吹嘴机构

1—压纸吹嘴；2,8—摆板；3,7—拉杆；4—销轴；5—微动开关；6—导杆；9—拉簧

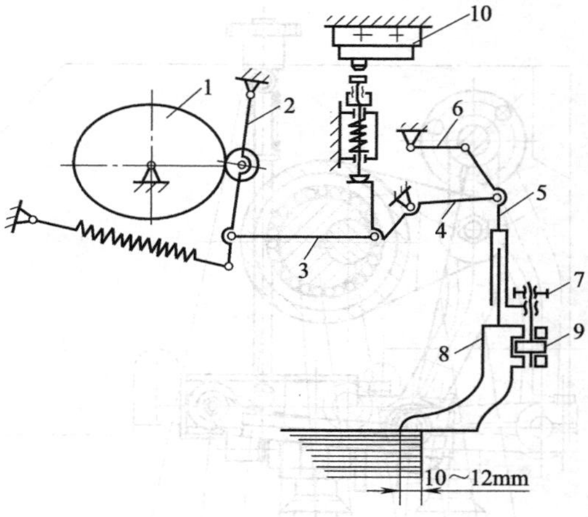

图 3-20　压纸吹嘴机构原理

1—凸轮；2,4,6—摆杆；3—连杆；5—机件；7—调节螺钉；8—压纸吹嘴；9—调节螺母；10—微动开关

由于压纸吹嘴下降的距离较小，摆杆 4 摆动的角度就小，这样摆杆 4 上的凸块抬升的高度低，导杆也就上升得距离低，不能顶动微动开关闭合，输纸台停止上升。

图 3-20 中 9 是调节螺母。在纸堆表面平整，纸堆面与前齐纸板、分纸吸嘴的距离误差相同时，通过调节螺母 9，在压纸吹嘴机件 5 伸长时，纸堆面就降低一点，缩短可使纸堆面升高。如果纸堆面与前齐纸板的距离适当，但分纸吸嘴与纸堆面距离较大，则可用插木楔增加纸堆高度来解决。如果相反，应通过在纸堆前面部分垫废纸带的方法将纸堆垫平整。在调整纸堆高度时，应前后同时考虑采取相应的措施。

但是海德堡平版印刷机压纸吹嘴没有探测纸堆高度的功能。纸堆高度通过一个压纸块进行检测，如图 3-21 所示。分纸凸轮轴上的凸轮 1 经滚轮 2、摆杆 3 带动检测压纸块 4 上下摆动。当纸堆太低时，检测压纸块杆继续下降，传感器 5 将接收到的信号传给纸堆自动间隙上升机构，堆纸台上升。检测压纸块 4 下降到接近纸堆时，滚轮 2 与凸轮 1 之间留有间隙，便于检测压纸块始终能压住纸堆，能探测到纸堆的高度。

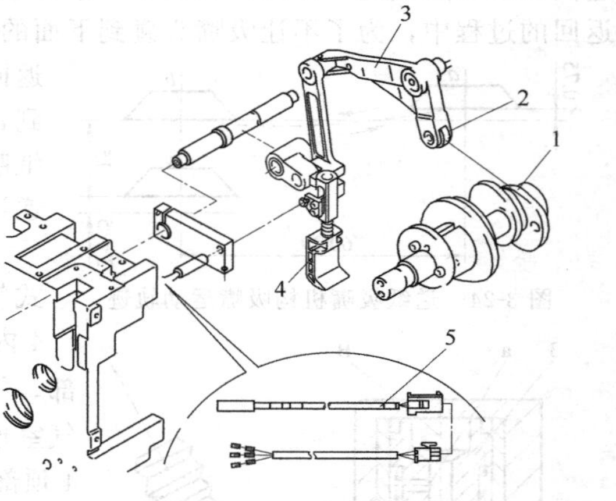

图 3-21　海德堡平版印刷机压纸吹嘴结构

1—凸轮；2—滚轮；3—摆杆；4—检测压纸块；5—传感器

三菱平版印刷机的压脚吹嘴既不吹风也不能检测纸堆高度，仅用于压住纸堆。纸堆高度通过给纸头中压脚吹嘴杆旁的红外线探测头进行检测，灵敏度也很高。

4. 送纸吸嘴机构

送纸吸嘴是将分纸吸嘴分离出来的纸张吸住，并将纸传送给送纸辊。纸张的递送和接放由相应的机构进行机械往复运动和吸嘴的吸气、断气动作来配合完成。图 3-22、图 3-23 所示为送纸吸嘴机构的结构及其运动简图。

由图 3-23 所示，送纸吹嘴主要由偏心轮 1、摆杆 2、连杆 3、送纸吸嘴 5 等组成。其运动是由分纸轴上的偏心轮 1 转动使摆杆 2 摆动，通过铰链的作用带动连杆 3 上的送纸吸嘴 5

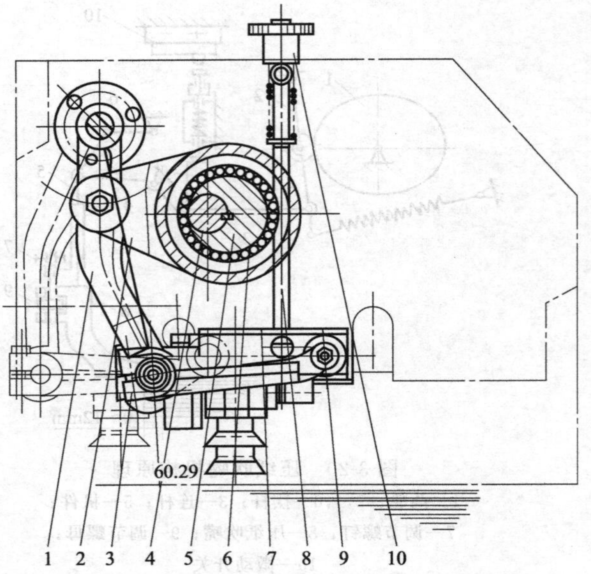

图 3-22　送纸吸嘴机构（一）

1—摆杆；2—连杆；3—摆臂；4—凸轮轴；
5—偏心轮；6—滚针轴承；7—导轨；
8—调节杆；9—滚珠轴承；10—调节柄

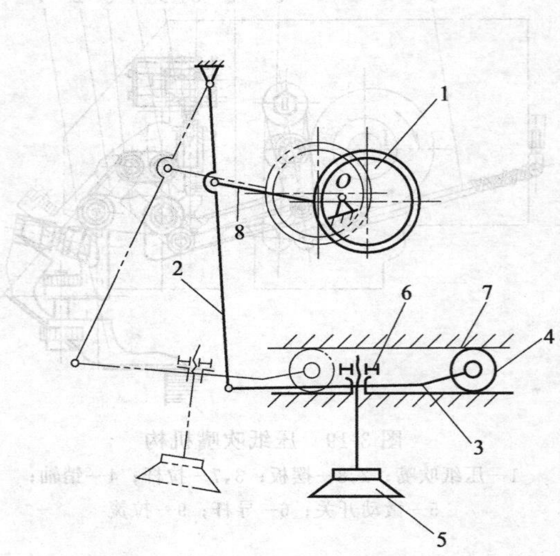

图 3-23　送纸吸嘴原理

1—偏心轮；2—摆杆；3,8—连杆；
4—滚子；5—送纸吸嘴；6—调节
螺钉；7—导轨

工作。

图 3-24 所示为送纸吸嘴机构吸嘴的运动轨迹，图中其运动轨迹用虚线表示，送纸吸嘴在 a 点时为递纸结束，b 点为送纸吸嘴返回到起始点，送纸吸嘴向前递纸和返回准备吸纸，它们的运动路线是一样的，近似于一条直线运动（其实是一条较平坦的弧线）。送纸吸嘴在返回的过程中，为了不让吸嘴头碰到下面的纸张，吸嘴头应缩回到最高位置，只有当吸嘴头返回到 b 点时，吸气头通气活塞下落，由 b 点下落到 c 点，当吸嘴头橡胶圈一接触纸张，再由 c 点将纸吸起提升到 b 点，接着吸嘴吸住纸张从 b 点向前递送到 a 点。

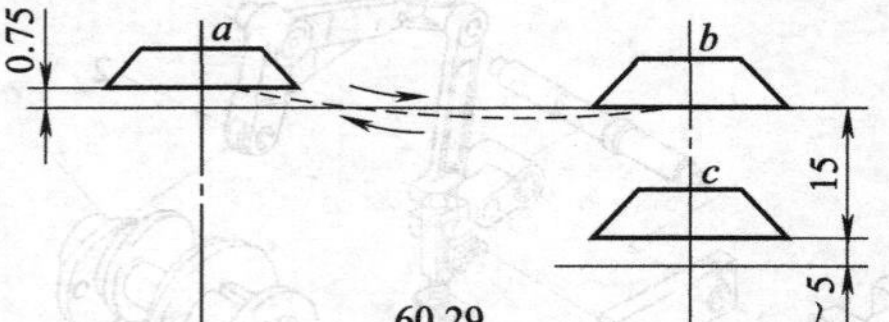

图 3-24　送纸吸嘴机构吸嘴运动轨迹

图 3-25 所示为送纸吸嘴的结构。它是一种差动式气动机构，主要用于实现吸嘴的上下运动。气缸 4 内腔分为 A、B 两个气室，气室 B 直通吸嘴 1 底部，气室 A 通过孔 b 与气路相通，而孔 a 将 A、B 两气室连通。吸嘴不吸纸时，活塞 3 被弹簧 2 压向气缸 4 顶部。当吸气气路接通后，气室 A 气压迅速下降，由于孔 a 的截面积很小，故通过吸嘴 1 流入气室 B 的气量要比从 B 室经孔 a 流入 A 室的气量大得多，从而使活塞 3 克服弹簧 2 的压力下降吸纸。当吸嘴的橡胶圈吸住纸张后，气室 A 和气室 B 压力趋于平衡，这时在弹簧 2 的作用下活塞连同吸嘴 1 突然向上提升（提升距离为 15mm）。

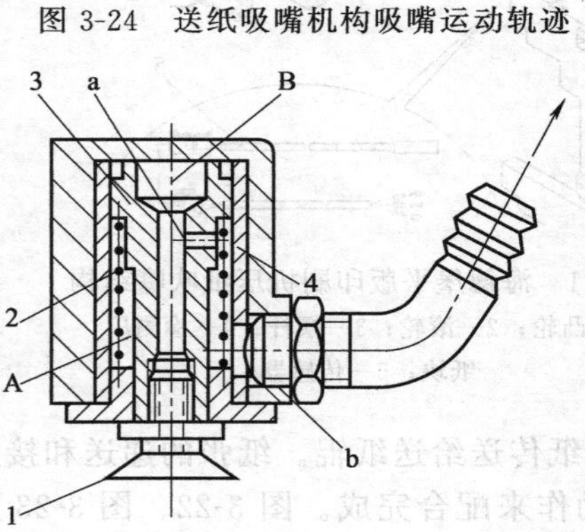

图 3-25　送纸吸嘴结构（二）

1—吸嘴；2—弹簧；3—活塞；4—气缸；
A,B—气室；a—阻尼孔；b—通气孔

这种送纸吸嘴机构是通过偏心曲柄机构来完成送纸吸嘴的往复运动。送纸吸嘴前后摆动呈正弦运动规律变化，故运动平稳，无振动，这样就提高了送纸吸嘴往复运动的稳定性，也使吸纸和送纸时交接平稳。另外，送纸吸嘴的滚子在两导轨中滑动时，导轨一边固定，另一边导轨是可调的，调节两导轨的平行度，可以调节纸张不走斜。

送纸吸嘴的位置如处在图 3-13 中距纸两侧边各 $L/4$ 的地方，在这个位置送纸吸嘴吸起纸张最有利，稳定性最好，分离和传递纸张的效果最佳。在高速状态下为了更好地分离纸张，有些单张纸平版印刷机在给纸头上送纸吸嘴增加到四个。

5. 分纸机构的其他辅助机件

现代高速印刷机输纸机的分纸机构除了凸轮轴、配气阀、松纸吹嘴、分纸吸嘴、压纸吹嘴、送纸吸嘴等几大主要工作部件外，为了适应各种厚薄纸张准确分离和传送动作更加平稳、准确，输纸机上还配有挡纸毛刷、挡纸板和压纸块等辅助机件。

（1）挡纸毛刷　挡纸毛刷有两种形式：一种是斜挡纸毛刷；另一种是平挡纸毛刷。如图 3-26 所示。

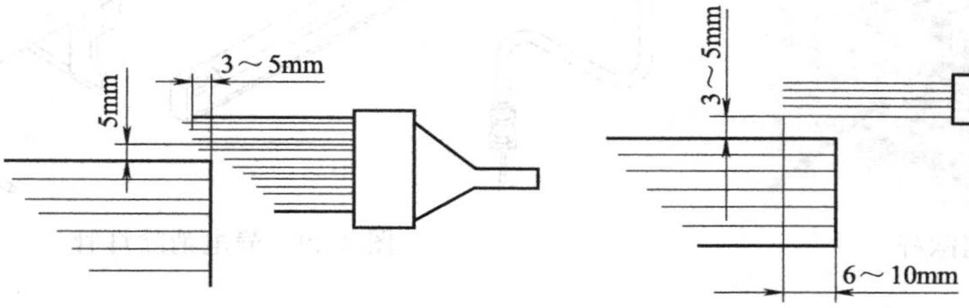

图 3-26　挡纸毛刷

斜挡纸毛刷是在松纸吹嘴吹风时，将被吹松的纸张由刷毛支撑起，使之持续保持吹松状态；同时还能协助分纸吸嘴分离纸张。斜挡纸毛刷的位置以刷毛能挂住被吹松的纸为宜。

平挡纸毛刷是将被松纸吹嘴吹松的纸张控制在适当的高度，并刷掉被分纸吸嘴吸起的多余纸张，防止双张或多张现象发生。

挡纸毛刷的工作位置一般情况下为毛刷底平面高出纸堆面约 3～5mm，伸入纸堆边缘的距离，普通厚度的纸和厚纸为 3～5mm，薄纸为 7～9mm。也可参照图 3-26 所示给出的数据。如果毛刷伸入过多，会使分纸吸嘴的分纸动作受阻而出现“空张”；反之，就没有很好的充分利用它，而容易引起双张或多张，所以在输纸过程中，应把它们调节到适当的位置。

（2）挡纸板　挡纸板分为后挡纸板和侧挡纸板（见图 3-13 中 5 和 8）。它们的功能是控制纸堆上面待印纸张的整齐。

① 后挡纸板和压纸块　图 3-27 所示为后挡纸板和压纸块机构。它们作为一个整体，分别对称压在纸堆两侧，以减少双张和多张等输纸故障。后挡纸板 2 具有两个功能：一是作为调节分纸机构与纸堆前后相对位置的基准，一般后挡纸板和纸堆后边缘保持约 1mm 的距离；二是保证纸堆整齐，防止被吹松的纸张在分纸过程中向后移动。压纸块的功能是保证分纸过程的准确稳定。压纸块 1 的重量可以适当调节，压纸块上钻有四个圆孔，可放置四个钢球。钢球全部放入，压纸块重量最大，可协助分纸吸嘴及挡纸毛刷起减少双张的作用。当印刷薄纸时，压纸块不宜过重。

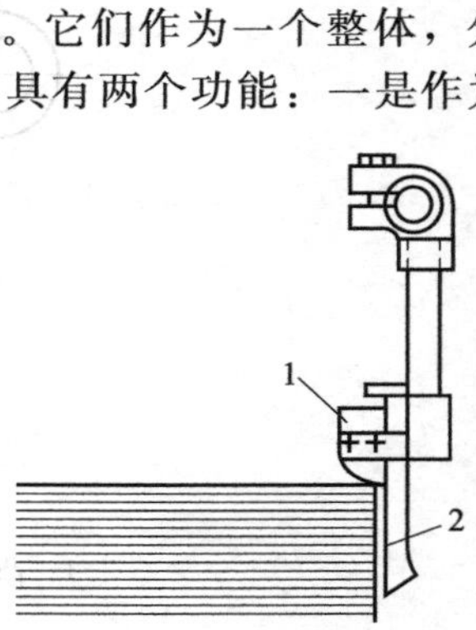

图 3-27　后挡纸板和压纸块机构

1—压纸块；2—后挡纸板

② 侧挡纸板　侧挡纸板 8（图 3-13）的功能是使纸堆两侧保持整齐。它固定在纸堆架左右两侧，可根据纸张尺寸和纸堆位置进行调整。一般距纸堆侧面 2mm 为宜，过近过远都易发生侧规矩定位故障。这里需要说明的是侧挡纸板只能对纸堆左右的微量

不齐加以推正，而保证侧边输纸整齐的根本措施还是要把纸堆装整齐。

(3) 静电消除机构　纸张输送过程中会因为摩擦而引起静电干扰，纸张的粘连将影响纸张顺利地分离和传送。许多单张纸平版印刷机输纸机构都增加了静电消除的功能。如三菱平版印刷机输纸台板上不是平整光洁，而是被加工成了鱼鳞形，以防止纸张产生静电，并且侧松纸吹嘴吹出带电离子风；高宝平版印刷机的压脚吹嘴也吹出带负电离子风，以中和纸张上所带的正电荷；罗兰、高宝平版印刷机采用图 3-28 所示的静电消除杆，海德堡平版印刷机采用的静电消除杆安装在堆纸台前端的输纸台架上，图 3-29 所示为小森平版印刷机在同样的位置安装了一支静电消除灯管。

图 3-28　静电消除杆

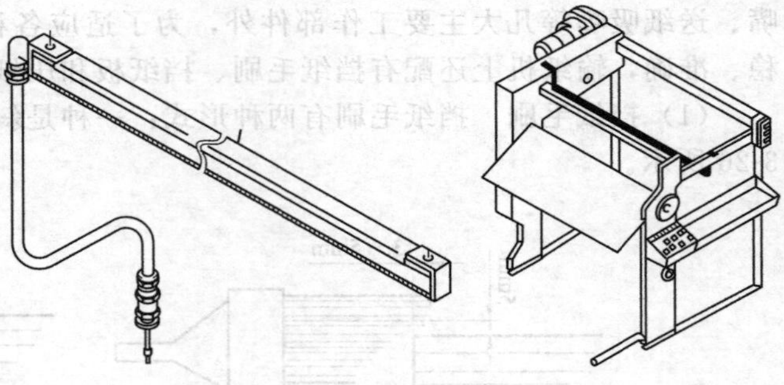

图 3-29　静电消除灯管

二、齐纸机构

齐纸机构又称前齐纸板机构，它位于纸堆前边缘。它的主要功能是保持纸堆前缘的整齐。在松纸吹嘴吹松纸堆上面十几张纸时，齐纸机构中的齐纸板立起挡住被吹松的纸张，以免纸向前错动，而当送纸吸嘴吸住纸向前递送纸时，齐纸板则向后摆动，以便让纸通过。图 3-30 所示为齐纸机构的结构及运动简图。

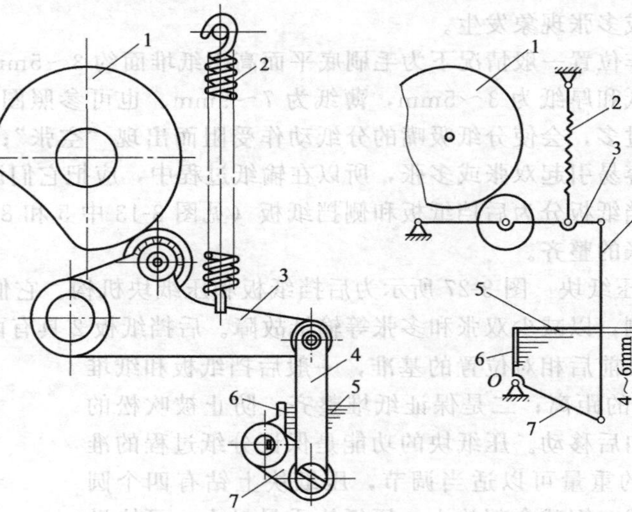

(a) 结构　　(b) 运动简图

图 3-30　齐纸机构

1—凸轮；2—拉簧；3,7—摆杆；4—连杆；5—纸堆；6—齐纸板

根据图 3-30 (b) 所示，它主要由输纸机凸轮轴上的凸轮 1、拉簧 2、摆杆 3、连杆 4、摆杆 7 和齐纸板 6 等构件组成。当送纸吸嘴开始递纸时，凸轮 1 的小面与滚子接触，在拉簧 2 的作用下，通过摆杆 3、连杆 4、摆杆 7，使齐纸板 6 逆时针方向绕 O 摆动让纸通过。当凸

轮1的大面与滚子接触时，摆杆3顺时针方向摆动，通过连杆4，使齐纸板6顺时针摆向纸堆，把松纸吹嘴吹松的纸张理齐，而后压纸吹嘴压到理齐的纸堆上。工作位置的调节是通过调节凸轮在其轴上相对位置来达到的。调节要求：当送纸吸嘴吸纸上升，前齐纸板开始向送纸辊方向摆动，只要纸的咬口经过其顶部，即可回到垂直位置，但它必须在松纸吹嘴开始吹风前就恢复这个位置，这样才能起到挡纸齐纸的作用，纸堆前沿一般应低于齐纸板4～6mm。

第四节　输纸机构

输纸机构的作用是将飞达部分分离出来的纸张平稳、准确、无划痕地输送到前规及侧规处进行定位。印刷速度越高，纸张规格或厚薄变化越多，则对输纸机构的工作要求也越高。

单张纸平版印刷机常用的输纸机构有两大类：一类是小森平版印刷机、海德堡平版印刷机上使用的传送带式匀速输纸机构；另一类是三菱平版印刷机、高宝平版印刷机、罗兰平版印刷机上使用的真空吸气带式减速输纸机构。

一、传送带式纸张输纸机构

图3-31所示为传送带式纸张输纸机构。

这种输纸机构，纸张是由给纸头的送纸吸嘴递送到送纸辊，再由送纸辊输送到输纸板上，在输纸板输纸部件的配合控制下将纸平稳地输送到定位部件进行定位。它一般由送纸压轮机构、输纸台装置、传送带传动机构等部分组成。对它的工作要求如下。

① 六根线带的厚薄需均匀。

$$\begin{aligned}\text{输纸台板上纸张输送速度 } v_1 &= \text{线带移动速度 } v_2\\ &= \text{主动线带轴转速 } n\times(\text{轴半径 } R+\text{线带厚度 } H)\end{aligned}$$

若线带厚度 H 不等，则输纸速度 v 也不等，纸张无规则的忽快忽慢，导致歪斜。因此，六根线带厚薄要均匀，尤其是线带的接口处要对剖后再缝合，保证平整。

② 六根线带的张紧程度需一致且适度。六根线带与主动线带轴的张紧程度决定了线带轴给予线带的摩擦力大小，也即决定了线带移动的速度，从而决定了线带上纸张的输送速度。若六根线带张紧不一，纸张势必歪斜；线带绷得过紧，带的张力过大，带易伸长，易老化。通过推动张紧臂改变张紧轮的上下位置，绷紧线带。一般以能提起线带离输纸台板约20mm为佳。带在长期使用中，不可避免地会出现伸长，因此，要经常检查带的松紧，及时张紧。

③ 压纸轮在线带上的位置及与线带的压力要恰当。第一排压纸轮均匀地布置在主动线带轴上；最下面一排压纸轮的压纸点距离前规定位纸张的拖梢边约2mm左右，切不可压住定位纸张的拖梢，以免侧规拉纸时拖梢被压住而使纸张歪斜或拉不到位。

为防止输纸台上的纸张向中间拱起，可使左右压纸轮微微往外张开，使输纸力略往外偏斜，确保纸张平整挺刮。当然，若偏斜太大，则输不动纸，甚至擦破纸张。

各压纸轮与线带的压力要均匀一致，以能顺利地使纸张往前输送为目的。左右压纸轮压力不匀，压力重的一侧输纸快，压力轻的一侧输纸慢，导致纸张歪斜。压纸轮压力太大，在纸张上留下压痕或擦伤纸张上原有的印迹。

④ 毛刷轮、压纸球的位置要正确。毛刷轮、压纸球都位于输纸板的前部，其作用都是防止纸张到达前规时的回弹和飘动，使纸张定位准确。毛刷轮的外圆与定位纸张后沿相切，既阻止纸张回弹，又通过轮子的转动使刷毛柔柔地推动纸张后沿往前规移动，使回弹的纸张继续送达前规。压纸球的重量较大，印厚纸时，置于纸张的前半部，其作用与毛刷轮相同，印薄纸时抬起，将毛刷轮移前至离纸张拖稍25～30mm处。

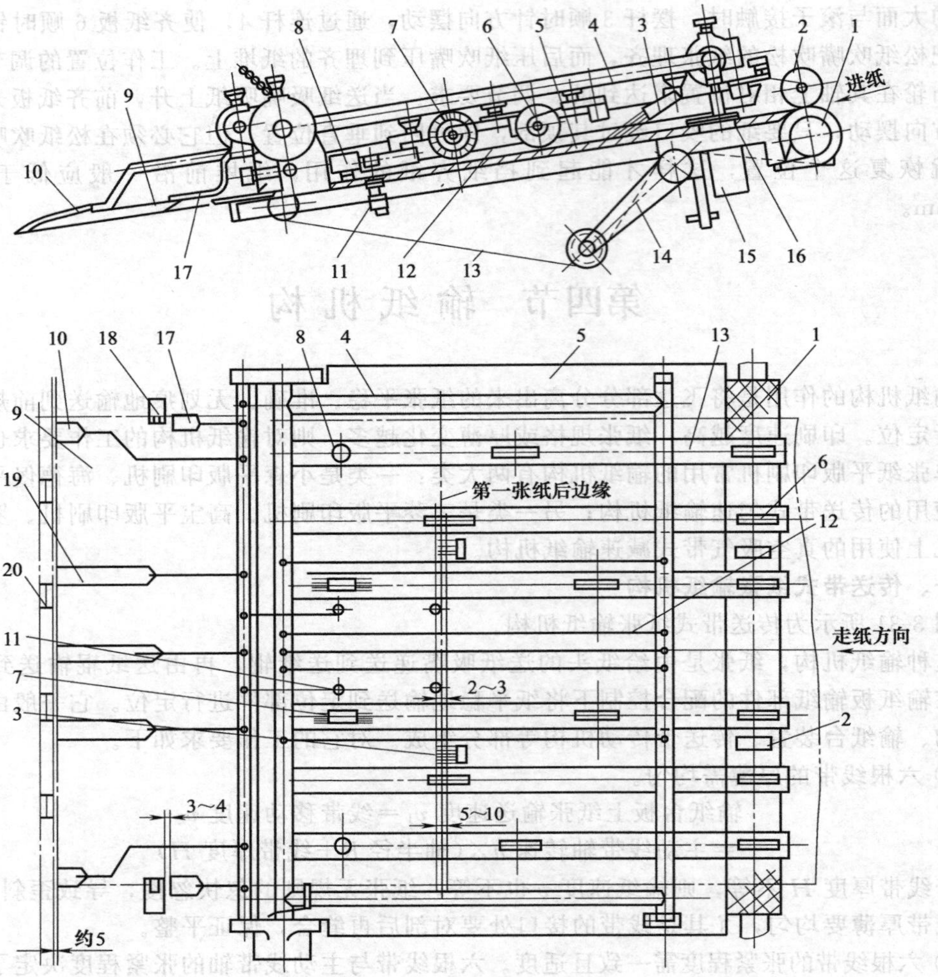

图 3-31　传送带式纸张输纸机构

1—送纸辊；2—压纸轮；3—压纸毛刷；4—压纸框架；5—输纸板；6—压纸滚轮；7—压纸毛刷滚轮；8—压纸球；9—递纸牙台；10—压纸片；11—吸气嘴；12—杆；13—传送带；14—张紧臂；15—阀体；16—卡板；17—侧规压纸片；18—侧规拉板；19—前压纸片；20—前规

毛刷轮、压纸球与线带的压力要控制恰当，压力太小，不足以阻止纸张回弹并往前推送之；压力太大，侧规拉不动纸张，纸张歪斜、或拉不到位；而且，会在纸张表面留下擦痕，甚至使纸张咬口在前规处起皱。

⑤ 印刷不同厚度的纸张需校正压纸轮等的压力。若前后两批印件的纸张厚度不同，则各压纸轮、毛刷轮、毛刷、压纸球与线带的压力要一一予以校正。

⑥ 印刷不同规格的纸张需移动压纸轮等的位置。若前后两批印件的纸张规格不同，则最后一排压纸轮及毛刷轮、毛刷、压纸球的位置要移动，以防止所印纸张进入前规时的回弹和飘动。

1. 送纸压轮机构

图 3-32 所示为一典型送纸压轮机构的结构其工作原理。它是一种摆动式送纸压轮机构，凸轮 1 安装在输纸机的凸轮轴上，随轴不断地旋转运动，当凸轮 1 的升程弧与滚子 2 接触时，推动摆杆 3，使螺钉 5 逆时针转动，螺钉 5 顶动摆杆 7 使压纸轮 11 上摆让纸。这时送纸吸嘴把纸张向前送到送纸辊 12 上。当凸轮 1 的回程弧与滚子 2 接触时，在拉簧 4 的作用下，

摆杆 3、螺钉 5 顺时针摆动，通过弹簧 9，使压纸轮下落压纸，此时送纸吸嘴放纸，纸张在压纸轮 11 和旋转的送纸辊 12 之间靠摩擦力的作用向前传送到传送带上。

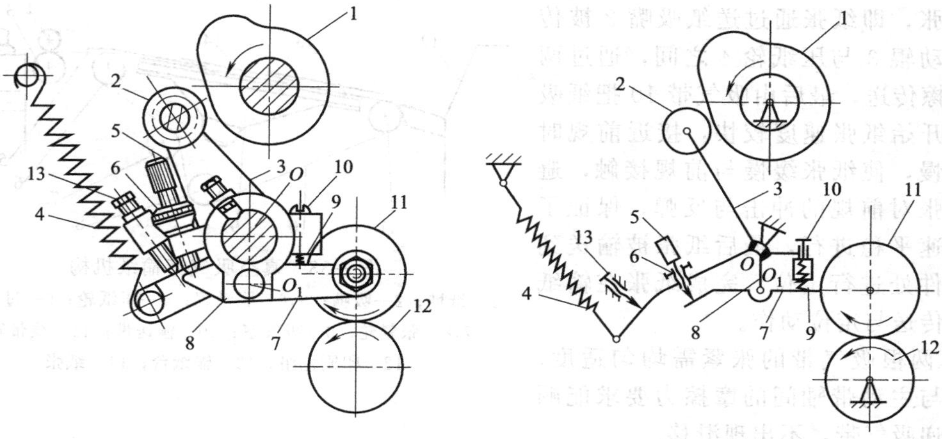

图 3-32　送纸压轮机构

1—凸轮；2—滚子；3，7—摆杆；4—拉簧；5—螺钉；6—螺母；8—支撑座；9—弹簧；10—调节螺钉；11—压纸轮；12—送纸辊；13—定位螺钉

调节螺钉 10，通过弹簧 9 的作用来调节压纸轮 11 和送纸辊 12 之间的压力。螺钉 5 用来微调单个压纸轮下落与送纸辊的接触时间。螺钉 13 是定位螺钉，用它来确定轴 O 顺时针转动时的极限位置，以免压纸轮压力过大，并能使压纸轮压纸时脱离凸轮 1 的控制，保证传纸的稳定性。

2. 输纸台装置

输纸台装置如图 3-31 所示，它主要由输纸板 5、送纸辊 1、压纸轮 2、压纸框架 4、吸气嘴 11、递纸牙台 9 及纸带传送机构等组成。在输纸板面上设有六条钢板，相对应配置六条传送带 13，以保证线带在输纸板面上运动灵活，减少线带和输纸板的摩擦。在输纸板前端设置的四个吸气嘴 11，主要是在输纸机输纸出现故障时起作用。当输纸机输纸出现故障（双张或其他故障），需取出乱张时，可掀起压纸框架 4（先要打开压纸框，锁住卡板 16），此时接通吸气回路，由吸气嘴 11 吸住纸张，使前端纸保持原位置，防止移位。在故障排除后，将压纸框架放下，扳回卡板锁，此时气路断开，可正常输纸印刷。压纸框架 4 由压纸滚轮 6、压纸毛刷 3、压纸毛刷滚轮 7、压纸球 8、压纸片 10、17、19 及框架等组成。压纸滚轮、压纸毛刷、压纸毛刷轮用来防止纸张到达前规时反弹和飘动。这里需要说明的是压纸滚轮与线带输纸台之间的压力，以及压纸滚轮的导纸方向，对输纸的准确性有很大关系，因此要求所有压纸滚轮的压力一致，轻重适宜。而压纸滚轮的旋转方向应与线带运动方向一致。有时为了展平纸张也可把两边的压纸滚轮略向外侧斜一些，但不宜过大。压纸球一般只在印刷比较厚的纸张时使用，用以增加压力，不用时可把球架抬起。侧规压纸片 17 用来压平纸角，保证纸张顺利进入侧规。使用压纸片 10 和 19 以防止纸边翘起影响前规定位和递纸牙咬纸。纸带传送机构主要由主动带辊、从动带辊、传送带和张紧轮等组成。它是保证纸张正常输送的装置。

传送带式匀速输纸装置能在整个幅面上稳定纸张，使纸张平整地到达前规，而且，结构非常简单。但是，由于纸张表面有压纸轮、毛刷轮等机件的摩擦，某种程度上会影响纸张表面的质量和已有的印迹；纸张到达前规时有较大的冲击和回弹，且机器速度越快，冲击和回弹越厉害。

二、真空吸气带式减速输纸机构

如图 3-33 所示为真空吸气带输纸机构原理示意。由吸气带吸住被分纸机构分离输送过来的纸张，即纸张通过送纸吸嘴 2 被传送给驱动辊 3 与压纸轮 4 之间，通过两者的摩擦传送，最后由吸气带 10 把纸吸住，刚开始纸张速度较快，接近前规时速度变慢，使纸张缓慢与前规接触，避免了纸张对前规的冲击与反弹，保证了输纸快速平稳进行，最后纸张被输送到规矩部件处进行定位，完成纸张在输纸板上的传送与定位动作。

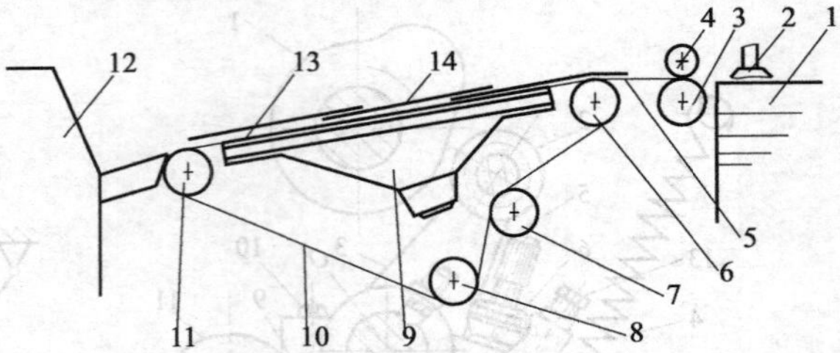

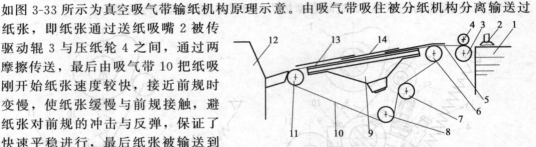

图 3-33　真空吸气带输纸机构

1—纸堆；2—吸嘴；3,6—驱动辊；4—压纸轮；5—过桥板；7,8—张紧轮；9—吸气室；10—输送带；11—线带辊；12—印刷色组；13—输纸台；14—纸张

① 两根吸气带的张紧需均匀适度。吸气带与主动带轴间的摩擦力要求能顺利地传递吸气带，不出现滑移。

② 吸气室的真空压大小要合适。可以通过气泵上的吸气气压调节阀进行调节。若吸气室的真空压太小，则吸气带吸住纸张的力太小，不能有效地输送纸张进入前规；若吸气室的真空压太大，则吸气带吸住纸张的力太大，纸张表面易出现吸气带的痕迹，使背面的图文蹭脏，甚至使薄纸破损。

③ 为避免较大幅面的薄纸在输送时平整度不足，纸张在吸气带之外起皱，纸角翘曲抖动，目前，绝大部分的真空吸气带式减速输纸机构都在输纸台板上增加了 2～4 根输送线带，并在定位纸张的梢处均匀布置了数只毛刷轮，拖梢后沿 5mm 处布置数只压纸轮，其主要作用是控制整个幅面上纸张的平整度，并防止到达前规定位的纸张回弹和飘动。因此，压纸轮、毛刷轮与线带间的压力较小，只须稍稍地给纸张一个往前输送的趋势即可，对纸张及其表面的印迹无损。若压力太大，不仅损伤纸张，而且会影响真空吸气带的顺利送纸。

④ 气泵和吸气气路要经常清洗。经常清洗能防止纸粉纸毛堵塞气泵和气路，影响吸气送纸的效果。

⑤ 印刷不同厚度的纸张需校正吸气气压大小及压纸轮位置。若前后两批印件的纸张厚度不同，则必须调节气泵上的吸气气压阀，改变吸气室的真空压，使吸气带吸住纸张的力合适。同时，各压纸轮、毛刷轮与线带的压力也要一一予以校正。

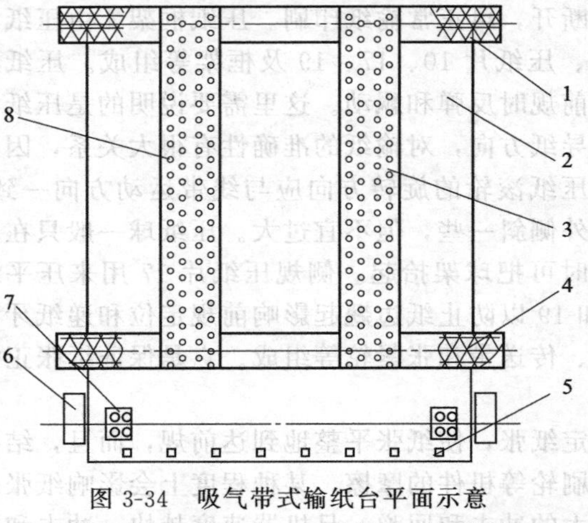

图 3-34　吸气带式输纸台平面示意

1—驱动辊；2—输纸台；3—输送带；4—线带辊；5—吹气口；6—侧规；7—辅助吸气轮；8—吸气带孔

⑥ 印刷不同规格的纸张需压纸轮等的位置。若前后两批印件纸张规格不同则压纸轮与毛刷轮的位置也要相应移动。

图 3-34 为德国罗兰 700 型四色单张纸印刷机吸气带式输纸台平面示意，它主要由驱动辊 1、输纸台 2、输送带 3、线带辊 4、侧规 6 及辅助吸气轮 7 等部件组成。图 3-35 为其纸张输送纵向传送简图。

由图 3-34 所示，在输纸台上安装有两条吸气带 3，当从纸堆上分离出来的纸张由驱动辊 2（见图 3-35）输送到输纸台上时，由吸气带 3 吸住，并传送到前规处定位，接着由侧规拉纸完成纸张的侧边定位。这种真空吸气带式输纸机构，去掉了传统输纸台上面的压纸框架，这样大大简化了输纸板机构，使操作与调节更为简单、方便，同时由于输纸台被做成鱼鳞式，故能防止纸张产生静电。这种输纸方式当然也使纸张的输送更加平稳、准确。而且对于裁切不整齐的纸张也能送到输纸台前由规矩部件定位。图 3-34 中 5 为吹气口，利用它的吹气作用使纸张前边缘（咬口）部分平稳地进入前规定位。而辅助吸气轮 7 则能使纸张以更平稳的方式进入前规处定位。图 3-35 中吸气室 4 的吸气量为恒定值，而吸气室 7 的吸气量大小则是可调的，主要是为了适应印刷不同厚薄纸张的要求。

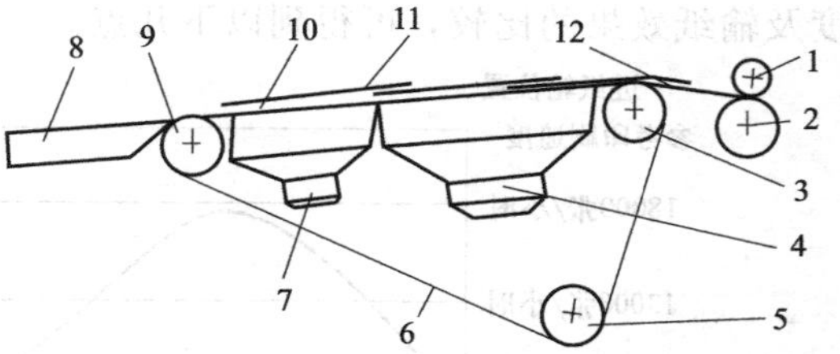

图 3-35 吸气带纸张输送纵向传送简图

1—压纸轮；2,3—驱动辊；4,7—吸气室；5—张紧轮；6—输送带；8—侧规板台；9—线带辊；10—输纸台；11—纸张；12—过桥板

在这种真空吸气带输纸装置中，为了避免纸张由于高速的运送，而使纸张前边缘（咬口）到达前规时，产生冲击和反弹卷曲等现象，影响前规的定位准确性，故吸气带的运行采用了变速的方式，即在保证工作循环周期不变的情况下，纸张在输纸的前段时间内高速运行，在靠近前规的一段距离内则作慢速输送，这样纸张就以较缓慢的速度靠近并与前规接触，增加定位的稳定性，保证印刷质量。实现纸张变速输送的方法很多，这里介绍一种齿轮-连杆变速机构。

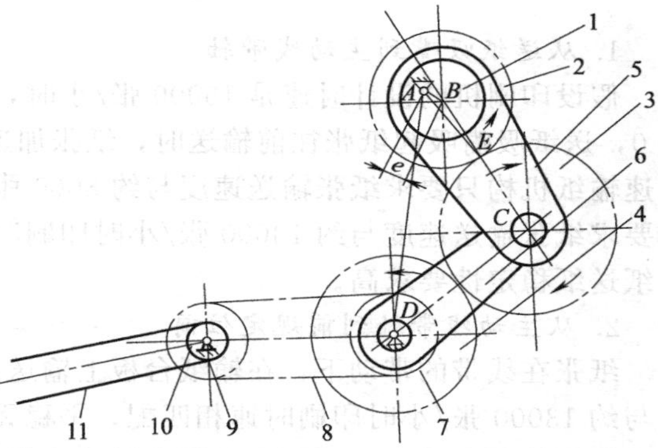

图 3-36 齿轮-连杆变速机构

1,10—轴；2—偏心齿轮；3—活动齿轮；4—齿轮；5,6—连杆；7,9—链轮；8—链条；11—真空吸气带

图 3-36 所示为该变速机构的工作原理。主动轴 1 上装有偏心齿轮 2，轴 1 的中心为 B，偏心齿轮 2 的轴心 A 固定在机架上，AB 间的距离即为偏心齿轮 2 的偏心距“e”。偏心齿轮 2 与活动齿轮 3 啮合，齿轮 3 与固定在机架上的齿轮 4 啮合。同时，齿轮 3 的轴心 C 与轴 1 由杆 5 连接，与齿轮 4 的轴心 D 用杆 6 连接，链轮 7 与齿轮 4 同轴，链轮 9 与主动带轴 10 同轴，线带轴 10 上环绕着张紧的真空吸气带 11。

当输纸机构工作时，减速机构的动力由主动轴 1 输入，带动偏心齿轮 2 绕轴 A 转动，通过连杆 5 使活动齿轮 3 与偏心齿轮 2 始终啮合转动，通过连杆 6 使活动齿轮 3 与固定齿轮 4 始终啮合转动，从而将动力依次传递给真空吸气带 11 进行输纸。由于齿轮 2 的偏心，其与齿轮 3 的啮合点 E 与轴心 A 的距离 AE 是呈周期性变化的。由于 E 点处的线速度 V＝齿轮 2 的转速 $n \times AE$ 的长度，因此，E 点处的线速度 v 呈周期性变化。则齿轮 3、齿轮 4、链轮 7、链条 8、链轮 9、主动带轴 10 及真空吸气带 11 的工作速度均呈周期性变化，从而使输纸台板上的纸张也以一个周期性变化的速度向前规处输送。通过设计，使纸张在输纸台板上高速往前规方向输送；在即将到达前规时，吸气带渐渐减速，与前规的冲击降到最小。

真空吸气带式减速输纸装置能适应纸张厚薄上、裁切上的细小误差；纸张与吸气带的接触稳定无滑移；纸张表面上无接触蹭脏；纸张到达前规时平缓、冲击小。但是，由于增加了气泵、气路系统及齿轮-连杆减速机构，结构复杂，噪声大，维护保养难度高。

三、输纸速度及输纸效果的比较

传送带式匀速输纸机构的输纸速度始终是匀速的，而真空吸气带式变速输纸机构的输纸速度曲线如图 3-37 所示。对传送带式匀速输纸机构与真空吸气带式变速输纸机构进行输纸速度及输纸效果的比较，可得到以下几点。

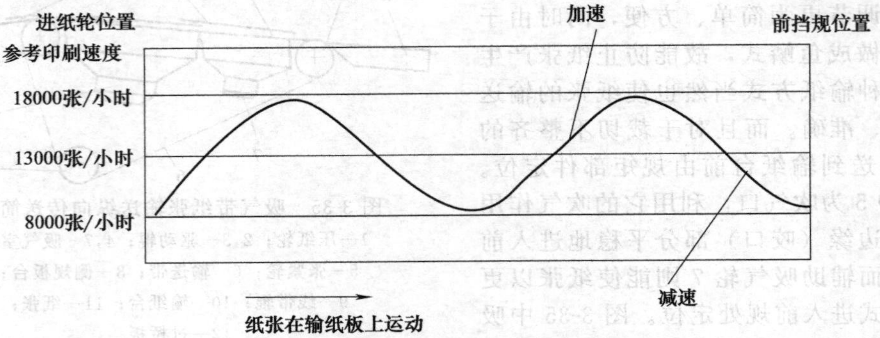

图 3-37　真空吸气带式变速输纸机构的输纸速度曲线

1. 从送纸吸嘴到主动线带轴

假设印刷机的设计时速是 15000 张/小时，定速在 13000 张/小时。纸张在纸堆上的速度是 0，送纸吸嘴吸起纸张往前输送时，纸张加速，经送纸辊至主动线带轴时，真空吸气带式减速输纸机构只要求纸张输送速度与约 8000 张/小时印刷时速相匹配。传送带式匀速输纸机构要求纸张输送速度与约 13000 张/小时印刷时速相匹配。纸张输送速度突变大，加速度大，分纸送纸稳定性要求高。

2. 从主动线带轴到前规定位前

纸张在线带的带动下，在输纸台板上输送。传送带式匀速输纸机构始终要求纸张输送速度与约 13000 张/小时印刷时速相匹配，平稳无波动。真空吸气带式减速输纸机构的纸张输送速度则从相应的 8000 张/小时印刷时速逐渐加速至最高时的 18000 张/小时，然后逐渐减速至 8000 张/小时，接着，再加速至 18000 张/小时，然后减速回到 8000 张/小时。这之中，纸张经历了多次较大幅度的变速，输送稳定性受到了挑战。

3. 到达前规时

纸张到达前规时，速度为 0，静止定位，侧规平稳拉纸。对于传送带式匀速输纸机构，纸张速度从相应的 13000 张/小时瞬间降为零速，受强大惯性的作用，一方面，纸张咬口起皱，尤其是薄纸，受损更严重，如图 3-38（a）所示；另一方面，纸张回弹，拖梢撞击毛刷、毛刷轮等，导致划伤，如图 3-38（b）所示；回弹的纸张虽在毛刷轮、压纸球的推动下，继续送达前规，但容易走不到位，以致定位精度不良。对于真空吸气带式变速输纸机构，纸张速度是从相应的 8000 张/小时降为零速，惯性要小很多，在防止咬口起皱、拖梢划伤，提高定位精度方面效果明显，如图 3-38（c）所示。

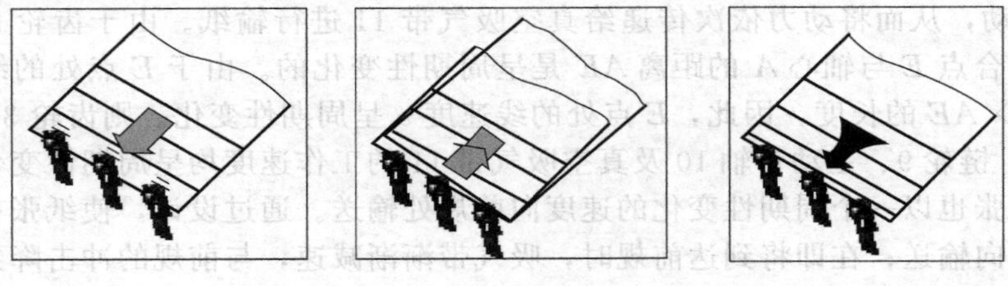

(a) 变形　　(b) 反弹　　(c) 正常

图 3-38　输纸机构输纸过程中纸张的状态

四、辅助机构

1. 前规处的吹气机构

传统的平版印刷机的输纸铁板的端口处一般都安装了压纸板，如图 3-39 所示。上摆式前规将该压纸板与前规安装成一体，下摆式前规将压纸板单独安装在输纸台的上方，以防止纸张到达前规处，咬口部分翘曲或拱起。压纸板与输纸台板的高度约为三张纸厚。太高，起不到压纸的作用，导致纸张走过位；太低，影响纸张顺利进入前规，导致纸张走不到位，并可能划伤纸张表面或已有的印迹。因此，所印纸张厚度改变，压纸板高度也要相应的予以调节。

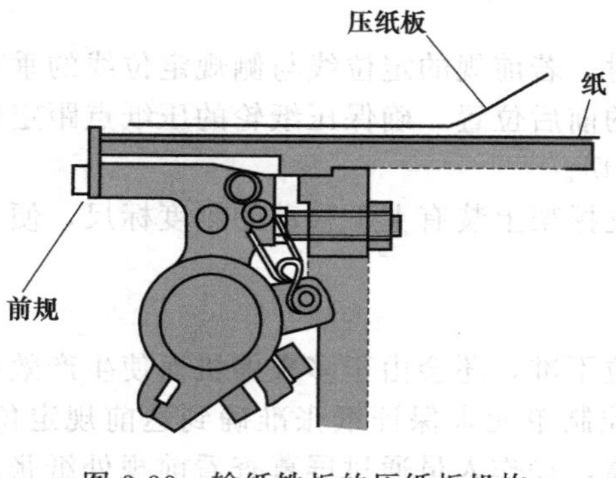

图 3-39　输纸铁板的压纸板机构

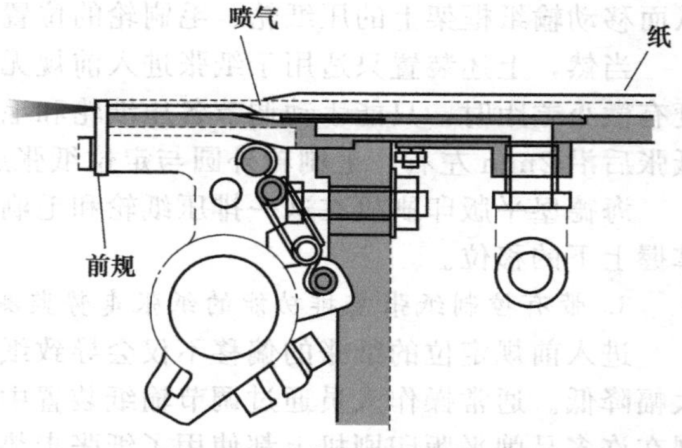

图 3-40　前规处的吹气机构

现代平版印刷机在前规处的吹气机构代替原来采用的压纸板。前规处的吹气装置如图 3-40 所示。当纸张即将到达前规时，由吹气装置在纸张咬口下面吹气，形成一层气垫，托住纸张进入前规，缓和前规对纸张的冲击，通过气体的流动防止纸张过前，并且不损伤纸张的表面及印迹。这种装置目前已在三菱、海德堡等多种平版印刷机上安装。

2. 纸张规格预置系统

现代平版印刷机上都已装配了纸张规格预置系统，在中央控制台输入待印的纸张规格，如纸张类型、厚度、尺寸等数据，印刷机的各部分将自动予以调节，如飞达位置，吸气量，吹气量，压纸轮、毛刷轮及压纸板的位置等，减少了人工调节的时间及不确定性，大大缩短印刷的准备时间。

如图 3-41 所示，当纸张的规格幅面变化后，传感器 1 将移动的方向及距离信号传给伺服电机 2，电机工作带动轴头齿轮 3，经齿轮 4 使轴 5 转动，轴 5 两端各有一个圆锥齿轮 6、

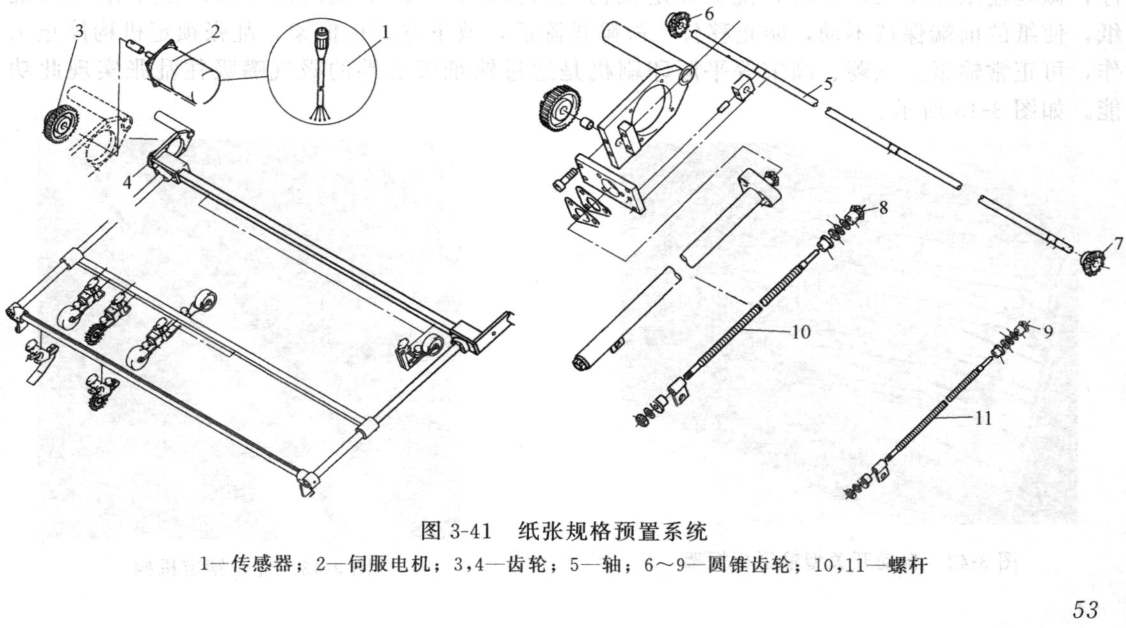

图 3-41　纸张规格预置系统

1—传感器；2—伺服电机；3,4—齿轮；5—轴；6～9—圆锥齿轮；10,11—螺杆

7 与圆锥齿轮 8、9 啮合，使输纸框架传动侧与操作侧的螺杆 10、11 转动，从而移动输纸框架上的压纸轮、毛刷轮的位置。

三菱平版印刷机的自动预置机构与此稍有区别。它只在传动侧设有螺杆机构，操作侧的移位通过齿轮齿条带动。横杆的两端各装有一个齿轮，分别与输纸台框架上的齿条啮合。螺纹机构通过螺纹传动带动传动侧的齿轮在齿条上移动，然后使操作侧的齿轮在齿条上移动，从而移动输纸框架上的压纸轮、毛刷轮的位置。

当然，上述装置只适用于纸张进入前规无偏移时。若前规的定位线与侧规定位线的垂直度有微小差距时，只能手动调节各压纸轮和毛刷轮的前后位置，确保压纸轮的压纸点距定位纸张后沿 2mm 左右，毛刷轮外圆与定位纸张后沿相切。

海德堡平版印刷机在这一排压纸轮和毛刷轮的支撑架上装有上下移动的刻度标尺，便于掌握上下的移位。

3. 带有控制纸张重排功能的纸张走势监测器

进入前规定位的纸张的偏移不仅会导致纸张定位不准，还会由于多次停机而使生产效率大幅降低。通常操作人员通过调节输纸装置中的各控制单元来保证纸张准确到达前规定位。现在许多品牌平版印刷机上都使用了纸张走势监测器，操作人员通过屏幕查看前规处纸张对齐的情况，并通过按钮轻松地校正纸张走势位置，省却了人工调节的时间，缩短了作业准备时间，提高了生产效率。

4. 吸气毛刷辊

海德堡等平版印刷机在输纸台板上方安装了一根吸气毛刷辊。随着纸张的输送，吸气毛刷辊将纸张表面的纸粉纸毛吸走，减少机器的停机时间，提高印刷质量。

5. 自动开关型输纸板框架

当输纸机出现双张、多张、歪斜、折角等故障时，输纸机停止工作，输纸台板上的纸张需清理或移开。为避免人工抬高输纸板框架，及人工放下输纸板框架时对输纸台板的撞击，三菱平版印刷机增加自动开关型输纸板框架。触动按钮，输纸板框架能自动调节抬高或下降，以便于工作。如图 3-42 所示。

6. 乱张锁定机构

海德堡平版印刷机在输纸机输纸出现故障（双张、歪张、空张或其他故障）时，输纸机停，掀起输纸板框架，此时，乱张锁定机构气路接通，气缸下端的两个压纸点下落压住乱纸，使纸的前端保持不动，防止移位。故障排除后，放下输纸板框架，乱张锁定机构停止工作，可正常输纸。三菱、高宝等平版印刷机是通过输纸板前端的吸气嘴吸住乱张实现此功能。如图 3-43 所示。

图 3-42 自动开关型输纸板框架

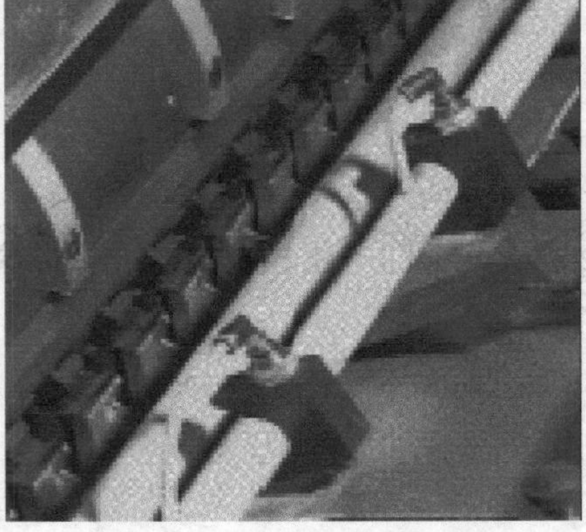
图 3-43 乱张锁定机构

第五节　纸堆升降机构及不停机续纸机构

一、纸堆升降机构

目前，各大品牌的平版印刷机都装置了纸堆升降机构。纸堆升降机构要求具有如下的工作性能。

① 自动提升纸堆，使其表面与分纸吸嘴之间的距离保持在一定的范围内。随着印刷的不断进行，纸堆高度不断降低，为了防止吸嘴吸不到纸，自动输纸装置必须设置纸堆自动升降机构，间隙地提升纸堆，使纸张分离机构能顺利连续地分离纸堆上的纸张。

② 自动快速升降纸堆，以缩短纸堆的运行时间。随着印刷速度的不断提高，各种辅助时间也要求相应缩短，装纸后，纸堆必须从最低处升高到规定位置，调整分纸机构时，纸堆必须从规定位置下降，为了减少运行过程中时间，自动输纸装置必须设置纸堆快速升降机构。

③ 自动锁定纸堆，以减轻工人的劳动，并增加稳定性。为了使纸堆在自动间隙上升和快速升降时，反应及时，位置准确，操作稳定，自动输纸装置必须设置纸堆升降的自锁机构。

④ 手动升降纸堆，以备必要时操作。

⑤ 自动安全互锁操作，以保证纸堆在自动间隙上升、自动快速升降及手动升降时不发生动作干涉，独立完成所需要的操作，并保证设备的安全运行。

1. 纸堆自动间隙上升机构

随着印刷的不断进行，堆纸台上的纸张不断下降，压脚吹嘴也随之不断降低，摆杆上抬，当纸堆下降到一定位置时，压脚吹嘴的摆杆撞及微动开关（图 3-19），信号发出，通过控制电路使锥形转子电动机 1 瞬时转动，如图 3-44 所示，经齿轮 2 和 3、蜗杆 4、蜗轮 5 及链轮 6、链条 7 等带动堆纸台升降链条 8 上升，使纸堆自动升高；随着纸堆升高，压脚吹嘴的摆杆下降，离开微动开关，信号中断，电动机 1 停止转动，堆纸台暂时停止上升，这样就完成了一次纸堆的上升动作。如此往复，实现纸堆的自动间隙上升。前面已经叙述，海德堡平版印刷机通过一个检测压纸块及相应的传感器探测纸堆高度，三菱机通过红外线检测装置

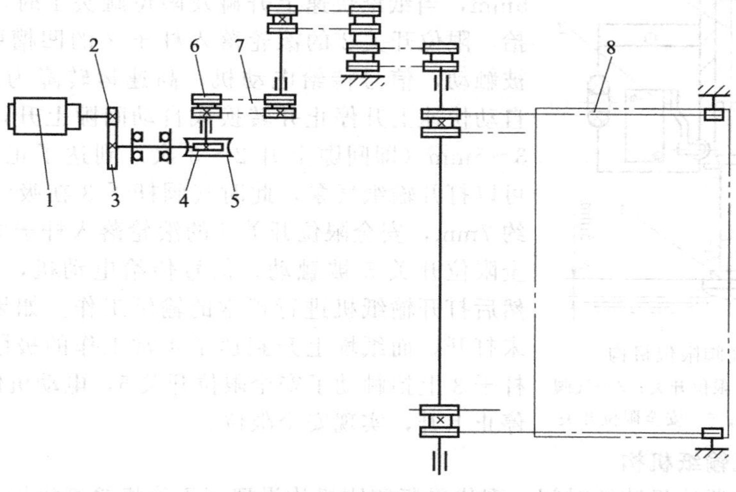

图 3-44　主纸堆升降机构

1—电动机；2,3—齿轮；4—蜗杆；5—蜗轮；6—链轮；7—链条；8—堆纸台升降链条

探测纸堆高度，然后也都将相应的信息传给锥形转子电动机。

每次纸堆自动上升的高度可根据纸张厚度来进行调节。而纸堆每次自动上升的距离，取决于电动机 1 的电路接通时间，通过调整输纸机传动面护罩前的时间继电器旋钮，即可改变电动机 1 的电路接通时间。

2. 纸堆自动快速升降机构

如图 3-44 所示，通过按动输纸机上的“堆纸台快速上升”或“堆纸台快速下降”操作按钮，电动机 1 即可启动高速运转，从而自动快速且连续地提升或降低纸堆。

3. 纸堆升降的自锁机构

为了防止纸堆快速上升时对输纸机飞达头的冲击，以及堆纸台快速下降时撞及地面，输纸机构中均设置了纸堆升降的自锁机构，以实现纸堆自动快速升降时的限位安全。如图 3-45 所示，堆纸台下降的高度通过限位开关来限位。当堆纸台下降时碰到限位开关，信号立

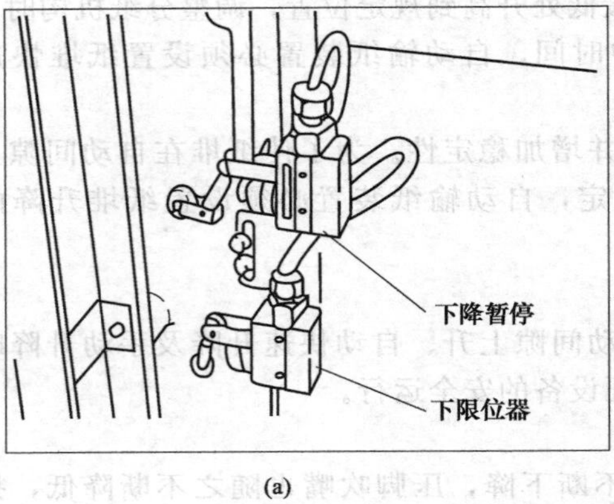

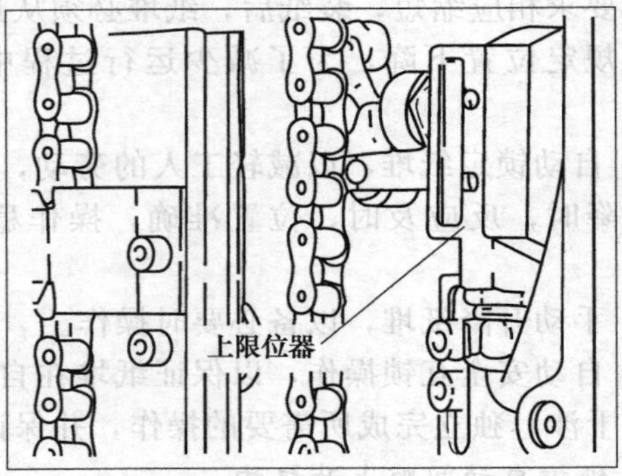

图 3-45　纸堆升降的自锁机构

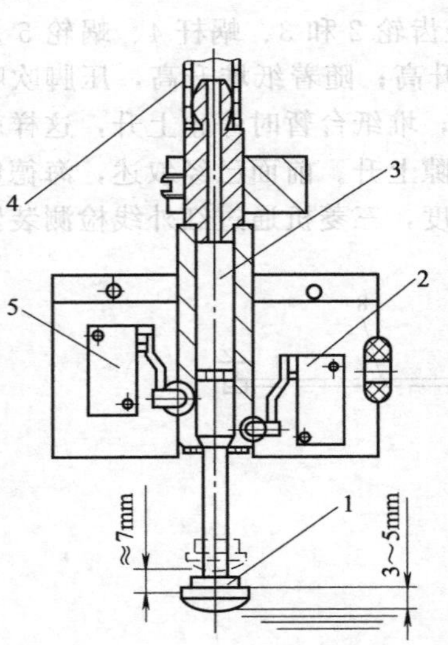

图 3-46　气阀限位机构

1—限位触头；2—限位开关；3—气阀杆子；4—吸气管；5—安全限位开关

即通过电路传递到正在工作的电动机，电动机停止运转，堆纸台下降到最低高度。堆纸台快速上升的高度通过开关来限位。限位开关是一个气阀限位机构，其结构如图 3-46 所示，气阀限位机构中的限位触头 1 距正常输纸高度 3～5mm，当纸堆快速上升碰及限位触头 1 时，气阀杆子 3 上抬，限位开关 2 的滚轮落入杆子 3 的凹槽中，限位开关 2 被触动，信号传给电动机，高速运转降为低速间隙运转，自动快速上升停止并转换成自动间隙上升，待纸堆上升了 3～5mm（即间隙上升 2～3 次）到达了正常输纸高度时，可以打开输纸气泵，此时气阀杆子 3 在吸气管 4 中上抬了约 7mm，安全限位开关 5 的滚轮落入杆子 3 的凹槽中，安全限位开关 5 被触动，信号传给电动机，电机运转停止，然后打开输纸机进行正常的输纸工作。如果输纸气泵一直未打开，而纸堆上升到达了正常工作的极限高度时，气阀杆子 3 上抬触动了安全限位开关 5，电动机停止转动，纸堆停止上升，实现安全限位。

二、不停机输纸机构

为了减少机器停机装纸时间，现代平版印刷机均设置了不停机输纸机构。

图 3-47 所示为不停机输纸机构，不停机输纸机构由副堆纸台 1 及其升降机构 2、插辊

3、主堆纸台 4 及其升降机构 5、主堆纸台板 6 及限位开关组成。副堆纸台用于临时代替主堆纸台托住纸堆，以便于主堆纸台下降装纸，然后主堆纸台带着新装好的纸上升接替副堆纸台继续提纸，副堆纸台下降，从而实现在不停机的情况下，连续不断地输纸，提高了工作效率。

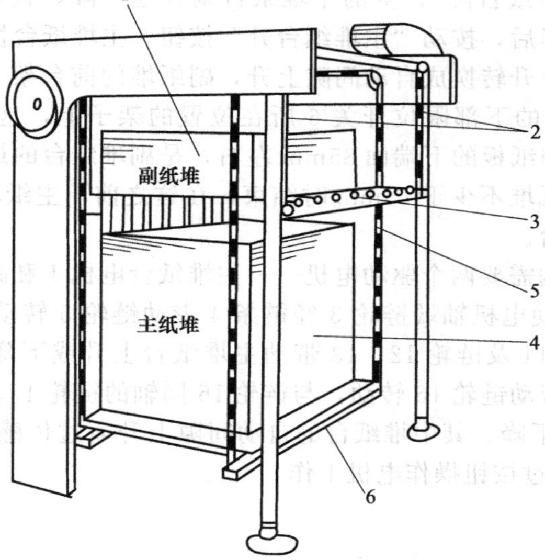

图 3-47　不停机输纸机构

1—副堆纸台；2—副堆纸台升降机构；3—插辊；4—主堆纸台；
5—主堆纸台升降机构；6—主堆纸台板

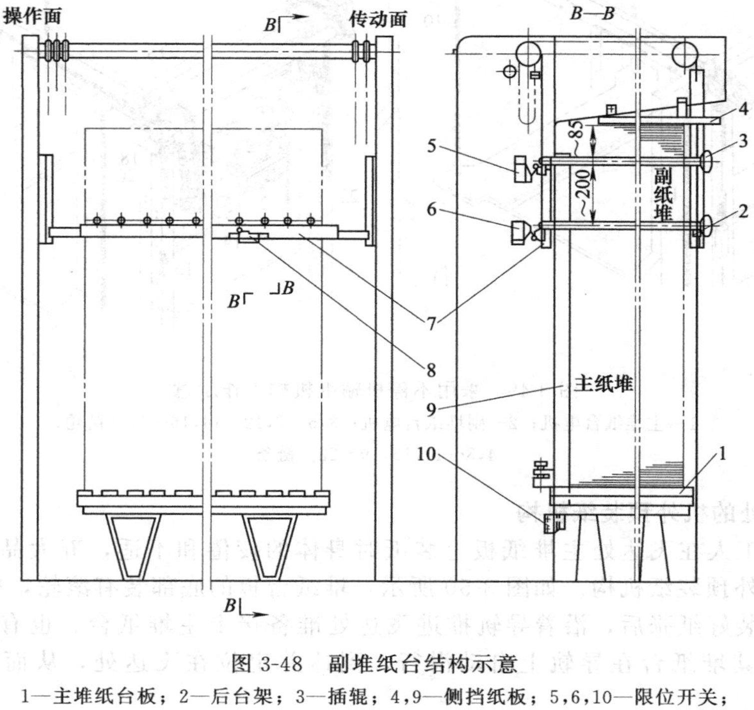

图 3-48　副堆纸台结构示意

1—主堆纸台板；2—后台架；3—插辊；4,9—侧挡纸板；5,6,10—限位开关；
7—前台架；8—切换开关

图 3-48 所示为副堆纸台结构示意，当主堆纸台上的纸堆高度还剩下 290mm 左右，纸堆上表面与侧挡纸板的下端面平齐时，副堆纸台到达最低位，将数支插辊 3 同时插入主堆纸台的沟槽中，按动“副堆纸台升”按钮，副堆纸台的前台架 7 和后台架 2 托住全部插辊 3，此时插辊 3 压住前台架上的主副堆纸台切换开关 8，副堆纸台则通过插辊 3 将剩余的纸堆自动间隙地上提，再按“主堆纸台降”，空的主堆纸台则快速下降，直至撞及限位开关 10 时停止，准备装纸。装纸完毕后，按动“主堆纸台升”按钮，主堆纸台快速上升直至纸堆面与插辊接触，主纸堆的快速上升转换成自动间隙上升，副纸堆的前台架 7、后台架 2 在拉出插辊 3 后快速下降到输纸机构的下部限位开关 6 所在位置的架子上，这是副堆纸台板的最低位置。限位开关 5 距离侧挡纸板的下端面 85mm 左右，是副堆纸台的最高位置，也即两个纸堆的结合最晚必须在剩余纸堆不少于 85mm 时结束，在这之前，主纸堆上的纸张应堆放完成，而且上升接合上副堆纸台。

采用不停机输纸机构需要两个驱动电机——主堆纸台电机 1 和副堆纸台电机 2。如图 3-49 所示。电机 1 工作，使电机轴端链轮 3 经链条 4 带动链轮 5 转动。与链轮 5 同轴的链轮 6、7 经链条 8、9、10、11 及链轮 12、13 带动主堆纸台上升或下降。电机 2 工作，使电机轴端链轮 14 经链条 15 带动链轮 16 转动，与链轮 16 同轴的链轮 17、18 经链条 19、20、21、22 带动副堆纸台上升或下降。其中堆纸台的自动间隙上升通过传感器将信号传递给电机 1、2，堆纸台的快速升降通过按钮操作电机工作。

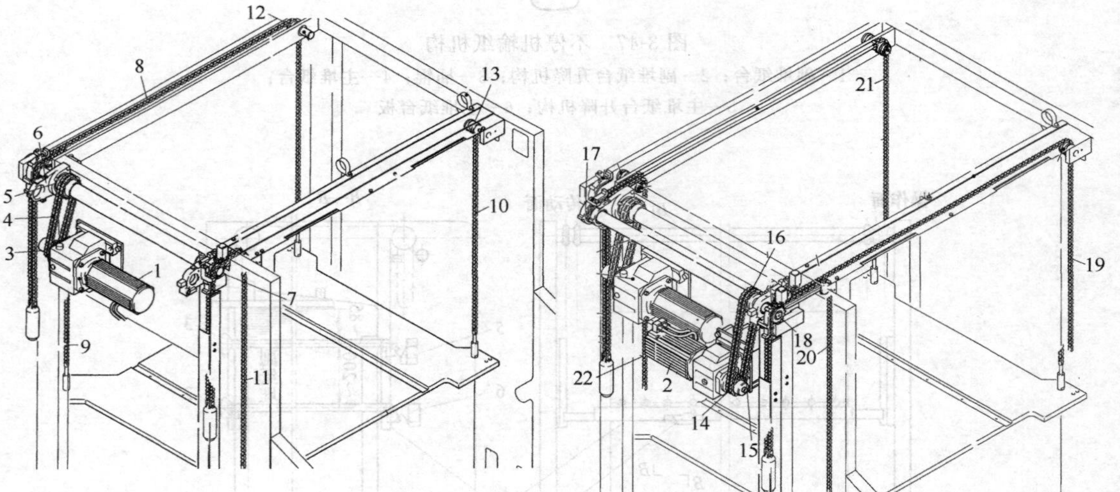

图 3-49　采用不停机输纸机构工作示意

1—主堆纸台电机；2—副堆纸台电机；3,5～7,12～14,16～18—链轮；4,8～11,15,19～22—链条

三、飞达处的机外预装纸机构

为了减轻工人在飞达处主堆纸板上装纸时身体的疲倦和不适，五大品牌的平版印刷机均配置有机外预装纸机构。如图 3-50 所示，堆纸台板的底部装有滚轮，机外配有导轨。待堆纸台板上装好纸张后，沿着导轨推进飞达处准备接上主堆纸台。也有的平版印刷机如高宝，可使其堆纸台在导轨上自动滑行，到达并定位在飞达处，从而使操作更加自动化。

机外预装纸装置对于厚纸型印刷机尤其合适。

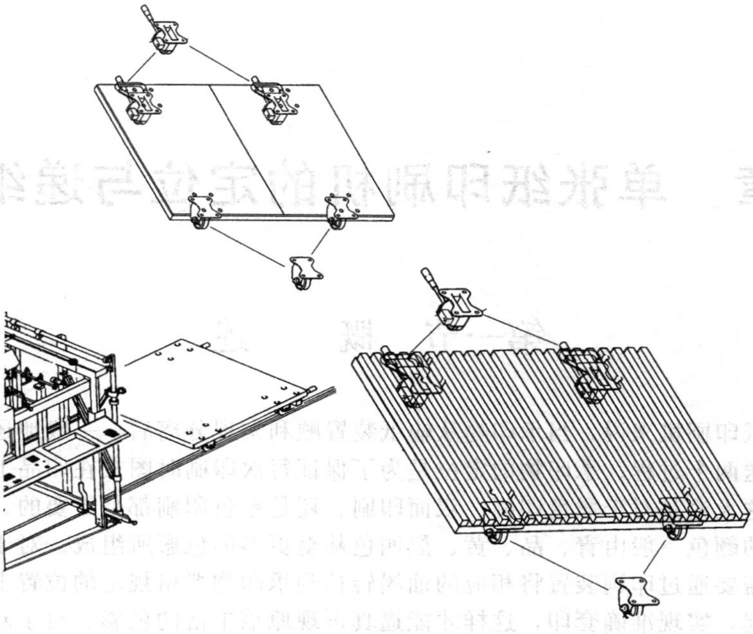

图 3-50 预装纸机构示意

第四章　单张纸印刷机的定位与递纸装置

第一节　概　　述

对于单张纸印刷机来说，当承印物从输纸装置顺利实现分离后，一般地还需要经过承印物的定位与递送两个过程。承印物的定位是为了保证每次印刷时图文在印品上的位置都在一定的位置上，这无论是对于彩色印刷、双面印刷、还是单色印刷都是需要的。对于彩色印刷来说，印刷品的颜色一般由青、品、黄、黑四色甚至更多的色彩所组成。对于其中每一种色彩的印刷，都需要通过印刷装置将相应的油墨转移到承印物严格规定的位置上。各色油墨要精确重叠在一起，实现准确套印，这样才能逼真再现原稿丰富的色彩。对于双面印刷例如书刊印刷来说，印刷品的两面图文位置相差也不能太大，这样才能保证印品正反两面图文位置基本一致，裁切后四面留白（即天头、地脚、订口、切口）大小基本一致。对于单色印刷来说，图文在承印物上的位置同样有一定的要求，例如书刊印刷中图文的位置决定了天头、地脚以及订口、切口的大小，会影响到书刊的质量。

定位装置的作用是承印物在进入印刷之前相对于印版图文有正确的位置，以保证每一承印物的四周边缘与图文之间有符合规定的空白尺寸，保证彩色产品和双面印刷品的正反面套印准确。这是衡量印刷质量好坏的主要指标之一。

承印物到达输纸板前经过定位后，通常是静止在输纸板上，等待送往印刷装置进行印刷。随后，这张定位好的承印物由静止状态加速到压印滚筒的表面旋转速度，并送达压印滚筒，由压印滚筒的咬纸牙排将承印物咬紧并带其旋转进行印刷。这一过程称为承印物的加速过程，或称递纸过程。由于承印物在加速之前已经过定位（或预定位），因此递纸的过程不能破坏定位精度。

一、承印物定位的原理

为了便于在具体操作中检查印刷的套印准确度，一般制版时在每一块印版的周边相同部位晒制出 7～8 个用于套印的十字线（或称套准线、规矩线）。在印刷时，十字线与印版上的图文一起被印刷到承印物上。由于在晒版时，每一块印版上图文与十字线的相对位置是完全一样的，因此经过印刷后十字线的套准情况即反映了图文的套准情况。这样只需在印刷时检查和调整十字线的重叠情况（包括偏移及偏角两个方面），即可保证印刷图文的套准。

有些设计简单的印刷机，例如有些单色的名片印刷机，在进行图文位置调节时，没有专门的机构，只是通过移动纸堆在输纸台上的位置。虽然这种方法也可以调整承印物进入印刷机时的相对位置，而且操作相对简单，但是却难以达到较高的精度，这对于位置要求严格的印刷品来说是不行的。因此目前在多数印刷机上设置了专门的装置来保证套印的准确性，这种装置称为定位装置，又称规矩部件。

承印物的定位是在输纸板上进行的。其定位必须沿两个方向进行，即沿着承印物前进的方向（称为上下方向或前后方向）和垂直于承印物前进的方向（称为来去方向或左右方向）。如图 4-1 所示。控制承印物上下方向定位的部件 E 叫做前挡规（简称前规）；控制承印物来

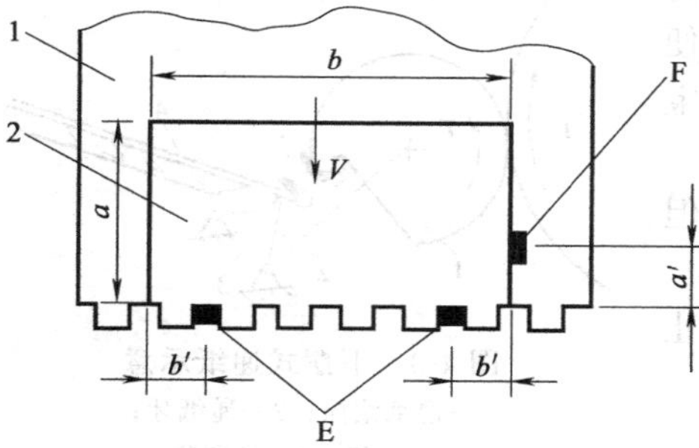

图 4-1 承印物的定位
1—输纸板；2—承印物

去方向定位的部件 F 叫做侧挡规（简称侧规）。

承印物的定位过程是：首先进行上下方向的定位，然后进行来去方向的定位。根据两点确定一条直线的原则，上下方向的定位需要两个定位点，因此在前规上需要两个定位板。前规距离承印物侧边的距离一般为承印物总宽度的 1/5～1/4，即图中 $b'=(0.2\sim0.25)b$。在机器的前规轴上一般要安装四个或者更多个前规，当印刷幅面较小时采用中间距离较近的两个前规定位，当印刷幅面较大或者承印物较薄时则采用外边距离较远的两个前规定位，而其余的前规只起支撑纸边的作用。

当前规定位完成后，即可由侧规对承印物左右方向进行定位。根据三点确定一个平面的原则，承印物侧边只需要一个定位点（加上前规处的两个定位点正好为三个），因此只需要一个侧规即可进行左右定位。为了在印刷反面时用承印物的同一侧边进行定位，在印刷机输纸板的两侧各安装了一个相同的侧规，印刷时只用其中一个，即印刷正面时用其中一个，而印刷反面时用另一个。

二、承印物传送的方式

承印物传送的方式一般可以分为两种基本形式：直接传纸、间接传纸。

1. 直接传纸

直接传纸是指承印物在输纸台上完成定位后，压印滚筒直接从输纸台接取纸完成印刷。这时压印滚筒一般安装在输纸板的下方。故前规一般用上摆式，安装于输纸板的上方，如图 4-2 所示。由于不允许在传纸过程中前规碰到压印滚筒表面，故只有压印滚筒空挡开始出现于输纸板前端时，前规才能下摆到定位位置，对承印物进行定位。当压印滚筒牙排咬住承印物时，前规必须充分抬起，因此前规定位时间很短。同时由于结构上的限制，咬纸牙排在闭合咬纸时冲击很大，容易破坏承印物定位的稳定性。承印物在瞬间完成从静止状态（咬纸牙闭合前）变化到高速运动状态（咬纸牙闭合后），这同样会对承印物产生非常大的冲击。因此这种递纸方式只用于低速的印刷机上。

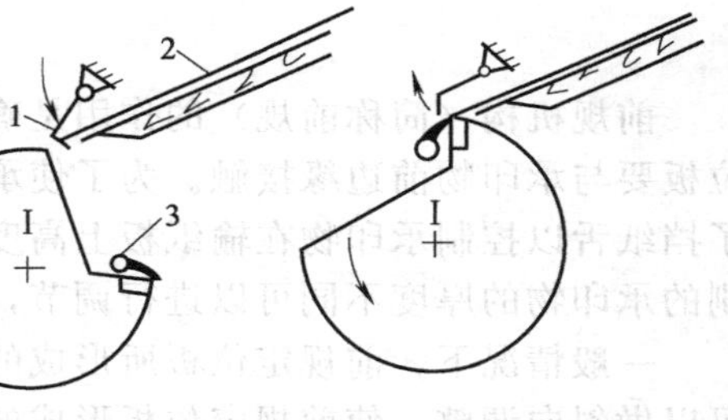

图 4-2 直接传纸方式
1—前规；2—承印物；3—压印滚筒咬纸牙

2. 间接传纸

间接传纸是由专门的递纸装置将在输纸台上已被定位的承印物传给压印滚筒完成印刷。即递纸装置在静止状态下接取静止在输纸板上的承印物，然后逐渐加速，当达到与压印滚筒表面线速度相等时，把承印物交给了压印滚筒，由于承印物被交接时，都处于静止或相对静止的状态，所以交接平稳，冲击振动很小。

间接传纸就是采用了递纸装置。根据其运动方式，可以分为摆动式递纸装置、旋转式递纸装置和超越式递纸装置三大类。

摆动式递纸装置根据安装位置不同又可分为上摆式和下摆式两种，上摆式递纸装置采用直接交接方式，而下摆式递纸装置采用间接交接方式，例如下摆式递纸装置即先由递纸牙摆动器下摆取纸并加速，然后将承印物交给一个传纸滚筒，再由传纸滚筒交给压印滚筒，如图 4-3 所示。

旋转式递纸装置又可根据运动方式的不同而分为连续旋转式和间歇旋转式两种，其中最具代表性的便是海德堡印刷机上采用的连续旋转式递纸装置和高宝印刷机上采用的间歇旋转式递纸装置。

采用间接传纸的递纸装置虽然结构形式不同，但均采用递纸牙传送承印物，因此运动要求是相同的。

① 递纸牙与前规交接时，应处于静止或相对静止状态。

② 传纸速度要求平稳地加速，应无冲击现象。

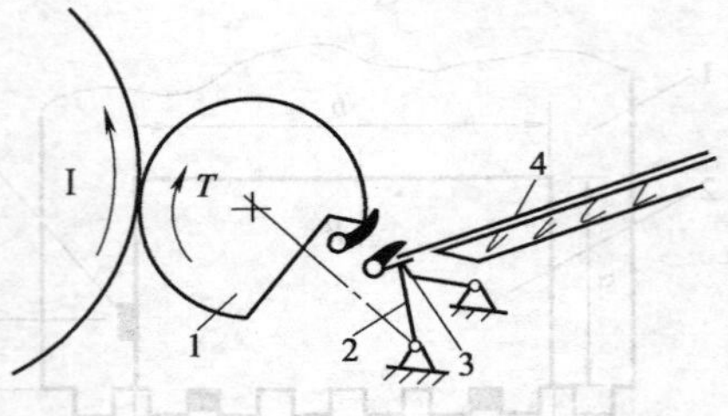

图 4-3　下摆式递纸示意

1—递纸滚筒；2—递纸牙；3—前规；4—承印物

③ 递纸牙与滚筒应在切点交接，此时递纸牙的运动速度应该等于滚筒的表面线速度，即要求在相对静止的状态下完成承印物的交接。

④ 接纸和传纸时应有一段交接时间，不允许有承印物失控现象，以保证传纸精度。

超越递纸式递纸装置是指当承印物在输纸板前经过前规预定位及侧规定位后，通过加速机构使承印物加速到略大于压印滚筒的表面速度，把承印物牢靠地推到压印滚筒上的前规进行定位，再由压印滚筒的咬纸牙排咬住承印物进行印刷。使用这种递纸方式的印刷机有德国的米勒印刷机、英国的基士得耶印刷机、意大利的欧姆萨印刷机以及我国湖南印刷机械厂生产的四开平版印刷机等。

第二节　前规机构

前规机构（简称前规）的作用是确定承印物咬口的位置。因此前规定位时，前规上的定位板要与承印物前边缘接触。为了使承印物在与定位板接触定位时不飘起，在前规上还设置了挡纸舌以控制承印物在输纸板上高度方向的位置。挡纸舌与输纸板前牙台的距离随着所印刷的承印物的厚度不同可以进行调节，一般为 3～4 张承印物的厚度。

一般情况下，前规定位板所形成的直线应与压印滚筒的轴线平行。有些印刷机上前规轴可以做斜向调整，使前规定位板形成的直线与压印滚筒的轴线不平行，这样使承印物在定位时有所倾斜，实现对角线套准。但不论如何调整，都要保证压印滚筒咬纸牙的咬纸距离在规定的范围之内。

根据定位板和挡纸舌的结构形式及前规结构的不同位置，可以把前规进行以下分类。

① 如果定位板与挡纸舌为一体的，则称这种前规为组合式前规；如果定位板与挡纸舌是分开的，则称这种前规为复合式前规。

② 前规机构安装于输纸板的上方，则称为上摆式前规；前规机构安装于输纸板下方，则称为下摆式前规。

③ 定位板与挡纸舌一体安装于输纸板的上方，则称为组合上摆式前规；定位板与挡纸舌一体安装于输纸板的下方，则称为组合下摆式前规。

④ 挡纸舌与定位板分开且都安装于输纸板的下方，则称为复合下摆式前规；挡纸舌置于输纸板上方而定位板置于输纸板下方，则称为复合上摆式前规。

组合上摆式由于定位板和挡纸舌都安装于输纸板的上方，所以当下摆进行定位时，必须保证前一张承印物的拖梢已经离开输纸板，这样承印物才不会被前规划破，因此定位时间较短，不利于高速度、高质量印刷，但是这种装置在国产的中低速印刷机上应用较为广泛，例如 J2108A 等印刷机都采用组合上摆式前规。下摆式前规的定位时间则不受前一张承印物的影响，所以定位时间较长，定位精度较高，有利于高速度、高质量印刷，所以在高速多色印刷机上应用较多，例如海德堡、罗兰、高宝以及国产 PZ4880 等高速印刷机都采用组合下摆式前规。国产 J2204 印刷机采用复合下摆式前规，这种前规的定位板在从输纸板下方升起时提前与承印物接触，然后缓慢向输纸板前端前进并逐渐减速，消除了承印物在输纸板上高速运行时的冲击，当定位板到达输纸板前端时，速度降为零，正式进行定位。这种前规定位效果较好，但结构复杂，调节困难。复合上摆式的挡纸舌的运动方式与承印物的状态无关，有利于承印物的平整，传动也较为平稳，但是这种装置要求输纸板的上下都有空间，设计时较为困难，所以目前应用较少。

一、组合上摆式前规

如图 4-4 所示，在输纸板的上方，安装有前规轴 13，前规轴上安装了 4 个前规 17，并由紧固螺钉将二者连接在一起。前规的上下摆动是依靠凸轮 1 来驱动的。当凸轮处于升程时，推动滚子使摆杆 2 上摆，通过摆杆 2 上的滑套 4 压缩压簧 5 并拖动螺母 6 使拉杆 7 上移，拉杆 7 和摆杆 8 是活节铰链连接，所以摆杆 8 围绕前规轴 13 逆时针摆动。摆杆 9 与杆 8 固连在一起，活套在前规轴上，通过缓冲系统（缓冲座 10）调节连杆 15、压簧 14，带动用顶丝 16 与前规轴 13 相连接的摆杆 12 摆动，从而使前规摆动并带动四组前规实现上下摆动。当凸轮最高点与滚子接触时，就是 4 个前规在牙台上的稳纸时间。此时摆杆 8 上摆与靠山 20 相接触，而摆杆 2 与滑套 4 上移压缩压簧 5，这样可以保证前规在牙台上对承印物定位时的稳定。因为靠山 20 顶着摆杆 8 使压簧 5 并死，所以前规凸轮的高点等径部分即使有少量加工误差（或磨损），同样也能保证前规在定位时稳定不抖动，这样就保证了承印物定位的精确性。另一方面在滚筒离压时控制前规的让纸动作，即正常印刷时，摆杆 21 位于图示实线位置，前规在上下摆动，如果滚筒离压，通过自控机构使摆杆 21 向左摆动，到达点画线位置，顶住连杆 15，使摆杆 8 不能摆动，前规定位板就停止上摆让纸，此时凸轮 1 由高点转向低点，凸轮 1 与滚子脱开。前规凸轮 1 继续转动进入返程，摆杆 2 依靠拉簧 3 向下拉回，滑套 4 推动拉杆 7，使摆杆 8 下摆，绕前规轴 13 使 4 个前规上摆抬起，让纸通过。

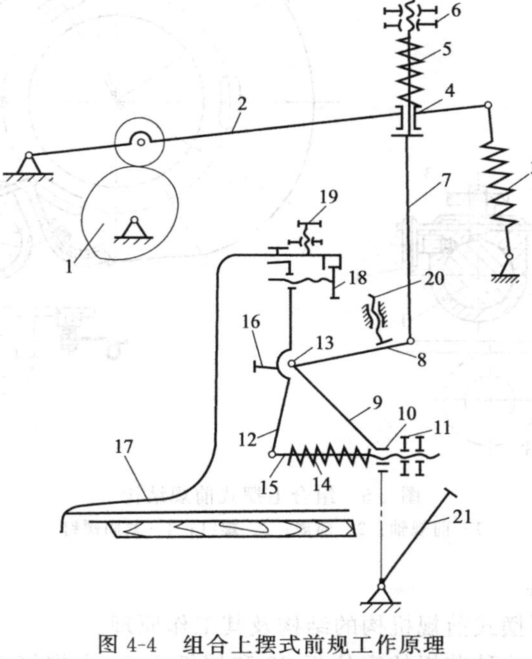

图 4-4　组合上摆式前规工作原理

1—前规凸轮；2,8,9,12,21—摆杆；3—拉簧；4—滑套；5—压簧；6—螺母；7—拉杆；10—缓冲座；11—调节螺母；13—前规轴；14—压簧；15—连杆；16—顶丝；17—前规；18—螺钉；19—紧固螺钉；20—靠山

调节螺母 11 使前规轴 13 相对于摆杆 9 产生相对角位移，可以调整整排前规的高低位置。

前规的运动时间取决于凸轮 1 与递纸牙摆动轴偏心轴承传动齿轮的连接位置。

定位板高低位置应根据承印物的厚度调节，一般情况下，前规定位时定位板与递纸牙平台有三倍承印物厚度的间隙。松开前规的紧固螺钉，转动前规 17 使其相对于前规轴 13 转动一个角度，可以单独调节前规的高低位置。调整完成后在将紧固螺钉拧紧。

定位板前后位置的调节原则是尽可能不调或少调，主要是要保证滚筒咬牙的咬纸距离两边相等。如果确实在校正套色版时，由于误差极小，拉版不便，或在套印过程中因承印物变形等原因出现微量的套色不准，可根据具体情况，个别调节定位板，略微改变承印物纵向定位位置来达到套色要求。可松开紧固螺钉 19，调节螺钉 18，可以单独调节前规的前后位置。调节前规的前后位置可以用来改变承印物咬口的大小。当周向套准误差很小时，调节印版的位置不方便，这时就可以利用前规前后位置的改变，满足套色的要求。

图中 21 为互锁机构的摆杆。当输纸出现故障时，摆杆 21 向左摆，并顶上缓冲座 10，使杆不能下摆，前规即静止在牙台上不抬起，挡住承印物不使其进入印刷机。这种情况下，凸轮旋转时高点与滚子接触，而低点与滚子脱离接触。在正常工作时，摆杆 21 向右摆，前规不受约束，可以自由摆动。

这种前规安装于 J2108 型等多种印刷机上。图 4-5 所示为这种前规的结构。

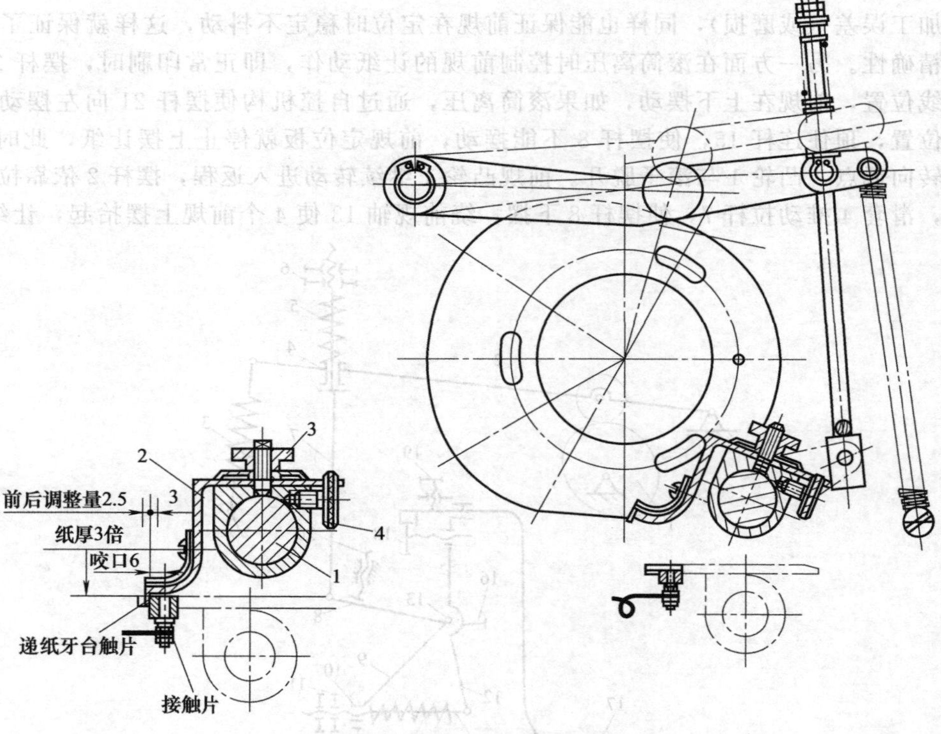

图 4-5　组合上摆式前规结构

1—前规轴；2—前规；3—螺钉；4—紧固螺钉

二、组合下摆式前规

图 4-6 所示为组合下摆式前规机构的结构及其工作原理。

由图 4-6 可以看出，这种前规的定位板 22 和挡纸舌 24 由螺钉 23 固连在一起，并在输纸板的下面绕 O 轴摆动。前规凸轮轴 O_2 旋转，带动轴上的两个凸轮 1、2 不停地旋转。凸

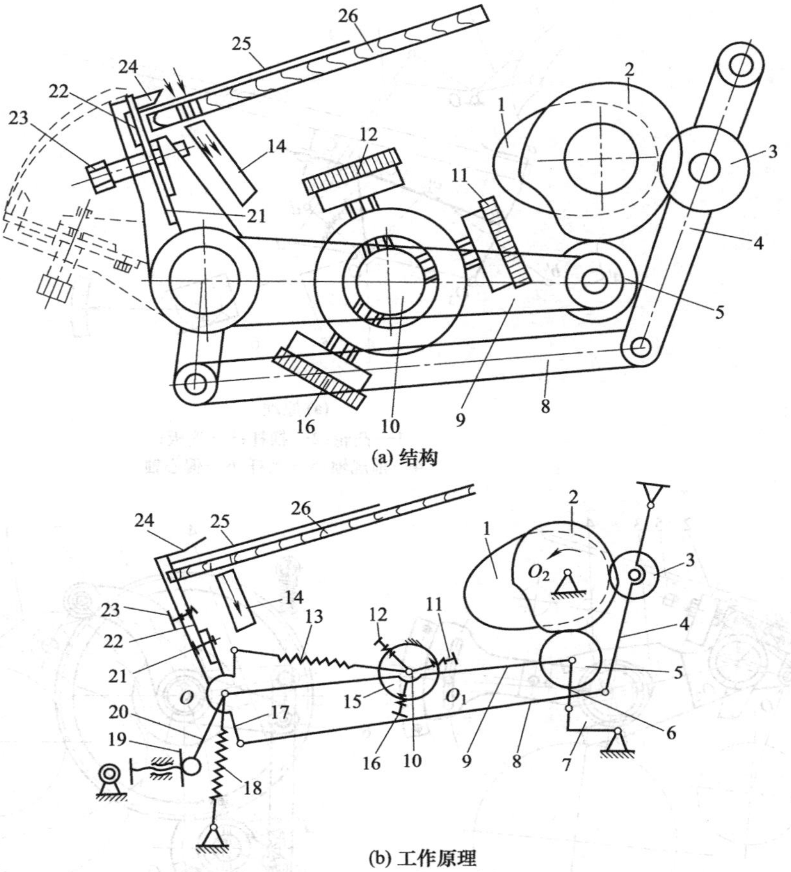

图 4-6　组合下摆式前规

1,2—凸轮；3,5—滚子；4,9,17—摆杆；6,7,20—杆；8—连杆；10—轴；11,12,16—调节螺钉；13,18—拉簧；14—吸气装置；15—套；19—靠塞；21,23—螺钉；22—定位板；24—挡纸舌；25—承印物；26—输纸板

轮 1 推动滚子 3，使摆杆 4 摆动，从而通过连杆 8，带动摆杆 17 和挡纸舌及定位板绕 O 轴摆动完成定位板的前后摆动，实现定位板在输纸板前的定位运动。前规凸轮轴 O_2 上的凸轮 2 推动滚子 5，使摆杆 9 绕 O_1 轴摆动，这样可以使前规轴 O 绕 O_1 轴摆动，从而带动前规（挡纸舌）上下运动，完成挡纸舌下降时对承印物的高度限定。

图 4-6 中 14 为吸气装置，吸气管距输纸板调节成 0.2mm 的间隙。吸气装置的作用是当在输纸板出现输纸故障时，吸气管吸住第一张定好位的承印物防止乱纸或进入印刷单元。

图 4-6 中 11、12、16 三个螺钉用来调节 O_1 轴的空间位置，从而改变挡纸舌与输纸板之间的间隙，以适应不同厚度的承印物。拉簧 13、18 分别为凸轮 1、2 的封闭弹簧，19 为前规的定位靠塞，保证前规每次的定位位置。螺钉 23 用来调节挡纸舌 24 和定位板 22 的相对位置，从而确定定位板的定位位置。由于调节螺钉 11、12、16 均安装在轴 O_1 的端部，在机器的两侧调节，故操作方便。此机构用于海德堡 Speedmster 102 系列印刷机上。

图 4-7 所示为另一种组合下摆式前规，这种前规安装于国产 PZ4880-01 型印刷机上。图 4-7（a）中凸轮 1 为前规的动力源，它安装在前传纸滚筒的操作面外侧，经过摆杆 2 绕 O_1 点摆动，拉动连板 3 使前规轴 4 绕 O_2 摆动，并通过四杆机构使前规实现摆动。图中 C 为前规在牙台稳纸时的靠山，每个前规有一个靠山，该机安装有六个前规，所以有六个靠山。

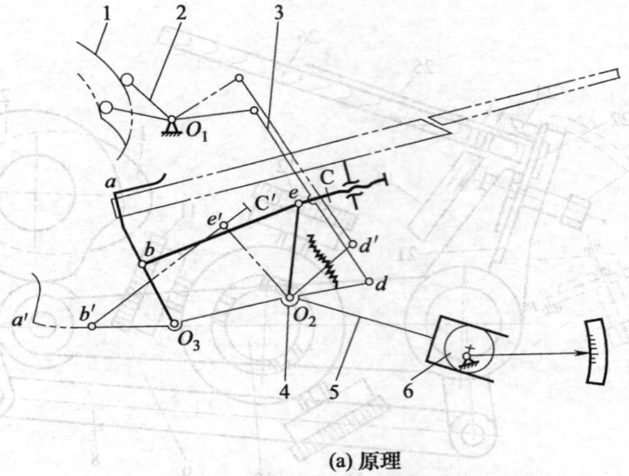

(a) 原理

1—凸轮；2—摆杆；3—连板；
4—前规轴；5—叉杆；6—偏心轴

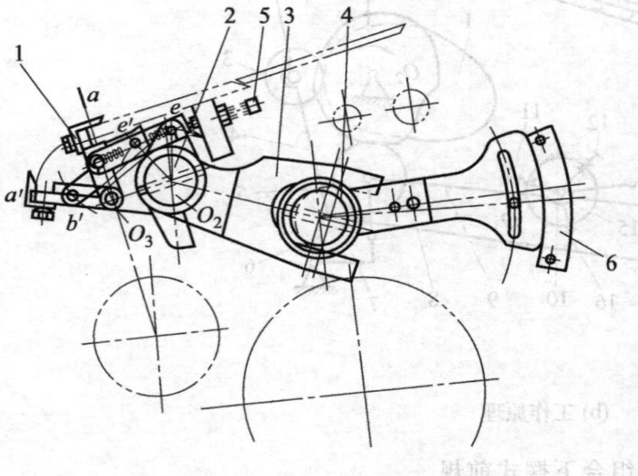

(b) 结构

1—定位板；2—前规轴；3—叉杆；
4—偏心轴；5—方头螺钉；6—扇形板

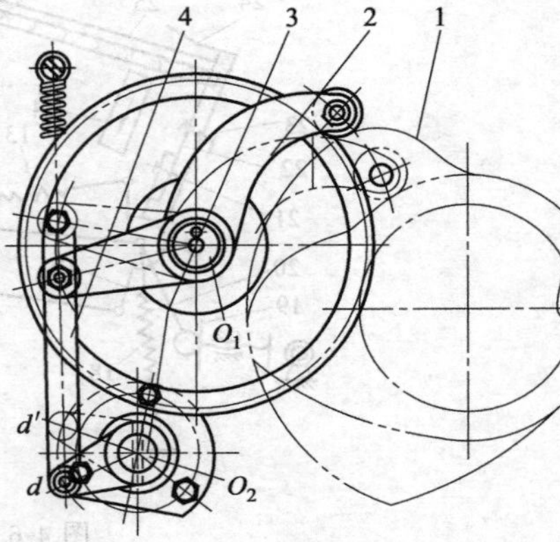

(c) 传动结构

1—凸轮；2—摆杆；3—连板；4—前规轴

图 4-7　PZ4880-01 型印刷机的前规

每个前规定位板的前后位置都可以单独调节，调节的机件是递纸牙台下面的方头螺钉 5。前规定位板的高低位置只能做整体调节，调节时移动扇形板 6，利用偏心轴 4，使套在偏心轴 4 上的叉杆 3 产生微量摆动，从而改变前规定位板的高低位置，调节量有刻度显示。如图 4-7（b）所示。

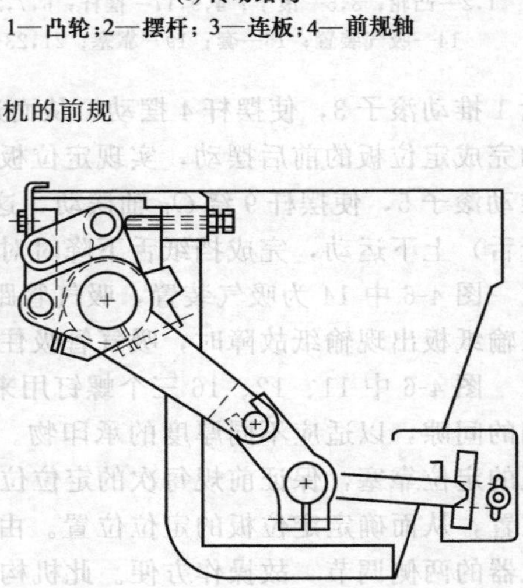

图 4-8　三菱印刷机的前规机构

图 4-8 所示为三菱印刷机的前规机构，结构原理与上述机构基本相同，在此不再赘述。

三、复合下摆式前规

图 4-9 所示为复合下摆式前规的原理，图 4-10 所示为前规挡纸舌的原理，图 4-11 所示为前规定位板的原理。由图 4-9 所示，该前规的挡纸舌和定位板是分开的，它们的摆动轴都在输纸板的下方，分别由凸轮 1、2、3 驱动滚子 A、B、C 带其摆动完成前规对承印物的定位。

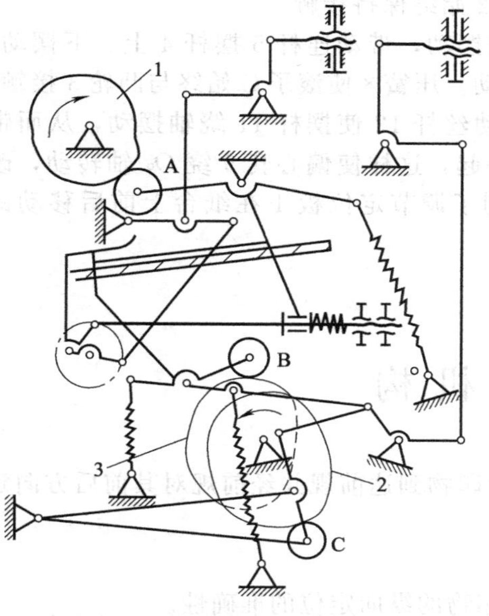

图 4-9 复合下摆式前规原理
1～3—凸轮；A,B,C—滚子

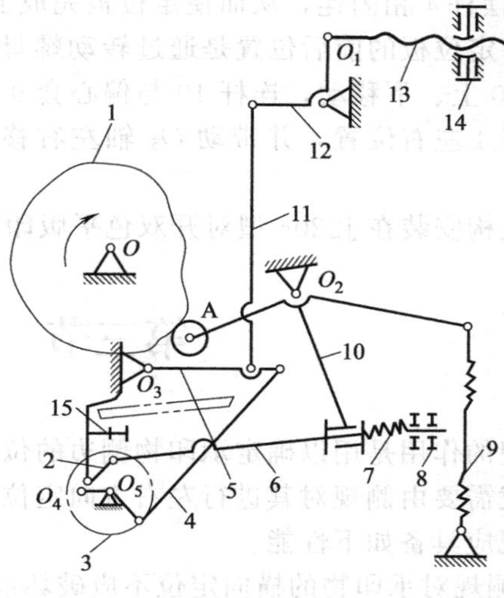

图 4-10 复合下摆式前规挡纸舌工作原理
1—凸轮；2,5,10,12—摆杆；3—偏心套；4,6,11—连杆；7—压簧；8,14—螺钉；9—拉簧；13—丝杆；15—限位螺钉

1. 挡纸舌的工作原理

由图 4-10 所示，凸轮 1 转动，推动滚子 A 带动摆杆 10 和连杆 6，摆杆 2 使前规挡纸舌（左、右、前、后）摆动。左摆时让纸，右摆时给纸定位。调节螺钉 8 改变连杆 6 的工作长度，即改变挡纸舌摆动角度，挡纸舌处于定位位置时，与限位螺钉 15 靠紧以获得准确的定位位置。弹簧 7 允许摆杆 10 在凸轮 1 作用下（在定位时）逆时针摆动一个角度。

调节挡纸舌与输纸台面的间隙是通过拧动螺钉 14，拉动丝杆 13 使摆杆 12 绕 O_1 轴摆动，带动连杆 11 上下移动。连杆 11 拉动摆杆 5 绕轴 O_3 摆动，经过连杆 4 使偏心套 3 转动，前规挡纸舌与偏心套固连在一起，从而改变了挡纸舌的上、下位置。

2. 定位板的工作原理

由图 4-11 所示，定位板的运动为复合运动，它由两个凸轮 2、3 来驱动两个滚子 B、C 来实现。定位板的运动轨迹 D 是封闭曲线，当承印物到达定位板时，应在 D 点相接触，然后承印物随定位板缓慢向输纸台前端前进，以消除高速运行承印物的冲击，当定位板到达输纸台前端时，其速度已降至零。此时前规定位并等待递纸牙取纸。当递纸牙闭牙后，定位板急速下移到输纸板下面，让递纸牙带纸运行。同时定位板从台面下边开始返回运行，并上升至台面上，准备接第二张纸。

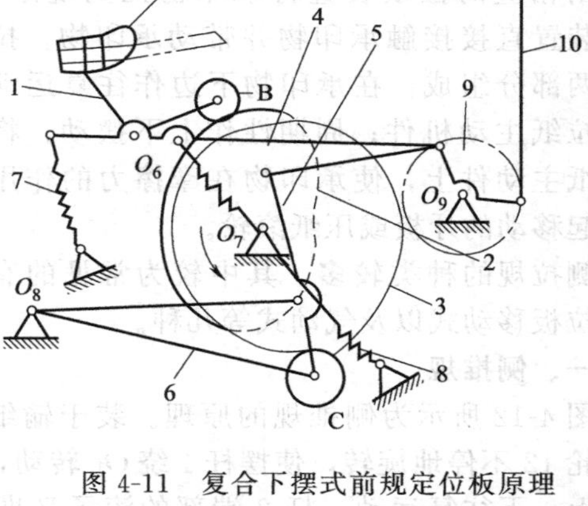

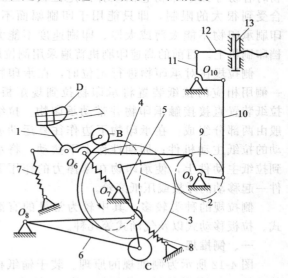

图 4-11 复合下摆式前规定位板原理
1—定位板；2,3—凸轮；4,6,11—摆杆；5,10—连杆；7—拉簧；8—压簧；9—偏心套；12—丝杆；13—螺母

如图 4-11 所示，当凸轮 2 转动时，推动滚子 B 使定位板 1 绕轴 O_6 摆动，给承印物缓速

及定位（起前挡规的作用）。拉簧 7 使滚子 B 与凸轮 2 始终保持接触。

当凸轮 3 转动时，推动滚子 C 使摆杆 6 绕 O_8 轴摆动，带动连杆 5 摆杆 4 上、下摆动，轴 O_6 与摆杆 4 相固连，从而使定位板完成上、下运动。压簧 8 使滚子 C 始终与凸轮 3 接触。

调节定位板的前后位置是通过转动螺母 13，拉动丝杆 12 使摆杆 11 绕轴摆动，从而带动连杆 10 上、下移动，连杆 10 与偏心套 9 固连在一起，这样使偏心套 9 绕 O_9 轴转动，改变了摆杆 4 左右位置，并带动 O_6 轴左右移动，达到了调节定位板 1 在纸台上前后移动的目的。

该机构安装在 J2204 型对开双色平版印刷机上。

第三节　侧规机构

侧规的作用是用以确定承印物侧边的位置，当承印物到达前规并经前规对其前后方向定位后，就需要由侧规对其进行左右方向定位。

侧规应具备如下性能。

① 侧规对承印物的横向定位不应破坏前规对承印物的纵向定位的准确性。

② 对于承印物侧边有侧规定位板的间距符合规定范围的承印物，均能准确定位，不允许出现卷曲变形、不到位或从定位板下窜过的小现象。

③ 根据承印物幅面的不同，可作横向调整，并能进行微调。

④ 自动印刷机应配备两个侧规，印刷时使用其中之一。不用的侧规可停止其工作。

侧规可以分为侧拉规和侧推规两大种基本形式。侧推规是推动承印物进行侧向定位，而侧拉规是把承印物拉向侧面进行侧向定位。由于侧推规在推动承印物时容易导致承印物卷曲或弹离定位板，因此应用场合受到很大的限制，即只能用于印刷幅面不能太大、印刷承印物不能太薄或太厚、印刷速度不能太快的低档印刷机上。目前的高速印刷机普遍采用侧拉规定位。

侧拉规在对承印物进行定位时，在承印物定位边一侧用相应的拉纸装置将承印物拉到规矩板处定位。拉纸装置直接接触承印物并带动承印物。拉纸装置一般由两部分组成：在承印物下边作往复运动或连续转动的拉纸主动机件；周期性作上下摆动，将承印物压到拉纸主动件上，使承印物在摩擦力的作用下随主动件一起移动的牙板或压纸滚轮。

侧拉规的种类较多，其中较为常见的有滚轮旋转式、拉板移动式以及气动式等几种。

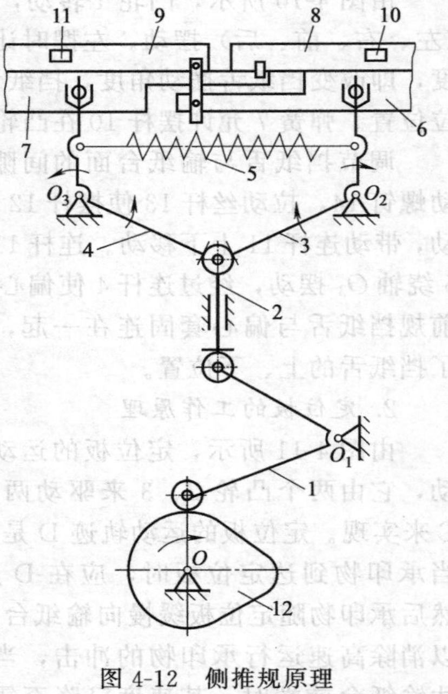

图 4-12　侧推规原理

1,3,4—摆杆；2—杆；5—拉簧；6～9—板；10,11—推规块；12—凸轮

一、侧推规

图 4-12 所示为侧推规的原理。装于输纸机主轴上的凸轮 12 不停地旋转，使摆杆 1 绕 O_1 转动，从而推动杆 2 上、下往复运动，杆 2 端部的滚子又推动摆杆 3、4 绕支点 O_2、O_3 摆动，摆杆 3、4 的作用完全一样。摆杆 3、4 端部的拨叉分别拨动板 6 和板 7，板 6 与装有推规块 11 的板 9 固接。板 7 与装有推规块 10 的板 8 固接。当杆 2 推动摆杆 3、4 向外摆动时，6 带动 9 右移，7 带动 8 左移，即板 8、9 同时向内移动，这是工作行程，

即为推纸定位行程。推规块10、11在工作时只用一个，它们在板8、9上可以移动，以调节承印物在输纸板上的定位位置，并且在板8、9上设有许多孔，可以根据承印物尺寸的大小把侧规块安装在合适的位置。当凸轮转到小面时，拉簧5拉动摆杆3、4向里摆动，板6带动9左移，7带动8右移，即板8、9同时向外移动，这是回程。这种推规结构简单，调节方便，只用于速度较低的平台印刷机上。

二、滚轮旋转式侧拉规

如图4-13所示，在侧规的传动轴1上用滑键连接装有一个端面圆柱凸轮3和一个圆柱齿轮4，它们在侧规传动轴上的位置由侧规体17控制，可以随着侧规体整体移动并限定在相应的位置。圆柱齿轮4通过齿轮9、锥齿轮21、22使拉纸滚轮8作连续匀速旋转运动。端面圆柱凸轮3驱动滚子5及其摆杆23相对于支轴*O*作往复摆动，从而带动装在摆杆23上部的压纸滚轮7、压纸舌25和定位板一起上下摆动。侧规定位时，在压簧24的作用下，压纸滚轮下摆，将承印物紧压在连续旋转的拉纸滚轮8上，并依靠摩擦力的作用，将承印物向外侧拉到侧规定位板处进行定位，这时端面凸轮3与凸轮滚子5之间脱开一定的间隙。定位完成后，依靠凸轮3的推动，摆杆23压缩压簧24而顺时针摆动，将滚轮7抬起。

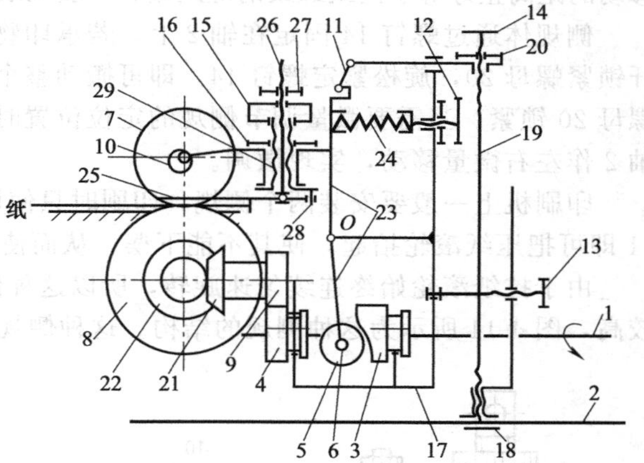

图4-13　滚轮旋转式侧拉规

1—侧规传动轴；2—侧规安装轴；3—凸轮；4,9—齿轮；5—滚子；6,10,11—偏心销轴；7—压纸滚轮；8—拉纸滚轮；12—调节螺母；13—微调螺钉；14—侧规固定螺钉；15—压纸板高低调节螺母；16,20,27—锁紧螺母；17—侧规体；18—滑套；19—顶杆；21,22—锥齿轮；23—摆杆；24—压簧；25—压纸舌；26—螺杆；28—定位销；29—螺纹套筒

图4-13中凸轮滚子5和压纸滚轮7上分别安装了偏心销轴6和10，调节这两个偏心销轴，就能改变压纸滚轮压到纸面时滚子5与端面凸轮3的脱开间隙。脱开的间隙越大，则压纸滚轮7压纸的时间就越长，拉纸时间就越长，拉纸距离就越大；反之，二者脱开间隙越小，则压纸时间和拉纸时间就越短，拉纸距离就越小。

在侧规传动轴的传动面轴头，装有传动齿轮（图4-13中未画出），在齿轮上有长孔，松开长孔中的紧固螺钉，旋转齿轮改变其相位，也就相应地改变了控制压纸滚轮7摆动运动时间早晚的端面凸轮3的相位，使侧规开始拉纸的时刻发生改变。这种调节只改变侧规拉纸时间的早晚，但对拉纸时间的长短并无影响。

拧动调节螺母12，改变压簧24的压缩量，可以改变压纸滚轮对承印物的压力，即改变了侧规滚轮的拉纸力大小。

压纸舌的高低位置和侧规定位板与前规定位板的垂直度也可以进行调节。侧规压纸舌和定位板活装在螺杆26的下部，螺杆26穿在有外螺纹的套筒29中，套筒又装在摆杆23的外套筒内，用锁紧螺杆26将螺纹套筒锁住，螺纹套筒下部有一个定位销28，插在侧规压纸舌的定位销孔中，这样使侧规挡板保持固定的位置。如若调节侧规定位板与前规定位板的垂直度，或在特殊情况，如承印物裁切不正需要调节角度时，只要将锁紧螺母16松开，把侧规定位板调节到合适的位置，然后再拧紧锁紧螺母16，固定住螺纹套筒即可。

调节螺母15上有两段螺纹，这两段螺纹的螺距不同，上部为细牙螺纹，拧在螺杆26上，下部为粗牙螺纹，拧在螺纹套筒29上。当需要调节压纸舌的高低位置时，首先松开调节螺母上部的锁紧螺母 27，拧动螺母 15，利用螺母 15 上下两部分螺纹的螺距差使螺杆 26 上升或下降，即带动压纸舌实现了高低位置的调整。调节螺母每转动一周，螺杆带动压纸舌移动的距离正好等于两组螺纹的螺距差。一般压纸舌与递纸台板的间距为承印物厚度的 3 倍。

侧规体通过螺钉 14 固定在轴 2 上，若承印物大小变化需要调节侧规的工作位置时，松开锁紧螺母 20，旋松紧定螺钉 14，即可搬动整个侧规体到适当的位置，然后再用螺钉 14 和螺母 20 锁紧。当需要微量调节侧规的定位位置时，可调节微调螺钉 13，这时侧规体相对于轴 2 作左右微量移动，实现微调。

印刷机上一般要安装两个侧规，印刷时只使用其中一个，另一个不工作。转动偏心销轴 11 即可把压纸滚轮抬起，使其不能下摆，从而使该侧规停止工作。

由于拉纸滚轮始终连续匀速旋转，所以这种侧拉规冲击振动较小，工作平稳，拉纸精度较高，图 4-14 所示为这种侧规的结构。这种侧规是国产北人单张纸印刷机上的通用部件。

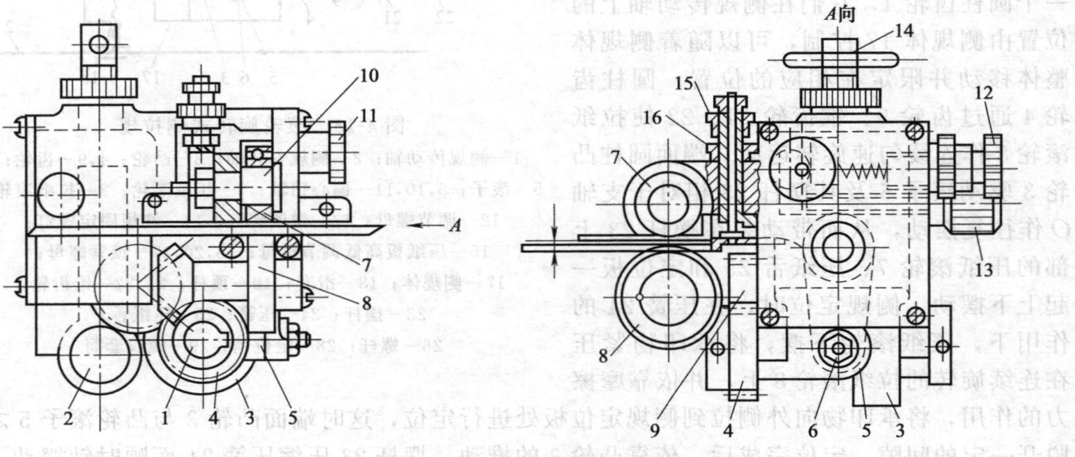

图 4-14　滚轮旋转式侧拉规结构

1—侧规传动轴；2—侧规安装轴；3—凸轮；4,9—齿轮；5—滚子；6—偏心销轴；7—压纸滚轮；8—滚轮；10,11—偏心销轴；12,15—调节螺母；13—微调螺钉；14—侧规固定螺钉；16—锁紧螺母

三、拉板移动式侧拉规

如图 4-15 所示，在前规凸轮轴上安装有左右两个圆柱槽型凸轮 1（图 4-15 中只画出右边一个）。两个凸轮随着凸轮轴连续旋转，推动滚子使摆杆 2 绕轴 O_5 摆动。摆杆 2 上的拨块 3 装于托板 4 的槽中，拨动托板 4 使其左右移动。由于拉板 6 与托板 4 用螺钉 5 固联在一起，因此带动拉板 6 完成拉纸动作。

拉板上方压纸轮 8 的上下摆动（拉纸和让纸动作）是由装于轴 O_1 上的摆杆 12 和鼓形滚子 11 的摆动实现的（见图 4-15 中 A 向视图）。装于前传纸滚筒上的凸轮 19 的转动动力来自前传纸滚筒的轴端齿轮传动。当凸轮 19 的曲面高点与滚子 18 接触时，便推动滚子 18 使摆杆 17 绕轴 O_3 逆时针摆动，带动连杆 16 压缩弹簧 15 使摆杆 12 绕轴 O_1 顺时针方向摆动，滚子 11 下摆压在摆杆 10 的尾端，迫使摆杆 10 带动压纸轮 8 绕轴 O 逆时针摆动，即上抬让纸。此时拉板 6 应向左移动（回程）。当凸轮 19 曲面低点与滚子 18 接触时，在压簧 15 的作用下，通过摆杆 17、连杆 16、摆杆 12 使鼓形滚子 11 上摆，摆杆 10 在压簧 25 的作用下绕轴 O 顺时针摆动，带动压纸轮 8 下摆压纸，此时，拉板右移，在压纸轮 8 和拉板 6 的共同作用下，拉纸至挡纸板 7，完成侧规的定位。

在图 4-15 中，压纸轮 8 安装于偏心轴 9 上，因此转动偏心轴 9 可以改变压纸轮 8 和拉板 6 之间的间隙，以适应不同厚度的承印物。

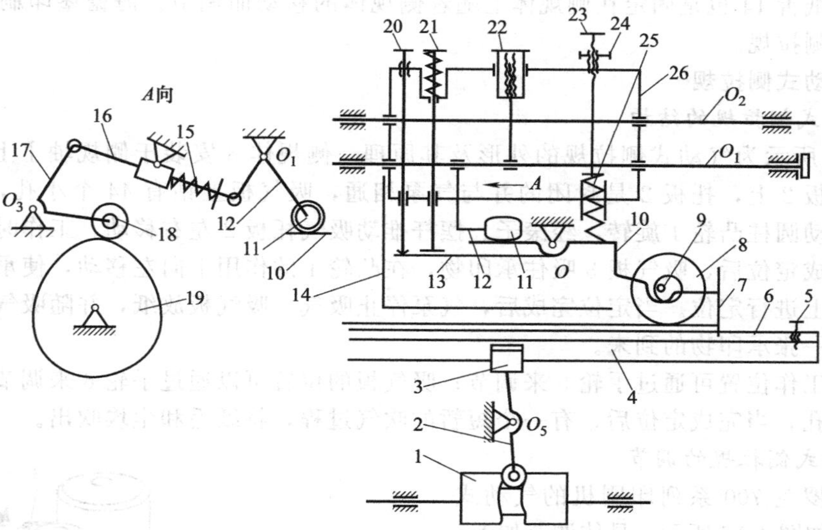

图 4-15　拉板移动式侧拉规

1,19—凸轮；2,10,12,13,17—摆杆；3—拔块；4—托板；5,20,21,23—螺钉；6—拉板；7—挡纸板；8—压纸轮；9—偏心轴；11—鼓形滚子；14—压纸舌；15—弹簧；16—连杆；18—滚子；22,24—螺母；25—压簧；26—侧规体

压纸轮 8 的压纸力的大小可以通过螺钉 23 来调节，调整时，松开螺母 24，旋转螺钉 23，改变压簧 25 的压缩量（即压力），这样即可调节压纸轮 8 的压纸力的大小，调节完成后销紧螺母 24。

调节拉纸时间的长短通过螺钉 20 来实现。旋动螺钉 20，可以微调压纸轮 8 下落压纸时摆杆 13 的角度，由于摆杆 13 与摆杆 10 固联在一起，这样即可控制压纸轮 8 的定位（下落）位置（即开始拉纸时间）。

侧拉规的工作状态是通过螺钉 21 来控制的。向下转动螺钉 21，压缩弹簧并转动 90°，使其卡在侧规体 26 上不再上抬，此时螺钉 21 即顶住摆杆 13，当压纸轮下摆时不再压纸，侧规即停止工作。当需要侧规工作时，只要把螺钉 21 转回 90°，在弹簧作用下上升并与摆杆 13 脱开，压纸轮即可下压拉纸，恢复侧规工作状态。

为适应印刷时所用承印物的不同幅面大小，侧拉规的位置也应当能够调整。整个侧规用锁紧螺母 22 固定在轴 O_1 上。当需要大范围移动侧规时，只要松开螺母 22，用手扳动侧规到所需要的位置。精细地调节则需要通过转动圆轮来实现。用拔棍插入圆轮上的孔中转动圆轮，可使轴 O_1 进行左右方向的移动。侧规体 26 装于轴 O_2 上且可在轴上滑动。由于侧规体与轴 O_1 通过锁紧螺母 22 紧固在一起，所以当轴 O_1 移动时，侧规体亦可在轴 O_2 上左右移动，这样侧规体上的压纸轮和与之相固联的挡纸板 7 的位置即可实

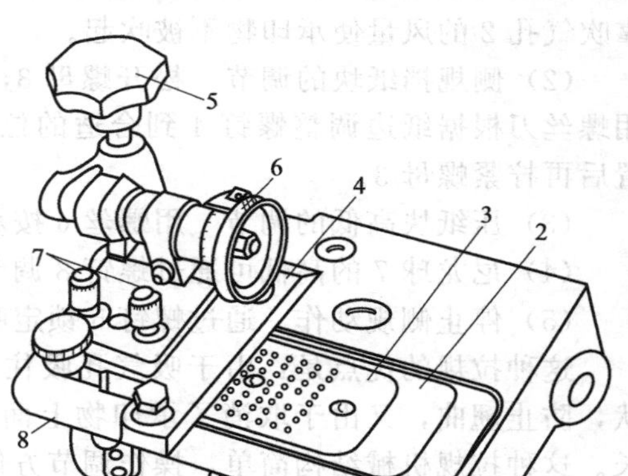

图 4-16　气动式侧拉规

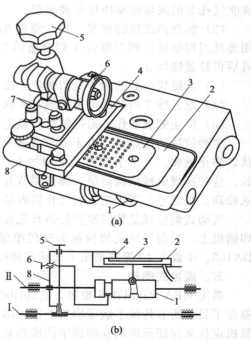

1—凸轮；2—吸气托板；3—吸气板；4—定位板；5,6—手轮；7—调节钮；8—侧规体

现微调。挡纸舌 14 也是固定在侧规体上随着侧规体的移动而调节。海德堡印刷机上安装了上述形式的侧拉规。

四、气动式侧拉规

1. 气动式侧拉规的结构

图 4-16 所示为气动式侧拉规的外形及其原理。侧规体 8 安装于侧规轴Ⅰ上。吸气板 3 装在吸气托板 2 上，托板 2 是封闭的并与气泵相通，吸气板上钻有 44 个小孔，用于吸纸。凸轮轴Ⅱ带动圆柱凸轮 1 旋转，经滚子、摆杆推动吸气托板 2 左右移动。工作时，当承印物在前规处完成定位后，吸气板 3 吸住承印物，在凸轮 1 的作用下向左移动，使承印物靠在侧规定位板 4 上进行定位。当定位完成后，气泵停止吸气，吸气板放纸，并随吸气托板 2 右移返回等待下一张承印物的到来。

侧规的工作位置可通过手轮 5 来调节；吸气板的位置可以通过手轮 6 来调节。为了防止纸毛堵塞气孔，当完成定位后，有一个短暂的吹气过程，将纸毛和尘埃吹出。

2. 气动式侧拉规的调节

下面以罗兰 700 系列印刷机的气动式侧规为例，如图 4-17 所示，具体调节如下。

(1) 风量调节

① 吸气板 1 吸风量的大小可以通过操作侧的真空表调节并显示压力。

② 吸气板 1 在拉纸时吸气，在回程中吹气，吹气的大小通过旋钮 9 调节。

③ 吹气孔 2 的风量由旋钮 10 调节，其作用是当吸气板 1 在回程中吹气时，依靠吹气孔 2 的风量使承印物不被吹起。

(2) 侧规挡纸块的调节　松开螺母 3，用螺丝刀根据纸边调整螺钉 4 到合适的位置后再拧紧螺母 3。

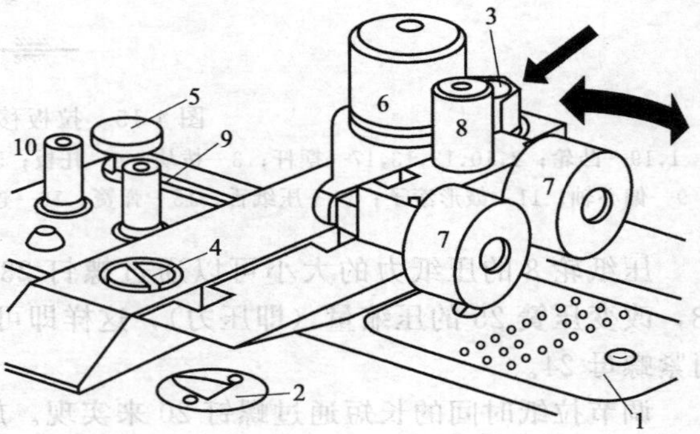

图 4-17　吸气式侧规示意

1—吸气板；2—吹气孔；3—螺母；4,5,8—螺钉；6—螺丝；7—尼龙球；9,10—旋钮

(3) 压纸块高低的调节　用螺丝 6 按承印物厚度的要求就能进行方便的调节。

(4) 尼龙球 7 的高低可通过螺钉 8 调节。

(5) 停止侧规动作　通过螺钉 5 锁定吸气板 1 的行程即可。

这种拉规的优点是：由于吸气孔吸住承印物，因此在拉纸过程中能够使承印物完全平伏，防止翘曲，又由于取消了承印物上面的压纸轮，所以不会弄污承印物，且定位时间较长。这种拉规机械结构简单，操作调节方便，工作效率较高。但这种拉规对承印物的质量要求较高，当纸毛、灰尘进入吸气孔后容易发生堵塞，从而影响定位精度。

气动式侧拉规是德国罗兰公司首先发明的，上述气动式侧拉规安装于罗兰公司的很多中印刷机上。目前气动式侧拉规为现代单张纸印刷机所常采用，如三菱 D3000、高宝 RAPIDA105、小森 L-40 等都采用了气动式侧拉规装置。

五、虚拟式侧规

高宝 KBA Rapida105 型机，它的印刷速度为 1.8 万印/小时，采用了虚拟式侧规技术，摒弃了目前所有传统平版印刷机上所使用的机械式或气动式侧拉规技术，完全依靠精确的计算机定位来保证承印物在印刷中的准确套印，现代高速印刷机多少年来一直是标准部件的吸气侧拉规，被一个传感器所取代，该传感器对承印物边缘进行连续的扫描，并把信息传递给递纸滚筒，使递纸滚筒上的咬牙排提前对传过来的承印物对正，在承印物从摆臂上传递过来时，由一个装在递纸滚筒上的伺服电动机把递纸滚筒上的咬纸牙排精确定位，递纸滚筒接完承印物后交给压印滚筒前，递纸滚筒上的咬纸牙排回到原来初始被定位过的位置上，这样周而复始。

1. 虚拟式侧规工作原理

如图 4-18 所示，虚拟式侧规工作原理如下。

① 在承印物到达前规前，电眼将承印物边缘的位置准确地反馈到控制系统。

② 控制系统根据得到的承印物位置的数据信息，对递纸滚筒上的咬牙排位置进行初步调节。

③ 经过初步定位的递纸滚筒咬牙排接过承印物后，再根据计算机承印物位置的数据进行精确定位。

④ 递纸滚筒将经过准确定位的承印物交接给压印滚筒。

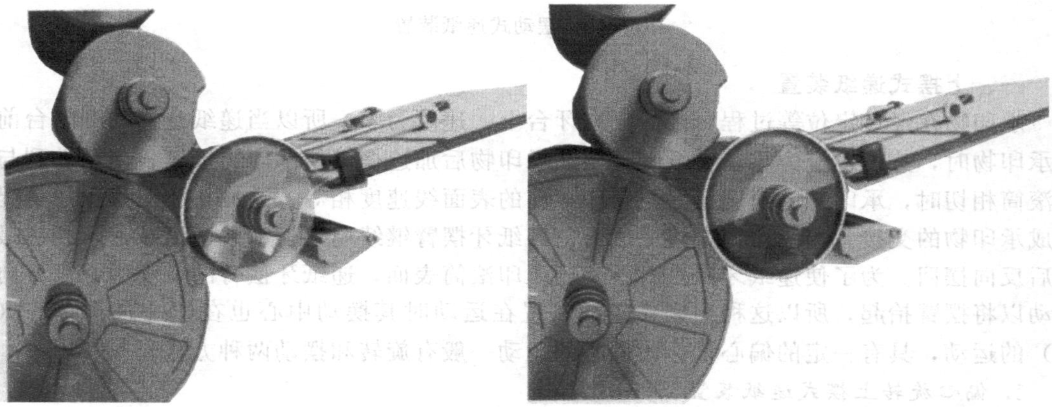

图 4-18　虚拟式侧规工作原理示意

2. 虚拟式侧规的特点

① 大大减少了人为干预所需要的时间以及可能造成的误差，不需要人工调节，所以不会因为调节不当而产生问题。并把操作者从在更换承印物时必须进行的耗时的设置工作中解放了出来，工作效率大大提高。

② 与气动吸气侧拉规相比，这种装置可以多将近一倍的时间来把承印物对正，即定位时间较长。

③ 这里没有拖拉的动作，不会对承印物达到前规的过程起到消极的作用，诸如蹭脏印迹和损坏印张。

④ 对承印物的宽容度大，对承印物的质量要求不高，不管是容易弯曲的轻量承印物，还是容易在前规处弹回的重量承印物，都会有足够的时间在前规处精确对正。这使得整个过程更加平稳和精确。

⑤ 也不存在当纸毛、灰尘进入气动吸气侧拉规的吸气孔后而容易发生的堵塞现象，从而无论什么情况都能保证定位精度。

正是由于虚拟式侧规的这些特点，虚拟式侧规将被现代单张纸印刷机所广泛采用。

第四节　摆动式递纸装置

摆动式递纸装置是目前应用最为广泛的递纸类型，有很多印刷机上都采用这种装置。由于其中的递纸牙作往复摆动运动，所以又俗称摆动器。摆动式递纸装置根据安装位置不同可分为上摆式和下摆式两种。如图 4-19 所示。

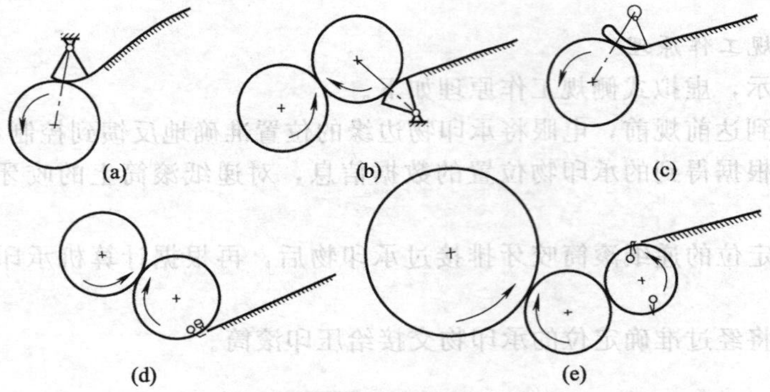

图 4-19 摆动式递纸装置

一、上摆式递纸装置

承印物在经过定位等过程后，静止在牙台上，速度为零，所以当递纸牙摆动到牙台前接取承印物时，速度也应为零，递纸咬牙咬住承印物后加速摆动使承印物加速，当摆动到与压印滚筒相切时，承印物的速度正好与压印滚筒的表面线速度相等，这样在相对静止的情况下完成承印物的交接。当承印物交接完成后，递纸牙摆臂继续向上摆动并逐渐减速，到达最高点后反向摆回。为了使递纸牙回摆时不碰到压印滚筒表面，递纸牙摆臂的摆动中心需要向上运动以将摆臂抬起，所以这种上摆式递纸装置在运动时其摆动中心也在作一种动轴心（偏心）的运动，具有一定的偏心量。该偏心的运动一般有旋转和摆动两种方式。

1. *偏心旋转上摆式递纸装置*

（1）递纸牙排的结构　如图 4-20 所示，递纸牙排有牙垫 1 和牙垫板 2、递纸牙 3 和递纸

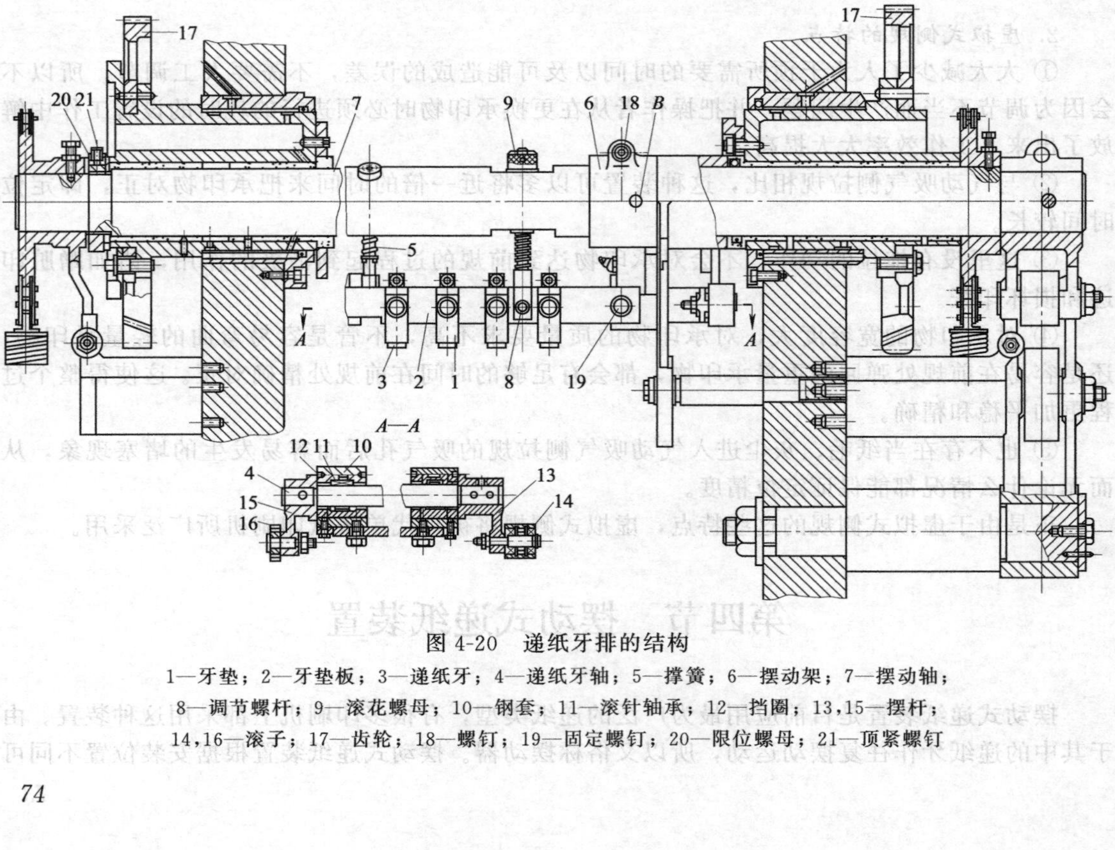

图 4-20 递纸牙排的结构

1—牙垫；2—牙垫板；3—递纸牙；4—递纸牙轴；5—撑簧；6—摆动架；7—摆动轴；8—调节螺杆；9—滚花螺母；10—钢套；11—滚针轴承；12—挡圈；13,15—摆杆；14,16—滚子；17—齿轮；18—螺钉；19—固定螺钉；20—限位螺母；21—顶紧螺钉

牙轴4、撑簧5、摆动架6和摆动轴7以及牙垫高低调节螺杆8、滚花螺母9等组成。递纸牙轴和牙垫板装在三个摆动架上，在递纸牙摆动轴与摆动架之间装有钢套10和滚针轴承11，以保证转动灵活，挡圈12可防止钢套在轴上的转动和滚针轴承轴向游动，并通过它加注润滑油，摆动架和摆动轴固定。递纸牙轴右端（传动面）装有摆杆13，由图4-23中的凸块3和4通过图4-20滚子14控制递纸牙的开闭动作。在滚筒离压时，由联动装置控制的凸块推压图4-20中递纸牙轴4左端摆杆15上的滚子16，使递纸牙不能闭合，停止接纸动作。

(2) 传动工作原理　图4-21中，递纸牙的摆动轴1装在两侧墙板孔内的偏心轴承里，每个偏心轴承上各装有一个与压印滚筒传动齿轮相啮合、分度圆直径相等的递纸牙传动齿轮9，因此偏心轴承带动递纸牙的摆动轴1，绕其旋转中心以与压印滚筒同步的速度反向旋转，与此同时，安装在压印滚筒轴头的凸轮12旋转，通过滚子2、摆杆3、连杆4，带动与递纸牙轴固结的摆杆5作摆动运动，从而使固定安装在递纸牙轴上的递纸牙相对于轴作往复摆动传递承印物。因此，递纸牙的运动是其摆动中心（递纸牙轴），绕偏心套中心所作的匀速旋转运动（牵速运动）和由凸轮连杆机构驱动的相对于递纸牙摆动中心的摆动运动（相对运动）的合成运动。由于采用了旋转偏心，使递纸牙在回程时摆动中心提高，运动轨迹为"水滴"状封闭曲线，返回时碰不到滚筒工作表面，这样可不必等滚筒空挡而提前返回，既可以缩小滚筒空挡和滚筒直径，又可提高递纸牙运动的平稳性及递纸精度。但由于增加了偏心的旋转运动，使递纸牙运动复杂化，增加了机构设计、制造、调整的难度。

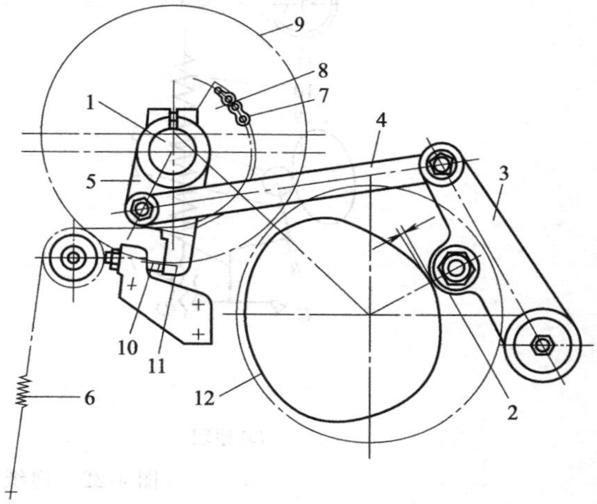

图4-21　偏心旋转上摆式递纸装置

1—递纸牙的摆动轴；2—滚子；3，5—摆杆；4—连杆；6—大拉簧；7—链条；8—链轮；9—齿轮；10—定位螺钉；11—定位摆块；12—凸轮

上述递纸牙机构是用来克服和平衡递纸牙摆动过程的惯性的，它使连杆机构的滚子2始终紧贴递纸牙凸轮12，以保持力封闭和严格的运动关系，防止出现冲击，由于递纸牙轴1本身绕偏心中心旋转，递纸牙受凸轮12、连杆机构控制作摆动运动，固定在递纸牙轴两端的挂簧活动销轴上，其位置在运动过程中不断变化。假如大拉簧下端挂在固定销柱上，则弹簧在工作过程中除了原来的预拉伸外，拉伸长度在不断变化，当递纸牙摆到两个极限位置，其最大拉伸变化量可达到110mm，这样产生不均匀载荷，对递纸牙机构动力性能不利。同时由于弹簧频繁变形，超出疲劳强度而过早断裂。因此在新型的印刷机上，拉簧并不是挂在固定活动销轴上，而是挂在一个活动的销轴上。该销轴由一套跟踪凸轮和摆杆机构驱动，使拉簧在递纸牙整个运动过程始终保持一定的拉伸长度，产生一定的拉力，所以称之为恒力机构，如图4-22所示。

图4-22所示为J2108型平版印刷机递纸牙恒力机构的原理和结构。它由凸轮、摆杆连杆机构组成，恒力机构的基本原理是使拉簧在整个工作过程中保持定拉伸长度，则两个挂簧销在运动过程中位移始终一致。该恒力机构是通过滚子3和摆杆4，而摆杆4绕B点摆动，通过连板5使杠杆7绕支点C使弹簧支点D随动，从而使得大拉簧10保持恒力。

长螺母8可以调节大拉簧的拉力大小。

递纸牙在牙台上取纸时和在压印滚筒部位交纸时需要有咬牙开闭的动作。这两个动作是

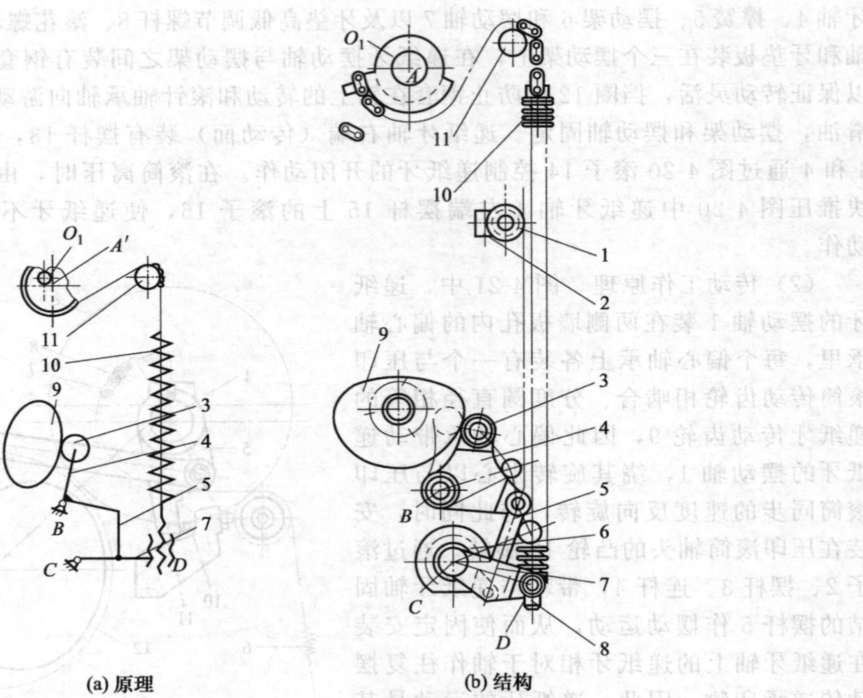

(a) 原理　　　　(b) 结构

图 4-22　递纸牙恒力机构

1,3—滚子；2—支座；4—摆杆；5—连板；6—轴承座；7—杠杆；8—长螺母；9—恒力凸轮；10—拉簧；11—链轮

依靠图 4-23 中所示的装置实现的。承印物从前规接纸的开闭动作由固定在偏心轴承侧面的凸块 4 控制，它随着偏心轴承转动。在递纸牙进入接纸位置前，凸块 4 推动递纸牙轴的摆动滚子使递纸牙张开，作好接纸准备。承印物定位结束后，凸块转向低点，递纸牙在弹簧的作用下闭合。

递纸牙把承印物传给压印滚筒咬牙时的张开动作由套在摆动轴上的凸块 3 控制，凸块连接板的长槽内嵌有一支固定轴，由于摆动轴围绕偏心轴承中心转动，使凸块产生摆动，当凸块推动递纸牙轴上的摆动滚子时，递纸牙张开传纸。滚子脱离凸块，递纸牙重新闭合，可以起到保护作用。

2. 偏心摆动上摆式递纸装置

在偏心摆动上摆式递纸装置中，偏心轴的运动为间歇摆动，如图4-24所示。间歇摆动的

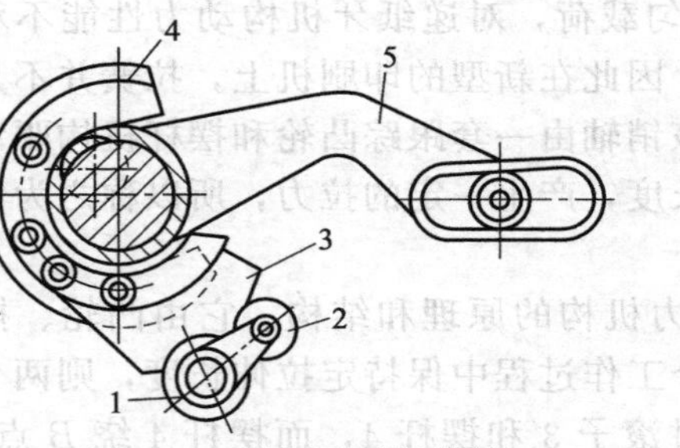

图 4-23　递纸牙开闭装置

1—轴；2—滚子；3,4—凸块；5—板

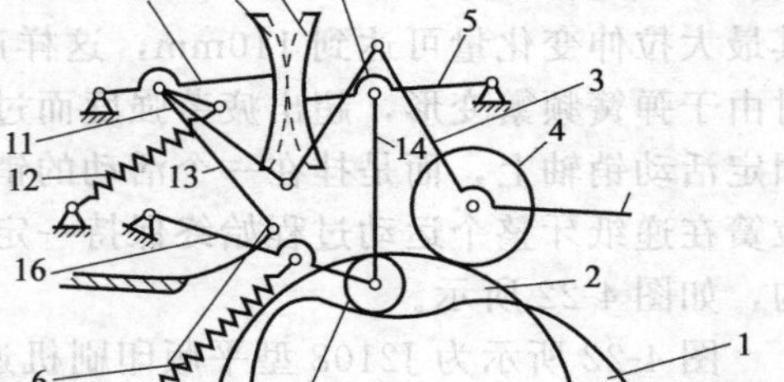

图 4-24　偏心摆动上摆式递纸装置

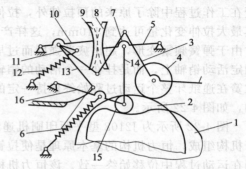

1,2—凸轮；3,5,10,11,14,16—摆杆；4,15—滚子；6,12—弹簧；7—连杆；8,9—扇形齿轮；13—递纸牙

偏心轴在递纸牙工作行程（递纸行程）中不摆动，在递纸牙空行程中摆动，以达到递纸牙返回轨迹的目的，偏心轴每分钟间歇摆动的次数与压印滚筒每分钟旋转的转数相等。按在压印滚筒轴端的凸轮 2 随压印滚筒不断旋转，驱动滚子 4，使摆杆 3 上下往复摆动，从而带动连杆 7、摆杆 11，使递纸牙 13 完成从输纸板前取纸和向压印滚筒递纸，完成递纸后，由凸轮 1 曲面的高点驱动滚子 15、摆杆 14 推动摆杆 5 使扇形齿轮 8 带动与之啮合的扇形齿轮 9 逆时针方向转动一个角度，从而使与偏心轴相连的摆杆 10 带动递纸牙向上提高，使递纸牙返回时离开压印滚筒的表面。

国外一些印刷机如瑞典的桑拿、意大利的欧姆萨等采用了这种递纸装置，我国的四开印刷机上也普遍采用这种递纸装置。

二、下摆式递纸装置

图 4-25 所示为 PZ4880-01 型对开四色平版印刷机上采用的下摆式递纸装置的工作原理及其结构。凸轮 1 为递纸凸轮，凸轮 2 为复位凸轮，它们都安装在前传纸滚筒操作面外侧。这两个凸轮又叫等距离共扼凸轮，递纸凸轮 1 使递纸摆臂在牙台上取纸后加速，当与前传纸滚筒相切时，速度正好与前传纸滚筒表面速度相等，于是将承印物交给前传纸滚筒（中心为 O_3）叼牙。递纸摆臂继续等减速下摆，当摆臂速度为零时，摆臂返回。摆臂返回程的动力靠复位凸轮，复位摆臂 3 和递纸摆臂 4 靠拉力弹簧 5 连接成一体。拉力弹簧钢丝直径为 8mm，工作拉力约 250kg，用弹簧拉力来克服惯性力。由于共扼凸轮曲线的原因，拉力弹簧理论上是不伸长也不缩短的。递纸摆臂沿 O_2 中心固定摆动，叼牙运动轨迹为一定中心弧线，摆臂运动轨迹比上摆式递纸牙简单，精度更易保证。摆臂在牙台取纸（闭牙）时，要求有一段时间速度为零。闭牙后开始向前传纸滚筒摆去，摆臂速度为等加速，当摆臂与前传纸滚筒叼牙交接前后，摆臂与前传纸滚筒的旋转速度应等速即等速区，在等速区两牙同时叼着纸，共同走 1～3mm，否则套印不准。叼牙交接后，摆臂由于惯性继续下摆直至零速，由于摆臂向回摆在前传纸滚筒连心线上时，前传纸滚筒正好在筒身面上。前传纸滚筒必须是偏心的，否则摆臂叼牙就碰到筒身，所以 PZ4880-01 型对开四色平版印刷机前传纸滚筒轴头与筒身偏心距 3mm，即当摆臂回摆时摆臂叼牙与前传纸滚筒筒身面间隙约加大 6mm，虽然间隙加大，但被前传纸滚筒叼着的纸仍蹭着叼牙，因此摆臂每个叼牙上有小滚轮，滚轮在承印物上滚动，从而防止了将承印物划伤。

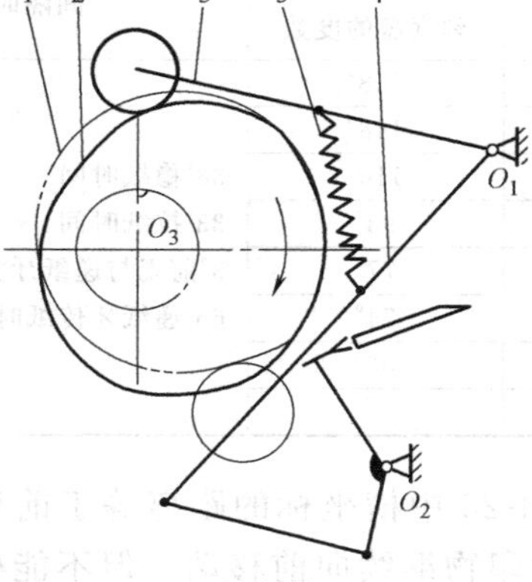

(a) 原理

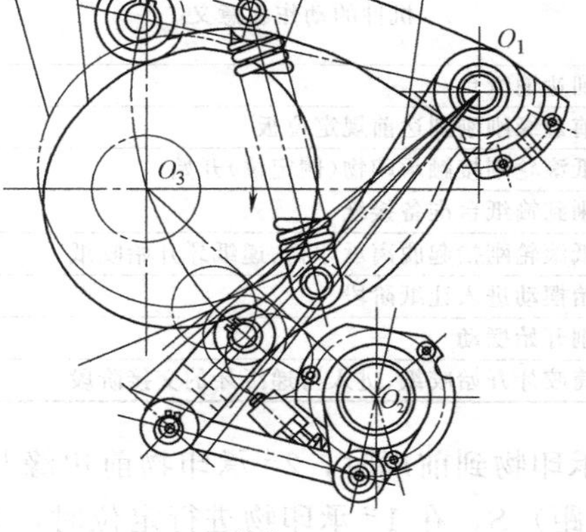

(b) 结构

图 4-25 下摆式递纸装置

1，2—凸轮；3，4—摆臂；5—弹簧

下摆式递纸是目前单张纸印刷机上采用非常普遍的一种方式。除了上述的北人印刷机外，国内外一些著名的印刷机，如德国的海德堡 CD102、罗兰 700、高宝 150、日本的三菱钻石 3000 型印刷机上以及国产的其他一些高速机也采用这种下摆式递纸装置，工作原理也基本相同。

第五节 递纸装置与其相邻装置的交接关系

一、承印物在定位和递纸过程中前规、侧规与递纸装置的运动关系

承印物在进入印刷机进行正式印刷之前需要经过前规定位、侧规定位和递纸牙接纸等过程，这些过程必须严格地按照规定的时间要求进行，这样才能保证承印物的定位准确和传送平稳可靠，最后进入印刷滚筒进行印刷。为了较为清楚地表示出这个阶段中承印物的位移和相关机件的运动关系，采用绘制运动循环图的方法，如图 4-26 所示为重叠式匀速的输纸。以国产 J2108 型印刷机为例说明前规、侧规和递纸牙之间的时间交接关系。

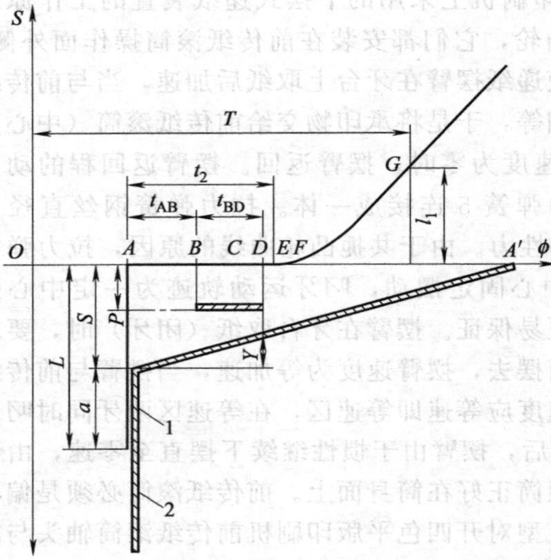

图 4-26 运动循环图
1—1# 纸；2—2# 纸

图 4-26 中横坐标表示压印滚筒的旋转角 ϕ 或时间 t；纵坐标表示承印物的位移 S；L 表示承印物强度；a 表示相邻两张纸在输纸台上重叠部分的长度；粗实线表示承印物前边缘的轨迹。另外，横坐标还表示前规定位线，离它距离 P 的点画线表示侧规的位置，坐标的原点表示全机循环运动的"O"点。其他各点的意义可参见表 4-1。

表 4-1 J2108 型机机件动作的具体角位

代号	机件的动作和意义	角位指针对应刻度盘的度数	间隔时间
	前规刚到达输纸台	168°	
A	承印物前边缘刚刚到达前规定位板	148°	
B	侧规拉纸滚轮刚接触承印物(侧定位)开始	110°	38°稳纸时间
C	递纸牙刚到输纸台准备接纸	93°	33°拉纸时间
D	侧规拉纸滚轮刚抬起脱离承印物、递纸牙开始咬纸	77°	3°前规与递纸牙交接时间
E	前规开始摆动进入让纸阶段	74°	66°递纸牙传纸时间
F	递纸牙刚开始摆动	66°	
G	压印滚筒咬牙开始咬纸，进入与递纸牙的交接阶段	0°	

当 1# 承印物到前规时，2# 承印物前边缘与图 4-26 中横坐标的距离等于前后两张纸的间距（即步距）S，在 1# 承印物进行定位时，2# 承印物继续向前移动，但不能碰到侧规定位板，否则会造成输纸歪斜，所以要求

$$Y<S-P$$

式中 Y——在稳纸和拉纸时间（即 $t_{AB}+t_{BD}$）内，2# 承印物的移动距离；

P——侧规与前规定位板的间距。

而 $$Y=v_f(t_{AB}+t_{BD})$$

根据表 4-1，J2108 型机中

$$Y\approx 0.2Tv_f$$

图 4-26 中横坐标上的 A' 点表示 2# 承印物到达前规，A-A' 表示一个工作周期 T，在这段时间内，承印物的位移可分为 S_1 和 S_2 两部分。S_2 为定位时间内承印物的移动距离，S_1 为前规让纸时间内承印物的移动距离。因为

$$T=t_1+t_2$$

$$S=S_1+S_2$$

$$S_2=v_f t_2\approx 0.205Tv_f$$

$$S_1=S-S_2=v_f(T-t_2)\approx 0.795Tv_f$$

二、递纸装置的调节

由于递纸装置的结构和运动比较复杂，配合关系多，它的传纸精度与套印精度有直接关系，因此，必须十分细致地做好调节工作。

1. 交接位置的调节

递纸牙在前规处的接纸位置由定位螺钉 10 来（图 4-21）决定。调节时，慢慢转动机器，使递纸牙摆动到前规，让定位螺钉顶住递纸牙排摆动轴上的定位摆块 11，此时摆动凸轮的低点部分与滚子相对应，要求两者之间有 0.03～0.05mm 的间隙，如果间隙过大或过小，可转动定位螺钉予以调节。除此之外，要求两边定位螺钉与摆块顶住的时间和受力应该一致。然后根据递纸牙的这个接纸位置，调节前规的定位板，使它与递纸牙咬纸线平行，而且使递纸牙的咬纸距离在 5～6mm 范围内。递纸牙与滚筒咬牙的交接位置，以压印滚筒咬牙作为基准，在机器处于“0”位时，要求递纸牙顶比压印滚筒边口平面超前 0.5～1.5mm（图 4-27）。此时，递纸牙摆动凸轮上的“0”刻线与滚子相切，递纸牙牙垫与滚筒牙垫的间隙最小。这个交接位置在机器出厂时已调整好，一般不必再进行调节。如果机器使用时间长了，由于凸轮、滚子、销轴等零件的磨损，出现递纸牙顶端磕碰压印滚筒边口，造成套印不准，维修时更换了凸轮、摆杆、连杆等机件，则需要进行调整。方法是：使递纸牙排摆动轴的偏心轴承及压印滚筒处在“0”位，取下递纸牙排摆动轴与摆动架（图 4-21）之间的定位销并旋松紧固螺钉，调节递纸牙排位置，使递纸牙顶端与滚筒边口的间距符合上述要求，然后将滚子 2 靠紧凸轮上的“0”点，旋紧螺钉，最后配钻定位销孔，重新予以定位。

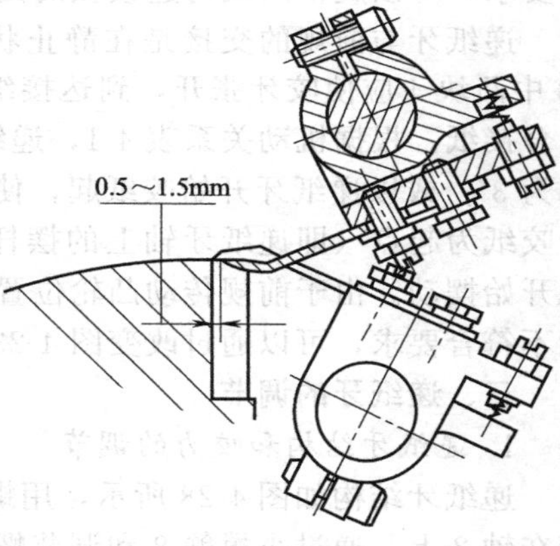

图 4-27 递纸牙与压印滚筒咬牙交接位置示意

2. 递纸牙牙垫高度的调节

递纸牙牙垫高度的调节以滚筒咬牙牙垫的高度为基准，在“0”位时要求两个牙垫的间距以印刷纸厚度加 0.2mm 为适宜。测量时，可以用一块相应厚度的钢片，将其平放在滚筒牙垫的工作面上，然后调节递纸牙牙垫，使它轻靠钢片，既无间隙又不使钢片弯曲变形，即为合适。理想状态是两个牙垫的间距为一张印刷纸厚度，但由于承印物是软性的，纸也不可能绝对平整，以及调节、运动误差，承印物厚度变化等各种因素，难以达到，也无此必要。取印刷纸厚度加 0.2mm 这样的数值，使用调节简便，又不会影响印刷质量。当然递纸牙牙垫过高或过低，均有可能造成纸边起皱或破裂。

调节递纸牙牙垫高度时，先松开牙垫板 2 与摆动架 6 的固定螺钉 18（图 4-20），转动滚花螺母 9、传动螺杆 8，改变牙垫板的高度，变化量由刻度显示，要保证两边的牙垫高度一致，调节结束后将螺钉 19 锁紧。

递纸牙在前规处接纸，当它处于最低位时，牙垫表面与递纸牙台的间隙，在印刷薄纸时为三倍印刷纸厚度，印刷较厚的承印物时，以印刷纸厚度加 0.2mm 为宜。调节时，以递纸牙牙垫高度为基准，通过递纸牙台反面支承板的调节螺钉，改变递纸牙台的高度，使牙垫和递纸牙台的间隙达到要求，然后将螺钉锁紧。

3. 递纸牙与滚筒咬牙、前规交接时间的调节

递纸牙把承印物传给压印滚筒咬牙时，交纸的机件是递纸牙，接纸的机件是滚筒咬牙，它们的运动轨迹是相外切的圆弧，交接时间内速度相等，即处于相对静止状态。交接时间按照机动关系表为 1°～1.5°，即滚筒咬牙从 0°开始咬纸、递纸牙在 359°～358.5°开始放纸；或以滚筒咬牙闭合开始，相当于滚筒表面弧长转过 3～4mm（因 1°约为滚筒表面弧长 2.618mm）。如果交接时间过长，纸边容易撕裂，过短则交接不稳，容易引起套印不准。检查方法：滚筒咬牙开始咬纸为起点（即咬牙轴上的摆杆滚子与凸块刚开始脱开，滚子能被转动但还有轻微接触阻力），使滚筒转过 3～4mm，此时递纸牙开闭，如图 4-23 中凸块 3 与递纸牙轴上的摆杆滚子刚接触（即滚子刚开始与凸块有接触力，但也尚能转动），如不符合这个要求，可以旋松凸块与连接板的固定螺钉，移动凸块进行调节。

递纸牙与前规的交接是在静止状态进行。首先，在递纸牙还未摆到接纸位置前，图 4-23 中凸块 4 应使咬牙张开，到达接纸位置后有一段稳定时间，待承印物定位结束，递纸牙闭合接纸。根据机动关系表 4-1，递纸牙开始咬纸时间为 77°，前规开始摆动为 74°，交接时间为 3°；或以递纸牙开始咬纸起，使滚筒表面弧长转过 8mm 左右。检查方法：以递纸牙开始咬纸为起点（即递纸牙轴上的摆杆滚子与凸块刚开始脱开），使滚筒转过 8mm 左右，前规开始摆动。由于前规传动凸轮位置在机器装配时已经调好，并用锥销定位，因此如交接时间不符合要求，可以通过改变图 4-23 中凸块 4 与偏心轴承的周向连接位置来调节。

三、递纸牙的调节

1. 递纸牙结构和咬力的调节

递纸牙结构如图 4-28 所示，用螺钉 4 把递纸牙轴 2 和牙箍 6 固定，而咬牙 3 的牙座 9 滑套在轴 2 上，通过小撑簧 8 和调节螺钉 7 同牙箍 6 相连接。咬牙 3 与牙垫 1 之间的压力就是咬纸力，是由固定在递纸牙轴 2 上的牙箍 6 压缩撑簧 8，使咬牙 3 紧靠牙垫而获得，即递纸牙的闭合。轴 2 转动时，牙箍 6 伸出的部分成为一支摆杆，推压撑簧 8，通过螺钉 7 使咬牙紧靠牙垫。此时调节螺钉 5 与牙箍平面应有 0.2mm 的间隙。递纸牙咬力大小可以通过转动螺钉 7，改变撑簧 8 的压缩量来调节，如果咬力仍然不足，则应松开紧固螺钉 4 改变牙箍与轴 2 的固定位置，增大撑簧的压缩量，使递纸牙获得所需咬力，然后旋转紧固螺钉，以防回松。各个递纸牙的咬力，以及螺钉 5 与平面的间隙均应一致，才能保证每个咬牙的开闭动作一致。

递纸牙咬力的调节，必须在递纸牙牙垫高度调节正确的基础上进行，否则将因牙垫高度变化而影响咬力。咬力的调节步骤和方法如下。

① 将机器转动到递纸牙咬纸位置，在图 4-28 中递纸牙轴的定位摆块 10 和定位螺钉 11 之间，垫入 0.25mm 厚的纸片。

② 松开全部咬牙，通过图 4-28 中的紧固螺钉 4，逐个调节，让咬牙靠住牙垫，并使其有一定压力，然后旋紧螺钉。用 0.1mm 的牛皮纸夹入每个咬牙和牙垫之间，测试其咬力，一般掌握在稍微用力能拉动为宜。

③ 根据测试结果，按照从中间分向两边的顺序，在图 4-28 中用调节螺钉 7 逐个调节咬

力，使全部递纸牙所咬牛皮纸的拉力大致相等。并调节每个递纸牙上螺钉5与定位架平面的间隙，使递纸牙的张开时间一致。

④ 撤去定位摆块和定位螺钉间的纸片。此时，由于大拉簧作用使定位摆块靠紧定位螺钉，所有递纸牙上的撑簧8（如图4-28中）均随之增加相等的压缩量，即增加了相同的咬力，保证承印物在传送过程中不发生移动。

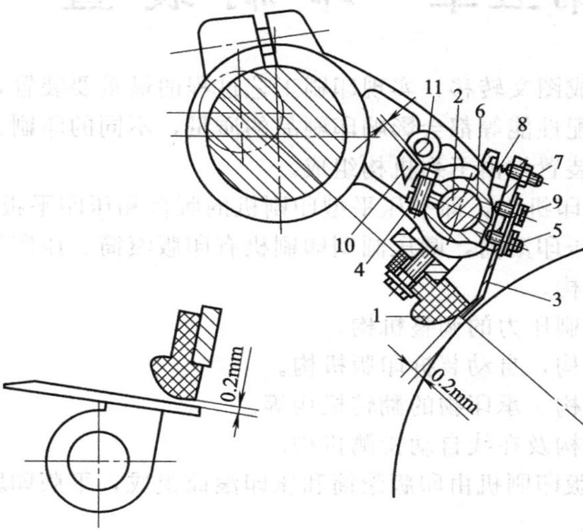

图4-28 递纸牙结构

1—牙垫；2—递纸牙轴；3—咬牙；4,5—螺钉；6—牙箍；7—调节螺钉；8—撑簧；9—牙座；10—定位摆块；11—定位螺钉

2. 递纸牙摆动轴轴向串动的调节

为保证递纸牙的传纸精度，递纸牙摆动轴在运动中不允许有轴向串动，因此摆动轴偏心轴承齿轮17（图4-20）外侧装有轴向限位螺母20，它与偏心轴承端面的间隙应严格控制在0.03～0.05mm。如果间隙太小，会阻碍递纸牙摆动的灵活性，容易发热磨损；如果间隙太大，则失去限位作用，摆动轴就会轴向串动，造成套印不准。调节间隙时，先旋松顶紧螺钉21，然后转动限位螺母20，调节结束务必将顶紧螺钉21旋紧。

第五章　印刷装置

印刷装置是印刷机完成图文转移，实现印刷工艺过程的最重要装置，是整台机器的核心部件，其结构、材料、装配性能等都会影响印刷品的质量，不同的印刷方式会有不同的印刷装置的结构，但一般印刷装置均由下列机构组成。

① 印版夹持机构和压印机构，即平压平型印刷机的版台和压印平板（台），凸版印刷机圆压平型印刷机的版台和压印滚筒，圆压圆型印刷机有印版滚筒、压印滚筒及橡皮布滚筒。

② 印刷装置的传动机构。

③ 离、合压机构和印刷压力的调整机构。

④ 印版品套准调整机构，自动装拆印版机构。

⑤ 机组之间的传纸机构、承印物的翻转机构等。

⑥ 印刷装置的清洗机构及在线自动检测机构。

一般凸版印刷机和凹版印刷机由印版滚筒和压印滚筒组成，平版印刷机由印版滚筒、橡皮布滚筒和压印滚筒组成。

印刷装置是印刷机的核心部分，是直接转印图文的部件。

第一节　平版印刷机印刷滚筒的排列形式及特点

平版印刷机有单色、双色、多色印刷机，单面、双面印刷机，以及可变单双面印刷机等多种形式。按照承印物形式又分为单张纸平版印刷机和卷筒纸平版印刷机，因此有不同的滚筒排列形式和不同的特点。

平版印刷机印刷滚筒一般可分为三滚筒型、五滚筒型、B-B 型三种基本形式。

一、三滚筒型平版印刷机

三滚筒型平版印刷机的印刷滚筒由印版滚筒、橡皮布滚筒、压印滚筒三个滚筒组成，成为一个机组，主要用于单张纸印刷机，印刷品是单面单色，若两个机组可用于单面双色印刷。图 5-1 所示为某一单色和双色印刷机印刷滚筒的排列形式。承印物从输纸台经递纸装置传入压印滚筒咬牙，完成印刷后由收纸链条上的咬牙传送到收纸台上。

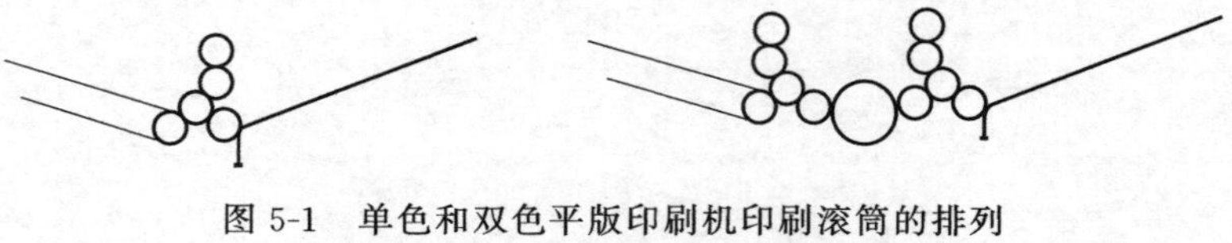

图 5-1　单色和双色平版印刷机印刷滚筒的排列

由于单色和双色印刷机印刷产品生产周期较长，若印刷多色时，需要有一定的间隔时间，如果控制不好，承印物易发生伸缩变形，影响套印精度，生产率和经济效益也比较低。多色印刷机一次可印刷多色，生产周期短，场地占用比较经济，印刷质量容易控制，印刷速度高，经济效益好，当然多色印刷机价格相对于单色和双色印刷机就贵，现代印刷机大多是多色印刷机。

三滚筒型的多色平版印刷机采用机组并列的方式，机组之间用传纸滚筒、压印滚筒、传纸滚筒和压印滚筒传纸。图 5-2 所示为几种三滚筒型的多色平版印刷机的滚筒排列形式。

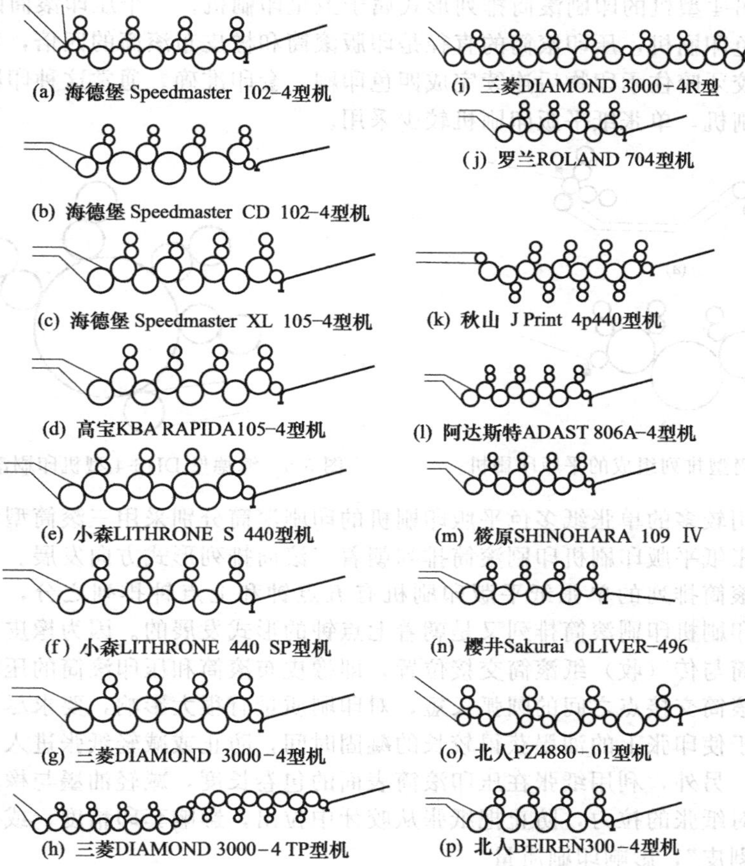

图 5-2　常见几种三滚筒型排列形式的多色平版印刷机

二、五滚筒型平版印刷机

若一种平版印刷机的印刷机组中有一个公共压印滚筒，配有两个色组的印版滚筒和橡皮布滚筒，这样一个印刷机组就由五个印刷滚筒组成，简称为五滚筒型平版印刷机，这种的五滚筒型平版印刷机构成一个单面双色平版印刷机，如图 5-3 所示为罗兰 802 型双色平版印刷机印刷滚筒的排列形式。

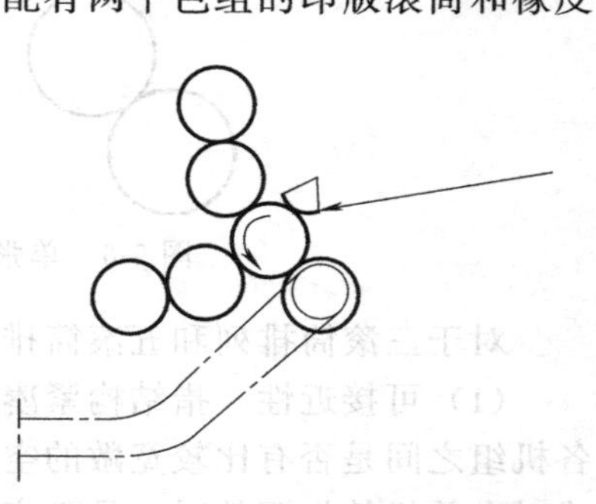

图 5-3　五滚筒型排列的双色印刷机

如果由两个或多个这种印刷机组组成的印刷机就构成四色印刷机或六色、八色等平版印刷机。图 5-4（a）所示为罗兰 604 型、罗兰 804 型平版印刷机滚筒的排列形式，它是由两个五滚筒机组并列而成为四色平版印刷机。该印刷机的公共压印滚筒和印版滚筒、橡皮布滚筒的直径相等，两个机组之间采用链条咬牙传纸。图 5-4（b）所示为秋山 Bestech-440 型平版印刷机的滚筒排列形式。该机的印版滚筒和橡皮布滚筒直径相等，而公共压印滚筒直径为印版滚筒直径的 3 倍，圆周上均布三个压印面和三组咬牙排。两个机组之间用一个传纸滚筒，它的直径是印版滚筒直径的 4 倍。

一般称在压印滚筒上分布两个或三个印刷色组的橡皮布滚筒和印版滚筒的印刷机为半卫

星型平版印刷机，这样五滚筒型平版印刷机也被称为半卫星型平版印刷机，把在压印滚筒上分布四个或四个以上印刷色组的橡皮布滚筒和印版滚筒的印刷机称为卫星型平版印刷机。图5-5 所示海德堡 DI46-4 型机的印刷滚筒排列形式属于卫星印刷机，一个压印滚筒圆周上分布四个色组，构成四色印刷机，压印滚筒的直径是印版滚筒和橡皮布滚筒的四倍，有四个压印面和四组咬牙排。咬牙咬住承印物后连续完成四色印刷，套印准确。通常这种印刷滚筒排列用于卷筒纸平版印刷机，单张纸平版印刷机较少采用。

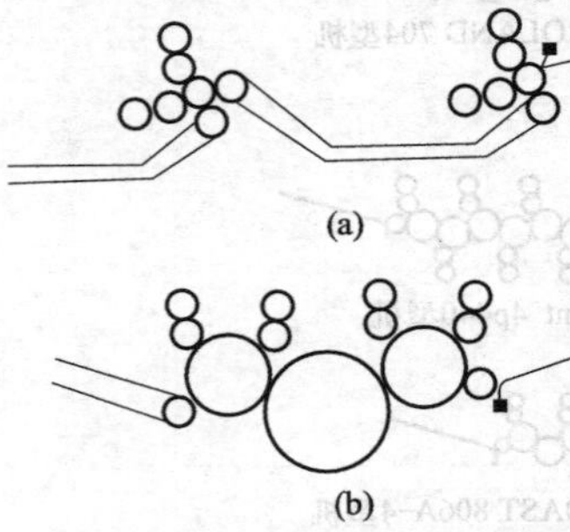

图 5-4　五滚筒型排列组成的平版印刷机

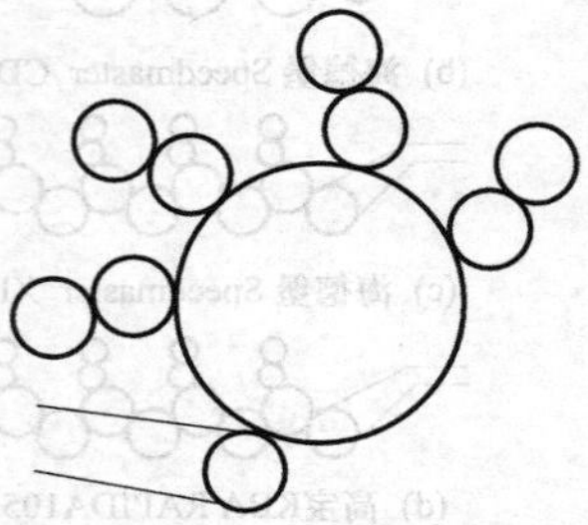

图 5-5　海德堡 DI46-4 型机印刷滚筒的排列

综上所述，使用较多的单张纸多色平版印刷机的印刷滚筒分别采用三滚筒型和五滚筒型排列形式，目前单张纸平版印刷机印刷滚筒排列朝着三滚筒排列形式方向发展。

印刷滚筒按三滚筒排列的单张纸平版印刷机有五点钟和七点钟排列之分，如图 5-6 所示。但单张纸平版印刷机印刷滚筒排列又是朝着七点钟的形式发展的。因为橡皮布滚筒的排列位置以及压印滚筒与传（收）纸滚筒交接位置，即橡皮布滚筒和压印滚筒的压印线到压印滚筒和传（收）纸滚筒交接点之间的圆弧长短，对印刷质量有很大影响，要求尽可能安排得长一些，其意义在于使印张上的油墨获得较长的凝固时间，防止或减轻纸张进入传纸滚筒后发生印迹蹭脏现象。另外，利用纸张在压印滚筒表面的包卷长度，减轻油墨与橡皮布分离时所产生的剥离张力对纸张的拉力，防止把纸张从咬牙中拉出，影响套印精度，或使纸张粘在橡皮布上，俗称“剥皮”，影响印刷质量。

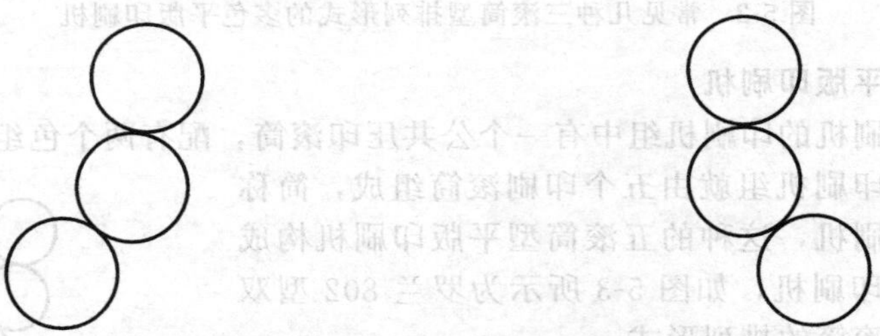

图 5-6　单张纸平版印刷机印刷滚筒按三滚筒排列的示意

对于三滚筒排列和五滚筒排列的印刷机，使用和印刷性能可从以下几方面进行分析。

（1）可接近性　指结构紧凑，机器占地比较经济的前提下，是否符合人类工程学设计，各机组之间是否有比较宽敞的空间，在装卸印版、更换橡皮布滚筒及衬垫、对滚筒表面清洗或对有关机件作调整时，是否容易触及，操作是否方便安全。

（2）滚筒表面利用系数　系数值越大，有利于提高印刷速度，节省原材料，降低生产成本，占地也较经济。在保证印刷装置具有足够的刚性强度和印刷压力、印刷品质量优良、结构布局合理、操作维修方便的条件下，尽可能减小印版滚筒或橡皮布滚筒直径。滚筒表面利用系数 K_e 是滚筒的有效工作弧长 H 与滚筒的周长 P 之比，即承印物最大长度 A 与滚筒周长之比，即

$$K_e=\frac{H}{P}=\frac{A}{P} \tag{5-1}$$

式中 K_e——滚筒表面利用系数；

H——滚筒的有效工作弧长；

P——滚筒的周长；

A——承印物最大长度。

根据式（5-1）可计算出常见的滚筒表面利用系数，见表5-1。

表5-1　常见的滚筒表面利用系数

型号	直径/mm	承印物规格/mm	滚筒表面利用系数/%
海德堡 Speedmaster102 系列	270	1020×720	84.88
海德堡 Speedmaster CD 102 系列	270	1020×720	84.88
秋山 Bestech-40 系列	300	1020×720	76.39
小森 LITHRONE S 40 系列	300	1030×720	76.39
三菱 DIAMOND 3000 系列	310	1020×720	73.96
罗兰 ROLAND700 系列	300	1040×740	76.39
高宝 KBA RAPIDA105 系列	300	1050×720	76.39
北人 BEIREN300 系列	300	1040×720	76.39
北人 PZ4880 系列	275	880×615	71.30

（3）橡皮布滚筒的排列位置以及压印滚筒与传（收）纸滚筒交接位置　即橡皮布滚筒和压印滚筒的压印线到压印滚筒和传（收）纸滚筒交接点之间的圆弧长短，对印刷质量有很大影响。要求尽可能安排这段圆弧长一些，所以印刷滚筒按三滚筒排列的单张纸平版印刷机一般均采用七点钟排列，五滚筒排列也尽量使这段圆弧长一些。

（4）常见多色平版印刷机三个印刷滚筒的直径关系　可归纳为三类：① P、B、I 等径，海德堡 Speedmaster102 型、罗兰 800 型、北人 PZ4800-01 型等平版印刷机；②P、B 等径，I 为 P、B 的两倍径，如海德堡 Speedmaster CD 102 系列、海德堡 Speedmaster XL 105 系列、三菱 DIAMOND3000 系列、小森 LITHRONE S 40 系列、BEIREN 300 系列、罗兰 ROLAND 700 系列、高宝 KBA RAPIDA 105 系列等平版印刷机；③P、B 等径，I 为 P、B 的三倍径，如秋山 Bestech-40 系列等平版印刷机。采用两倍径或三倍径压印滚筒的特点如下。

① 压印滚筒直径大，橡皮布滚筒和压印滚筒之间的压印线接触宽度就大。如果印刷速度相同，橡皮布滚筒上每一点的压印时间相对较长，有利于将油墨转移到承印物上，便于下一色组油墨的叠加与套印。

② 采用两倍径和三倍径压印滚筒的单张纸平版印刷机，在机组之间一般只需用一个传纸滚筒进行传纸，可以减少印刷过程中承印物的交接次数，消除了多次交接时所产生的交接误差，从而保证了套印精度，确保印刷质量的稳定。

③ 两倍径和三倍径的压印滚筒咬牙咬住承印物进行印刷时，承印的承印物弯曲程度就小，有利于保持承印物的平整度，特别适合厚的承印物或硬的承印物的印刷。

④ 由于压印滚筒直径增大，橡皮布滚筒和压印滚筒中心连线与压印滚筒和传纸滚筒中心连线的夹角所对应的圆弧就长，有利于保证套印准确性和减轻印迹蹭脏。现代单张纸平版印刷机大都安排这段弧长大于规定的最大印刷幅面所对应边尺寸，承印物被印刷完之后才被交接给传纸滚筒，这样套印准确度和防蹭脏性能更好。

⑤ 由于压印滚筒直径大，承印物在印刷时弯曲的力度小，承印物拖梢在与橡皮布分离时，反弹力度小，反弹到橡皮布滚筒的可能性就小，这样承印物被蹭脏和橡皮布受损的可能性就减少。

⑥ 两倍径和三倍径压印滚筒的缺点是体积庞大，结构复杂，加工困难。

三、B-B 型印刷机

B-B 型印刷机也就是四滚筒型印刷机，B-B 型印刷机没有专用的压印滚筒，两个橡皮布滚筒互为另一色组的压印滚筒，纸印张经过对滚的两个橡皮布滚筒，正反两面同时完成印刷，故套印准确，效率高，适用于书刊、报纸印刷和商业印刷。由于两个橡皮布滚筒互相对压，所以有时简称 B-B 型机。这类印刷滚筒以 B-B 型的形式通常用于卷筒纸平版印刷机，单张纸平版印刷机上很少使用。

图 5-7 所示为某一 B-B 型单张纸双面平版印刷机印刷滚筒排列形式，其中上色组橡皮布滚筒上装有咬牙，从前传纸滚筒接取纸张，完成印刷后把纸张交给后传纸滚筒输出。

B-B 型印刷机用于卷筒纸平版印刷机主要有三种基本形式，如图 5-8 所示。其中图 5-8（a）为 I 型印刷机组，采用水平走纸方式；图 5-8（b）为一字型印刷机组，采用垂直走纸方式；图 5-8（c）为 Y 型印刷机组，也采用水平走纸方式。

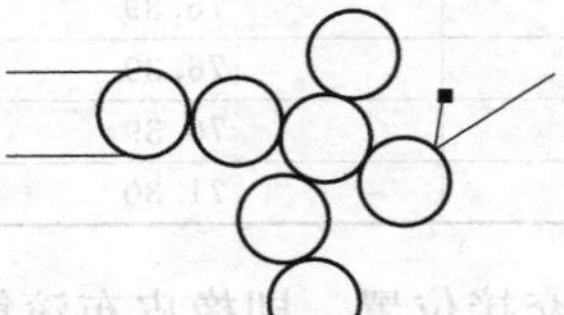

图 5-7　B-B 型单张纸双面平版印刷机印刷滚筒排列形式

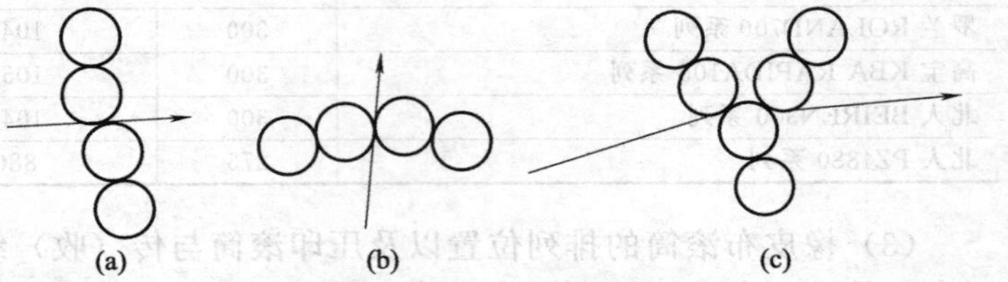

图 5-8　印刷滚筒是 B-B 型排列印刷机的基本形式

卷筒纸平版印刷机通常采用几个 B-B 型机组并列，或改变走纸路线，或数卷纸同时供纸，可以组成各种用途和不同印刷色数的卷筒纸平版印刷机，现以 ROLAND CROMOMAN 四页报纸平版印刷系统为例加以介绍。

【例 5-1】 Y 型的两个印刷机组并列，可组成一面双色一面四色或一面单色一面双色的平版印刷机，如图 5-9 所示。

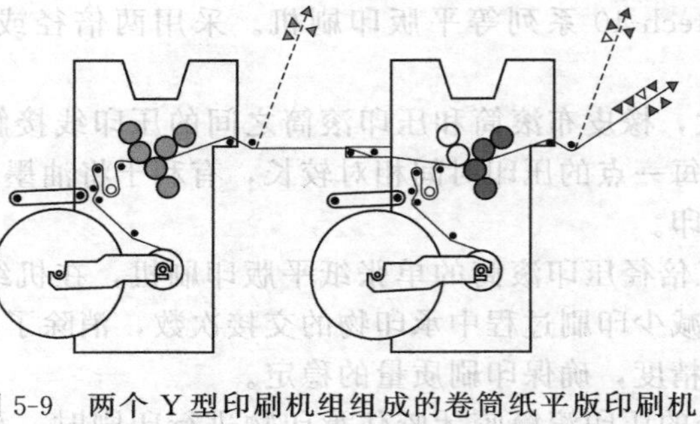

图 5-9　两个 Y 型印刷机组组成的卷筒纸平版印刷机

【例 5-2】 一字型的两个印刷机组并列可形成 H 型的印刷机组，可组成双面单色或双面双色的平版印刷机，如图 5-10 所示。

【例 5-3】 一个 Y 型和一个 I 型印刷机组并列，可组成一面单色一面四色的平版印刷机，如图 5-11 所示。

【例 5-4】 由四个 I 型印刷机组并列可组成多种形式的印刷机，有双面单色、双面双色、双面四色等几种形式。如图 5-12 所示。

【例 5-5】 现代印报机印刷机组之间的距离短，如果将 H 型印刷机组重叠起来（俗称塔）可以达到印刷机组之间的穿纸路线非常短的目的，也有多种印刷形式。如图 5-13 所示。

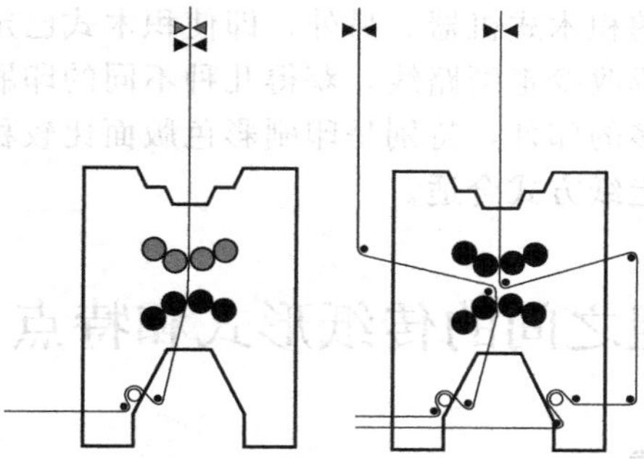

图 5-10　H 型的卷筒纸平版印刷机

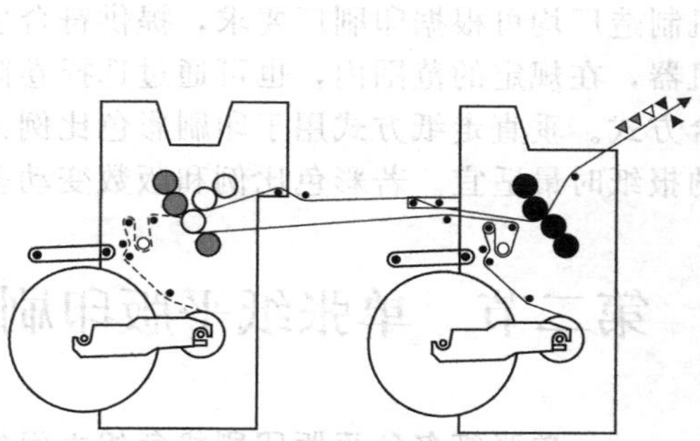

图 5-11　一个 Y 型和一个 I 型印刷机组组成的卷筒纸平版印刷机

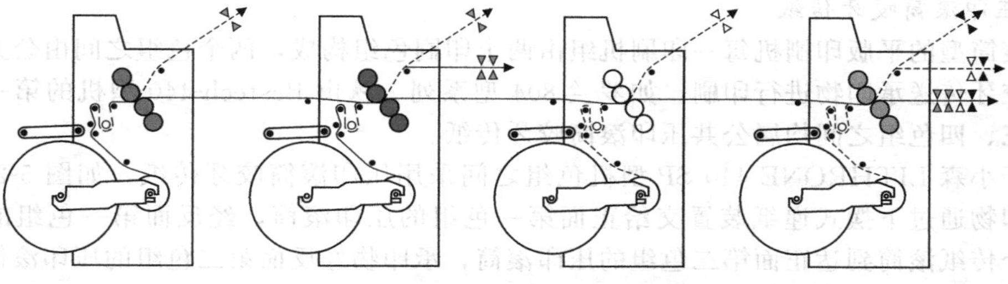

图 5-12　由四个 I 型印刷机组并列组成的卷筒纸平版印刷机

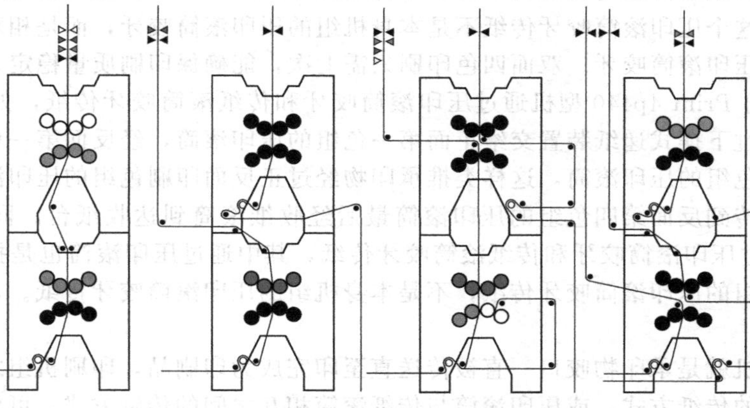

图 5-13　由多个 H 型印刷机组组成的卷筒纸平版印刷机

【例 5-6】 ROLAND CROMOMAN 彩报印刷机可采用十个卷筒纸供纸，也有多种选择，10 条纸带进行双面单色印刷一台折页机，两条纸带可进行一条是双面四色另一条是双面六色，两台折页机等多种的变化能力，如图 5-14 所示。

由此可见，卷筒纸平版印刷机的印刷滚筒的排列一般以 B-B 型为基本形式，采用积木式印刷机组，配以选择不同数量的卷筒纸供纸装置，可以有十几种组合。国外的大多数印刷

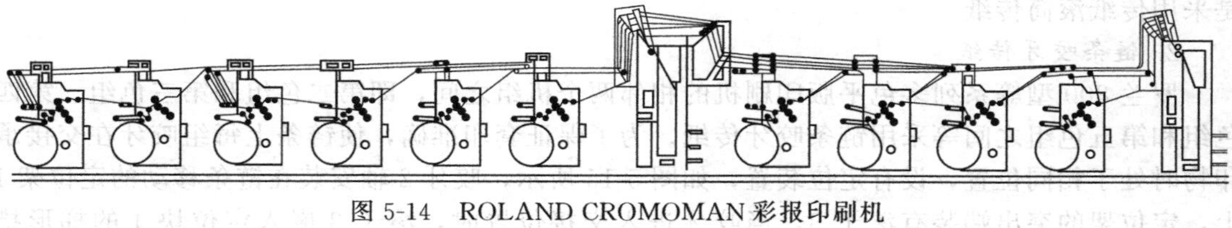

图 5-14　ROLAND CROMOMAN 彩报印刷机

机制造厂均可根据印刷厂要求，提供符合生产需要的积木式机器。另外，即使积木式已定的机器，在规定的范围内，也可通过选择卷筒纸数量或改变走纸路线，获得几种不同的印刷组合方式。垂直走纸方式用于印刷彩色比例大、版数多的印件，特别是印刷彩色版面比较稳定的报纸时最适宜。若彩色比例和版数变动多，水平走纸方式合适。

第二节　单张纸平版印刷机色组之间的传纸形式和特点

一、单张纸多色平版印刷机色组之间的传纸形式

单张纸多色平版印刷机色组之间的传纸形式，可归纳为：压印滚筒咬牙传纸、链条咬牙传纸、传纸滚筒咬牙传纸三种。

1. 压印滚筒咬牙传纸

五滚筒型的平版印刷机每一印刷机组由两个印刷色组构成，两个色组之间由公共压印滚筒上的咬牙传送承印物进行印刷。如罗兰 804 型系列、秋山 Bestech-440 型机的第一、二色组和第三、四色组之间均属公共压印滚筒咬牙传纸。

对于小森 LITHRONE 440 SP 型机色组之间采用压印滚筒咬牙传纸，如图 5-2（f）所示，承印物通过下摆式递纸装置交给正面第一色组的压印滚筒，经反面第一色组的压印滚筒、两个传纸滚筒到达正面第二色组的压印滚筒，承印物经反面第二色组的压印滚筒、两个传纸滚筒到达正面第三色组的压印滚筒……，承印物传到反面第四色组的压印滚筒，经三个传纸滚筒传到收纸滚筒最终收纸台。所以小森 LITHRONE440 SP 型机色组之间采用压印滚筒咬牙传纸，这个压印滚筒咬牙传纸不是本身机组的压印滚筒咬牙，而是相对印刷承印物另一面的机组的压印滚筒咬牙。双面四色印刷只需七次，能确保印刷质量稳定。

对于秋山 J Print 4p440 型机通过压印滚筒咬牙和传纸滚筒咬牙传纸，如图 5-2（k）所示，承印物通过下摆式递纸装置交给正面第一色组的压印滚筒，经反面第一色组的压印滚筒传到正面第二色组的压印滚筒，这样类推承印物经过正反面印刷色组的压印滚筒相互之间的传递，承印物传到反面第四色组的压印滚筒最后经收纸滚筒到达收纸台。同样秋山 J Print 4p440 型机通过压印滚筒咬牙和传纸滚筒咬牙传纸，其中通过压印滚筒也是指相对印刷承印物另一面的机组的压印滚筒咬牙传纸，不是本身机组的压印滚筒咬牙传纸。双面四色印刷需十三次交接。

这类印刷机就是承印物咬口一直被传送直至印完成为印刷品，印刷机组之间采用压印滚筒到压印滚筒的传纸方式，或压印滚筒与传纸滚筒相互之间的传纸方式，可保证正、反面印刷质量的一致性和套印精度，在很大程度上解决了翻转印刷所面临的蹭脏、咬口正反套准等问题，又能克服印刷滚筒为 B-B 型排列的双面印刷机网点难以控制等印刷质量问题。它占地少，节省空间，承印物尺寸灵活，完全克服卷筒纸平版印刷机的弱点，这种印刷机既能印刷双面的印刷品，也能印刷单面的印刷品，它同时兼备了单张纸平版印刷机的印刷质量和商业卷筒纸平版印刷机的效率两项优点。另一种印刷机，像三菱 DIAMOND 3000-4 TP 型印刷机，如图 5-2（h）所示，也是不需要承印物翻转的双面印刷机，只不过机组或色组之间是采用传纸滚筒传纸。

2. 链条咬牙传纸

罗兰 800 型等系列多色平版印刷机的相邻两个机组之间，即第二色组和第三色组、第四色组和第五色组之间等采用链条咬牙传纸。为了保证套印准确，使链条上每组咬牙在交接承印物时处于相同位置，设有定位装置，如图 5-15 所示，咬牙 2 轴安装在链条移动的定位架 1 上，定位架的突出端装有滚子 3，当咬牙进入交接位置时，滚子 3 嵌入定位块 4 的梯形槽

中，并通过挂钩 5 把滚子锁紧。由于定位块固定在传动链轮上，它与压印滚筒的相对位置不会改变，保证了滚筒咬牙和传纸咬牙的交接位置。另外，可以使咬牙和链轮同步运动，这也是保证交接准确的重要条件。

3. 传纸滚筒咬牙传纸

大部分多色平版印刷机的色组之间采用传纸滚筒咬牙传纸。由于每个色组压印滚筒的转向相同，所以传纸滚筒的数量为一个或三个。它们的排列形式如图 5-2 和图 5-4（b）所示。

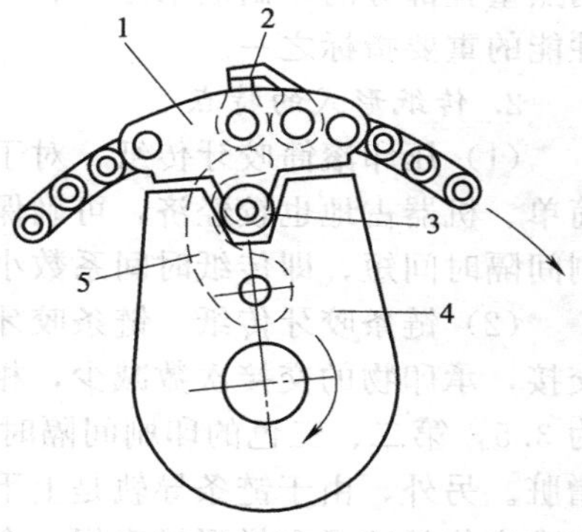

图 5-15　罗兰链条咬牙传纸

1—定位架；2—咬牙；3—滚子；4—定位块；5—挂钩

（1）三个传纸滚筒咬牙传纸　海德堡 Speedmaster 102 系列、北人 PZ4880-01 型、秋山 J Print 4p440 型等平版印刷机的机组或色组之间均采用三个传纸滚筒传纸。印刷机的这三个传纸滚筒直径大小是：当中大，两头小，大的是小的两倍。而有的印刷机需要双面印刷时采用三个传纸滚筒咬牙传纸，整个印刷机也只有这一套三个传纸滚筒咬牙传纸，如 DIAMOND 3000 R 型、DIAMOND3000 TP 型等平版印刷机，如图 5-2（h）、(i）所示。

（2）单传纸滚筒咬牙传纸　三菱 DIAMOND3000 系列、小森 LITHRONE40 系列、海德堡 Speedmaster CD 102 系列、海德堡 Speedmaster XL 105 系列、北人 BEIREN300 系列，罗兰 ROLAND700 系列、高宝 KBA RAPIDA 利必达 105 系列等平版印刷机每个色组之间以及秋山 Bestech-440 型机组之间均是采用一个大的传纸滚筒传纸。

二、单张纸多色平版印刷机色组之间的传纸特点

1. 传纸时间系数

传纸时间系数 K_n 是相邻两个机组（或色组）的压印线之间的传纸时间 t_n 与工作周期时间 T 之比，即

$$K_n=\frac{t_n}{T} \tag{5-2}$$

即使在印速相同的情况下，由于各种机器的印刷滚筒排列角、传纸滚筒和压印滚筒的交接位置、传纸形式、传纸滚筒直径和数量等条件不同，系数值有很大的差别。

【例 5-7】 J2203 型机第一色组和第二色组压印线之间的夹角约为 95°，所以传纸时间系数

$$K_n=\frac{t_n}{T}=\frac{\varphi_1}{360°}=\frac{95°}{360°}=0.26$$

【例 5-8】 PZ4880-01 型机两个机组压印线之间的传纸时间是前一机组和后一机组两个压印滚筒的传纸时间以及三个传纸滚筒的传纸时间之和。测得 $\varphi_{I1}=103°37'$、$\varphi_{传1}=205°56'$、$\varphi_{传2}=2\times153°38'$、$\varphi_{传3}=205°56'$、$\varphi_{I2}=154°3'$，则得

$$\varphi_n\approx976°$$

所以该机的传纸时间系数

$$K_n=\frac{976°}{360°}=2.71$$

如设两种机器的印速均为 6000 印张/小时，则纸张某一点在印刷第一色后到印刷第二色的间隔时间即传纸时间，J2203 型机为 0.156s，PZ4880-01 型机为 1.626s，即使 PZ4880-01 型机达到最高印速 10000 印张/小时，两色印刷的间隔时间也有 0.976s，为 J2203 型机的 6.25 倍，这样两色印刷之间的传纸时间长，油墨在纸上的固着比较充分，套印下一色时，

网点重叠部分的印刷效果好，有利于提高印刷质量。所以传纸时间系数是衡量一台机器印刷性能的重要指标之一。

2. 传纸形式的特点

(1) 压印滚筒咬牙传纸　对于五滚筒型的印刷机采用公共压印滚筒咬牙传纸，结构比较简单、机器占地也较经济，可确保两个色组颜色的套准精度。主要缺点是两个色组之间的印刷间隔时间短，即传纸时间系数小，对印刷质量有一定影响。

(2) 链条咬牙传纸　链条咬牙传纸如罗兰 804 型平版印刷机在四色印刷过程中只有两次交接，承印物的交接次数减少，相对来讲套印的准确性提高了。两色之间的传纸时间系数约为 3.5，第二、三色的印刷间隔时间长。印张在传送过程中与其他机件不接触，可防止印迹蹭脏。另外，由于链条导轨是上下设置的，运动平稳，由于是链条咬牙传纸，噪声比较大，套准定位的滚子和梯形槽磨损，会影响套准精度。

(3) 传纸滚筒咬牙传纸　传纸滚筒咬牙传纸有三滚筒传纸和单滚筒传纸之分。

① 三滚筒传纸　三滚筒传纸的第一个、第三个传纸滚筒属于等径型，而中间的传纸滚筒为两倍径型，这类机器的操作空间比较大，传纸时间较长。但印张从上一个机组传到下一个机组要经过四次交接，如果是四色印刷机，则要进行十二次交接，由于交接次数多，有关机件的材质、加工精度，调整要求均比较高，否则，易引起套印不准。

② 单滚筒传纸　根据传纸滚筒与印版滚筒直径的比例关系，单传纸滚筒的直径有两倍径、三倍径、四倍径三种类型。采用单滚筒传纸的交接次数少，两个机组或色组之间的交接次数要比三滚筒传纸减少二分之一，即四色印刷需六次交接。根据传纸滚筒的直径大小，相应配置几副咬牙，所以单滚筒传纸的特点主要是承印物交接次数少，套印准确，更适合承印厚或硬的承印物。但它的传纸时间系数比三滚筒传纸略低。

第三节　滚筒的结构

一、概述

印刷机上滚筒按其功能可分类如下：

- 滚筒
  - 印刷滚筒
    - 印版滚筒
    - 橡皮布滚筒
    - 压印滚筒
  - 传纸滚筒
    - 递纸滚筒
    - 传纸滚筒
      - 传纸滚筒
      - 翻转滚筒
    - 收纸滚筒

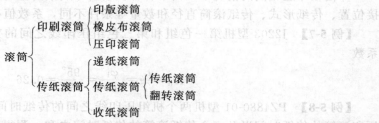

印刷的过程是滚筒运动的过程，印刷滚筒是印刷装置的主要工作主体，是机器的心脏。传纸滚筒是辅助印刷滚筒来传输承印物工作的。

各种滚筒的滚筒体均包括轴颈 3 和轴头 4、筒体 1、肩铁 2 三个部分。如图 5-16 所示。

(1) 轴颈　轴颈 3 是滚筒的支承部分，它和轴承是保证滚筒匀速运转及印刷质量的重要部分。轴头 4 用于安装传动齿轮、凸轮等零件。

(2) 筒体　滚筒的筒体 1 是压印或传纸的直接工作部位，呈圆筒形，用铸铁制成。除卷筒纸印刷机外，其他各种印刷机的筒体圆周分成工作面 5 和空挡 6 两部分。按照滚筒的功能，工作面分别用于安装印版（如印版滚筒）或衬垫（平版印刷机的橡皮布滚筒等），而平版印刷机的压印滚筒的工作面直接作为压印工作面。空挡部分主要用于安装咬牙，以及印版、橡皮布和衬垫的装夹机构。

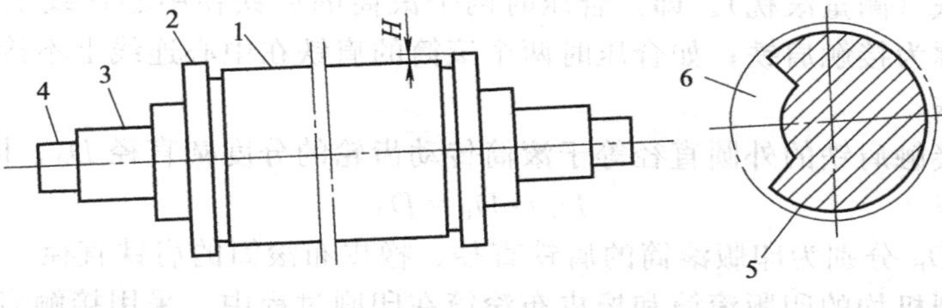

图 5-16 滚筒的结构

1—筒体；2—肩铁；3—轴颈；4—轴头；5—工作面；6—空挡

（3）肩铁 平版印刷机各个印刷滚筒体的两端，均制有一定宽度的肩铁 2（又称滚枕），它与筒体表面有一定距离 H，在机器厂称为滚筒的下凹量，下凹量在各种印刷机上是不同的。肩铁的作用如下。

① 作为滚筒包衬的测量基准。以肩铁表面作为测量基准，先用筒径仪测得印版或橡皮布（包衬）表面的超肩铁量。正值为高出肩铁的量，负值为低于肩铁的量，然后加上肩铁与筒体的距离（即下凹量），就是所装印版或所包橡皮布及其衬垫物的总厚度。为了避免擦坏印版和肩铁表面，测量时可在其表面覆盖一承印物，筒径仪必须与滚筒轴平行放置。

② 作为滚筒中心距的测量基准。为保证滚筒齿轮的正确啮合，要求齿轮啮合时的齿侧间隙在规定范围以内，或保持两个齿轮的中心距（即滚筒中心距）在一定范围内。对操作者来说，要测量齿侧间隙和中心距比较困难，而测量两个滚筒肩铁的间隙比较容易；即把滚筒肩铁作为测量基准，测出滚筒合压时的肩铁间隙，并与调压器在“0”位时规定的肩铁间隙量进行比较，两者的差值就是滚筒中心距的变化量。

在生产过程中，由于印刷品类型、承印物性质等发生变化，需相应调整印刷压力，一般可采用改变衬垫物厚度的方法。如处理不当，会造成两个滚筒表面的速差增大或图文印迹尺寸变化，尤其在印刷承印物厚度变化较大时，更为不利。因此合理的方法是不要随意改变规定的衬垫厚度，而通过调整两个滚筒的中心距，获得所需印刷压力。在这种情况下，肩铁间隙的变化量即是橡皮布和衬垫物（包衬）压缩量的变化量。

此外，调节滚筒轴线的平行度和测量滚筒在压印时的离让值，也是以肩铁表面作为测量基准，通过测量两边的肩铁间隙来确定。

③ 当代单张纸平版印刷机印版滚筒的肩铁与橡皮布滚筒的肩铁在印刷过程中保持接触状态，以提高滚筒运转的平稳性。这是考虑到滚筒轴颈与轴承之间有一定的配合间隙，所以当滚筒从空挡转入工作面或从工作面转入空挡时，由于印刷压力的产生和撤除，滚筒质量不平衡及许多往复或间歇运动机构（摆动递纸牙、前规等）产生的振动等原因，均会引起印刷滚筒的振动，在高速运转时更为明显。若再加上轴颈和轴承的磨损，跳动会加剧，造成印刷质量的下降。采用肩铁接触的方式，可有效地防止这些振动，保证印刷滚筒运转的平稳性能。另外，可以使两个滚筒的传动齿轮处于合适的啮合位置，有利于保持齿轮的精度，延长使用寿命。

采用肩铁接触的方式，加工精度和安装调试有较高的要求，肩铁表面应有良好的耐压耐磨性能，一般需进行特殊的表面处理。另外，施加接触压力后，必然加大轴承的负载，对滑动轴承来说是非常不利的，因在低速、压力大的情况下，油膜更不易形成；将会加剧轴承的磨损，所以采用肩铁接触的滚筒，应采用滚动轴承。

由于滚筒肩铁具有非常重要的作用，因此在使用中要加强维护，保持肩铁的清洁，防止沾上油墨、灰尘和杂物，防止锈蚀和碰伤。

按照两个滚筒的肩铁在合压时接触或不接触状态，区分为接触肩铁（接触滚枕，又称走肩铁）和测量肩铁（测量滚枕）。即：合压时两个滚筒的肩铁在中心连线上互相接触，并有一定接触压力的称为接触肩铁；如合压时两个滚筒的肩铁在中心连线上不接触，且有一定间隙的称为测量肩铁。

平版印刷机接触肩铁的外圆直径等于滚筒传动齿轮的分度圆直径 D_0，即

$$D_P = D_B = D_0 \tag{5-3}$$

式中，D_P、D_B 分别为印版滚筒的肩铁直径、橡皮布滚筒的肩铁直径。

当代平版印刷机均的印版滚筒和橡皮布滚筒在印刷过程中，采用接触肩铁的形式，一些国产的平版印刷机大多还是采用测量肩铁。所有的平版印刷机橡皮布滚筒与压印滚筒的中心距，随着印刷承印物厚度的变化作相应调整，因此不适用接触肩铁的方式，而是采用测量肩铁的形式。

如海德堡 Speedmaster102 型机滚筒齿轮的分度圆直径为 270mm，印版滚筒和橡皮布滚筒的肩铁直径均为 270mm，压印滚筒的肩铁直径为 269.3mm。由于印版滚筒和橡皮布滚筒的肩铁直径与齿轮的分度圆直径相等，所以海德堡 Speedmaster102 型机采用接触肩铁。

平版印刷机测量肩铁的外圆直径与滚筒齿轮分度圆直径的关系为

$$\frac{D_P + D_B}{2} < D_0 \tag{5-4}$$

$$\frac{D_B + D_I}{2} < D_0 \tag{5-5}$$

如某一国产平版印刷机的滚筒齿轮的分度圆直径为 300mm，印版滚筒的肩铁直径为 299.8mm，橡皮布滚筒的肩铁直径为 300mm，压印滚筒的肩铁直径为 299.5mm。滚筒齿轮的分度圆直径与印版滚筒的肩铁直径、橡皮布滚筒的肩铁直径不相等。所以它采用的是测量肩铁。

二、印版滚筒

1. 单张纸平版印刷机

常用的平版印刷机印版是锌版或铝版（PS 版），通过印版滚筒上的装夹机构，将印版固定在筒体表面。在一个工作周期的转动中，印版先和水辊接触，使空白部分获得水分，后与墨辊接触，使图文部分获得油墨，再与橡皮布滚筒接触，把图文上的油墨转印到橡皮布表面。印版滚筒的结构如图 5-17 所示。

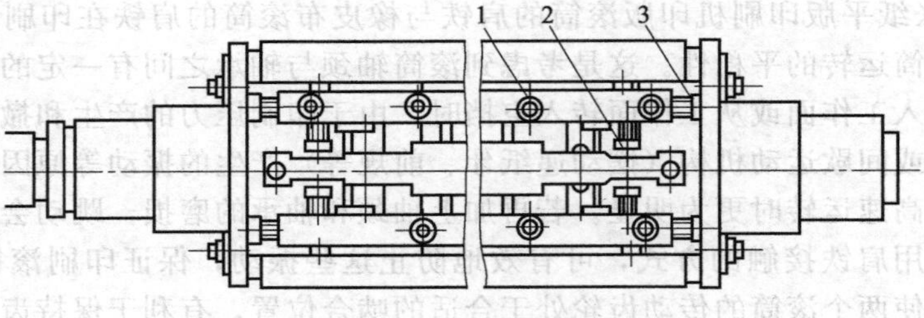

图 5-17 印版滚筒

1～3—螺钉

印版的装夹机构分为固定式装夹机构和快速式装夹机构两种。

固定式装夹机构如图 5-18 所示，当印版插入上版夹 4 和下版夹 2 之间后，将紧固螺钉 1 拧紧，即可把印版夹紧。在卸版时，拧松螺钉 1，压簧 3 将上版夹自动撑起，便于印版取出。在图 5-17 中的螺钉 2 可以将印版拉紧在滚筒表面上，并可调节印版的周向位置，螺钉 3 可调节印版的轴向位置。其移动量可参看这些螺钉旁的“刻度”。

快速装夹机构一般的形式如图 5-19 所示，在装夹机构中。将印版插入版夹 2 和 3 中间，

用拨辊转动凸轮轴 1 到图示位置，凸轮的圆周面顶起上版夹 3 的尾部，前端钳口部分即和下版夹 2 一起将印版夹紧。卸下印版时，只要把凸轮轴的平面部位转到与版夹 3 尾部相对应的位置，此时由于撑簧 6 的作用，版夹 3 会自动松开。如果印版厚度发生变化，需要改变版夹的夹力时，先松开紧定螺钉 4，然后用螺钉 5 进行调节。

印版的拉紧，以及周向和轴向位置的调节装置与固定式装夹机构类似。

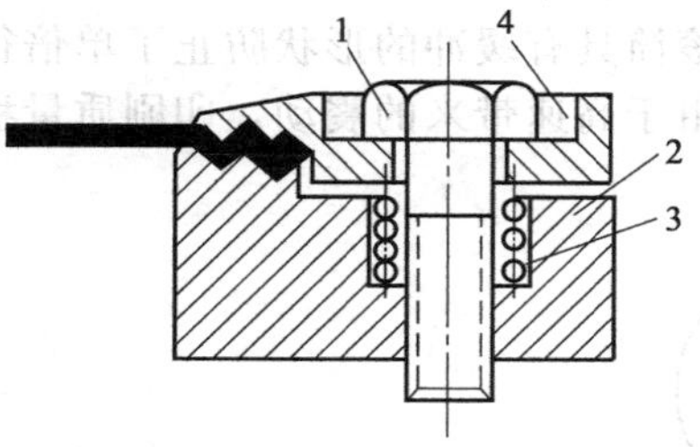

图 5-18　固定式装夹机构

1—螺钉；2—下版夹；3—压簧；4—上版夹

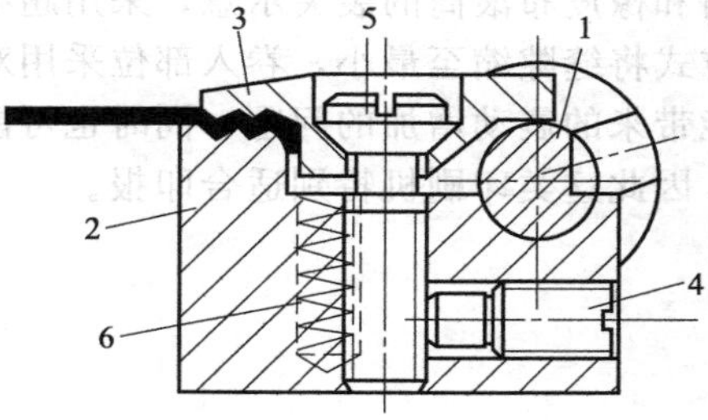

图 5-19　快速装夹机构

1—凸轮轴；2—下版夹；3—上版夹；4—紧定螺钉；5—螺钉；6—撑簧

2. 卷筒纸平版印刷机

卷筒纸平版印刷机的印版滚筒、橡皮布滚筒的空挡部分较小或没有空挡，所以有时把它们分别称作窄槽印版滚筒和窄槽橡皮布滚筒，或无缝印版滚筒和无缝橡皮布滚筒，卷筒纸平版印刷机的印版滚筒装夹机构形式有很大区别。图 5-20（a）所示为 JJ201 型机的印版装夹机构装夹在筒体上一条窄槽的里面，由一块弹性版夹 1 和两支半轴版夹 2 和 3 组成，在筒体的两端对称地装有两组操纵半轴版夹的机件。装版时，先转动紧版螺钉 4，松开半轴版夹，将已在弯版机上弯过边的印版咬口前端，插入弹性版夹 1 和半轴版夹 3 之间（设滚筒逆时针转动），转动紧版螺钉 4，使半轴版夹的固定架 5 向上移动，通过螺钉 6 带动半轴版夹上端向弹性版夹靠拢，当固定架与定位螺钉 7 接触时，版夹夹紧印版。然后点动机器，使滚筒转过一周，把印版拖梢插入另一边的版夹中，用同样方法将印版夹紧。

印版夹紧后，应分别拧紧固定架上的锁紧螺钉 8，防止紧版螺钉和印版在印刷过程中松动。

半轴版夹对于印版的夹力要适宜，太小卡不住印版，如果太大，虽然印版可夹得紧些，但长时间作用易使弹性版夹失去弹性。为此，规定在没有印版时半轴版夹与弹性版夹之间的间隙为 0.2mm。这个间隙是通过调节定位螺钉 7 的位置来确定的，方法如下：松开螺母 9，转动定位螺钉 7，使其位置升高，然后转动紧版螺钉 4，使半轴版夹固定架上升，当半轴版夹和弹性版夹的间隙达到规定要求时，将定位螺钉 7 向下拧动，碰到固定架即为合适，最后

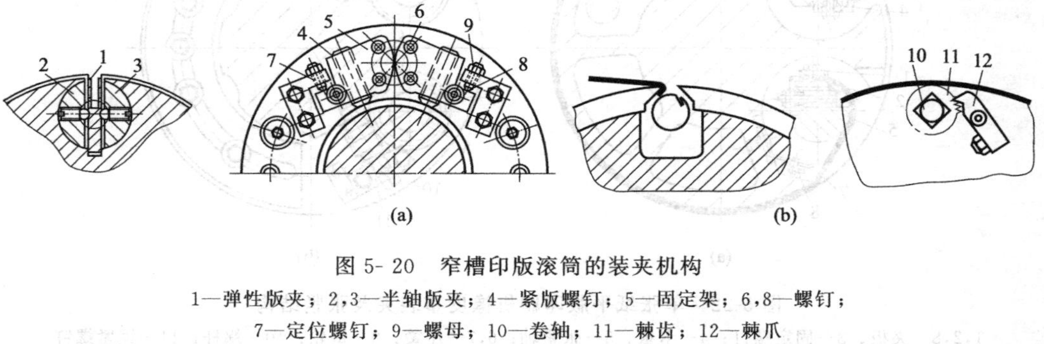

(a)　(b)

图 5-20　窄槽印版滚筒的装夹机构

1—弹性版夹；2,3—半轴版夹；4—紧版螺钉；5—固定架；6,8—螺钉；7—定位螺钉；9—螺母；10—卷轴；11—棘齿；12—棘爪

将螺母 9 锁紧，以防松动。

图 5-20（b）所示为另一种印版装夹形式，印版弯好后，将前端勾住滚筒体，点动机器，使印版滚筒转一周，然后把印版的尾端插入卷轴 10 的斜槽内，并转动轴 10，待印版拉紧后，把止动棘爪 12 推入卷轴端面的棘齿 11，即完成装版工作。

图 5-21 为日本西研 65 型宽幅单倍径版滚筒的高速卷筒纸平版报用印刷机的超窄槽印版滚筒和橡皮布滚筒的装夹示意，采用超窄槽印版滚筒和橡皮布滚筒方式，橡皮布使用单边卷入方式将缝隙缩至最小，卷入部位采用对单倍径印版滚筒具有缓冲的形状防止了单倍径滚筒可能带来的震动增加的问题，同时也可能减轻或消除由于高速带来的震动，印刷质量稳定可靠，因此这类印刷机特别适合印报。

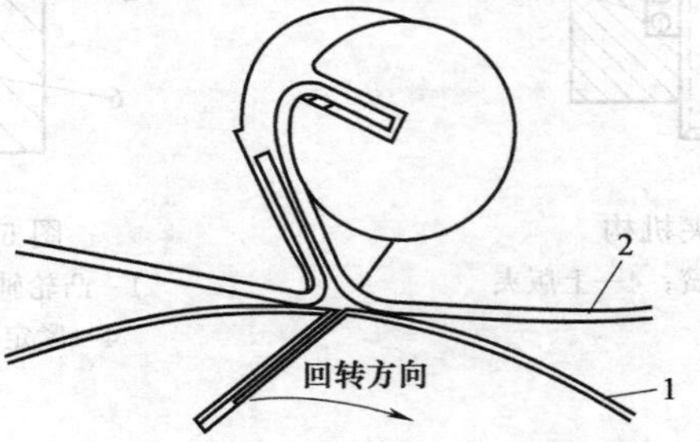

图 5-21 超窄槽印版滚筒和橡皮布滚筒的装夹示意

1—印版滚筒；2—橡皮布滚筒

三、橡皮布滚筒

橡皮布滚筒是因为在筒体上包有弹性橡皮布而得名，一般用于平版印刷机，它的作用是将印版图文部分的油墨转印到承印物上。橡皮布滚筒的结构一般可分为单张纸平版印刷机的橡皮布滚筒和卷筒纸平版印刷机的橡皮布滚筒两种形式。

1. 单张纸平版印刷机

现代平版印刷机都带有橡皮布夹板，即橡皮布裁好后，分别在两边装上夹板，然后一同装入滚筒空挡部分的装夹和张紧机构。

如图 5-22（a）所示，橡皮布夹板 1 和 2 上设有齿沟，在拧紧固定螺钉 3 时，可以增加夹板对橡皮布的咬紧力。橡皮布安装时，先松开卡板 4，使夹板 1 上的凸出面嵌入张紧轴 5 的凹槽内，并把橡皮布夹板用力压向轴 5 的配合平面，卡板 4 在压簧 6 的作用下自动钩住夹

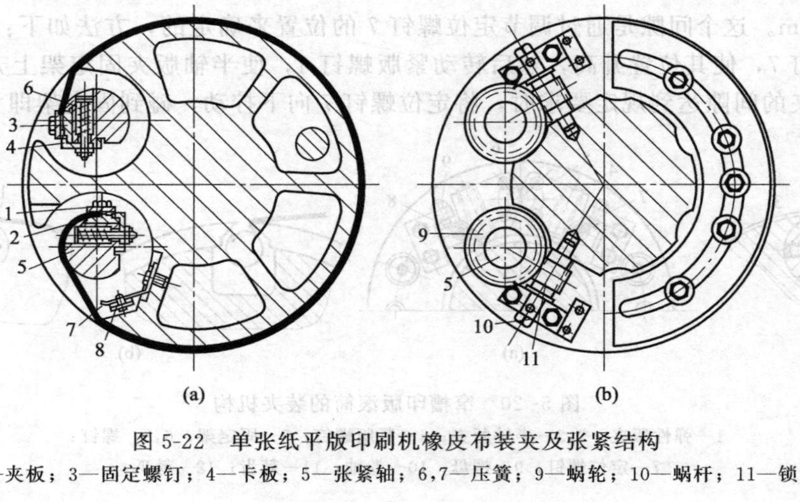

图 5-22 单张纸平版印刷机橡皮布装夹及张紧结构

1,2,8—夹板；3—固定螺钉；4—卡板；5—张紧轴；6,7—压簧；9—蜗轮；10—蜗杆；11—锁紧螺钉

板 1。卸下橡皮布时，则只要推开卡板，即可取出夹板。滚筒咬口部分的压簧 7 和夹板 8 是呢绒、承印物等衬垫材料的夹紧装置。

橡皮布滚筒体右端面（靠操作面一边）上有张紧机构［图 5-22（b）］，张紧轴 5 上装有蜗轮蜗杆机构，蜗杆轴的轴端为方头，通过专用套筒扳手可以转动蜗杆，使轴 5 转动，张紧或松开橡皮布。为防止橡皮布在印刷过程中回松，设有蜗杆锁紧螺钉 11，在橡皮布装好后，应将此螺钉拧紧。

2. 卷筒纸平版印刷机

由于卷筒纸平版印刷机承印的材料是卷筒纸，印刷滚筒不必像单张纸平版印刷机那样滚筒上装有咬牙，这样印刷滚筒的工作面就比较大，甚至是采用无缝橡皮布的滚筒，没有空挡，因此卷筒纸平版印刷机与单张纸平版印刷机的装夹机构不同，有以下几种形式。

（1）压板式装夹机构　如图 5-23（a）所示，橡皮布装夹机构中橡皮布两边先在机下用夹板夹住，然后将夹板装入筒体的凹槽内，转动螺钉把橡皮布张紧，使它紧贴在筒体表面。这种装夹机构结构简单，但装卸比较费时。而且橡皮布尺寸的裁切要非常准确。

（2）单卷轴式装夹机构　如图 5-23（b）所示，在橡皮布装夹机构中先将一边的橡皮布夹板放入筒体的空挡部位，然后点动机器，待滚筒转过一周，把另一边的橡皮布夹板插入卷轴槽内，转动卷轴直到把橡皮布拉紧，并依靠卷轴的圆周表面卡住橡皮布的两端。

（3）双卷轴式装夹机构　如图 5-23（c）所示，在橡皮布装夹机构中将橡皮布两边的夹板分别插入卷轴槽内，卷轴一端装有蜗轮蜗杆机构，通过转动蜗杆，就能拉紧橡皮布。双卷轴式装夹机构的优点是橡皮布从两头拉紧，可以使橡皮布比较平整地紧贴于滚筒表面，但它所占地方较大，故滚筒直径小的机器不用这种装夹机构。

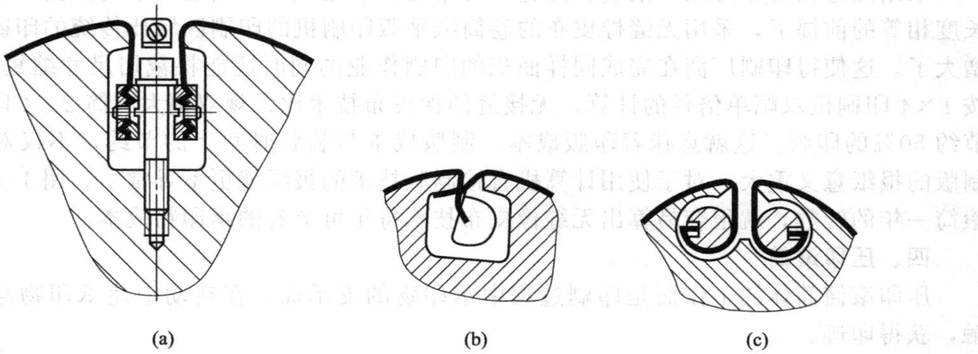

图 5-23　卷筒纸平版印刷机橡皮布装夹及张紧结构

（4）无缝橡皮布滚筒　无缝橡皮布滚筒是将多层橡皮布复贴在一金属套筒上形成的，替代了传统的有接缝的橡皮布滚筒，无接缝的橡皮布能整体地从橡皮布滚筒上装上或拆下，装上无接缝的橡皮布后，利用压缩空气使之略为膨胀，待无接缝的橡皮布绷紧在橡皮布滚筒上，到位以后，放气使之缩紧在滚筒上，只需几十秒时间即可完成；拆下无接缝的橡皮布时，橡皮布滚筒再放气，无接缝的橡皮布可方便地从橡皮布滚筒取下。无缝橡皮布在安装时也无需包衬、勒紧等烦琐的准备工作。如图 5-24 所示。

采用无缝橡皮布滚筒后，其相应采用无缝的印版滚筒。印版通常是在印刷前，在专用的焊接设备上用激光把已晒版、显影过的 PS 版焊接成卷筒状。

套筒式的橡皮布和印版使用时很方便，可以从操作侧很快完成换装。这就大幅度地缩短了换版时间，同时也可省去紧固橡皮布的作业。采用无缝结构后，卷筒纸平版印刷机的最高速是普通卷筒纸平版印刷的 1.5 倍，每秒达 15m 左右，印刷幅面也有 1.5 倍，可达 1.7m 左

图 5-24　无缝橡皮布滚筒

右，生产效率可提高 2 倍以上。

采用无缝橡皮布印刷质量高。传统的平版印刷机橡皮布接缝和其他印刷滚筒相遇时所产生的机械振动很可能导致墨杠的产生，这种干扰不仅会引起印刷品质量的下降，而且限制了印刷速度的提高。同时，还不得不在质量和速度之间进行折中选择。新的无缝技术的应用消除了机械方面的干扰所带来的印刷缺陷。无缝技术是目前能完全避免印版滚筒和橡皮布滚筒的接缝而产生振动的最佳办法。另外，印版滚筒、橡皮布滚筒没有间隙，从而不需装肩铁，并可将橡皮滚筒做得结实些，这样就解决了滚筒的变形问题，因此双倍径滚筒也就没有必要，可做成单倍径滚筒。

采用无缝橡皮布效率高。主流 Mainstream80 型机是为未来的报纸印刷而设计的一种双幅 8 页卷筒纸平版印刷机，在印刷过程中更换橡皮布滚筒只要 20s 的时间，大约 40s 以内就可以半自动完成上版和下版。这样即使在 80000 印/小时的宽幅卷筒纸印刷机上也能保证恒定的高质量的印刷品。

采用无缝橡皮布可减少浪费。无缝橡皮布能有效地减少印刷过程中的浪费。在滚筒圆周长度相等的前提下，采用无缝橡皮布的卷筒纸平版印刷机的印刷区域比传统的印刷机明显地增大了，这使得印刷厂商在完成同样面积的印刷作业的同时还能将裁切尺寸缩短 1/4 英寸。按 1×4 印刷机双幅单倍径的计算，无接缝的橡皮布技术比常规双幅大滚筒 2×4 印刷机可以节约 50％的印版。这就意味着印版成本、制版成本与装版时间上的节约，不仅对于由胶片制版的报纸意义重大，对于使用计算机直接制版技术的报纸就更不寻常了。用 1/4 英寸乘以滚筒一年的转数，就很容易算出无缝橡皮布技术每年可节省的承印物成本。

四、压印滚筒

压印滚筒筒体的工作面是印刷过程中承印物的支承面，在转动中使承印物与橡皮布接触，获得印迹。

平版印刷机压印滚筒的转动轴线位置不变，因此压印滚筒可作为测量各个滚筒平行度的基准，印刷机安装、维修、调试的基准，也是各个运动部件运动关系的调节基准。

平版印刷机压印滚筒的筒体就是它的工作体，是印刷滚筒中筒体直径最大的一个。由于筒体表面就是压印工作面，对于印刷质量有直接影响，因此筒体工作面的光洁度要求高，能耐磨、耐腐蚀，一般均采用镀铬压印滚筒，同时压印滚筒齿轮及轴套配合的精度也要求很高。

如图 5-25 为某一单张纸平版印刷机压印滚筒的结构，由于压印滚筒是同心轴承，故用螺钉将轴承 3 固定在墙板上，滚筒的轴向定位一般依靠端面的推力滚动轴承 2。旋紧螺母 1 可将轴承 2 适当压紧、不使滚筒轴向窜动，然后紧固好螺钉 5。润滑油从进油口 6 经油孔进入轴颈和轴承之间，油封 4 防止油漏出。压印滚筒上还装有控制输纸装置和定位装置的凸轮。

平版印刷机压印滚筒的空挡内装有咬牙机构，结构形式参阅本节咬牙结构和开闭形式。

高宝利必达系列印刷机的压印滚筒、传纸滚筒采用“猫爪式”的咬牙，它是涂陶瓷的牙片作用于弹性牙垫，其原理类似于猫爪子，在受到压力时，爪子伸出，这种优化表面结构的牙片和牙垫拥有很高的咬力，这样就不必需要为不同厚度的承印材料调整牙垫高度，即在印

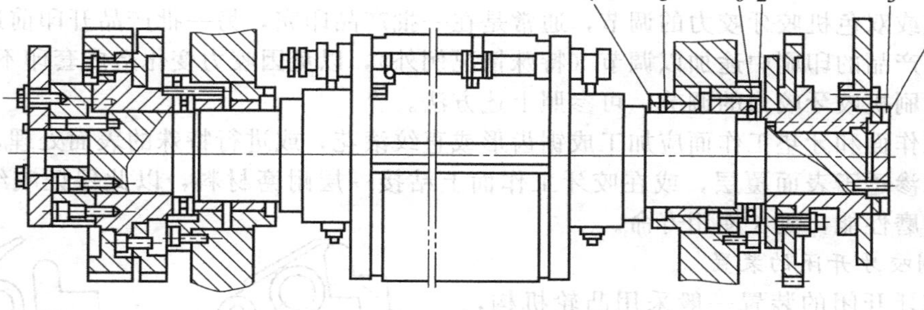

图 5-25　压印滚筒结构

1—螺母；2—滚动轴承；3—轴承；4—油封；5—螺钉；6—进油口

刷纸张厚度转换时不必调节咬牙排的工作，结构简单，咬牙咬力大，而且在变换纸张厚度时不必花费时间来调整咬牙排的工作，大大提高了工作效率。

五、滚筒咬牙结构及其开闭机构

压印滚筒和传纸滚筒咬牙的作用是在印刷和传纸过程中夹紧承印物。工作要求：首先，咬纸要稳定可靠，不允许承印物在传送过程中有滑动现象，特别是压印滚筒咬牙，因为压印时衬垫变形所产生的摩擦力和橡皮布上的剩余油墨对于纸面的剥离张力，必然使承印物有发生位移的趋势；其次，所有咬牙的开闭动作和咬力应该一致；第三，应符合交接条件（参阅第四章第五节）。

1. 滚筒咬牙的结构形式

滚筒咬牙一般是活动式咬牙，根据产生咬力的方式可分为弹簧加压式咬牙和凸轮加压式咬牙。

图 5-26 所示为某一单张纸平版印刷机的压印滚筒咬牙结构，由牙片 1、牙体 2、牙座 3、撑簧 4 以及螺钉等组成。牙体 2 活套在咬牙轴 5 上，牙片 1 通过螺钉 6 和 7 与牙体 2 固定，调整这两个螺钉，可以调节牙片的前后位置。而牙座 3 用螺钉 11 紧固在咬牙轴上，当它被牙轴带动朝顺时针方向转动时，经过弹簧 4 和调节螺栓 8，使牙体 2 同向转动，牙片与牙垫 10 处于闭合咬纸状态。咬力来自连接牙座与牙体的两支撑簧 4，故咬力微调可转动螺栓 8 改变弹簧 4 的压力进行调节。但此时在螺钉 6 与牙座 3 之间一般应有 0.2mm 的间隙，如果没有间隙存在，就会失去调节作用。调节间隙的经验做法是：在咬牙与牙垫之间放一张 0.1mm 厚的纸条，使咬牙闭合，然后，一面转动螺钉 6，一面拉动纸条，如感到咬力开始变小，说明螺钉 6 已接触牙座，这时将螺钉 6 反转四分之一圈，并拧紧锁紧螺母 9。另外这个间隙对每个咬牙的开闭时间也有影响，因此所有咬牙应调到一致。

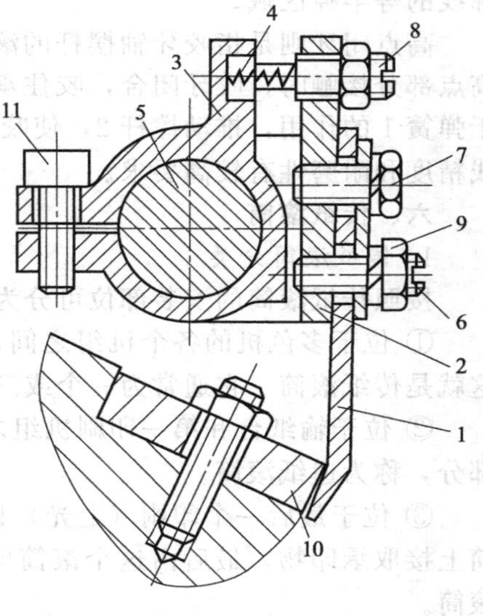

图 5-26　压印滚筒咬牙结构

1—牙片；2—牙体；3—牙座；4—撑簧；5—咬牙轴；6,7,11—螺钉；8—调节螺栓；9—螺母；10—牙垫

咬牙咬力的调节步骤：先将机器转动到咬牙咬纸位置，即牙轴摆杆上的滚子与控制咬牙开闭的凸轮脱离接触，在定位螺钉和定位块之间垫入 0.25～0.3mm 厚度的厚薄片（或相同厚度的纸条）。如果全部咬牙的咬力均需校正，则将所有牙座的固定螺钉松开，在每个咬牙和牙垫之间放一张 0.1mm 厚的丝缕牛皮纸条，由中间向两边交替进行，逐个测试咬力，合适后拧紧图 5-26 中螺钉 11，通过调节螺栓 8，使各个咬牙的咬力保持均匀一致。调节完毕，

撤除定位螺钉和定位块之间的厚薄片或垫纸。

单色机或双色机咬牙咬力的调节，通常是在一批产品印完，另一批产品开印前进行，不允许在一批产品的印刷中途加以调节（特殊情况例外），以免因咬力变化造成套印不准。

其他印刷机咬牙咬力的调节，可参照上述方法。

咬牙工作面和牙垫工作面应加工成锯齿形或直纹滚花，或进行特殊的表面处理，如采用金刚石粉末渗透于表面覆层，或在咬牙工作面上粘接一层耐磨材料，以此保证咬纸稳定可靠，提高耐磨性能，延长使用寿命。

2. 控制咬牙开闭的装置

控制咬牙开闭的装置一般采用凸轮机构，根据凸轮控制咬牙张开还是闭合的状况，分为高点闭牙和低点闭牙两种形式。所谓低点闭牙，是指牙轴摆杆上的滚子在凸轮的高点部分移动时，咬牙处于张开状态，滚子进入凸轮低点部分后，咬牙闭合，为了避免凸轮轮廓线误差引起咬力变化，提高咬纸稳定性，大部分机器采用凸块的形式，此时空缺部分可视作凸轮廓线的等半径区域。

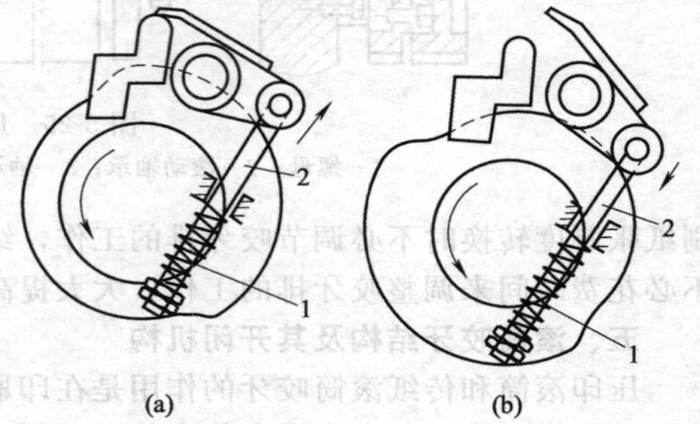

图 5-27　咬牙闭合控制机构

1—弹簧；2—撑杆

高点闭牙则是指咬牙轴摆杆的滚子与凸轮高点部分接触时，咬牙闭合，咬住承印物，如图 5-27 所示。当滚子进入凸轮的小面时，由于弹簧 1 的作用，推动撑杆 2，使咬牙张开。高点闭牙的特点是可以增大咬力，但对凸轮廓线精度和耐磨性有较高要求。

六、传纸滚筒

1. 传纸滚筒分类

按照传纸滚筒的安装部位可分为以下四种。

① 位于多色机的各个机组之间，把前一机组印好的承印物传送给后一机组进行印刷，这就是传纸滚筒。它通常为一个或三个滚筒进行传纸。

② 位于输纸台和第一印刷机组之间，把接来的承印物交给印刷机组，是递纸装置的一部分，称为递纸滚筒。

③ 位于最后一个印刷（上光）机组压印滚筒的旁边，它传动的收纸链条咬牙从压印滚筒上接取承印物，最后由这个滚筒的链条咬牙把承印物交到收纸堆上，这个滚筒称为收纸滚筒。

④ 位于机组之间，用来传纸的同时，把印完的一面承印物翻转到承印物的另一面，以便进行另一面的印刷，从而把承印物变成双面印刷品，这个滚筒称为翻转滚筒。

2. 传纸滚筒的作用和结构形式

传纸滚筒的作用只是传送承印物，不承受印刷压力，故结构较为简单。按照传纸滚筒与印版滚筒或橡皮布滚筒的直径倍数，相应地配量 1～4 排咬牙。作为支撑承印物的筒体部分有各种不同形式。

① 星形轮传纸滚筒。它由几个圆盘和装有可移动的星形轮的若干横杆组成。

② 类似压印滚筒结构的传纸滚筒。

③ 在滚筒轴上安装一排窄圆盘，外面包上金属薄板。这是通常所说的“一字型”传纸滚筒。

④ 气垫滚筒。在气垫滚筒体上制有许多小孔，从里向外、从中间向两边吹风，在承印物与气垫滚筒表面形成气垫。可完全避免印迹蹭脏现象，由于印好的承印物从压印滚筒传到

相邻的传纸滚筒表面时，印刷面朝里，可完全避免印迹蹭脏，所以现代单张纸平版印刷机的传纸滚筒上都配有空气导纸系统，在传纸滚筒的表面形成一层气垫，使印刷面不与筒体表面接触，可完全避免印迹蹭脏现象。

海德堡 Speedmaster 105 系列印刷机在机组之间采用的传纸滚筒是气垫滚筒，如图 5-28 所示，气垫滚筒空气导纸系统用独立的轴向吹风系统直接安装在中空弯曲的气室下方，生成空气垫。空气导纸系统通过 CP2000 控制台控制，对轴向吹风器的离合也可以进行预置：如果输入的材料厚度小于 0.3mm，则气垫自动启动。不管纸张尺寸、表面或丝缕如何，吹风器都会从相反方向对每一张纸均匀吹气后，吹风方向与走纸方向垂直，从中间开始向左右两侧吹风，使走纸平稳。吹气后，纸张与导纸板曲线相一致，可以顺利地送入下一印刷机组，不会出现任何皱熠或卷边。

图 5-28　传纸滚筒空气导纸系统的工作原理示意

七、承印物翻转机构

以前的多色平版印刷机，只能在承印物的同一面上印刷，属于单面印刷方法。为了适应不同印刷品的需要，现在许多制造厂设计了承印物翻转机构，使印刷机具有可变单、双面印刷的功能，即既能进行单面印刷，又可进行双面印刷。印刷厂可根据常年产品类型，在订购机器时提出承印物翻转机构的安装部位。如装在四色机的第一、二机组之间，可以印一面单色一面三色，如装在第二、三机组之间，则可以印双面双色，同样，五色平版印刷机可变成印一面单色一面四色，六色平版印刷机可变成一面双色一面四色等。

1. 钳式咬牙翻转机构

图 5-29 所示为海德堡 Speedmaster102-4 型机的承印物翻转机构，是钳式咬牙翻转机构，属于三滚筒翻转装置，高宝 KBA RAPIDA105-4 型机翻转装置也是采用三滚筒翻转装置。在单面印刷时［图 5-29 (a)］，传纸滚筒 1 的咬牙从前一机组的压印滚筒上接过印张，传给两倍径的大传纸滚筒 2，然后由滚筒 2 把印张交给传纸滚筒 3 的钳式咬牙，再由钳式咬牙将印张传给下一机组的压印滚筒，进行下一色印刷。

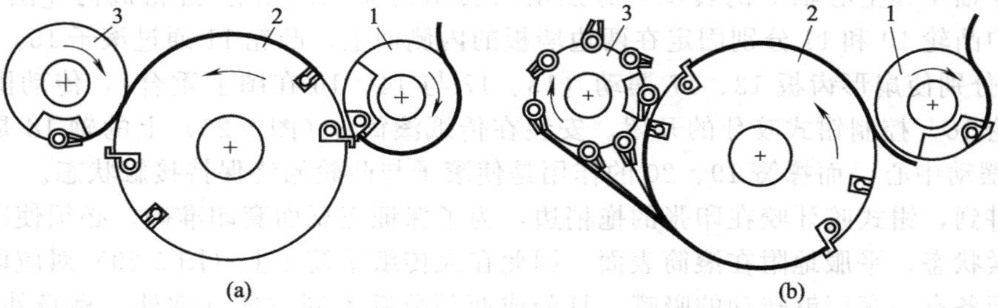

图 5-29　钳式咬牙翻转示意

1,3—传纸滚筒；2—大传纸滚筒

变换成双面印刷时［图 5-29 (b)］，从前一色组压印滚筒到两倍径传纸滚筒的传纸过程与单面印刷相同。但当传纸滚筒 2 的咬牙旋转到与传纸滚筒 3 的切点位置，才将印张再给钳式咬牙。所以单面印刷与双面印刷的传纸不同点在于：单面印刷时所有滚筒咬牙都咬在印张的咬口边，变成双面印刷时，印张翻转之前咬在咬口边，但从翻转印张的传纸滚筒开始，咬牙咬在印张的拖梢边。

传纸滚筒 3 上的钳式咬牙是翻转承印物的机构，它在翻转过程中应使印张与传纸滚筒 2 平稳地分离，即钳式咬牙牙尖部分的速度和加速度应与印张拖梢边的速度和加速度相对应，因此钳式咬牙的运动，是由随传纸滚筒 3 转动和自身翻转 180°两方面合成的一种比较复杂的运动。

图 5-30 所示为钳式咬牙结构以及控制张闭和翻转运动的机构。每个钳式咬牙［图 5-30 (a)］由下牙片 1 和上牙片 2 两部分组成。下牙片用螺钉 3 固定在轴 4 上，上牙片 2 固定在牙体 5 上，牙体活套于空心轴 6，而牙座 7 与空心轴相固定。牙体 5 与牙座 7 之间装有弹簧 8，使上下牙片产生必要的咬力，当牙片夹住承印物时，螺钉 9 与牙体之间应有一定的间隙。

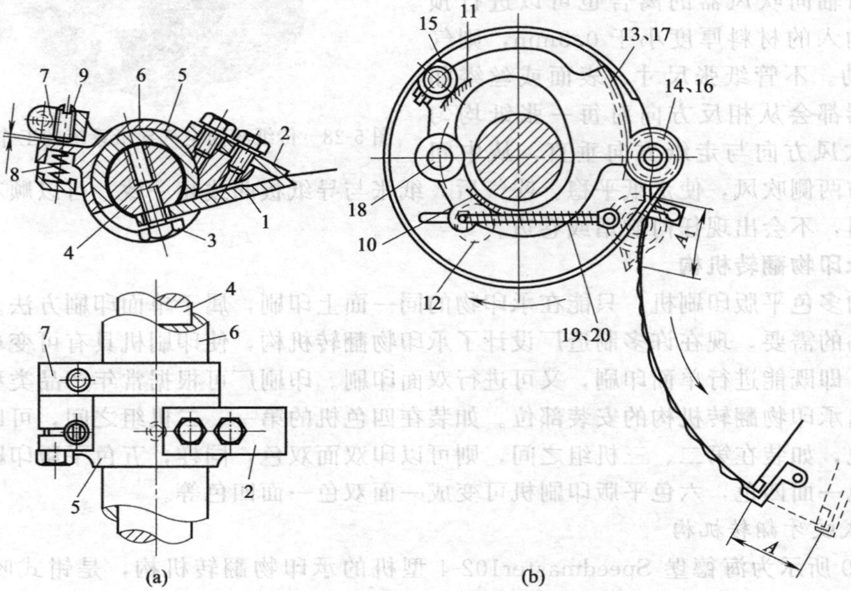

图 5-30　钳式咬牙结构以及控制张闭和翻转运动的机构

1—下牙片；2—上牙片；3,9—螺钉；4,18—轴；5—牙体；6—空心轴；7—牙座；8—弹簧；
10,11—凸轮；12,15—滚子；13,17—扇形齿板；14,16—齿轮；19,20—撑簧

下牙片轴 4 和空心轴 6 的转动，分别由两套结构类似的凸轮-齿轮机构［图 5-30 (b)］传动，其中凸轮 10 和 11 分别固定在两边墙板的内侧面上。凸轮 11 通过滚子 15，凸轮 10 通过滚子 12 分别使扇形齿板 13、17 摆动（13、17 与 14、16 在图上重合），传动固定在空心轴上的齿轮 16，控制钳式咬牙的开闭。安装在传纸滚筒 3（图 5-29）上的轴 18 是扇形齿板 13、17 的摆动中心，而撑簧 19、20 的作用是使滚子与凸轮始终保持接触状态。

上面讲到，钳式咬牙咬在印张的拖梢边，为了保证正反面套印准确，必须使印张在交接前处于绷紧状态，平服地附在滚筒表面，因此在大传纸滚筒 2 上（图 5-29）对应印张拖梢边的部位，配备有一套能够转动的吸嘴，且分成两部分朝不同方向（朝外、靠身外八字方向）转动，以便在周向和轴向展平承印物。

由单面印刷变换成双面印刷时，大传纸滚筒 2 与传纸滚筒 3 的周向安装位置要求是不同的，两者之间相差一张纸长度的弧长，需要改变大传纸滚筒 2 传动齿轮与传纸滚筒 3 传动齿轮的周向相对位置才能实现。为此，传纸滚筒 3 采用双联传动齿轮（两个齿轮的参数相同），内齿轮固定在滚筒轴头上，与下一色组压印滚筒的齿轮啮合。外齿轮通过 6 个带压块的压紧螺钉与内齿轮相固定，它与大传纸滚筒 2 的齿轮啮合。调整时，只要松开这些压紧螺钉，摇动机器，使装在机架上的 0 位线从对准外齿轮上两个三角形并列的标记（图 5-31）变为对准

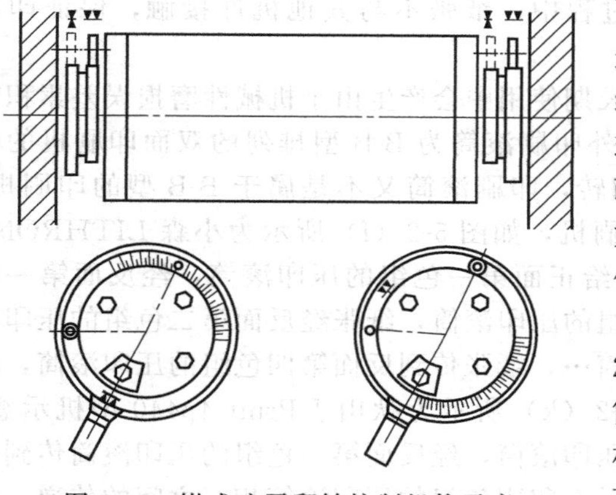

图 5-31　钳式咬牙翻转控制机构示意

两个三角形对顶的标记，然后拧紧压紧螺钉。这样内、外齿轮相对位置的改变，仅仅使大传纸滚筒相对传纸滚筒 3 转过一段弧长，达到钳式咬牙咬住印张拖梢边进行交接的要求，并不改变钳式咬牙和下一色组压印滚筒咬牙，以及大传纸滚筒咬牙和传纸滚筒 1 咬牙的交接位置。

如果印刷承印物的幅面改变，大传纸滚筒 2 上的吸嘴位置应作相应调整，为此大传纸滚筒 2 筒体由两个扇形板组合而成，在一个扇形板上固定咬牙，另一个扇形板上安装吸嘴，它可以沿圆周方向移动，以改变吸嘴与咬牙之间的距离，适应不同幅面的承印物。但是无论承印物幅面多大，钳式咬牙与吸嘴总是在大传纸滚筒 2 和传纸滚筒 3 的中心连线上进行交接，这就要求大传纸滚筒 2 和传纸滚筒 3 的周向位置要作相应调整，方法是松开双联齿轮上的压紧螺钉，摇动机器，使外齿轮朝顺时针方向转动（指图 5-31 所示位置），调节量有刻度显示，即使 0 位线对准与调节量相对应的刻度线。然后拧紧压紧螺钉。

当然，由于纸幅变动，大传纸滚筒 2 上咬牙的放纸位置也要相应改变，所以开牙凸轮装在一个圆盘上，松开压板螺钉，就能使圆盘绕滚筒轴线转动，从而调整凸轮的周向位置，保证咬牙适时张开。

如果印刷纸张的幅面改变，大传纸滚筒 2 上的吸嘴 4 的位置应作相应调整。如果同一批纸张长度有出入，印刷质量就根本无法保证。

2. 双咬牙承印物翻转机构

罗兰 ROLAND700 型、高宝 KBA PAPIDA130～162 型平版印刷机配置单滚筒翻转装置。即采用双咬牙承印物翻转机构，如图 5-32 所示，它首先由翻转滚筒 2 的吸风系统吸住承印物的拖梢部分。当吸风和咬牙系统向内摆动时承印物后端仍被吸风吸住，并随后转交给咬牙系统，这时印张拖梢部分朝前地被送到下一个压印滚筒 3 的咬牙系统，并在后面所有的印刷机组中实施背面印刷。可满足绝大部分高质量双面印刷的要求。这是因为其双面印刷机组设计为特殊结构的单倍径翻转滚筒，这样此结构一方面能够保障纸张平稳运行，不黏脏，另一方面，它又可保障极高的套准精度。

秋山 J Print 4p440 型机［图 5-2（k）］也是承印物咬口在传送时不发生变化的双面印刷机，经过压印滚筒和传纸滚筒的传递，最后完成双面印刷。

即使是纸张翻转时，由吸气和吹气装置相互作用引导纸张可靠地通过纸张翻转机构。在印刷过程开始时，翻转滚筒的吸气机构牢牢地吸住纸张的拖梢边口，再将其送给翻转滚筒的咬纸牙，然后由翻转滚筒的咬纸牙把

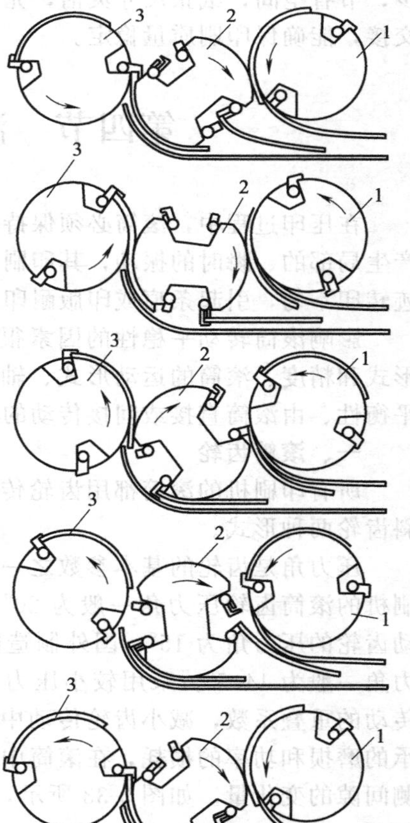

图 5-32　双咬牙承印物翻转示意

1,3—压印滚筒；2—翻转滚筒

纸张交给下一机组的压印滚筒咬牙，在整个过程中，纸张不与其他机件接触，保证印刷质量。

由于带翻转的双面印刷机的交接次数多，长期使用中会产生由于机械性磨损误差累积带来的对印刷品质量造成的影响，不易维护，另外印刷滚筒为B-B型排列的双面印刷机的印刷质量也不高，现在已经出现了纸张不必要翻转，印刷滚筒又不是属于B-B型的印刷机，这类印刷机的印刷滚筒为三滚筒单张纸平版印刷机，如图5-2（f）所示为小森LITHRONE 440 SP型印刷机，纸张通过下摆式递纸装置交给正面第一色组的压印滚筒，经反面第一色组的压印滚筒、两个传纸滚筒到达正面第二色组的压印滚筒，纸张经反面第二色组的压印滚筒、两个传纸滚筒到达正面第二色组的压印滚筒…，纸张传到反面第四色组的压印滚筒，经三个传纸滚筒传到收纸滚筒最终收纸台。图5-2（k）所示为秋山J Print 4p440型机示意，纸张通过下摆式递纸装置交给正面第一色组的压印滚筒，经反面第一色组的压印滚筒传到正面第二色组的压印滚筒，这样类推纸张经过正反面印刷色组的压印滚筒相互之间的传递，纸张传到反面第四色组的压印滚筒最后经收纸滚筒到达收纸台。

这类印刷机就是纸张咬口一直被传送直至印完成为印刷品，印刷机组之间采用压印滚筒到压印滚筒的传纸方式，或压印滚筒与传纸滚筒相互之间的传纸方式，可保证正、反面印刷质量的一致性和套印精度，在很大程度上解决了翻转印刷所面临的蹭脏、咬口正反套准等问题，又能克服印刷滚筒为B-B型排列的双面印刷机网点难以控制等印刷质量问题。它占地少，节省空间，纸张尺寸灵活，完全克服卷筒纸平版印刷机的弱点，双面四色印刷只需七次交接，能确保印刷质量稳定。

第四节　滚筒的齿轮、轴承及平衡

在压印过程中，滚筒必须保持平稳的转动，才能获得好的印刷质量。如果滚筒在转动中产生局部的、瞬时的振动，其印刷表面就会发生局部摩擦，使这一部分的印版过早磨损，印迹转印不匀，引起条痕或印版耐印率不高等问题。

影响滚筒转动平稳性的因素很多，主要有：滚筒齿轮的形式和精度、滚筒的运动形式、轴承的形式和精度、滚筒的平衡性、由滚筒直接或间接传动的零件受力不均等。

一、滚筒齿轮

所有印刷机的滚筒都用齿轮传动，最常见的是直齿轮和斜齿轮两种形式。

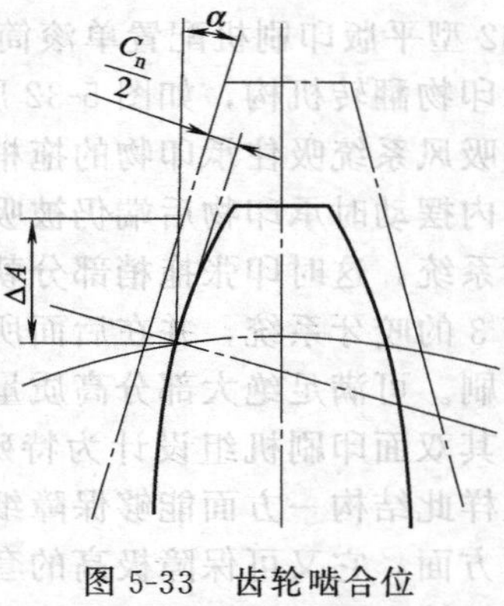

图5-33　齿轮啮合位置的变动示意

压力角是齿轮的基本参数之一，我国制造的圆压平型印刷机的滚筒齿轮压力角一般为20°，平版印刷机印刷滚筒传动齿轮的压力角为15°，国外制造的平版印刷机滚筒齿轮压力角一般为14.5°。采用较小压力角的优点：可以提高齿轮传动的重叠系数，减小齿轮传动中的径向力，有利于降低轴承的磨损和功率的损耗，在滚筒中心距变化时还可以减少齿侧间隙的变化量。如图5-33所示，随着啮合位置的变动，啮合侧隙也将发生变化。关系式如下

$$C_n = 2\Delta A \sin\alpha \tag{5-6}$$

式中　C_n——齿侧面法向间隙的变动量；

ΔA——滚筒中心距变动量；

α——齿轮压力角。

上式表明：如果齿轮压力角一定，则齿侧面法向间隙随着滚筒中心距的增加而变大。在滚筒中心距变化量相同的情况下，齿侧面法向间隙则与齿轮压力角的正弦函数成正比，就是说当中心距变化量一定时，压力角大的齿侧间隙大，所以现在的平版印刷机齿轮一般采用14.5°或15°。同时，应避免齿轮在离压状态下长时间高速运转，这对于保持齿面精度，保证印刷过程中滚筒转动的平稳性，保证印刷质量具有重要意义。

斜齿轮传动的缺点是存在轴向力，使滚筒有轴向串动趋势。轴向力随着齿轮螺旋角β的增加而变大，为避免产生过大的轴向力，通常平版印刷机滚筒传动齿轮的螺旋角一般不超过20°。

为了防止滚筒的轴向串动，有的平版印刷机采用圆锥滚子轴承。有的平版印刷机则采用轴向间隙消除调节装置，在轴承端面磨损、产生过大的轴向间隙时，可进行调节，消除间隙，以免发生轴向重影的故障。图5-34所示为某一单张纸平版印刷机的压印滚筒轴向间隙调节装置的结构形式。

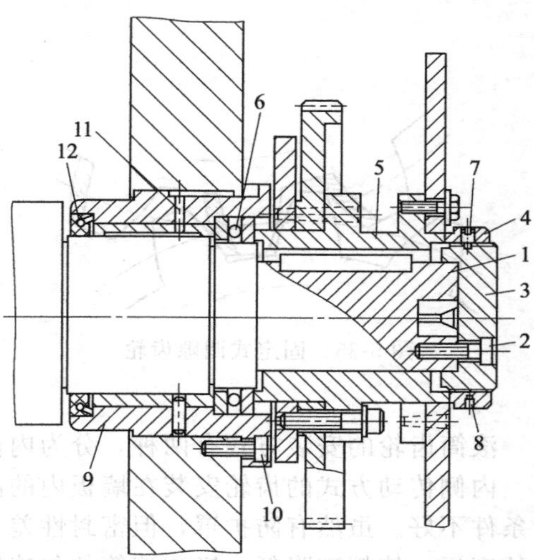

图5-34　某一单张纸平版印刷机的压印滚筒轴向间隙调节装置的结构

1—压印滚筒轴头；2,7,10—螺钉；3—螺纹套；4—调节螺母；5—轮座；6—滚动轴承；8—孔；9—轴套；11—油孔；12—油封

在压印滚筒轴头1上用螺钉2固定着螺纹套3，旋紧调节螺母4，通过轮座5的端面将推力滚动轴承6适当压紧。新机器时的标准间隙为0.03mm，即滚筒轴向串动量允差为0.03mm。实际使用中，如果发现串动量超过0.06mm，或出现轴向重影、轴向套印不准时，应进行调节，先将紧定螺钉7旋松，然后用拨辊插入孔8，转动螺母4。若转不动，可能是螺母端面与轴中心线不够垂直，可用铜棒边敲打边锁紧，但不要拧得太紧，以免轴承6受过大压力而加速磨损，甚至损坏。经验做法是在螺母4旋紧后，再退松约3～5mm（指螺母外圆），最后把螺钉7锁紧。

递纸牙摆动轴、橡皮布滚筒、印版滚筒的轴头上都有类似的装置。

由于齿轮传动受力有冲击载荷，所以对齿轮啮合侧隙也有严格要求，国外印刷机的齿轮侧隙为0.04～0.18mm，国产印刷机的齿轮侧隙一般在0.08～0.12mm。齿轮经长期工作后，齿面必然逐渐磨损，齿厚减小，啮合侧隙增大，使齿轮容易产生振动，而影响印刷质量。为了调整或消除齿轮磨损后增大的侧隙，有些机器采用阶梯式齿轮。相当于把原来的一个齿轮分成两片，一片齿宽为原齿轮宽度的四分之三，另一片齿宽为四分之一。长齿的部分作为传动齿轮，承受主要载荷，短齿的部分则起消除齿侧间隙的作用，所以称为调隙齿轮。

调隙齿轮与传动齿轮的连接方式，分为固定式和活动式（弹性连接）两种。固定式的调隙齿轮与传动齿轮用螺钉固定在一起，但由于调隙齿轮上的螺孔呈长圆形，所以在齿轮磨损后，可以松开连接螺钉，把调隙齿轮顺向移动一个角度，以增加齿的实际厚度（图5-35），消除齿侧间隙。移动方向不能搞错，防止把调隙齿轮作为传动齿轮而引起牙齿碎裂。活动式的调隙齿轮与传动齿轮之间，也是通过四个螺钉连接在一起（图5-36），但螺钉仅起连接作用，不起紧固作用（故有的机器上没有螺钉，完全靠弹簧连接），因此调隙齿轮与传动齿轮之间沿圆周方向可以相互错动，即在弹簧2作用下，调隙齿轮总是压向相啮合轮齿的非传动面，自动弥补齿侧间隙，达到无隙啮合目的。另外，在齿轮载荷变化时，有缓冲作用，可以减轻齿的冲击，保证转动的平稳性。但是活动式阶梯齿轮结构复杂，制造成本较高，且其承力的长齿部分由于宽度减小，齿侧面不仅要承受传动力，还要承受弹簧的作用力，故齿轮齿侧面的接触应力加大，容易疲劳，影响齿轮的使用寿命。为此，弹簧压力不宜过大，特别是新机器，齿轮精度较高，弹簧压力更不宜调得过紧。

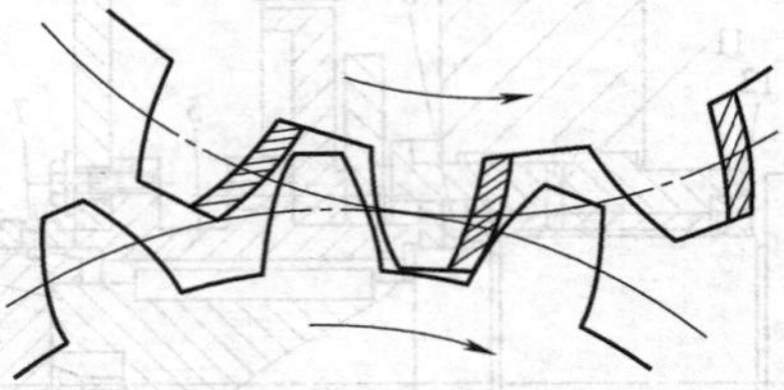

图 5-35　固定式调隙齿轮

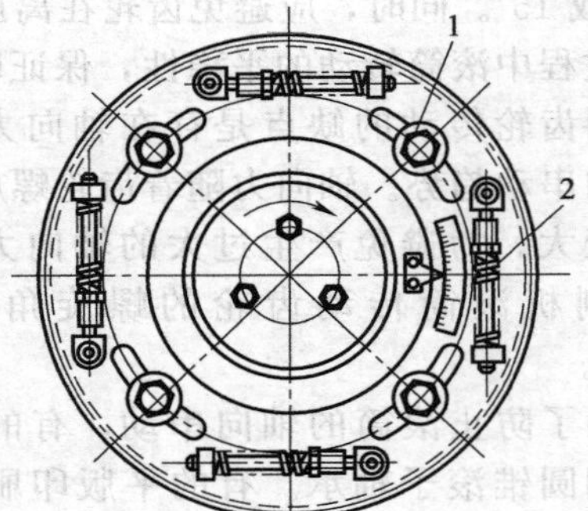

图 5-36　活动式的调隙齿轮

1—螺钉；2—弹簧

滚筒齿轮的安装方式有两种，分为内侧传动方式和外侧传动方式。

内侧传动方式的齿轮安装在墙板内的滚筒轴头上，靠近滚筒体，属于开式传动，因此润滑条件不好。虽然有防护罩，但密封性差，纸毛、杂质容易粘在齿面上，长期使用会加速齿轮的磨损，使精度降低，影响滚筒的匀速转动，维修也不方便。

外侧传动方式的齿轮安装在墙板外的滚筒轴头上，使用密封的防护罩（下部兼作储油箱），防尘性能好，采用连续的雨淋式自动润滑，因此在保持齿面精度方面比较理想，可延长齿的使用寿命。但是也有不利的问题，首先，由于滚筒、轴、齿轮是固定连接，运转时产生很大的转动惯量，会形成一种固有的振动频率，如果与外力的振动频率一致时进行印刷，会因滚筒的振动而产生套印不准，因此设计机器时应充分考虑这种因素，予以避免。其次，因齿轮安装在墙板外的滚筒轴头上，所以在齿轮受力时，产生的挠度总是要比内侧传动方式大一些。

为了减少上述因素的影响，除了使用斜齿轮，还采取减小齿轮螺旋角、增加滚筒轴的直径、缩短轴的长度（增加刚性）等方法。在多色机上，可采取从中间机组输入主电机动力，分前后两部分传递动力，以减少齿轮的负载。

二、滚筒的轴承

轴承具有为支承轴及轴上零件，保持轴的旋转精度，而且为减少转轴与支承之间的摩擦和磨损的功能。滚筒轴承是重要的承载零件，不仅要承受滚筒部件自身的重力、印刷压力，还要承受滚筒由于动不平衡而产生的动压力、齿轮传动所加于轴承的径向力和轴向力，以及有关运动零件对于轴承的冲击力，例如递纸牙的摆动和滚筒咬牙的张闭，使装在压印滚筒轴头上的凸轮受到较大的冲击力，通过压印滚筒轴颈又附加在轴承上，所以滚筒轴承的精度对于保证滚筒运转的平稳性，保证印刷质量有着重要作用。

目前印刷机的滚筒轴承可分为滑动轴承和滚动轴承两类。

1. 滑动轴承

滑动轴承能承受较大的冲击载荷，具有体积小、承载能力大，有一定阻尼作用，有利于减弱冲击、传动平稳、噪声低等优点。主要用于各种印刷速度的重载印刷机。凸版印刷机以及国产单张纸平版印刷机大部分采用滑动轴承。滑动轴承根据机器承受载荷的方向主要可选择向心滑动轴承和推力轴向轴承，它们分别承受径向载荷和轴向载荷。其缺点是互换性差，加工修配比较困难。

滑动轴承大多采用铸铁材料。J2108 型、J2203 型平版印刷机的滚筒轴承外部为铸铁，与轴颈接触部位的材料是铸锡磷青铜（ZQSn10-1)，布氏硬度为 90～120HB、轴颈材料为高级铸铁 25～47HT，布氏硬度为 170～240HB，轴承一般每年平均磨损 0.01mm，轴颈磨损率为轴承的 50%。为改善这种情况，J2204 型、PW2920-01 型等平版印刷机的轴承采用钢基合金粉末冶金双金属套，磨损率可降低 3 倍，轴颈采用镶钢套，材料为合金结构钢 40Cr，并经淬火 40～50HRC，根据试验耐磨性可提高 8～9 倍。

滑动轴承结构见图 5-34，轴套 9 由于不作摆动，故用螺钉 10 将其固定在墙板上，润滑油从油孔 11 进入轴颈和轴承之间，油封12 防止漏油。

2. 滚动轴承

滚动轴承具有摩擦阻力小、启动灵敏、运转轻快、效率高、维修和润滑方便、易于互换等优点，因此现代高速印刷机的滚筒均采用滚动轴承。形式有圆锥滚子轴承、双列滚针轴承等，前一种轴承的特点是既能承受径向力，又能承受轴向力，而双列滚针轴承可以缩小径向尺寸，增加承载能力。滚动轴承如图 5-37 所示，滚动轴承的最大缺点：由于滚子是点或线接触，故承受冲击能力差、高速时会出现噪声，工作寿命相对于滑动轴承较低。

图 5-37　滚动轴承

如果滚筒轴承失去精确性，影响印刷质量的力主要是变动载荷，因为当滚筒轴颈与轴承的间隙较大时，变动载荷易使滚筒产生振动，而振动是造成印迹条痕的重要原因。变动载荷除动压力和有关运动零件的冲击力外，主要是印刷压力。因为各印刷滚筒都有空挡部分，当压印滚筒和橡皮布滚筒从空挡转到工作面时［图 5-38（a)］，在两个滚筒之间突然产生了印刷压力，而当它们从工作面转入空挡时，印刷压力又突然撤除。同理，在橡皮布滚筒和印版滚筒之间也存在这种现象［图 5-38（b)］。如果橡皮布滚筒衬垫太厚，或印刷厚纸时，未将压印滚筒与橡皮布滚筒的中心距加大，造成两个滚筒间的压力过大，所以当滚筒从空挡转到工作面时，橡皮布滚筒先受过大压力向印版滚筒跳动，当这个压力消失时，又向压印滚筒跳动。在橡皮布滚筒和印版滚筒之间，同样也会产生这种跳动，造成印张出现条痕，其位置与图 5-38（a)、(b）两处相对应。若滚筒轮颈与轴承的间隙过大，则情况更为严重。

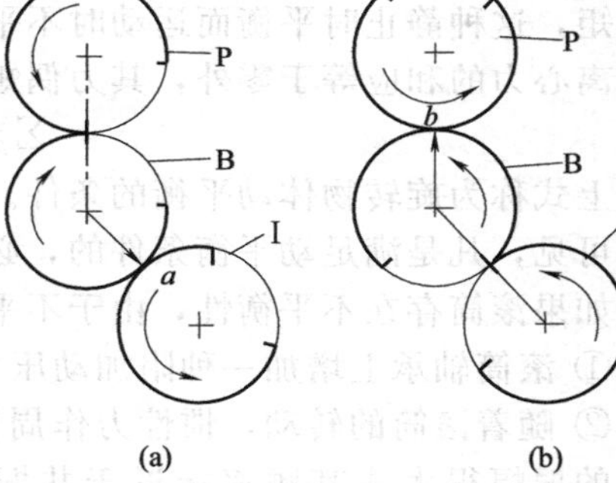

图 5-38　印刷压力产生和撤除示意

为了避免变动载荷对印刷质量的影响，国外许多印刷机制造厂生产的平版印刷机，在印版滚筒和橡皮布滚筒之间采用肩铁接触（即接触滚枕）的方式，阻止橡皮布滚筒的跳动。

滚筒受到变动载荷时，产生跳动的条件是滚筒轴颈与轴承之间有间隙存在，在印刷压力产生和消失的瞬间，使两个滚筒的中心距发生变化。把合压状态下两滚筒中心距的最大值与最小值之差，称为滚筒的离让值。它是印刷机一个十分重要的精度指标，可以综合反映各轴套间的配合间隙。新的国产平版印刷机的离让值一般为 0.03～0.04mm，在轴颈和轴承磨损后，离让值将会加大，超过 0.08mm 时，就有可能出现条痕。为此在机器安装时，应对离让值进行检测并做好记录，使用 1～2 年后应重新检测，并作出比较，以便从离让值的变化了解轴颈和轴承的磨损程度。

滚筒离让值的检测方法：将印版滚筒和橡皮布滚筒的衬垫按规定数据包好，在合压状态下，分别在工作面和空挡两个不同位置，测出两个滚筒肩铁的间隙，它们的差值就是离让值。

我国目前制造的印刷机，滚筒离让值偏大，为此在一些平版印刷机上，用螺母或螺钉将起调压作用的偏心套锁紧，这样可以消除一个层次的间隙，把离让值从 0.04mm 减少到 0.02mm，从而达到减少离让值的目的。

三、滚筒的平衡

印刷机滚筒保持静平衡和动平衡，是保证滚筒运转平稳的重要条件。

根据机械原理，旋转物体静平衡的条件是：装在无摩擦水平轴上的物体，在任何位置都能保持静止。即在同一平面内平衡的旋转质量，其离心力的总和等于零。

$$\sum \overline{p} = \sum \frac{Q}{g}\omega^2 \overline{r} = 0 \quad 或 \quad \sum Q\overline{r} = 0 \tag{5-7}$$

式中 Q——旋转物体的质量；

$\overline{r}$——旋转物体的质量质心到旋转轴线的距离（称为向径）；

ω——旋转轴的角速度；

g——重力加速度。

印刷机的滚筒，由于结构原因，如空挡、装有印版或衬垫装夹机构、咬牙机构等，造成滚筒质量在圆周方向的分布不均匀，使重心偏离旋转轴线，而产生静不平衡。另外，若滚筒质量在轴向分布不均匀，即使其重心位于旋转轴线上，但在旋转时，仍然可能产生不平衡的力偶矩，这种静止时平衡而运动时不平衡的现象称为动不平衡。如欲使其成为动平衡，则除了其离心力的和应等于零外，其力偶矩的和也应等于零。即

$$\sum \overline{p} = 0 \quad 及 \quad \sum \overline{M} = 0 \tag{5-8}$$

上式称为旋转物体动平衡的条件。

可见，凡是满足动平衡条件的，必然满足静平衡要求。

如果滚筒存在不平衡性，由于不平衡惯性力的作用，会产生下列情况。

① 滚筒轴承上增加一种附加动压力。

② 随着滚筒的转动，惯性力作周期性变化，将引起机器及其基础产生强迫振动，若其振动的振幅很大或其频率接近于共振范围时，不仅会影响印刷质量，而且会使机器寿命缩短。

③ 使滚筒齿轮承受的冲击载荷增加。

在新机器使用初期，因齿轮和轴承精度较好，滚筒的不平衡性对印刷质量的影响不显著，但随着这些机件的加快磨损，会逐渐表现出来。为此，对印刷机的滚筒必须进行平衡试验，特别是对于高速印刷机的滚筒更为重要。

按照一般规律，对于轴向长度小于旋转物体直径（$L \leqslant D$）的，只需静平衡。对于轴向长度较大的旋转物体（$L \geqslant D$），应进行动平衡。中低速的单张纸平版印刷机和凸版印刷机的滚筒长度虽然较长，但转速较低，并在铸造时注意了材料在轴向分布的均匀性，因此一般只作静平衡。对于高速的单张纸平版印刷机和卷筒纸平版印刷机的滚筒则应进行动平衡。

滚筒的静平衡或动平衡试验在滚筒部件装配后进行。通过试验测出不平衡重量的数值，用配重的方法，即通过加装平衡重量，使滚筒的重心位于旋转轴线上，满足平衡要求。

由于各种印刷机滚筒的转速和精度要求不同，静不平衡允差也不同，平版印刷机滚筒在外圆上不平衡允差，一般不大于 100g，印刷机滚筒的配重形式，采用在滚筒体两侧面加装平衡块和在滚筒体内加装平衡轴。

第五节　套准机构

套准就是通过使滚筒上所装印版的图文信息能按照规定要求正确地转印到承印物上。

实现套准的方法有：拉动印版、位移滚筒、改变承印物的位置等。

当然图文转印到纸上的位置也可以通过前规和侧规进行调整，但这种调整主要是满足定位机构本身的工作要求，如前规定位板形成的直线应与滚筒轴线平行、要保证递纸牙和滚筒咬牙的咬纸距离在规定的范围内、侧规定位板的位置要保证承印物两边与机器中线基本对称等，如果承印物的位置已符合这些要求，但印版图文转印到纸上的位置仍不符合规定要求或套印不准时，则应通过印版位置调整机构，调整印版的周向（上下方向）或轴向（来去方向）位置。

由于平版印刷产品大都是多色套印的彩色印刷品，所以校版又区分为第一色校版和套色校版。第一色校版的目的是使图文转印到纸上的位置符合印刷品规格、工艺设计要求，而以后各色的校版均以第一色印迹为准，要求各色的规线必须同第一色的规线重叠，且图文套印准确，才可认为达到了套印准确。

套准机构分为：拉版机构、印版滚筒周向位置调节机构、双色机第二色组印版滚筒和多色机各个印版滚筒的周向和轴向位置微调机构以及对角线微调机构。

一、拉版机构

拉版机构就是使印版相对于印版滚筒体作相对位置的改变，从而改变原来图文的位置来达到正确位置。印版滚筒装夹印版的装置有两种：一种是用螺钉固定的版夹装置，另一种是用偏心轴装夹的快速装版装置。在现代高速平版印刷机上大多采用快速并有定位销的装夹装置。印版滚筒的空挡部分，安装有两副版夹，印版被夹在版夹中，并用螺钉对印版的位置进行调节和紧固。若需调节印版在圆周上的位置时，可将一个版夹的拉紧螺钉松开，然后将另一个版夹的螺钉拉紧。若需调节印版在滚筒轴向位置时，可通过调节版夹两端头的螺钉来实现。印版位置的调节量可在“前后”刻度和“左右”刻度上读出。

为了缩短校版时间，提高印版定位精度，大多数单张纸平版印刷机上设有印版定位装置。事先按规定尺寸用打孔机在印版上打出两个定位孔，作为晒版和装版时的定位基准。装版时先将滚筒咬口边版夹的中线调到印版滚筒中线位置，周向位置调到版夹侧面与定位垫片相接触，然后将印版插入版夹，并使工具定位销插入印版与版夹的定位孔中，印版即能准确定位，夹紧印版后把定位销拔出。

二、印版滚筒周向位置调节机构

印版滚筒周向位置调节，俗称借滚筒，就是通过改变印版滚筒传动齿轮与印版滚筒轴轮座的连接位置达到调整印版滚筒体和橡皮布滚筒体在圆周方向的相对位置，印版随着印版滚筒一同移动，从而改变图文上、下方向平行的位置，来达到正确的位置。调节印版滚筒周向位置的方法主要用于下面两种情况。

① 由于制版过程处理不当，造成图文在印版上的位置不符要求，致使咬口尺寸过大或过小，而此时用拉版机构已无法调节。

② 虽然印张两边规线的上下位置已经一致，但还需要改变印版图文与纸张的相对位置。即需要平行调节图文在承印物上的位置且量值过大时。

图 5-39 所示为 J2108 型机印版滚筒周向位置调节机构。印版滚筒齿轮 5 通过四只螺钉 1 和轮座 2 相固定，轮座又和滚筒轴 3 固定在一起。因齿轮 5 上的螺孔为长圆固定孔，若松开四只螺钉，用人工盘动机器，就可以改变齿轮与滚筒的周向位置，改变的数值可从固定在

齿轮上的刻度板 4 读出。由于印版滚筒齿轮与橡皮布滚筒齿轮的啮合关系没有改变，所以刻度值的变化，实际上反映了印版滚筒和橡皮布滚筒的相对位置发生变化。

在调节印版滚筒的周向位置之前，必须弄清印版滚筒的借动方向与咬口尺寸大小的关系。如果使咬口尺寸增大，则松开印版滚筒齿固定螺钉，使齿轮顺着印刷时的转向转动，印版连同印版滚筒不动，而橡皮布滚筒相对于印版滚筒向前移动了一段距离，印版相对于橡皮布滚筒向后移动了一段距离，即承印物上图文印迹相应地向后移动，故咬口尺寸增大。同理，如果使咬口尺寸减小，则使印版滚筒齿轮逆着印刷时的转向转动，那么承印物上图文印迹必然向咬口方向移动，使咬口尺寸减小。

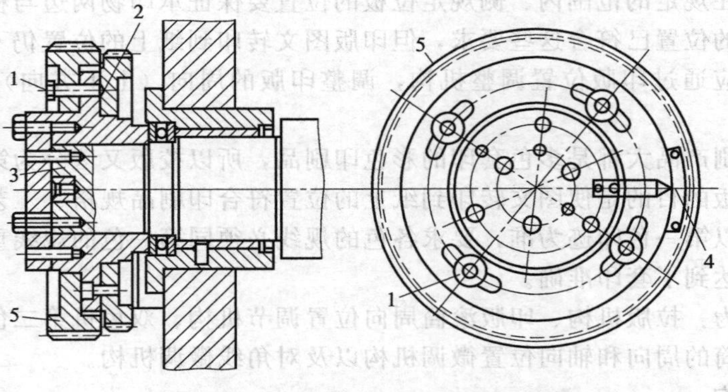

图 5-39　印版滚筒周向位置调节机构

1—螺钉；2—轮座；3—滚筒轴；4—刻度板；5—齿轮

J2108 型和 J2203 型机调节印版滚筒周向位置，除了使用人工盘动机器的方法，还可采用拨动筒体的方法，在这些机器的印版滚筒空挡中部，有一个专用孔，用拨辊插入孔中扳动滚筒体，同样可以改变滚筒体与齿轮的相对位置。

三、印版滚筒周向和轴向位置的微调机构

双色平版印刷机第二色组的印版滚筒和多色平版印刷机的各个印版滚筒上均设有周向和轴向位置微调机构。校版时，如发现后一色规线与前一色规线在上下方向或来去方向套印不准，且印张两边规线的误差一致，这个误差又在该机印版滚筒微调机构允许可调范围内，则

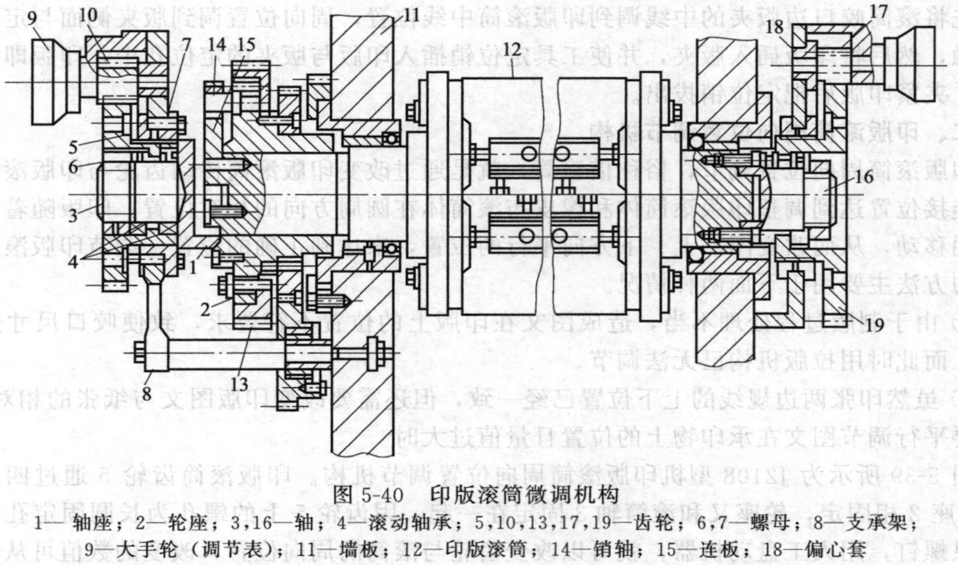

图 5-40　印版滚筒微调机构

1— 轴座；2—轮座；3,16—轴；4—滚动轴承；5,10,13,17,19—齿轮；6,7—螺母；8—支承架；
9—大手轮（调节表）；11—墙板；12—印版滚筒；14—销轴；15—连板；18—偏心套

可以通过微调机构分别调整印版滚筒的周向和轴向位置，保证各色套印准确，操作简便，有利于缩短校版时间，提高生产效率。

图 5-40 所示为 J2205 型机第二色组印版滚筒的周向和轴向位置微调机构。该机构分别安装在机器的两侧，两侧端面装有调节表。

1. 周向位置的微调机构

需要在印版图文周向位置调节很小范围时，可通过拉动印版滚筒的齿轮作轴向移动来调节，如图 5-41 所示。它是利用斜齿轮螺旋角，使印版滚筒齿轮和滚筒体在圆周方向相对于橡皮布滚筒转动一段弧长。由于允许调节值很小，所以这段弧长可看成直线，称为印版滚筒周向移动量 Y_p，它与齿轮的轴向移动量 X_p、螺旋角 β 的关系如下

$$Y_p = X_p \tan\beta \tag{5-9}$$

式中 Y_p——下印版滚筒圆周方向的移动量；

X_p——下印版滚筒齿轮轴向的移动量；

β——滚筒齿轮的螺旋角。

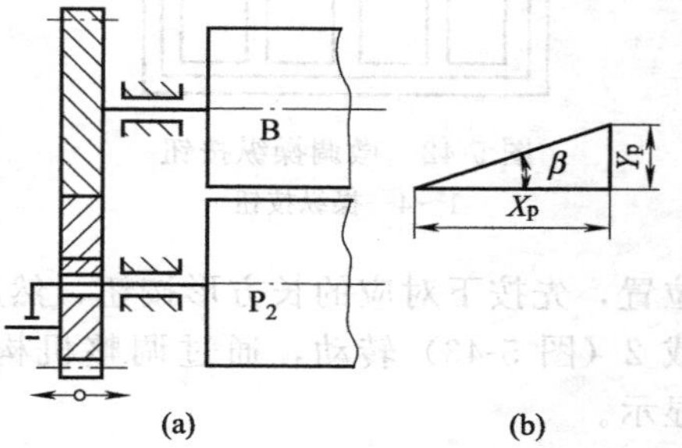

图 5-41 周向微调原理

因此，只要给出齿轮的轴向移动量，就可以计算出印版滚筒的周向转动量。实际生产中，当然不需要计算，图 5-40 中在大手轮 9 上固定有刻度盘，根据调节时手轮转过的刻度，可直接读数，即每转一格，印版滚筒的周向转动量为 0.03mm。

如图 5-40 所示，印版滚筒齿轮的轮座 2 用螺钉紧固轴座 1 上，接轴 3 上装有两个单列推力滚动轴承 4，中间夹住齿轮 5 孔内的阶台面，通过螺母 6 将齿轮和轴承 4 与接轴固定在一起。齿轮 5 的轴孔外圆有与螺母 7 连接的外螺纹，螺母 7 固定在支承架 8 上，支承架又与墙板固定。螺母 7（两件）的圆周位置可以调节，以减少螺纹间的配合间隙，防止齿轮 5 在调节过程中产生串动。保证调节工作灵敏可靠。

调节时，转动装在传动侧的调节表 9，轴上的齿轮 10 带动齿轮 5，由于螺母 7 固定不动，所以齿轮 5 在转动的同时产生轴向移动，轴孔内的阶台面通过两个轴承推、拉轴座 1，使印版滚筒齿轮 13 移动，改变印版滚筒的周向位置。

调节表 9 采用重力结构（参阅本章第八节），内部的传动比为 1∶24、表盘刻度为 24 等分，故调节表外壳转一圈，指针走一格，滚筒齿轮的轴向移动量为

$$X_p = \frac{nZ_{10}}{Z_5}t \tag{5-10}$$

式中 Z_{10}——齿轮 10 的齿数，$Z_{10}=15$；

Z_5——齿轮 5 的齿数，$Z_5=95$；

n——调节表转动周数；

t——齿轮 5 轴孔外螺纹的螺距为 2。

如果调节表转一圈，则印版滚筒齿轮的轴心移动量为

$$X_p = \frac{1\times 15}{95}\times 2 = 0.31578\text{mm}$$

2. 轴向位置的微调机构

需要在印版图文轴向位置调节很小范围时，可通过推动或拉动印版滚筒体来调节，如图 5-40 所示。它是利用螺纹传动作用，直接推动或拉动印版滚筒轴头，使印版滚筒产生轴向位移。

J2205 型机印版滚筒轴向位置微调机构的操纵部分装在与滚筒轴头相固定的接轴 16 上，

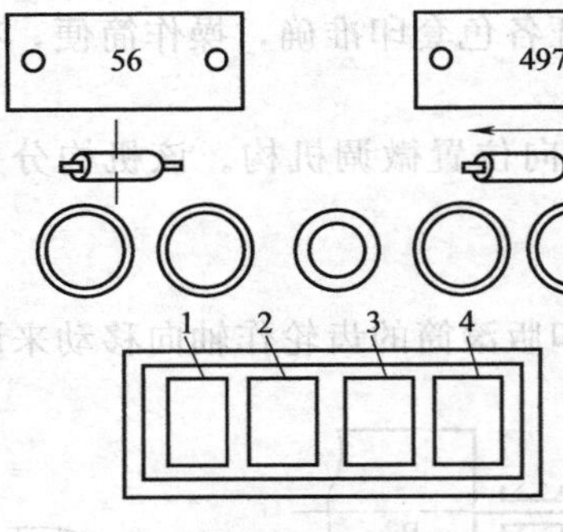

图 5-42　微调操纵按钮

1～4—操纵按钮

结构形式与周向位置调节机构基本相同。只是齿轮 17 的轴装在偏心套 18 中，用以调节两个齿轮啮合时的齿侧间隙。

另外，两个齿轮的齿数为：$Z_{17}=14$、$Z_{19}=140$，所以调节表 9 的指针转过一格，印版滚筒的轴向移动量为 0.2mm。

PZ4880-01 型机各色组印版滚筒周向和轴向位置的微调机构和工作原理与 J2205 型机基本相同。只是由手动改为电气控制，其直流电机驱动调节机构，调节量大小由数字显示。图 5-42 所示为设在收纸台上方控制板上的一组操纵按钮。需调哪个色组的印版滚筒位置，先按下对应的长方形按钮，然后根据调节要求，按下相应的圆形按钮，使直流电机 1 或 2（图 5-43）转动，通过调整机构，调节印版滚筒的周向或轴向位置，调节量由数字显示。

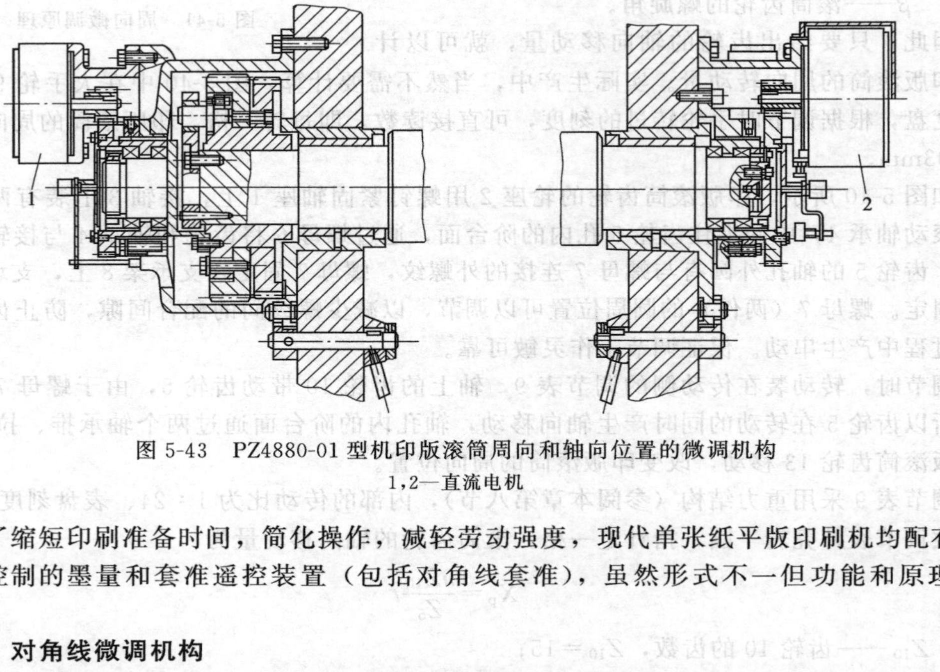

图 5-43　PZ4880-01 型机印版滚筒周向和轴向位置的微调机构

1，2—直流电机

为了缩短印刷准备时间，简化操作，减轻劳动强度，现代单张纸平版印刷机均配有电子计算机控制的墨量和套准遥控装置（包括对角线套准），虽然形式不一但功能和原理大同小异。

四、对角线微调机构

对角线微调机构是现代平版印刷机都具备的机构。对角线微调机构又可分为通过改变印版与印版滚筒相对位置、改变印版滚筒中心线与橡皮布滚筒中心线位置、改变传纸滚筒的咬纸量等三种形式。

1. 改变印版与印版滚筒体相对位置

在现代高速平版印刷机上都装有对角线套准机构，也是改变印版与印版滚筒体相对位置来实现的，如秋山 J Print 4p440 型机就是属于此类型。

由图 5-44（a）可以看到，印版 1 经印版自动装卸驱动装置进入版夹 2 中，这样印版与版夹是一体的，传动面版夹可由驱动装置上下移动，遥控调至套准位置，其精确性由数字式电位器控制。遥控夹紧及拉平使印版能准确定位。由图 5-44（b）看到，在印版滚筒上安装有定位销 3，在印版上开有定位销槽 4，印版上在制版时制作有十字线，装版时把印版上的销槽装在销轴上，保证印版安装的准确性。套准调节的范围在±2mm，印刷机的操作和调整都很简单。但是这种方法对机器的技术要求都较高（如电机与执行机构的安装、电源信号与控制信号的接入等），并使机器的造价大幅度增加，所以这种方法目前使用并不普及。

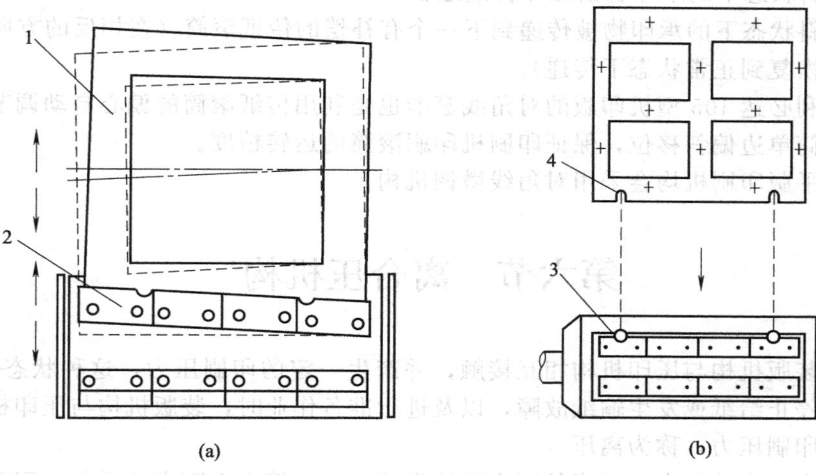

图 5-44　遥控印版对角线套准机构

1—印版；2—版夹；3—定位销；4—定位销槽

2. 改变印版滚筒中心线与橡皮布滚筒中心线位置

通过改变印版滚筒中心线与橡皮布滚筒中心线位置来实现对角线套准，如海德堡系列即属于此类型。

在印版滚筒轴端安装了另一个伺服电机及其传动机构，当需要调整时电机旋转，带动印版滚筒运动使其中心线与橡皮滚筒的中心线由平行转变为空间交叉，从而印版与橡皮布轴向上各点在周向的相对位移不等，并由此实现对角线方向的套准。当然由于印版滚筒和橡皮布滚筒不平行，对印版滚筒轴承是极为不利的，因此这种方法调整的范围极为有限，一般印刷机只能达到±0.2mm，如果误差太大就难以实现自动套准调节。

3. 改变传纸滚筒的咬纸量

通过改变纸张的咬纸量来实现对角线套准，如罗兰系列即属于此类型。它是通过调整传纸滚筒的位置从而改变纸张的咬纸量来改变套印关系，利用这一点，同时反向改变有套印误差的色组两侧的传纸滚筒的咬纸量，则可以调整该色组的套印误差，而不影响其他色组的套印，通过调节倍径无接触传纸滚筒的咬纸量来进行斜向拉纸实现对角套印调节，如图5-45 所示。

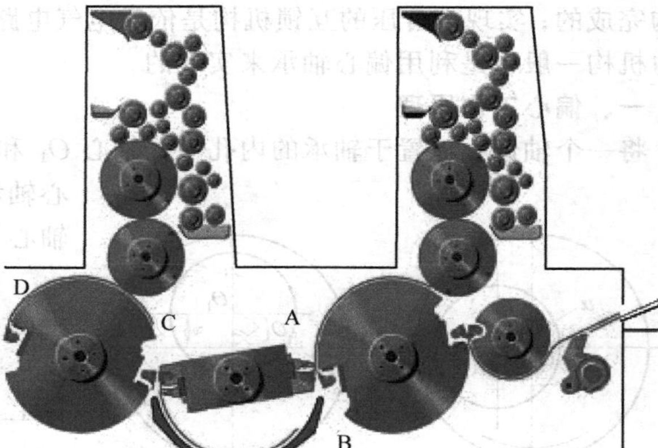

图 5-45　罗兰 700 系列印刷机对角线微调机构工作原理示意

罗兰印版的对角线套准是利用传纸滚筒的偏心自动调节完成，不必通过印版滚筒的偏心调节，从而减少了过版纸的浪费，克服了由于印版滚筒的偏心调节对橡皮布滚筒及着墨辊所产生的平行度偏差。

对于图中 A 段是正常状态下的承印物被传送到倾斜的传纸滚筒上（最大为 0.25mm）；

BBBB 段是承印物渐渐从正常状态下位置变成倾斜的位置；

C 段是倾斜状态下的承印物的压印传递过程；

D 段是倾斜状态下的承印物被传递到下一个有补偿的传纸滚筒（在相反的方向上进行补偿，以承印物恢复到正常状态下传递）。

另外高宝利必达 105 型机印版的对角线套准也是利用传纸滚筒的偏心自动调节完成，而无需使印版滚筒单边偏斜移位，保证印刷机印刷滚筒的运转精度。

所以现代平版印刷机均会采用对角线微调机构。

第六节　离合压机构

印刷时，装版机构与压印机构相互接触，并产生一定的印刷压力，这种状态称为合压。如果输纸系统停止给纸或发生输纸故障，以及进行准备作业时，装版机构与压印机构必须及时脱开，撤除印刷压力，称为离压。

印刷时产生一定的压力，适当的压力是依靠调节两滚筒中心距来获得的。因此从机构动作的要求来看，离合压和印刷压力调节都是依靠改变两滚筒中心距来实现的。离合压中心距变化大，调节印刷压力时中心距只做微量的变动。当然这是两个独立的动作。

离合压机构工作要求如下。

① 在离、合压过程中，印刷装置应平行移动，不能歪斜，并无冲击现象。

② 合压或离压位置的定位应稳定可靠。

③ 单张纸印刷机的离合压时间必须在两次压印的间隔时间内完成。

④ 利用离合压机构进行调压时，应能保证印刷装置两端一起或分别进行无级调压。

离合压机构由自动控制装置、传动机构、执行机构、互锁机构等部分组成。

现代平版印刷机实现离合压的机构均是橡皮布滚筒；实现离合压的执行机构大多数是三点支承形式，国产的平版印刷机大多数是偏心轴承；实现离合压的传动机构一般是凸轮连杆机构完成的；实现离合压的互锁机构是依靠电气电路和机械联动实现互锁动作的。另外调节压力机构一般也是利用偏心轴承来实现的。

一、偏心工作原理

将一个轴偏心地置于轴承的内孔中，轴心 O_1 和轴承的转动中心 O 的偏心距为 e。当偏心轴承绕其转动中心 O 转动一个角度时，则轴心 O_1 的位置就会相应变动。现举例如下。

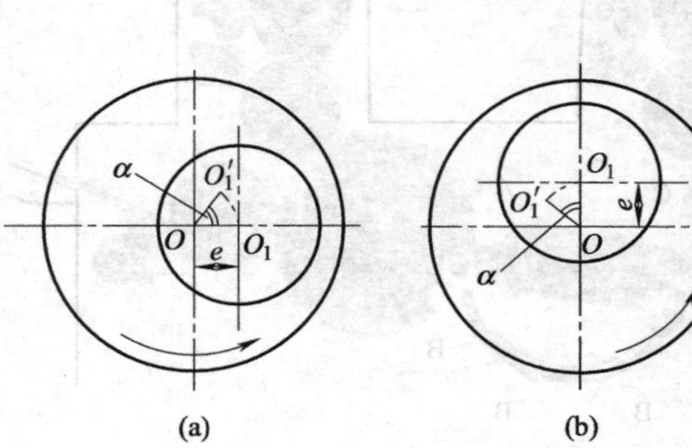

图 5-46　偏心的基本原理

为了方便论述可将轴心 O_1 和轴承的转动中心 O 位于一坐标轴上（图 5-46），在图 5-46（a）中，轴心 O_1 与轴承的转动中心 O 在横坐标上，当轴心 O_1 绕转动中心 O 转动一个角度 α 时，O_1 纵坐标方向的位移变化量

$$y=e\sin\alpha$$

轴心 O_1 横坐标方向的位移变化量

$$x=e(1-\cos\alpha)$$

因为 $y>x$，说明纵坐标方向的位移变化量明显大于横坐标方向的位移变化量。

在图 5-46（b）中，轴心 O_1 与轴承的转动中心 O 在纵坐标上，当轴心 O_1 绕转动中心 O 转动一个角度 α 时，轴心 O_1 横坐标方向的位移变化量

$$x = e\sin\alpha$$

轴心 O_1 纵坐标方向的位移变化量

$$y = e(1-\cos\alpha)$$

因为 $x>y$，轴心 O_1 在横坐标方向的位移变化量明显大于纵坐标方向的位移变化量。

这就是偏心机构的基本原理。说明轴心 O_1 在横坐标方向的位移变化量与纵坐标方向的位移变化量，不仅与偏心轴承的转角 α 和偏心距 e 有关，而且与轴心 O_1 和轴承转动中心 O 的周向相对位置有关。所以印刷机上用于调整滚筒中心距（调压）和实现离合压的偏心机构，要根据滚筒排列形式，滚筒轴心和偏心轴承中心的周向位置排列来设置安排。

二、离合压执行机构的工作原理

1. 偏心轴承式

将一个滚筒的轴（两端）置于偏心轴承的内孔中，偏心轴承的外圆安装在墙板孔中，改变偏心轴承在墙板孔中的圆周位置，就可以使该滚筒轴轴心位置变动，从而达到离合压或改变两滚筒中心距的目的。偏心轴承式有单偏心轴承和双偏心轴承两种。国产平版印刷机大多数滚筒的离合压、印刷压力的调节采用偏心机构来实现，其特点是结构简单、调节方便，准确可靠，但加工困难。

图 5-47 所示为 J2108 型机印刷滚筒所装轴承的情况。压印滚筒的中心是固定的，是安装、调试机器的基准。因为压印滚筒不仅接受主电机传来的动力，还同一些辅助零件的传动相联系，如果压印滚筒中心位置变动，要影响不少传动齿轮的正确啮合关系，而且还改变承印物的交接位置，所以压印滚筒装的是同心轴承，印版滚筒装了一个单偏心轴承，用来调节印版滚筒与橡皮布滚筒的中心距，橡皮布滚筒装了双偏心轴承。外偏心轴承称为偏心套，用来调节橡皮布滚筒与压印滚筒的中心距；内偏心轴承称为偏心轴承，用来控制印刷滚筒的离合压。

印版滚筒两端的轴颈装在偏心轴承 1（图 5-47）内孔中，偏心轴承的外圆与墙板孔配合，即偏心轴承的外圆圆心与墙板孔心是同心，偏心轴承的内圆圆心与印版滚筒中心是同心。偏心轴承的作用是调节印版滚筒与橡皮布滚筒的中心距，因此对偏心轴承的排列位置要求是：偏心轴承中心 O_1 与印版滚筒轴心 O_P 的连线应垂直于中心线 O_PO_B，使偏心轴承的微量转动能较多地改变印版滚筒与橡皮布滚筒的中心距。工作情况是：印版滚筒轴心 O_P 以偏心轴承中心 O_1 为中心，以偏心轴承中心 O_1、印版滚筒轴心 O_P 的连线 O_1O_P 为半径转动。

橡皮布滚筒两端的轴颈处是双偏心轴承，把外面的偏心轴承称为偏心套 3，里面的偏心轴承称为偏心轴承 2，偏心套 3 装在墙板孔内，它的作用是调节橡皮布滚筒和压印滚筒的中心距，而控制印刷滚筒离合压的偏心轴承 2 则装在偏心套 3 的内孔中，橡皮布滚筒轴颈又装在偏心轴承 2 的内孔中。双偏心轴承共有三个圆心，每个圆心又为两个零件的圆心相重合，O_B 为偏心轴承孔和橡皮布滚筒轴颈的圆心，O_2 为偏心轴承 2 外圆和偏心套 3 内孔的圆心，O_3 为偏心套 3 外圆和墙板孔的圆心。

对偏心轴承 2 的排列位置要求是：偏心轴承 2 外圆圆心 O_2 应使得橡皮布滚筒轴心在离压和合压位置的连线 $O_BO'_B$ 应沿着滚筒排列角 $\angle O_PO_BO_1$ 的平分线上或附近移动（图 5-48），保证橡皮布滚筒与其他两个滚筒在离压时有一定的相近的脱开量。偏心套 3 外圆圆心 O_3 的位置应在或靠近印版滚筒圆心 O_P、橡皮布滚筒圆心 O_B 的中心连线 O_PO_B 上，以保证在调整橡皮布滚筒与压印滚筒中心距时，印版滚筒与橡皮布滚筒的中心距几乎不改变或改变很少。工作情况是：当偏心轴承 2 工作时，偏心套 3 不动，即偏心套 3 外圆圆心 O_3 不动，橡皮布滚筒轴颈的圆心 O_B 绕偏心轴承 2 外圆圆心 O_2 转动，实现印刷滚筒的离合压的目的；偏心套 3 外圆圆心 O_3 工作时，偏心轴承 2 外圆圆心 O_2 绕偏心套 3 外圆圆心 O_3 转动，橡皮布滚

筒轴颈的圆心 O_B 随偏心轴承 2 外圆圆心 O_2 平动。因此，实际上偏心轴承外圆圆心 O_2 的位置被安排在橡皮布滚筒垂直中心线附近，即橡皮布滚筒处于合压位置时，O_2O_B 连线与 O_B 垂线的夹角 φ_2 为 $1°55'16''$。偏心距 O_2O_B 为 6mm，离合压时，偏心轴承的转角 φ 为 $44°33'17''$，所以橡皮布滚筒轴心的离压和合压位置的距离 $O_BO'_B$ 为

$$O_BO'_B=\sqrt{6^2+6^2-2\times6\times6\times\cos44°33'17''}=4.55\text{mm}$$

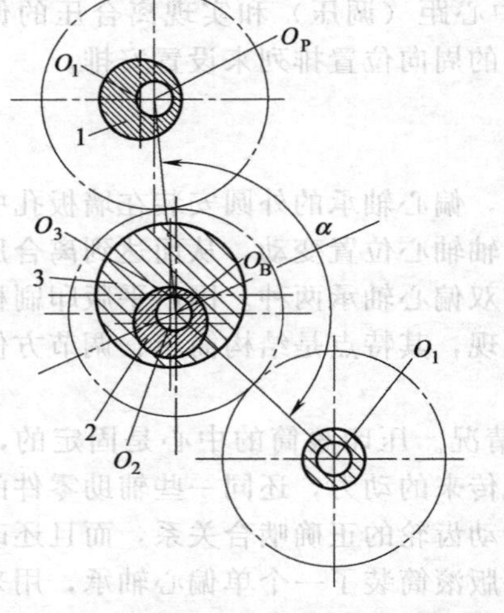

图 5-47 J2108 型机印刷滚筒所装轴承的情况

1，2—偏心轴承；3—偏心套

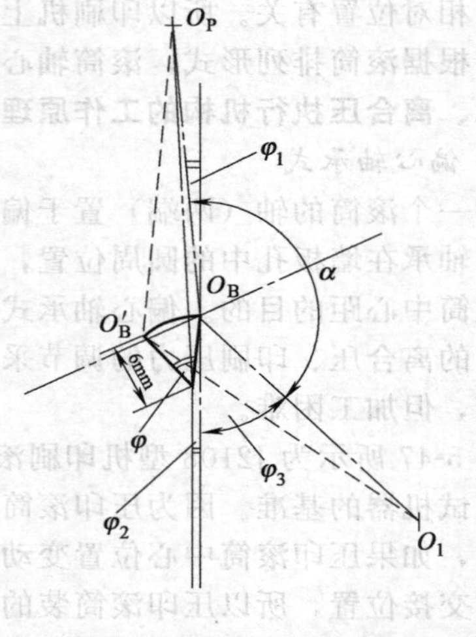

图 5-48 偏心轴承圆心的位置安排示意

又知：印版滚筒和橡皮布滚筒中心连线 O_PO_B 与橡皮布滚筒垂直中心线的夹角 φ_1 为 $5°2'41''$，三滚筒的排列角 α 为 $140°4'39''$，则橡皮布滚筒和压印滚筒中心连线与橡皮布滚筒垂直中心线的夹角 φ_3 为

$$\varphi_3=180°-(140°4'39''-5°2'41'')=44°58'2''$$

如调压器在“0”位，不计离让值，此时印版滚筒和橡皮布滚筒的中心距 $A_{PB}=300.1$mm，橡皮布滚筒和压印滚筒的中心距 $A_{BI}=299.95$mm。所以，离压时橡皮布滚筒和压印滚筒的中心距 $A_{B'I}$ 为

$$A_{B'I}=\sqrt{(4.55)^2+(299.95)^2-2\times4.55\times299.95\times\cos114°36'40''}=301.87\text{mm}$$

因为压印滚筒直径为 300mm，橡皮布滚筒体直径为 293.5mm，取衬垫厚度为 3.25mm，则离压时橡皮滚筒与压印滚筒之间的脱开量

$$\Delta A_{BI}=301.87-\left(\frac{300+293.5+6.5}{2}\right)=301.87-300=1.87\text{mm}$$

离压时，橡皮布滚筒和印版滚筒的中心距 $A_{PB'}$ 为

$$A_{PB'}=\sqrt{(4.55)^2+(300.1)^2-2\times4.55\times300.1\times\cos105°18'41''}=301.33\text{mm}$$

因为印版滚筒体直径为 299mm，取印版和衬纸厚度为 0.6mm，则离压时橡皮布滚筒与印版滚筒之间的脱开量

$$\Delta A_{BP}=301.33-\left(\frac{293.5+6.5+299+1.2}{2}\right)=301.33-300.1=1.23\text{mm}$$

由此可见，脱开量 A_{BI} 和 A_{PB} 的大小，与滚筒中心距、印版及衬纸厚度、橡皮布滚筒衬垫厚度有关。

另外，合压时的橡皮布滚筒轴心 O_B 过印版滚筒和偏心轴承的中心连线 O_pO_2，连线与 O'_BO_B 的交点称为偏心机构的“死点”。当橡皮布滚筒轴心位于“死点”上时，橡皮布滚筒

和印版滚筒的中心距最小，越过“死点”后，滚筒中心距略微增大，约为 0.01～0.02mm，这就是说，橡皮布滚筒在合压过程中，通过“死点”时要过压 0.01～0.02mm，然后进入合压位置——固定印刷压力的位置。橡皮布滚筒轴心要越过“死点”，是为了保证合压后获得自锁。即在正常印刷中，即使在印刷压力的作用下，橡皮布滚筒也不会产生自动离压的现象。

调节橡皮布滚筒和压印滚筒的中心距时，一般将滚筒置于合压位置。如要减小中心距，可逆时针转动偏心套，使内孔圆心（即偏心轴承圆心）O_2 绕偏心套中心 O_3 转动（图 5-49），从 O_2 移至 O_2'，由于偏心轴承没有转动，可视为平行移动，即橡皮布滚筒轴心的运动轨迹与 O_2 相同，从 O_B 移到 O_{B1}。又因 O_3 点偏离 O_PO_B 连线不到 1mm（即 O_3O_2 连线与 O_2 垂线的夹角为 8°32′29″），可看成 O_B 绕 O_3 转动，O_BO_{B1} 与 O_PO_B 连线近似垂直，加上调节值很小，所以橡皮布滚筒和印版滚筒的中心距不会发生变化（或影响不大），但能改变橡皮布滚筒和压印滚筒的中心距。

PZ4880-01 型机橡皮布滚筒两端的轴颈处只有一个偏心轴承，所以偏心轴承内孔的圆心就是橡皮布滚筒轴心 O_B（图 5-50），偏心轴承外圆圆心 O_1 就是墙板孔圆心。

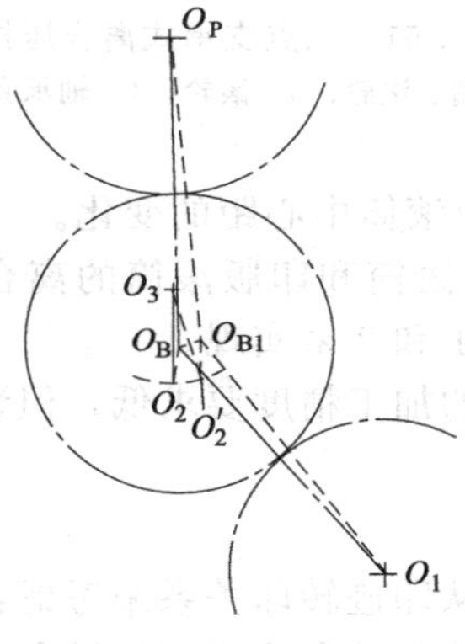

图 5-49　偏心轴承圆心在调节橡皮布滚筒和压印滚筒中心距时位移示意

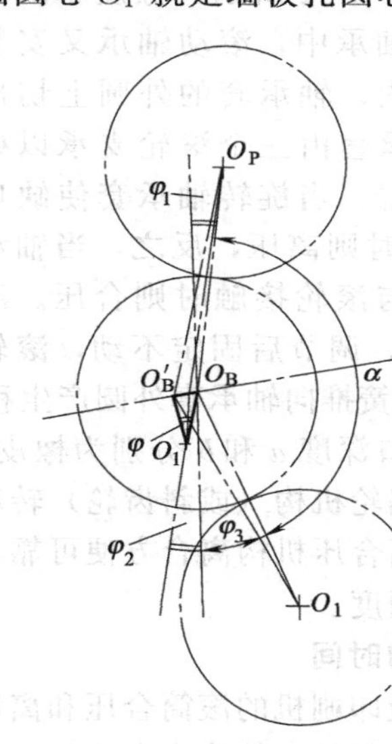

图 5-50　PZ4880-01 型机橡皮布滚筒偏心轴承工作示意

合压时，橡皮布滚筒轴心 O_B 的垂直中心线与 O_1O_B 连线的夹角 φ_2 为 11°32′13″，偏心距（即 O_1O_B）为 10mm，O_B 垂直中心线与橡皮布滚筒和印版滚筒中心连线 O_BO_P 的夹角 φ_1 为 8°47′26″，因此，合压时的橡皮布滚筒轴心 O_B 过印版滚筒和偏心轴承的中心连线 O_PO_1，使橡皮滚筒在合压位置获得自锁。

O_B 垂直中心线与橡皮布滚筒和压印滚筒中心连线 O_BO_1 的夹角 φ_3 为 25°35′8″，所以三滚筒的排列角 α 为 145°37′26″，上述角度是计算结果，同设计数据可能略有误差，仅供分析参考。

离压时，偏心轴承逆时针转动 $\varphi=22°$，橡皮布滚筒轴心从 O_B 移到 O_B'，橡皮布滚筒与压印滚筒、印版滚筒脱开。

PZ4880-01 型机的印版滚筒体直径为 274mm，橡皮布滚筒体直径为 268.5mm，压印滚筒体直径为 275mm，设印版滚筒的印版和衬纸总厚度为 0.7mm，橡皮布滚筒衬垫总厚度为 3.25mm。又知，当印版滚筒和橡皮布滚筒的调压手柄在“0”位时，两滚筒的中心距为

275.1mm，当橡皮布滚筒和压印滚筒的调压表指示值为0.1时，两滚筒的中心距为275mm。则按照J 2108型机的计算方法，此时橡皮布滚筒与印版滚筒的脱开量为0.47mm，橡皮布滚筒与压印滚筒的脱开量为1.7mm。

调节橡皮布滚筒和压印滚筒的中心距，是使偏心轴承微量转动一个角度，改变橡皮布滚筒轴心 O_B 的位置来实现的。由于离合压时偏心轴承的转角不变，因此当 O_B 向右移动时，两滚筒中心距减小，印刷压力增大，向左移动时，中心距增大，印刷压力减小。另外，偏心轴承圆心 O_1 与印版滚筒和橡皮布滚筒中心连线 O_PO_B 的延长线靠得很近，加上调节量很小，故橡皮布滚筒可视为沿印版滚筒切线方向移动，不会改变印版滚筒和橡皮布滚筒的中心路，或者说影响很小。

2. 三点支承式

现代平版印刷机均采用三点支承式的离合压机构，如图5-51所示，橡皮布滚筒轴5安装在滚动轴承中，滚动轴承又安装于轴承套4的孔内，轴承套的外圆上切出曲面形缺口，轴承套由三个滚轮支承以确定滚筒中心的位置。当旋转轴承套使缺口与滚轮1、2接触时则离压，反之，当轴承套外圆非缺口处与滚轮接触时则合压。滚轮1、2为偏心轮，调节后固定不动，滚轮3在离合压时由弹簧推向轴承套外圆产生移动，以适应滚筒中心距的变化。

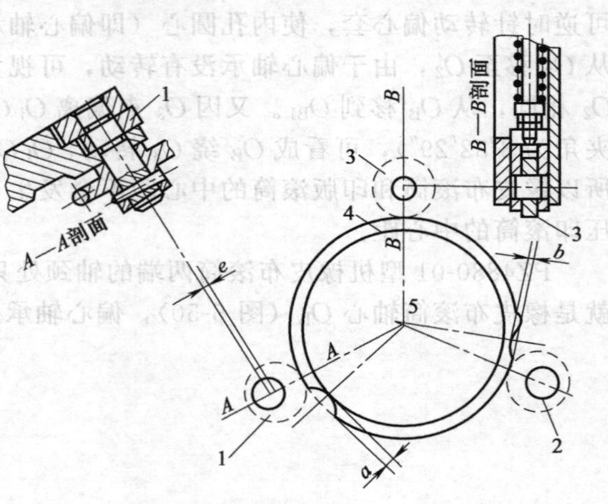

图5-51 三点支承式离合压机构原理

1,2—偏心滚轮；3—滚轮；4—轴承套；5—滚筒轴

图5-51中切口深度 a 和 b 分别为橡皮滚筒与压印滚筒和印版滚筒的离合量，印刷压力的调整则由蜗杆蜗轮机构（或斜齿轮）转动偏心滚轮1和2来实现。

三点支承式离合压机构离合方便可靠，对墙板孔的加工精度要求低，但装配时要经仔细调整以保证装配精度。

三、离合压的时间

三滚筒型平版印刷机的滚筒合压和离压位置，应从印迹转印关系来考虑：合压时必须保证印版上的图文全部转印给橡皮布滚筒，而橡皮布滚筒上的印迹又不能转印在没有承印物的压印滚筒表面上；离压时必须保证橡皮布滚筒上的印迹全部转印给包在压印滚筒表面的承印物上，又不能让印版上的图文又开始转印给橡皮布滚筒。因此合压和离压位置应分别在印版滚筒和橡皮布滚筒边口到达压印点（即橡皮布滚筒和印版滚筒在中心连线上的接触点）之前，以及规定最大印刷幅面的拖梢边通过橡皮布滚筒和压印滚筒的压印点（即橡皮布滚筒和压印滚筒在中心连线上的接触点）之后，也就是滚筒的合压和离压动作均应在橡皮布滚筒空挡与印版滚筒或压印滚筒空挡相对应的期间内完成。

橡皮布滚筒与印版滚筒、压印滚筒的合压和离压时间安排，有如下两种情况。

1. 同时离合压

橡皮布滚筒与印版滚筒、压印滚筒同时合压或离压，按照橡皮布滚筒的旋转方向，橡皮布滚筒和印版滚筒的轴心连线 O_PO_B（图5-52）至橡皮布滚筒和压印滚筒的轴心连线 O_BO_1 之间的夹角 α，即为滚筒的排列角。α 角可以大于或小于180°。要实现橡皮布滚筒与其余两滚筒同时离合压，应使滚筒空挡部位夹角大于滚筒排列角，即

$$\beta > \alpha$$

或

$$\beta \geqslant \alpha + 2\gamma \tag{5-11}$$

式中 γ——合压提前角，即当橡皮布滚筒和印版滚筒合压位置在压印点 A 前时，合压点 C 与压印点 A 之间的夹角。通常 γ 为 $5°\sim10°$。

在这种情况下，滚筒排列角愈大，空挡部分夹角也要相应增大，不仅使滚筒表面的利用系数降低，而且规定的印刷幅面较大时，滚筒直径亦大，结构笨重，因此现代平版印刷机不采用橡皮布滚筒与其余两滚筒同时离合压的方式。

2. 顺序离合压

橡皮布滚筒先与印版滚筒压合压，转过一个角度后，再与压印滚筒离压合压，离压的顺序与合压相反，这种按一定规律进行离合压的方式称为顺序离合压，也叫作二次传动偏心轴承的滚筒离合压，简称二次离合压。

现代平版印刷机为了提高滚筒表面利用系数，滚筒直径取得比较小，滚筒的排列角大于空挡角，因此，当橡皮布滚筒与印版滚筒的咬口边进入合压时，拖梢部分的图文还没有通过橡皮布滚筒与压印滚筒的压印点 C［图 5-53（a）］，如同时进入合压，则拖梢部分的图文就会转印到压印滚筒上，正常印刷时，要转印到承印物的背面，造成废品。如同时离压，则最后那张纸的拖梢部分就没有印迹，也成废品。如果选择橡皮布滚筒与压印滚筒咬口边在通过压印点前合压，则造成开印时几张印张的墨色半浓半淡，所以必须采用二次离合压的方式。当拖梢边的图文全部通过橡皮布滚筒与压印滚筒的压印点后，即两个滚筒转到空挡处对应时，由离压凸轮第一次传动偏心轴承转动一个角度，使橡皮布滚筒与压印滚筒离压。当橡皮布滚筒的空挡转到与印版滚筒的空挡相对应时，离压凸轮第二次传动偏心轴承，使橡皮布滚筒与印版滚筒离压，并增大橡皮布滚筒与压印滚筒的脱开距离，至此完成离压动作的全过程。

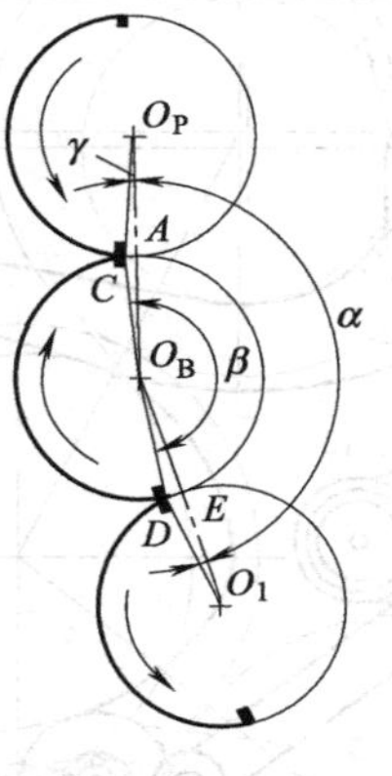

图 5-52 印刷滚筒同时离合压示意

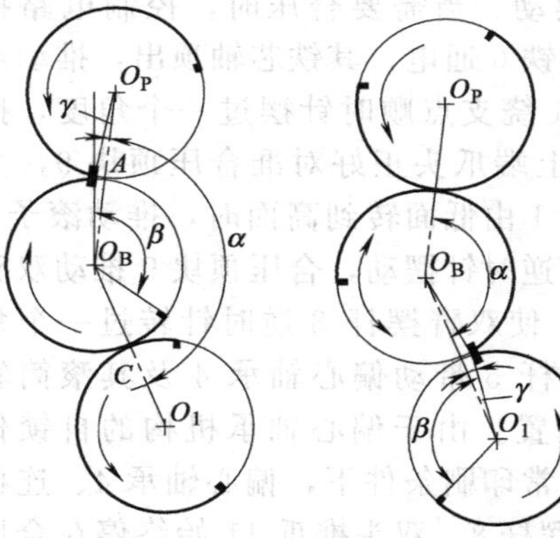

图 5-53 印刷滚筒顺序离合压示意

从橡皮布滚筒与印版滚筒合压到橡皮布滚筒与压印滚筒合压的时间间隔，取决于偏心轴承的位置安排，以及合压凸轮和离压凸轮的轮廓曲线。

设从橡皮布滚筒与印版滚筒合压到橡皮布滚筒与压印滚筒合压所经过的时间相当于滚筒转角 θ，橡皮布滚筒与印版滚筒的合压提前角为 γ。如橡皮布滚筒与印版滚筒的咬口边在到达压印点 A 前开始合压［图 5-53（a）］，而橡皮布滚筒与压印滚筒是在图文的拖梢边通过压印点 C 之后才开始合压，则应有

$$\theta>\alpha+\gamma-\beta$$

θ 值取得大些有利于保证橡皮布滚筒与压印滚筒在图文拖梢边通过压印点 C 之后合压，但若过大，可能会使橡皮布滚筒与压印滚筒的咬口边经过 C 点后才合压，仍然不能满足要求。所以为了保证橡皮布滚筒与压印滚筒的咬口边在 C 点前合压［图 5-53（b）］，则

$$\theta<\alpha+\gamma$$

因此，从橡皮布滚筒与印板滚筒合压到橡皮布滚筒与压印滚筒合压这段时间内，滚筒的转角 θ 应符合下式

$$\alpha+\gamma\geqslant\theta\geqslant\alpha+\gamma-\beta \tag{5-12}$$

例如 PZ4880-01 型机四个色组从第一次合压结束到第二次合历结束的间隔时间，即滚筒的转角 θ 均为 145°。

四、离合压传动机构

在各类印刷机中，离合压的传动形式主要有三种：机械传动、气压传动和液压传动。无论哪一种传动，都是使偏心轴承转动一定的角度来达到使滚筒离、合的目的。

1. 机械传动

(1) J2108 型机的离合压机构　J2108 平版印刷机是通过控制支撑橡皮滚筒轴的偏心轴承的摆动来实现离合压的，传动机构为凸轮-连杆机构，控制机构为电磁铁控制的双头推爪。如图 5-54 所示，在压印滚筒(操作面)轴头上装有合压凸轮 1 和离压凸轮 2，分别驱动空套在轴头上的滚子、顶块作往复摆动。当需要合压时，控制电路接通，电磁铁 6 通电，其铁芯轴顶出，推动双头推爪 11 绕支点顺时针摆过一个角度，推爪 11 的上端爪头正好对准合压顶块 9，当合压凸轮 1 由低面转到高面时，推动滚子 3 及顶块 9 逆时针摆动，合压顶块 9 推动双头推爪 11，使双臂摆杆 8 逆时针转过一个角度，经连杆 5 带动偏心轴承 4 及其滚筒转至合压位置。由于偏心轴承机构的自锁作用，在正常印刷条件下，偏心轴承 4、连杆 5、双臂摆杆 8、双头推爪 11 始终停在合压位置上。合压顶块 9 每次只是在凸轮最高点时，在最远点接触碰靠一下。因双头推爪另一头推爪抬起，离压顶块 12 向下面通过，每次空摆一下。当输纸出现故障或其他原因需要离压时，控制电路断电。电磁铁 6 断电时，双头推爪 11 在小拉簧 10 的作用下逆时针摆动一个角度，推爪 11 的下端爪头与离压顶块 12 配合，在离压凸轮 2 推动滚子 13 时，离压顶块 12 推动双头推爪 11，使双臂摆杆 8 顺时针摆动，经连杆 5 带动偏心轴承 4 及滚筒转至离压位置，并保持离压状态。

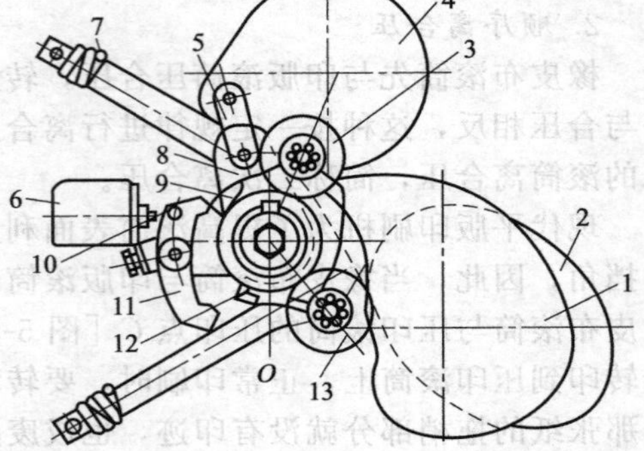

图 5-54　J2108 型机的离合压机构

1—合压凸轮；2—离压凸轮；3，13—滚子；4—偏心轴承；5—连杆；6—电磁铁；7—撑簧；8—摆杆；9—合压顶块；10—小拉簧；11—双头推爪；12—离压顶块

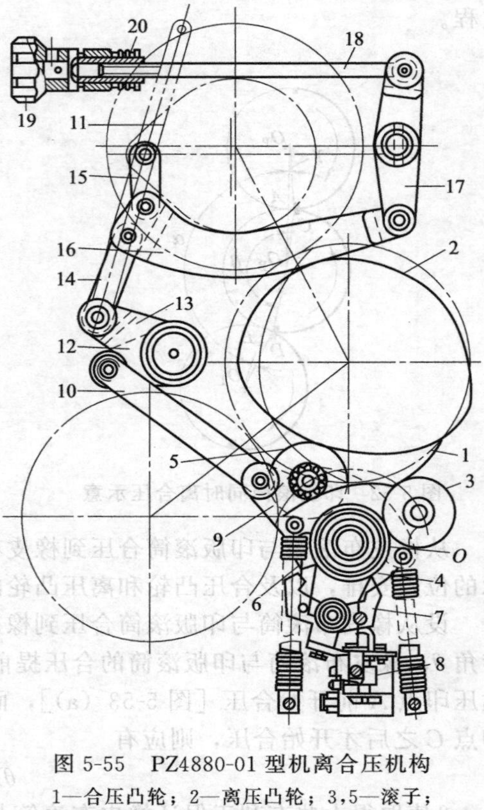

图 5-55　PZ4880-01 型机离合压机构

1—合压凸轮；2—离压凸轮；3，5—滚子；4，6—撑牙；7—棘爪；8—电磁铁；9，12，13，17—摆杆　10，14～16—连杆；11—偏心轴承；18—螺杆；19—手轮；20—螺母套

图中摆杆 8 与离合压轴 O 作固定连接，通过轴 O 以及转动面的摆杆和连杆，带动传动面的偏心轴承一起转动。撑簧 7 的作用是使滚子 13 与凸轮 2 始终保持接触状态，滚子 3 与凸轮 1 是依靠另一撑簧而始终保持接触状态的。

（2）PZ4880-01 型机离合压机构　PZ4880-01 型机的每个色组均设有离合压机构，结构相同。离合压动作由前规处的光电检测装置自动控制，传动机构形式与 J2108 型机相似，如图 5-55 所示，在压印滚筒轴头上（传动面）装有合压凸轮 1 和离压凸轮 2，通过离合压轴上的从动机构和两组四杆机构，传动偏心轴承 11，使橡皮布滚筒进入合压位置，或从合压位置回到离压位置。其中双头棘爪 7 位置的变换，由电磁铁 8 控制。调节压力时拧动调压手轮 19，拉动螺杆 18，再通过杠杆、连杆使偏心轴承转过一微小角度，从而改变橡皮布滚筒与压印滚筒中心距，达到调节压力的目的。

作为执行机构的偏心轴承 11，有控制离合压和调节橡皮布滚筒与压印滚筒中心距（调压）两种作用。优点是：减少了一个偏心轴承，结构简单，而且可以缩小合压时滚筒的离让值，有利于提高滚筒运转的平稳性。

四个色组的合压离压时间间隔必须根据机组间承印物传递交接的时间、周期来确定。合压时待承印物到达每一色组压印接触区有一定的提前角，该色组完成合压；而当出现故障离压时，又必须使合格的印张依次印完。四个色组合压动作时间由可编程序控制器控制。各色组合压时间间隔如表 5-2 所示。

表 5-2　各色组合压时间间隔

第一色组	第一次合压结束	45°	第三色组	第一次合压结束	200°
	第二次合压结束	190°		第二次合压结束	345°
第二色组	第一次合压结束	302°	第四色组	第一次合压结束	97°
	第二次合压结束	87°		第二次合压结束	242°

说明了在一个工作周期时间内，各个色组进入印刷的时间差别，分布越是均匀，机器负载的变化越小，可以减少齿面冲击，保证滚筒匀速转动，所以这是衡量多色平版印刷机工作性能的重要因素之一。

（3）三点支承式离合压机构　现代单张纸平版印刷机大多数采用三点支承式离合压机构。图 5-56 所示为海德堡几种主要系列平版印刷机离合压机构的通用形式。离合压的控制装置分为人工控制和自动控制两部分。人工控制包括：输纸台处控制板上的“合压”按钮、各色组控制板上的“合压”按钮（专为装版时用）、收纸台上方控制板上的“合压”、“离压”按钮。自动控制由设在前规、侧规和各色组压印滚筒后面的一个传纸滚筒上的光电检测装置所组成。

传动机构如图 5-56 所示，每个色组设有一支离合压凸轮轴 3，靠操作面的轴头上装有合压凸轮 1 和离压凸轮 2，传动面轴头上的齿轮 11 与压印滚筒齿轮啮合获得转动，传动比为1：1。

合压时，电磁铁 8 通电吸合，通过螺杆 4 和摆杆 5，使棘爪 7 顺时针转动，它的端面与摆杆 6 的撑牙 9 配合。当合压凸轮 1 推动滚子 10，使套在离合轴 O 上的摆杆 6 摆动，撑牙推动棘爪，由于装棘爪的摆杆 12 与离合轴固定，离合轴逆时针转动，经过摆臂 13，拉杆 14，传动操作面橡皮布滚筒的轴承套 15。同时通过离合轴以及另一面的摆臂和拉杆，带动传动面的轴承套一起进入合压位置。

离压时，电磁铁断电，在弹簧 16 的配合下，摆杆 5 推动棘爪 7 脱开撑牙 9，而另一个棘爪 17 的端面与撑牙 18 配合。当离压凸轮 2 推动滚子 19 时，使套在离合轴上的摆杆 20 摆动，撑牙 18 推动棘爪 17，离合轴反向转动相同角度，经摆臂 13，拉杆 14，传动轴承套 15

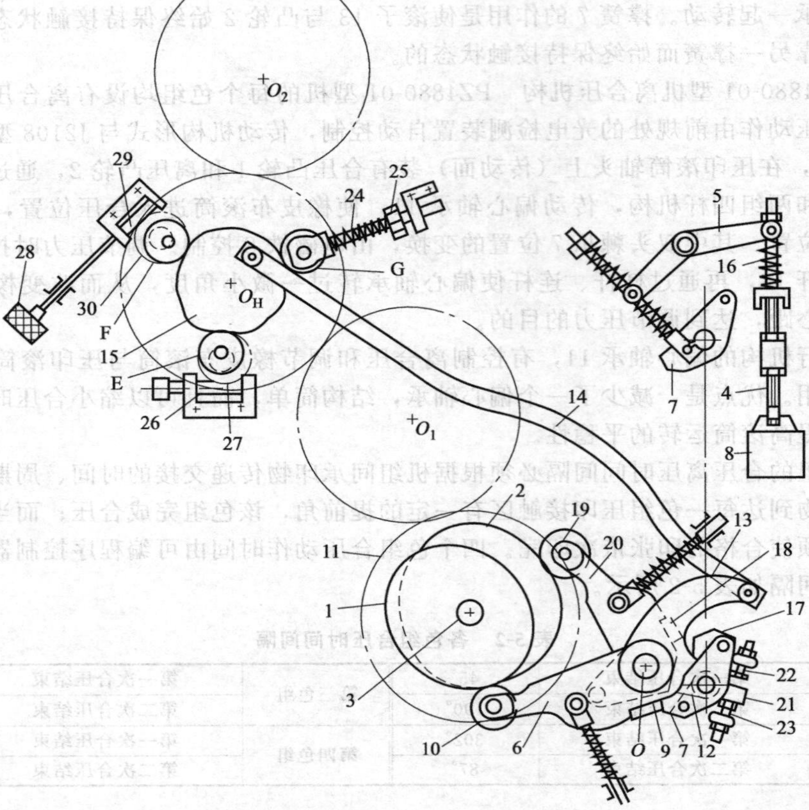

图 5-56 三点支承式离合压机构

1—合压凸轮；2—离压凸轮；3—离合压凸轮轴；4—螺杆；5,6,12,20—摆杆；7,17—棘爪；8—电磁铁；9,18—撑牙；10,19—滚子；11,27,30—齿轮；13—摆臂；14—拉杆；15—轴承套；16,24—弹簧；21—定位块；22,23—定位螺丝；25—螺母；26—螺旋齿轮；28—调压器；29—蜗杆；E,F,G—滚子

转回离压位置。

为了保证橡皮布滚筒每次离合时有确定的工作位置，因此棘爪摆杆上的定位块 21 在滚筒合压时，应靠住定位螺丝 22，离压时应靠住定位螺丝 23。

作为执行机构的轴承套 15，采用三点支承方式，即橡皮布滚筒轴颈装在交叉排列的滚针轴承中，轴承与墙板孔之间有一定间隙，轴承的外圆装一个轴承套，它的圆周实际上是一个凸轮，由三个滚子 E、F、G 支撑。在离合压过程中，E、F 两个滚子的位置固定不变，G 为活动滚子，依靠弹簧 24 的作用始终被压紧在轴承套上。合压时，轴承套逆时针转动，与 E、F 两个滚子的接触区域由低点转向高点，滚子 E、F 对轴承套产生一种推力，克服弹簧 24 的压力和滚筒自重，推动橡皮布滚筒进入合压位置。如果拉杆 14 带动轴承套反向转动同一角度，轴承套与 E、F 滚子的接触区域由高点转向低点，则在弹簧压力作用下，滚子 G 推动轴承套，使滚筒回到离压位置。弹簧 24 的压力可通过螺母 25 进行调节。

滚子 E 和 F 分别装在偏心轴上，转动螺旋齿轮 26，通过齿轮 27 可以改变滚子 E 轴心的位置，使橡皮布滚筒与印版滚筒的肩铁之间具有一定的接触压力，压力大小一般在机器装配时由制造厂调好。转动墙板外侧的调压器 28，通过螺旋齿轮 26 传动齿轮 30，可以改变滚子 F 轴心的位置，调节橡皮布滚筒与压印滚筒的中心距。调节时，滚筒两边的调节量应保持一致，以保证滚筒之间的平行度，调节量可从调压器的刻度盘上读出。

2. 气压传动

(1) 卷筒纸平版印刷机　卷筒纸平版印刷机离合压机构一般采用气压传动。如图 5-57 所示为 JJ204 型机气压传动的离合压机构。JJ204 型机有两个印刷机组，这两个机组的印刷滚筒的离合压机构相同。每个机组的两个橡皮布滚筒必须同时进行离合动作。通过主控制台上的“合压”和“离压”按钮，可使两个色组同时合压或离压，如果只需要一个机组工作时，可以将该机组的“合压”开关放在“自动”位，将另一色组控制板上的“合压”开关放在“离压”位。由于是卷筒纸平版印刷机，所以没有固定的合压时间，只要按下“合压”按钮，传动机构就会发生动作，印刷滚筒立刻进入合压位置。

图 5-57 中在操作面的墙板外侧装有气缸 1，两端分别装有气管 A 和 B。合压时，压缩空气从 A 管进入气缸，B 管连通大气，活塞杆 2 被推出，摆杆 3 绕轴 4 中心顺时针转动(并通过轴 4 把运动传递到传动面的离合压机构)，经连杆 5 带动下橡皮布滚筒偏心轴承 6 转动，通过固定在轴承 6 上的扇形齿 7 与固定在上橡皮布滚筒偏心轴承 9 上的扇形齿 8 的啮合，使轴承 9 一起转动。当摆杆 3 转到轴 4 中心与连杆 5 转动中心的连线上时，摆杆 3 靠住定位螺钉 10，上、下两个橡皮布滚筒同时进入合压位置。离压时，压缩空气从 B 管进入气缸，A 管通大气，则活塞杆缩进气缸，带动上述机件反向运动，使上、下两个橡皮布滚筒同时回到离压位置，这时摆杆 3 应靠住定位螺钉 10。

由于气压式传动机构动作平稳、准确，结构简单，所以现代单张纸平版印刷机离合压机构有一部分也采用气压传动。

(2) 单张纸平版印刷机　图 5-58 所示为 BEIREN 300 型机气压传动的离合压机构。

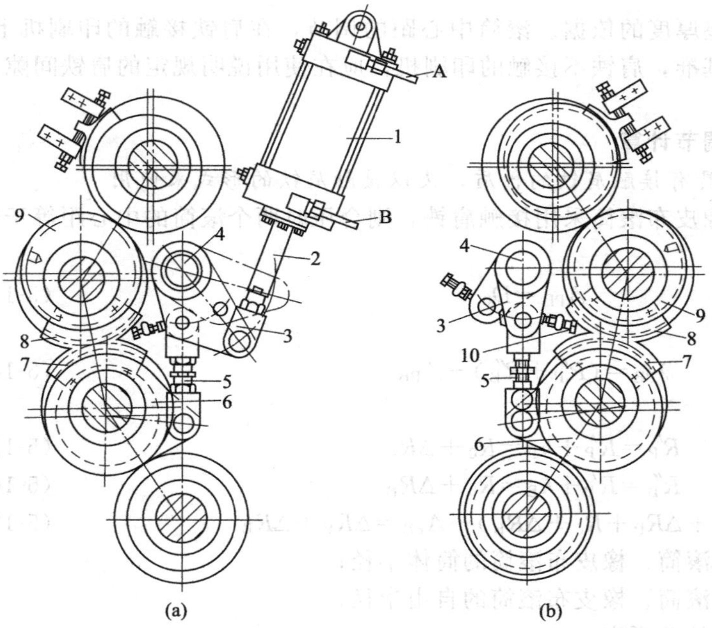

图 5-57　JJ204 型机气动离合压机构

1—气缸；2—活塞杆；3—摆杆；4—轴；5—连杆；6,9—偏心轴承；7,8—扇形齿；10—定位螺钉；A,B—气管；

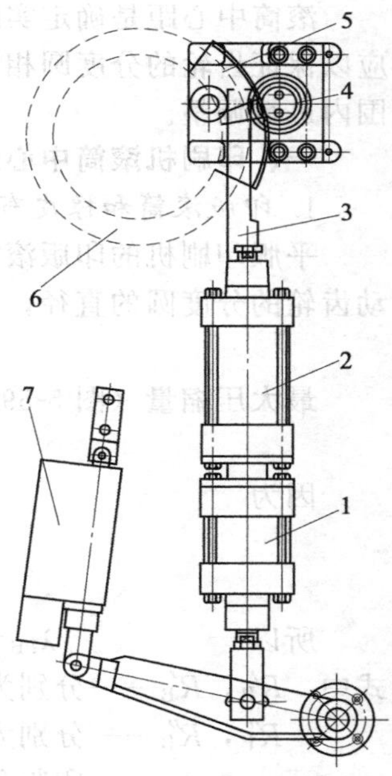

图 5-58　BEIREN 300 型机气动离合压机构

1,2—气缸；3—齿条；4—齿轴；5—齿块；6—偏心套；7—直流电机

采用顺序合压方式，橡皮布滚筒与印版滚筒、压印滚筒的离合压动作由两个串联的气缸（气缸 1、气缸 2）分别进行，而气缸的初始位置则由一个直线电机控制。印版滚筒中心是固定的，压印滚筒虽装有偏心套，但只用于调压，实现离合压动作主要是靠装于橡皮布滚筒两端的一对偏心套（单偏心套机构）来完成。

气缸动作带动齿条上下运动，齿条带动齿轴上的小齿轮转动，齿轴随之转动，齿轴的转动又带动固定于橡皮布滚筒偏心套上的齿块转动，使偏心套转动。

3. 液压传动

目前 KBA 的无水 Cortina 印刷机上采用新型 NipTyonic 滚筒轴承后，实现了离合压传动机构的液压传动，详见本章第七节。

第七节　滚筒中心距的调节机构

印刷装置的印刷滚筒在滚动压印过程中，要求它们的表面线速度相等，不能产生相对滑动和摩擦。但是油墨从印版转移到橡皮布上，再转印到承印物的过程中，必须有一定的印刷压力作用，以致使衬垫发生弹性变形，在这种情况下，印刷滚筒表面的线速度就不可能绝对一致，必然会有相对滑移存在，如果滑移量超过一定的限度，将会引起网点拉长、图文变形、印版快速磨损、衬垫移动等一系列问题。因此，对于滚筒传动齿轮的分度圆直径、肩铁直径、衬垫厚度与印刷压力（通常用压缩量或接触宽度表示）的关系，应有全面的了解，才能正确调节滚筒的中心距和印刷压力，使印刷滚筒的表面保持最小的滑移量，为提高印刷质量准备必要的条件。

滚筒中心距是确定实际衬垫厚度的依据。滚筒中心距的调节，在肩铁接触的印刷机上，应以保证齿轮的分度圆相切为基准，肩铁不接触的印刷机，应在使用说明规定的肩铁间隙范围内进行调整。

一、印刷机滚筒中心距的调节计算

1. 印版滚筒和橡皮布滚筒具有接触肩铁的性质，又以接触肩铁的形式来使用

平版印刷机的印版滚筒和橡皮布滚筒采用接触肩铁，则合压时两个滚筒的中心距等于传动齿轮的分度圆的直径，即

$$A_{PB}=D_0 \tag{5-13}$$

最大压缩量（图 5-59）

$$\lambda_{PB}=(R''_P+R''_B)-A_{PB} \tag{5-14}$$

因为

$$R''_P=R'_P+h_P=R_0+\Delta R_P \tag{5-15}$$

$$R''_B=R'_B+h_B=R_0+\Delta R_B \tag{5-16}$$

所以

$$\lambda_{PB}=(R_0+\Delta R_P+R_0+\Delta R_B)-A_{PB}=\Delta R_P+\Delta R_B \tag{5-17}$$

式中　R'_P，R'_B——分别为印版滚筒、橡皮布滚筒的筒体半径；

R''_P，R''_B——分别为印版滚筒、橡皮布滚筒的自由半径；

h_P——印版和垫纸的总厚度；

h_B——橡皮布和衬垫材料的总厚度；

ΔR_P，ΔR_B——分别为印版滚筒、橡皮布滚筒的印版或衬垫表面超出肩铁的量。

图 5-59 中 b'为压印接触宽度

$$b'_{PB}\approx 2\sqrt{\frac{2R''_PR''_B}{R''_P+R''_B}\lambda_{PB}} \tag{5-18}$$

同理

$$b'_{BI} \approx 2\sqrt{\frac{2R''_B R''_I}{R''_B + R''_I}\lambda_{BI}} \tag{5-19}$$

式中　R''_I——压印滚筒的自由半径，即筒体半径加一张印刷纸厚度。

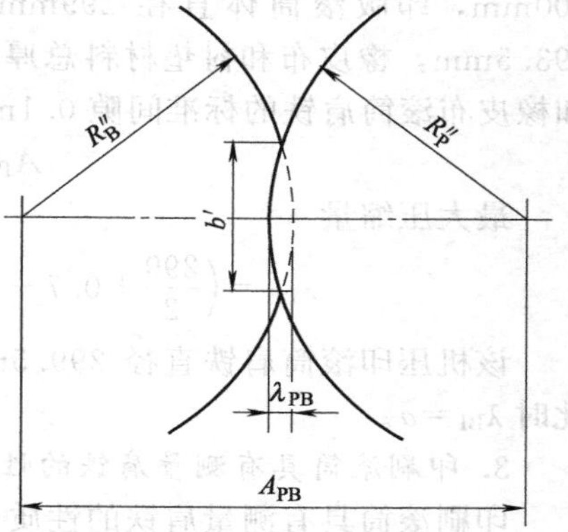

图 5-59　最大压缩量的计算示意

【例 5-9】海德堡 Speedmaster 102-4 型机印刷滚筒传动齿轮的分度圆直径为 270mm（图 5-60），印版滚筒筒体直径为 269mm，印版和垫纸总厚度度取 0.6mm，橡皮布滚筒筒体直径为 263.6mm，橡皮布和衬垫材料总厚度取 3.20mm，则印版滚筒和橡皮布滚筒的中心距为

$$A_{PB} = D_0 = 270\text{mm}$$

印版和橡皮布表面的超肩铁量

$$\Delta R_P = \left(\frac{269}{2} + 0.6\right) - \frac{270}{2} = 0.1\text{mm}$$

$$\Delta R_B = \left(\frac{263.6}{2} + 3.2\right) - \frac{270}{2} = 0$$

最大压缩量

$$\lambda_{PB} = 0.1\text{mm}$$

该机压印滚筒肩铁直径 269.3mm，筒体直径 270mm，所以当调压器在“0”位时，$A_{BI} = D_0$，橡皮布滚筒与压印滚筒的肩铁间隙 $C_{BI} = 0.35$mm。而 $\lambda_{BI} = a$（一张印刷纸厚度），如 $a = 0.1$mm，λ_{BI} 为 0.1mm，即标准中心距时，橡皮布滚筒与压印滚筒之间的最大压缩量等于一张印刷纸厚度，这个关系也适用于其他一些多色平版印刷机。

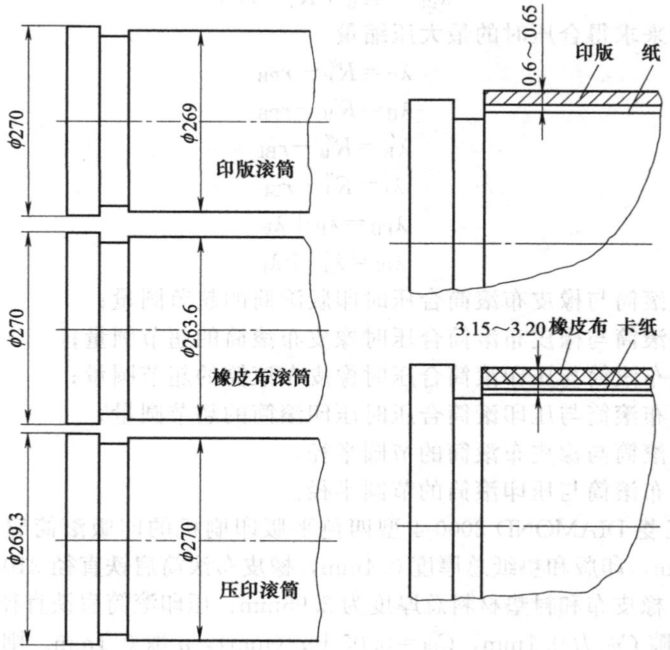

图 5-60　海德堡 Speedmaster 102-4 型机最大压缩量的计算示意

2. 印版滚筒和橡皮布滚筒具有接触肩铁的性质，但以测量肩铁来使用

由于印版滚筒和橡皮布滚筒具有接触肩铁的性质，但以测量肩铁来使用，即肩铁之间有间隙存在，因此两个滚筒的中心距为

$$A_{PB}=D_0+C_{PB} \tag{5-20}$$

式中　C_{PB}——印版滚筒和橡皮布滚筒的肩铁间隙。

合压时的最大压缩量：　$$\lambda_{PB}=(\Delta R_P+\Delta R_B)-C_{PB} \tag{5-21}$$

【例 5-10】 罗兰 ROLAND RVK3B 型四色机印版滚筒和橡皮布滚筒的肩铁直径均为 300mm，印版滚筒体直径 299mm，印版和垫纸总厚度取 0.7mm；橡皮布滚筒体直径 293.5mm，橡皮布和衬垫材料总厚度取 3.25mm，传动齿轮分度圆直径 300mm，印版滚筒和橡皮布滚筒肩铁的标准间隙 0.1mm（允许调节范围 0.05～0.30mm），则滚筒中心距

$$A_{PB}=300+0.1=300.1\text{mm}$$

最大压缩量

$$\lambda_{PB}=\left(\frac{299}{2}+0.7-\frac{300}{2}+\frac{293.5}{2}+3.25-\frac{300}{2}\right)-0.1=0.1\text{mm}$$

该机压印滚筒肩铁直径 299.5mm，筒体直径 300mm，当 $A_{BI}=D_0$ 时，C_{BI} 为 0.25mm，此时 $\lambda_{BI}=a$。

3. 印刷滚筒具有测量肩铁的性质

印刷滚筒具有测量肩铁的性质，则只能以测量肩铁来使用。此时

$$A_{PB}=\frac{D_P+D_B}{2}+C_{PB} \tag{5-22}$$

$$A_{BI}=\frac{D_B+D_I}{2}+C_{BI} \tag{5-23}$$

合压时的最大压缩量

$$\lambda_{PB}=R''_P+R''_B-A_{PB} \tag{5-24}$$

$$\lambda_{BI}=R''_B+R''_I-A_{BI} \tag{5-25}$$

可从超节圆量来求得合压时的最大压缩量

$$\lambda_P=R''_P-r_{PB} \tag{5-26}$$

$$\lambda_B=R''_B-r_{PB} \tag{5-27}$$

$$\lambda'_B=R''_B-r_{BI} \tag{5-28}$$

$$\lambda_I=R''_I-r_{BI} \tag{5-29}$$

$$\lambda_{PB}=\lambda_P+\lambda_B \tag{5-30}$$

$$\lambda_{BI}=\lambda'_B+\lambda_I \tag{5-31}$$

式中　λ_P——印版滚筒与橡皮布滚筒合压时印版滚筒的超节圆量；

λ_B——印版滚筒与橡皮布滚筒合压时橡皮布滚筒的超节圆量；

λ'_B——橡皮布滚筒与压印滚筒合压时橡皮布滚筒的超节圆量；

λ_I——橡皮布滚筒与压印滚筒合压时压印滚筒的超节圆量；

r_{PB}——印版滚筒与橡皮布滚筒的节圆半径；

r_{BI}——橡皮布滚筒与压印滚筒的节圆半径。

【例 5-11】 三菱 DIAMOND 3000-4 型四色平版印刷机的印版滚筒肩铁直径 309.88mm，筒体直径 309.54mm，印版和垫纸总厚度 0.4mm，橡皮布滚筒肩铁直径 310mm（等于 D_0），筒体直径 304.1mm，橡皮布和衬垫材料总厚度为 2.95mm；压印滚筒肩铁直径 620mm，筒体直径 620.4mm，肩铁间隙 C_{PB} 为 0.1mm，$C_{BI}=0.05+a$（mm），a 取 0.1mm。则滚筒中心距

$$A_{PB}=\frac{309.88+310}{2}+0.1=310.04\text{mm}$$

$$A_{BI}=\frac{310+620}{2}+0.15=465.15\text{mm}$$

最大压缩量

$$\lambda_{PB}=\left(\frac{309.54}{2}+0.4+\frac{304.1}{2}+2.95\right)-310.04=0.13\text{mm}$$

$$\lambda_{BI}=\left(\frac{304.1}{2}+2.95+\frac{620.4}{2}+0.1\right)-465.15=0.15\text{mm}$$

采用超节圆量计算

$$\lambda_{P}=\left(\frac{309.54}{2}+0.4\right)-\frac{310.04}{2}=0.15\text{mm}$$

$$\lambda_{B}=\left(\frac{304.1}{2}+2.95\right)-\frac{310.04}{2}=-0.02\text{mm}$$

$$\lambda'_{B}=\left(\frac{304.1}{2}+2.95\right)-\frac{465.15}{3}=-0.05\text{mm}$$

$$\lambda_{I}=\left(\frac{620.4}{2}+0.1\right)-\frac{2\times 465.15}{3}=0.2\text{mm}$$

式中，λ'_B为橡皮布滚筒与压印滚筒合压时橡皮布表面的超节圆量。

所以

$$\lambda_{PB}=0.15+(-0.02)=0.13\text{mm}$$

$$\lambda_{BI}=(-0.05)+0.2=0.15\text{mm}$$

【例 5-12】 PZ4880-01 型机的印版滚筒肩铁直径 274.8mm，筒体直径 274mm，印版和垫纸总厚度取 0.7mm，橡皮布滚筒的肩铁直径 275mm，筒体直径 268.5mm，橡皮布和衬垫材料总厚度取 3.25mm，压印滚筒肩铁直径 274.5mm，筒体直径 275mm，印刷纸厚度取 0.1mm，印版滚筒的调压手柄在“0”位，合压时印版滚筒与橡皮布滚筒的肩铁间隙为 0.2mm，橡皮布滚筒调压器的指示值为 0 时，橡皮布滚筒与压印滚筒的肩铁间隙为 0.25mm，则滚筒中心距

$$A_{PB}=\frac{274.8+275}{2}+0.2=275.1\text{mm}$$

$$A_{BI}=\frac{275+274.5}{2}+0.25=275\text{mm}$$

最大压缩量

$$\lambda_{PB}=\left(\frac{274}{2}+0.7+\frac{268.5}{2}+3.25\right)-275.1=0.1\text{mm}$$

$$\lambda_{BI}=\left(\frac{268.5}{2}+3.25+\frac{275}{2}+0.1\right)-275=0.1\text{mm}$$

【例 5-13】 J2108 型机的印版滚筒肩铁直径 299.8mm，筒体直径 299mm，印版和垫纸总厚度取 0.7mm，橡皮布滚筒肩铁直径 300mm，筒体直径 293.5mm，橡皮布和衬垫材料总厚度取 3.35mm，压印滚筒肩铁直径 299.5mm，筒体直径 300mm，印刷承印物厚度取 0.1mm，调压器在“0”位，合压时的肩铁间隙 $C_{PB}=C_{BI}=0.2$mm，则滚筒中心距

$$A_{PB}=\frac{299.8+300}{2}+0.2=300.1\text{mm}$$

$$A_{BI}=\frac{300+299.5}{2}+0.2=299.95\text{mm}$$

最大压缩量

$$\lambda_{PB}=\left(\frac{299}{2}+0.7+\frac{293.5}{2}+3.35\right)-300.1=0.20\text{mm}$$

$$\lambda_{BI}=\left(\frac{293.5}{2}+3.35+\frac{300}{2}+0.1\right)-299.95=0.25\text{mm}$$

从上述举例中可以看到，现在国内外大部分多色平版印刷机把压缩量全部包在印版滚筒上，有些机器还推荐当承印物厚度每增加 0.1mm，印版和垫纸总厚度相应增加 0.05mm，

其目的是保证印迹尺寸与印版图文尺寸一致。另外考虑到承印物在压印过程中可能产生延伸，有些机器还规定第二、三色组印版滚筒的印版和垫纸总厚度比前一色组分别递减0.05mm。实际生产中对于印版滚筒和橡皮布滚筒的衬垫厚度，可以按照机器使用说用书规定的变化范围进行调整。然后应用有关公式计算出滚筒中心距、印版和橡皮布表面的超肩铁量、肩铁间隙和最大压缩量等项数据，以便正确使用。

平版印刷机橡皮布滚筒使用的橡皮布分为普通橡皮布和气垫橡皮布，厚度在1.65～1.95mm之间，再加上衬垫材料，总厚度一般在2～4mm左右，因此在机下测量衬垫厚度时，应比计算厚度略为大一些，一般控制在：普通橡皮布大0.10mm左右，气垫橡皮布大0.15mm左右，这样当衬垫装入滚筒拉紧后，刚好被压缩到规定厚度。

现在许多平版印刷机调压器的“0”位，是以$\lambda_{BI}=a$（印刷承印物厚度），$a=0.1$mm为基数的。如果承印物厚度在0.1～0.15mm范围内变化，对于中性偏软衬垫来说，引起的压力变化对印刷质量影响不大，滚筒中心距可以不作调整。如果纸厚超过0.15mm，或使用硬性衬垫，势必造成压力过大，此时，滚筒中心距A_{BI}应作相应调整。

二、印刷机滚筒中心距的调节机构

通过计算得出印刷滚筒中心距或印刷压力的大小，可对印刷滚筒的中心距进行调节，大部分机器采用偏心机构，它的工作原理与控制滚筒离合压的偏心机构相同。带动偏心轴承的机构有多种形式，但结构类似。

图5-61所示为J2108型机采用的齿轮传动调压器，上面一组为印版滚筒的调压器，下面一组为橡皮布滚筒的调压器，结构基本相同。调节时，转动轴1，经螺杆2、斜齿轮3传动扇形齿轮4，由于扇形齿轮4与偏心轴承5固定在一起，使偏心轴承5随扇形齿轮4一起转动，从而可以达到调节印刷滚筒的中心距。

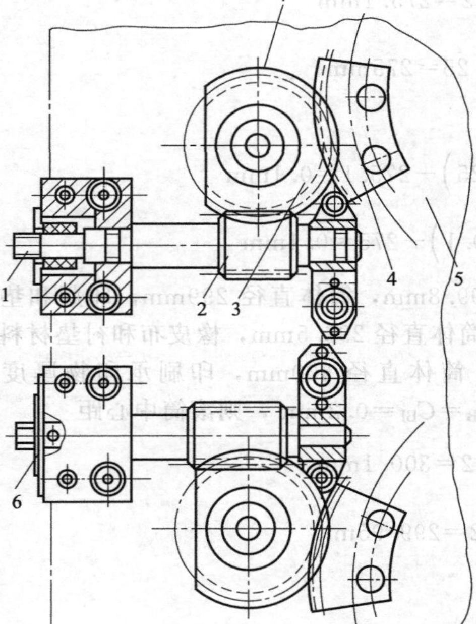

图5-61　J2108型机的调压器

1—轴；2—螺杆；3—斜齿轮；4—扇形齿轮；5—偏心轴承；6—锁紧螺钉；7—偏心轴

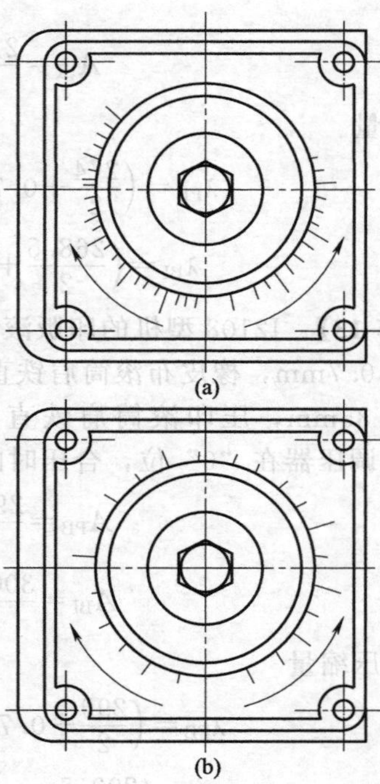

图5-62　J2108型机调压器的指示标牌

为了提高调节精度，尽可能减少齿轮的啮合侧隙，首先以扇形齿轮 4 为基准，调节偏心轴 7，使斜齿轮 3 和扇形齿轮 4 的啮合侧隙达到最小，然后以斜齿轮 3 为基准，调节轴 1 两端支承座的位置（有长孔），使螺杆 2 和斜齿轮 3 之间保持最小的啮合侧隙。

调节量通过标牌上（图 5-62）的刻度指示，图 5-62（a）为印版滚筒调压器的指示标牌，图 5-62（b）为橡皮布滚筒调压器的指示标牌。锁紧螺钉 6（图 5-61）在调节前应松开，调节后应锁紧。调节刻度指示盘上（一）方向表示中心距增大，（十）方向则表示中心距减小。

PZ4880-01 型机印版滚筒与橡皮布滚筒的中心距调节，采用调压手柄直接带动偏心轴承。调节橡皮布滚筒与压印滚筒中心距的调压器采用螺纹传动形式（参阅图 5-55）。调节时，转动调压手轮 19，带动螺母套 20，由于它只能转动不能轴向移动，因此螺纹的作用使螺杆 18 产生轴向位移，经摆杆 17，连杆 16 和 15，改变偏心轴承 11 的周向位置，达到调节两个滚筒中心距的目的。

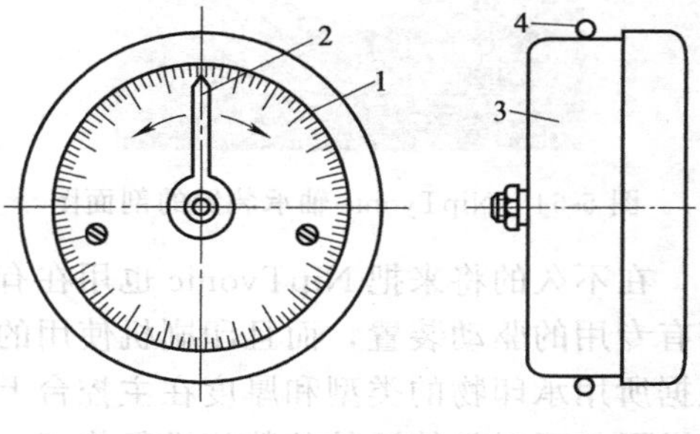

图 5-63　PZ4880-01 型机的调压表
1—刻度盘；2—指针；3—表壳；4—橡胶圈

调节量由装在调压表上的刻度盘显示。调压表为重力结构式，如图 5-63 所示，刻度盘 1 与表内的一个重锤连接成一体，当刻度盘平面垂直于水平面安装时，在重力作用下，刻度盘静止不动。转动调压表手轮时，经橡胶圈 4 带动表壳 3 通过表内两对齿轮传动，使指针 2 相对于刻度盘 1 偏转一个角度，其传动比为 1∶24，即表壳 3 转动 24 圈，指针转动 1 圈。

安装时，橡皮布滚筒和压印滚筒的肩铁间隙应为 0.2mm，调压表指针指示的刻度盘读数为 0.1，且操作面和传动面的调压表读数应该一致。

图 5-64 所示为 KBA 的无水 Cortina 印刷机上采用的 NipTyonic 滚筒轴承，正是这个 NipTyonic 滚筒轴承起到液压传动调压的。

图 5-64 是 NipTyonic 轴承装置的剖面图，轴承装置包括一个经实践验证的传统的滚筒轴承，该轴承安装在没有丝毫窜动但可作预拉伸直线运动的导轨中，使轴承只能在一个平面上运动。精确的压印力是按照预先确定的参数值设置的，而且印版橡皮布滚筒以电动液压方式合压，合压后把滚筒靠在楔块上锁定。在离压时系统被松开，无磨损的弹簧把滚筒返回到其初始位置上，这个紧凑的集成的系统在一个油密的箱体中工作。印刷机组的墙板都是无油的。

印版滚筒和橡皮布滚筒可以单独离压，或一起离压。在 BB 型印刷机中，印版滚筒和橡皮布滚筒之间及两个橡皮布滚筒之间的最佳印刷压力，也可以单独或一起进行遥控设置。BB 型印刷机中的四个印刷滚筒呈稍微倾斜的直线排列，用螺钉把 NipTyonic 轴承装置装在墙板上，紧靠着滚筒体。当用宽幅纸带工作时，这种结构还有更多的优点：把与振动相关的条痕减到最少，消除了对肩铁及由此引起的维护工作的需要。

NipTyonic 轴承为印版滚筒和橡皮布滚筒之间的压印点的控制提供了很大的帮助。其优点如下。

由于没有了多圈轴承或凸轮，所以窜动量为零；印版滚筒和橡皮布滚筒之间是直线排列的，轴承装置是紧靠滚筒体安装，从而消除了对肩铁的需要，如图 5-65 所示，离压/合压的位置直接集成在轴承装置之中；在使用具有不同的弹性的橡皮布时，或长期使用橡皮布后，可不必进行费时的包衬更换，就可快速设置或调整最佳的印刷压力；在承印物类型改变时，如果从新闻纸改变为半商业印刷用纸或反过来也一样，可按照事先确定的参照值对印刷压力进行最佳的设置；减少负荷延长轴承的使用寿命进行最佳的压力设置，延长印版和橡皮布的使用寿命；降低能量消耗，减少了维护工作；反应加快，减少了纸带缠绕的危险；表面密封，减少污染。

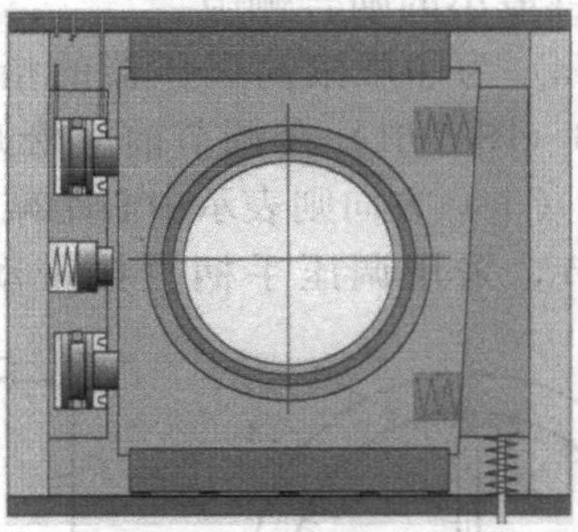

图 5-64　NipTyonic 轴承装置的剖面图

图 5-65　NipTyonic 轴承装置位置示意

在不久的将来把 NipTyonic 也用在有水平版印刷机上，条件是这些有水平版印刷机为滚筒有专用的驱动装置，而且印刷机使用的是无油的墙板，到那时完全不用费时费力，可直接根据所用承印物的类型和厚度在主控台上通过 NipTyonic 参照数值进行最佳的印刷压力的遥控设置，可对具体活件的数值进行修正、保存，并在以后下载用于重复的活件。

第八节　自动清洗机构

现代单张纸平版印刷机的印刷速度已经达到 15000 印/小时了，有的超过了 20000 印/小时，要想在印刷速度上再有提高，由于印刷机结构和纸张油墨、印刷机制造成本等限制，既不经济，而且也很困难。因此提高平版印刷机的生产效率已经不在于继续提高印刷速度了，印刷速度的提高已是非常有限了，缩短印刷前准备时间和印刷停机辅助时间是较直接的手段之一。若在单张纸对开四色平版印刷机上安装有自动清洗橡皮布滚筒和压印滚筒系统，每天可节省辅助时间大约 40min，还可大大降低印刷工人的劳动强度。所以现代平版印刷机都纷纷增添了自动清洗橡皮布滚筒和压印滚筒机构。

现在许多平版印刷机均设计有自动清洗橡皮布滚筒和压印滚筒机构，一般都作为一个附件单独出售。各厂设计的自动清洗橡皮布滚筒和压印滚筒机构也各式各样，种类很多。如有的只能自动清洗橡皮布滚筒或压印滚筒，有的既可清洗橡皮布滚筒，同时还可以清洗压印滚筒，有的可清洗橡皮布滚筒、压印滚筒和印版滚筒，这种自动洗橡皮布装置性能更加完善。如图 5-66 所示为现代单张纸平版印刷机橡皮布滚筒和压印滚筒的清洗系统示意。

现在许多平版印刷机均设计有自动洗橡皮布装置，一般都作为一个附件单独出售。各厂设计的自动洗橡皮布装置各式各样，种类很多。如有的自动洗橡皮布装置，不但可洗橡皮布滚筒，同时还可以清洗压印滚筒，这种自动洗橡皮布装置性能更加完善。

单张纸平版印刷机上安装自动洗橡皮布装置后，给生产带来以下好处。

① 有利于提高生产率。采用自动洗橡皮布装置每擦洗一次仅需 1min，而手工擦洗需 6min。而采用自动清洗橡皮布装置，每班可增加有效工作时间 40min。这对高速平版印刷机来说，是很宝贵的。

② 有利于提高印刷品质量。由于擦洗橡皮布的工作是由自动装置来完成的，所以操作人员的两手可以保持干净，避免了脏手沾污印品的现象。同时由于清洗方便，操作者乐于及时清洗，这就能保持橡皮布始终处于着墨良好的状态，进而提高印刷品质量。

③ 有利于延长橡皮布的使用寿命。由于橡皮布表面经常保持清洁，减少油墨和涂料残

物在橡皮布表面的硬化现象，延长了橡皮布的使用寿命。

④ 减少了人身事故的发生。

⑤ 节约了抹布和洗净剂。根据测试，抹布可节约 90%左右，洗涤剂可节约 50%左右。

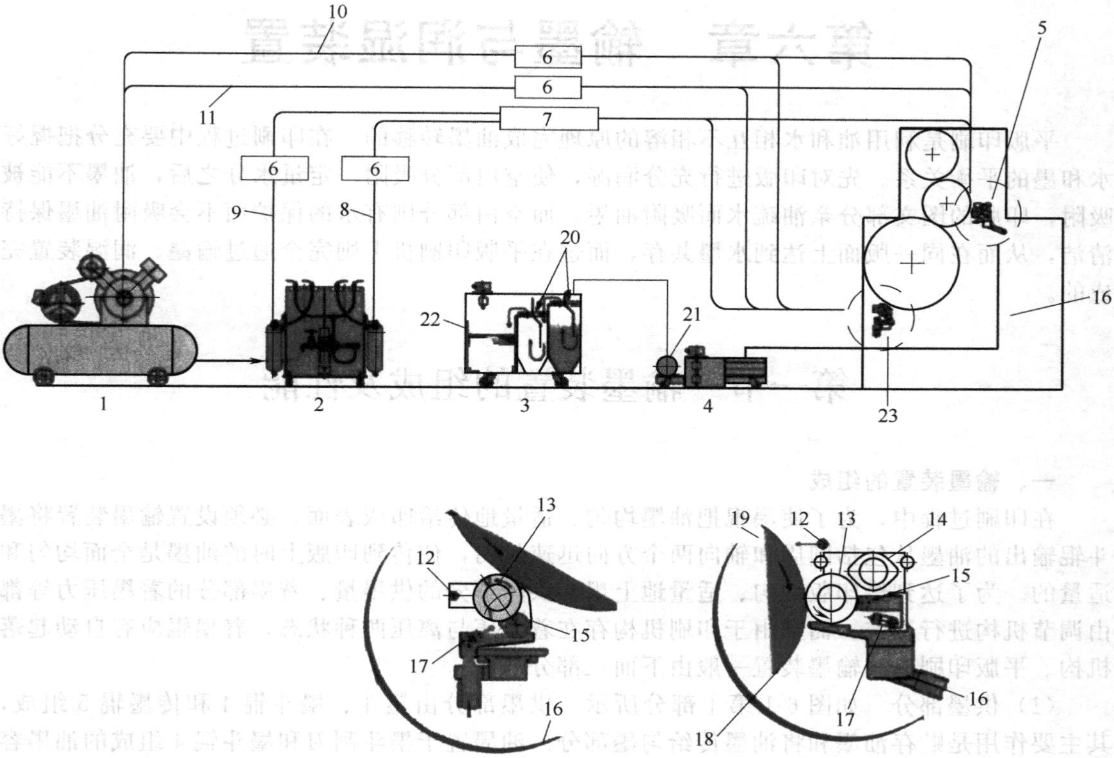

图 5-66　现代单张纸平版印刷机橡皮布滚筒和压印滚筒的清洗系统示意

1—压缩机；2—清洗剂和水贮存箱；3—清洗剂回收装置；4—用过的清洗剂贮存箱；5—橡皮布滚筒的清洗头；6—阀门；7—歧管；8—清水；9—未使用时的清洗剂；10—空气管道（喷嘴）；11—空气管道（马达驱动）；12—空气喷嘴；13—清洗辊；14—空气马达；15—清洗刮刀；16—用过的清洗剂；17—清洗剂喷嘴；18—橡皮布滚筒；19—压印滚筒；20—过滤器；21—泵；22—回收的清洗剂；23—压印滚筒的清洗头

第六章　输墨与润湿装置

平版印刷是利用油和水相互不相溶的原理完成油墨转移的。在印刷过程中要充分把握好水和墨的平衡关系。先对印版进行充分润湿，使空白部分吸附一定量水分之后，油墨不能被吸附，印版的图文部分亲油疏水而吸附油墨，而空白部分则有水的保护而不会吸附油墨保持清洁，从而在同一版面上达到水墨共存，而这在平版印刷机上则完全通过输墨、润湿装置完成的。

第一节　输墨装置的组成及性能

一、输墨装置的组成

在印刷过程中，为了使墨辊把油墨均匀、适量地传给印版表面，必须设置输墨装置将墨斗辊输出的油墨从包括圆周和轴向两个方向迅速打匀，使传到印版上时的油墨是全面均匀和适量的。为了达到给印版均匀、适量地上墨，供墨部分的供墨量、着墨部分的着墨压力等都由调节机构进行调节。而且由于印刷机构存在着合压与离压两种状态，着墨辊应有自动起落机构。平版印刷机的输墨装置一般由下面三部分组成：

(1) 供墨部分　如图 6-1 第Ⅰ部分所示。供墨部分由墨斗、墨斗辊 4 和传墨辊 5 组成，其主要作用是贮存油墨和将油墨传给匀墨部分。油墨置于墨斗刮刀和墨斗辊 4 组成的油墨容器——墨斗内。墨斗辊 4 在转动中将油墨传给传墨辊 5，传墨辊 5 定时地来回摆动，将油墨从墨斗辊 4 传给匀墨部分中的第一串墨辊 1。

(2) 匀墨部分　如图 6-1 第Ⅱ部分所示。匀墨部分主要由串墨辊 1、2、3，匀墨辊 6、8 和重辊 7、9 三种辊组成。其主要作用是油墨在向印版涂布之前，将墨斗辊传出的油墨变成薄而均匀的墨层。串墨辊的转动由印版滚筒端部齿轮通过介轮驱动而旋转，同时又经过曲柄连杆或凸轮机构使其做轴向往复移动。因此，串墨辊和匀墨辊在对滚过程中又有轴向的相对滑动，以保证油墨在墨辊轴向分布的均匀性，而串墨辊与墨辊的对滚使油墨在墨辊圆周方向辗匀。如此反复即可达到匀墨和铺薄作用。重辊给匀墨辊与串墨辊之间施加必要的压力，以保证正常的摩擦传动、传递和辗匀油墨。

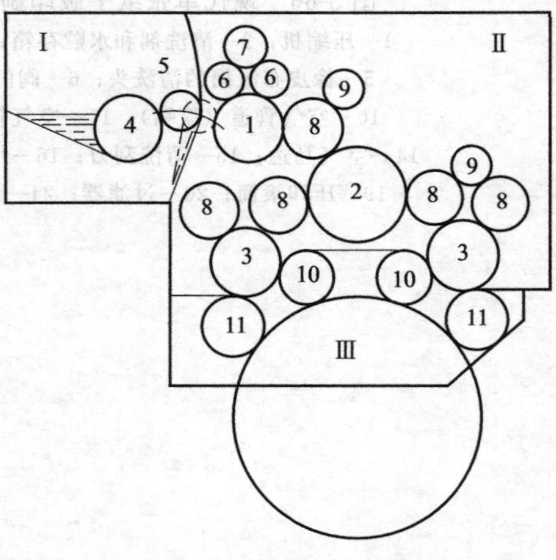

图 6-1　输墨装置组成

1～3—串墨辊；4—墨斗辊；5—传墨辊；6,8—匀墨辊；7,9—重辊；10,11—着墨辊

(3) 着墨部分　如图 6-1 第Ⅲ部分所示。着墨部分由一组着墨辊 10、11 组成。这组着墨辊从匀墨部分最后的串墨辊 3 接过均匀适量的油墨并传给印版，起到向印版涂布油墨层的作用。

二、输墨装置的性能指标

输墨装置的工作性能主要是用油墨层的均匀程度来衡量，而油墨层的均匀程度可以用以下几个指标来反映。

1. 匀墨系数

匀墨部分墨辊面积之和与印版面积之比称为匀墨系数，以 K_y 表示。即

$$K_y=\frac{\pi L(\sum d_s+\sum d_y)}{F_p} \tag{6-1}$$

式中 $\sum d_s$——匀墨部分串墨辊和重辊（硬质墨辊）直径之和；

L——墨辊长度；

$\sum d_y$——匀墨部分匀墨辊（软质墨辊）直径之和；

F_p——印版面积。

匀墨系数 K_y 反映了匀墨部分把从墨斗传来的较集中的油墨迅速打匀的能力。K_y 值愈大，则匀墨性能愈好。为了得到良好的匀墨性能，应使 K_y 值为 3～6 为宜。但增大 K_y 值一般是通过增加墨辊数量，而不能用增大墨辊直径的方法来达到。

2. 着墨系数

所有着墨辊面积之和与印版面积之比称为着墨系数，以 K_z 表示。即

$$K_z=\frac{\pi L\sum d_z}{F_p} \tag{6-2}$$

式中 L——墨辊长度；

$\sum d_z$——着墨辊直径之和；

F_p——印版面积。

着墨系数 K_z 反映了着墨辊传递给印版油墨的均匀程度。显然 K_z 值愈大，着墨均匀程度愈好，为了更好地给印版着墨，由实践经验应使 $K_z>1$。

3. 贮墨系数

匀墨部分和着墨部分墨辊面积的总和与印版面积之比称为贮墨系数，以 K_c 表示。即

$$K_c=\frac{\pi L\sum d}{F_p} \tag{6-3}$$

或

$$K_c=K_z+K_y$$

式中 $\sum d$——全部墨辊直径之和。

贮墨系数 K_c 反映了输墨装置中墨辊表面的贮墨量，并能自动调节墨层均匀程度的好坏。

贮墨系数 K_c 值愈大，表示墨辊表面贮墨量愈大，因而印刷一张印品印版上所消耗的墨量与墨辊上贮存的墨量之比愈小，故自动调节墨量的性能也就越好，从而能保证一批印品墨色深浅一致。但 K_c 值不能过大，否则下墨太慢，开始印刷时墨色浅，停机后再印时印品墨色加深。

4. 打墨线数 N

在匀墨部分进行油墨转移时，墨辊接触线数目称为打墨线数，以 N 表示。打墨线数 N 愈大，表示墨辊上油墨层被分割的区域愈多，油墨愈易于打匀。为了增加匀墨系数，一般采用增加墨辊数量的方法，同时也增加了打墨线数，提高了匀墨性能。

5. 着墨率

某根着墨辊供给印版的墨量与全部着墨辊供给印版的总墨量之比称为该墨辊的着墨率，以 v 表示。

(1) 油墨转移率的计算　为了计算每根着墨辊的着墨率，首先分析一对辊子接触对滚时相互传墨的情况。图 6-2 所示为一对墨辊的传墨原理图。图中 1 为给墨辊，即靠近出墨辊的辊。2 为受墨辊，即靠近印版的辊，由给墨辊向受墨辊对滚传墨。设接触传墨前给墨辊 1 上油墨层厚度为 m，接触传墨后，给墨辊 1 上遗留的油墨层厚度为 x；接触传墨前受墨辊 2 上油墨层厚度为 n，接触传墨后受墨辊 2 上的墨层厚度为 y。

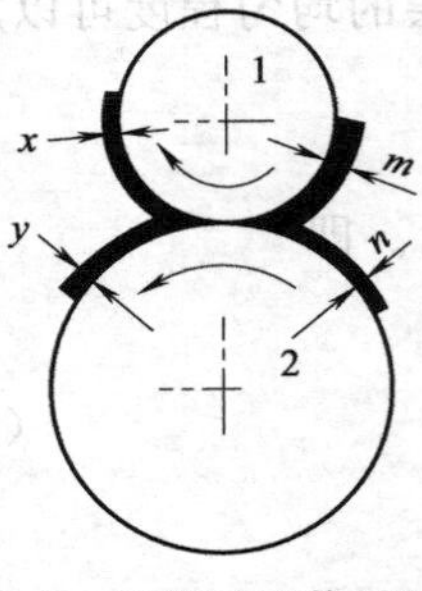

图 6-2　墨辊对滚传墨原理
1—给墨辊；2—受墨辊

令
$$f=\frac{y}{m+n}$$
称 f 为油墨转移率。

因而输出的墨层厚度为
$$y=f(m+n) \tag{6-4}$$

油墨转移率 f 的数值与墨辊的材料、表面光洁度、墨辊的圆周速度、墨辊间的压力、油墨黏度、油墨温度等因素有关。对于两个很光滑的并且是非吸收性表面材料制成的墨辊，在适当的压力下一般传递 50%左右的油墨，即油墨转移率 $f\approx0.5$。因此，为了简化计算，一般设软质墨辊对硬质墨辊的油墨转移率 $f\approx50\%$。

至于橡皮布向纸张转移油墨，除与上述因素有关外，还与纸张的吸墨性能、纸张表面粗糙度和湿度有关。因为纸张有吸墨性，油墨在印刷压力的作用下能渗入纸张微孔内，故其转移率比墨辊间的油墨转移率稍高。在设计输墨装置时，为了简化计算仍可以光滑度较大的纸张来考虑，即油墨转移率仍按 $f\approx0.5$ 来计算。

(2) 着墨率的计算　现以图 6-3 的墨辊排列情况为例，说明计算着墨率的方法。

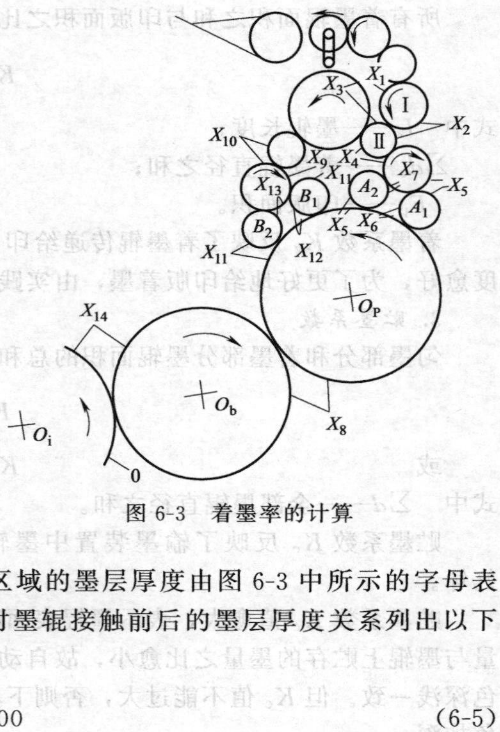

图 6-3　着墨率的计算

油墨从墨斗内由墨斗辊带出，经过传墨辊、串墨辊、匀墨辊传送到墨辊Ⅰ、Ⅱ。墨辊Ⅱ将油墨分两路向 A、B 两组着墨辊传递，设 X_1 为墨辊Ⅰ与墨辊Ⅱ接触前传来的墨层厚度，X_2 为墨辊Ⅰ与墨辊Ⅱ接触后在辊Ⅰ、Ⅱ上遗留的墨层厚度，则墨辊Ⅰ向墨辊Ⅱ传递的油墨层厚度为 X_1-X_2。设 $X_1-X_2=100$，其他各辊以接触线分割的区域的墨层厚度由图 6-3 中所示的字母表示。考虑到在正常接触压力下 $f\approx0.5$，可根据每对墨辊接触前后的墨层厚度关系列出以下方程组

$$X_1-X_2=100 \tag{6-5}$$

$$X_2=\frac{1}{2}(X_1+X_3) \tag{6-6}$$

$$X_3=\frac{1}{2}(X_4+X_9) \tag{6-7}$$

$$X_4=\frac{1}{2}(X_2+X_5) \tag{6-8}$$

$$X_5=\frac{1}{2}(X_6+X_7) \tag{6-9}$$

$$X_6=\frac{1}{2}(X_5+X_8) \tag{6-10}$$

$$X_7=\frac{1}{2}(X_4+X_5) \tag{6-11}$$

$$X_8=\frac{1}{2}(X_{14}+X_{11}) \tag{6-12}$$

$$X_9=\frac{1}{2}(X_3+X_{10}) \tag{6-13}$$

$$X_{10}=\frac{1}{2}(X_9+X_{11}) \tag{6-14}$$

$$X_{11}=\frac{1}{2}(X_{12}+X_{13}) \tag{6-15}$$

$$X_{12}=\frac{1}{2}(X_5+X_{11}) \tag{6-16}$$

$$X_{13}=\frac{1}{2}(X_{10}+X_{11}) \tag{6-17}$$

$$X_{14}=\frac{1}{2}(X_8+0) \tag{6-18}$$

这是多元一次联立方程组，共14个未知数，有14个方程，联立求解不难求出各区域的油墨层厚度。

为了简化计算，还可列出其他关系式。如：将式（6-18）与式（6-12）联立，可得

$$X_8=\frac{2}{3}X_{11} \tag{6-19}$$

由式（6-19）可知，印版通过橡皮布向纸张传送油墨时，其油墨转移率为1/3。

又如：因假设从墨辊Ⅰ输入的墨层厚度为 $X_1-X_2=100$，则印品的油墨厚度也应该是100。

即 $$X_{14}=100$$

代入式（6-18）与（6-12）可得

$$X_8=200$$
$$X_{11}=300$$

将此值代入多元一次联立方程，可简化计算过程。

通过计算，求得的结果是

$$X_6=241.67$$
$$X_5=283.34$$
$$X_{12}=291.67$$

所以第一根着墨辊（A_1）的着墨量为 $X_6-X_8=41.67$

第二根着墨辊（A_2）的着墨量为 $X_5-X_6=41.67$

第三根着墨辊（B_1）的着墨量为 $X_{12}-X_5=8.33$

第四根着墨辊（B_2）的着墨量为 $X_{11}-X_{12}=8.33$

总的着墨量为100，所以各辊的着墨率依次为：$v_{A_1}=41.67\%$；$v_{A_2}=41.67\%$；$v_{B_1}=8.33\%$；$v_{B_2}=8.33\%$

由上可知A组着墨辊涂敷油墨量占83.3%；而B组着墨辊涂敷油墨量仅为16.7%。大多数平版印刷机其墨辊排列形式是不一样的，故其着墨辊的着墨率也不一样。着墨辊一般取3～6根。为了使印版得到均匀的墨层，每根着墨辊供给印版的墨量并不相等，着墨率采用“前多后少”的形式，即着墨辊中靠近水辊处的两根（或一根）着墨辊的着墨率大于50%，

以供给印版丰富而且均匀的油墨；而后面其余的着墨辊的着墨率则小于50%，以起到补偿和进一步匀墨和收墨的作用。

三、墨路与墨辊

1. 匀墨路线的长短

匀墨路线短，即油墨从墨斗到印版的时间短，下墨快；匀墨路线长则下墨慢。一般情况下，下墨过快易出现墨色不均匀；下墨过慢则易出现打空后再合压时墨重现象。

从目前国内外技术发展趋势看，向着墨路线短的方向发展，即减少胶辊数量，如海德堡对开、四开的平版印刷机着墨辊由原来的5根减为4根，胶辊总数由原来的27根减为19根。瑞典桑拿（SONA）公司设计的输墨装置的墨辊总数只有16根。

海德堡速霸SM52平版印刷机采用Anicolor供墨机构［图6-4（a）］和KBA Anilox-Commander卷筒纸平版印刷机输墨机构［图6-4（b）］，它们都属于短墨路。

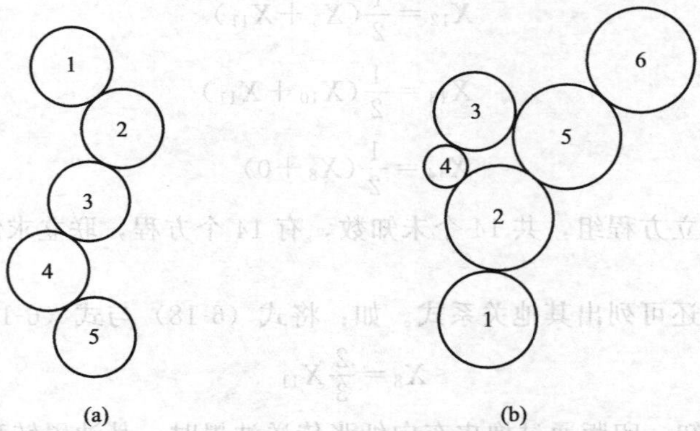

1—网纹辊；2—着墨辊；3—印版滚筒；4—橡皮布滚筒；5—压印滚筒

1—网纹辊；2,3—着墨辊；4—窜墨辊；5—印版滚筒；6—橡皮布滚筒

图6-4　短墨路的供墨机构

随着时代的发展和社会的进步，短墨路供墨装置是印刷技术不断提高的结果，就是所有的平版印刷机全部采用短墨路网纹辊技术，即通过一根网纹辊、刮墨装置和着墨辊，给印版提供均匀的、数量经过精确计量的油墨，彻底取代墨斗辊、传墨辊和计量辊等等，从而与墨键一起被取消。

2. 墨路方向

考虑到油墨的流动性能，输墨路线一般是由上向下供给印版油墨为宜。国内外单色（或多色机组式）的平版印刷机墨路方向都遵循由上向下的原则。只有在结构不允许时，才由下向上供墨，但这种形式影响匀墨效果。

3. 墨辊数量

单张纸平版印刷机墨辊总数为16～25根，单张纸平版印刷机的墨辊数量较多。因为对这种类型的印刷机的印刷产品质量要求较高，因此要求匀墨效果要好，输墨性能好。如前所述，输墨装置的性能优劣，取决于工作性能指标，而墨辊数量的多少，直接影响着匀墨系数K_y、贮墨系数K_c和打墨线数N。所以为了提高输墨性能指标，一般情况墨辊数量选得多些，以便得到更均匀的油墨，使印版的着墨效果更好。

目前随着油墨性能的不断提高，使得输墨装置中墨辊的数量在减少，以期达到缩短油墨路线的目的。

对于匀墨部分的墨辊数量，一般的墨辊布局均为三级匀墨形式，它是以串墨辊为主体而布局的。第一级匀墨以上串墨辊为中心，周围安排几根匀墨辊或者再加1～2根重辊来进行初级匀墨。第二级匀墨以中串墨辊为主体，周围布置几根匀墨辊，一般情况下中串墨辊直径较大，这样既能将油墨扩展拉薄，又能起分流作用，把油墨分成两路向着墨辊输送。第三级匀墨是以下串墨辊为中心，主要是给着墨辊传递已经匀好的油墨，一般下串墨辊采用 2 根，使油墨分给两组着墨辊给印版着墨。

至于着墨辊的数目，为了考虑墨辊的布局和印刷机结构的合理性，即油墨层涂布的均匀性，着墨辊由 3～6 根组成。一般情况下，印刷机的印刷速度越高，着墨辊的数目也越多些。平版印刷机多采用 4 根着墨辊，还有采用 5 根和 6 根着墨辊的印刷机。

4. 墨辊直径

在确定墨辊直径时，应该满足输墨装置性能指标的要求，因此应考虑下面几点原则。

（1）着墨辊

① 着墨系数 $K_z>1$。即要求着墨辊的总面积大于印版面积。当然 K_z 值越大，着墨辊越均匀。但不能要求着墨辊总面积过大，这样会造成机器结构尺寸的增大。

② 使各着墨辊直径尽量取不同的值。以便消除着墨辊在着墨过程中由于墨辊缺陷和其他因素引起的墨层不均匀。

③ 要合理利用空间，使结构紧凑。在确定着墨辊尺寸时，一般外面的着墨辊比里面的大些，使安装、拆卸方便，又使机器结构合理。

（2）串墨辊　上串墨辊直径要小，以便于尽快打匀油墨。上串墨辊的主要作用是将传墨辊传递来的比较集中的油墨迅速打匀并向下输送，而它的直径大小将影响油墨迅速打匀的程度。当串墨辊的直径 d_s 与匀墨辊的直径 d_y 的比值不同时，匀墨的效果也不相同，若 d_s/d_y 值较大，不易使墨层很快达到均匀的厚度；若 $d_s/d_y=1$ 时，串墨辊和匀墨辊上墨层厚度相等，油墨能迅速打匀，但是直径相等时，会重复出现墨层原有的不均匀性。因此上串墨辊直径应取得小些，但又要比匀墨辊直径略大些。

至于下串墨辊直径，与上串墨辊直径的确定原则相同。而中串墨辊的直径要选得大些，因为它的主要作用是将油墨扩展、拉薄，同时考虑尽量多贮存一些油墨。

四、墨辊排列

（1）以到达下串墨辊前的排列形式分类　可分为单路传墨、双路传墨和多路传墨三种形式。

① 单路传墨如图 6-5 所示。图 6-5（a）为高宝 KBA RAPIDA　105 系列印刷机，图 6-5（b）为良明 RYOBI 920 系列等印刷机。例如高宝 KBA RAPIDA 105 系列印刷机油墨经中串墨辊 1、匀墨辊 2 传给下串墨辊。

② 双路传墨如图 6-6 所示，为罗兰 ROLAND 700 系列等印刷机，油墨到达中串墨辊 513

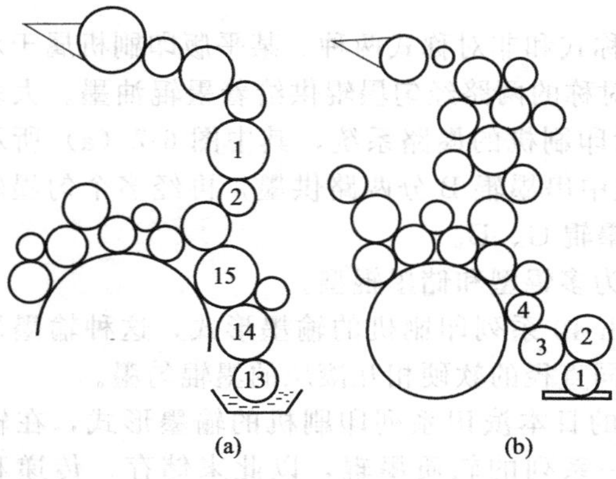

图 6-5　单路传墨

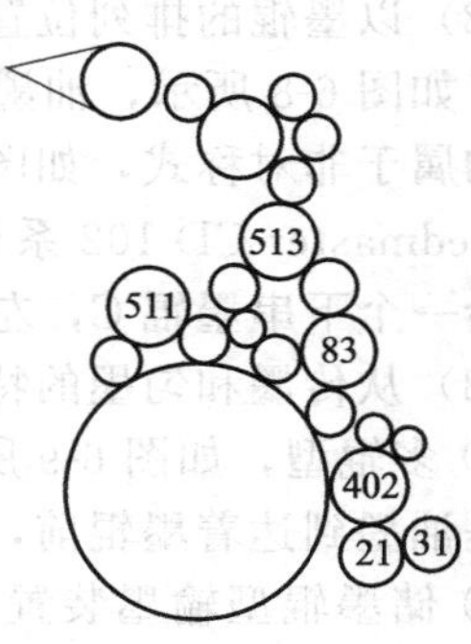

图 6-6　双路传墨

以后分为左右两路传给两个下串墨辊 511 与 83。

③ 多路传墨如图 6-7 所示，图 6-7（a）为海德堡 Speedmaster CD 102 系列等印刷机，图 6-7（b）为小森 LITHRONE S 40 系列等印刷机，图 6-7（c）为三菱 DIAMOND 3000 系列等印刷机，图 6-7（d）为秋山 J Print 4p440 系列（上色组）等印刷机，图 6-7（e）为 BEIREN300 系列等印刷机，图 6-7（f）为高斯 M600 系列等印刷机。海德堡 Speedmaster CD 102 系列印刷机中油墨经中串墨辊 B 后，再经多个匀墨辊传给下串墨辊 C、D、G。

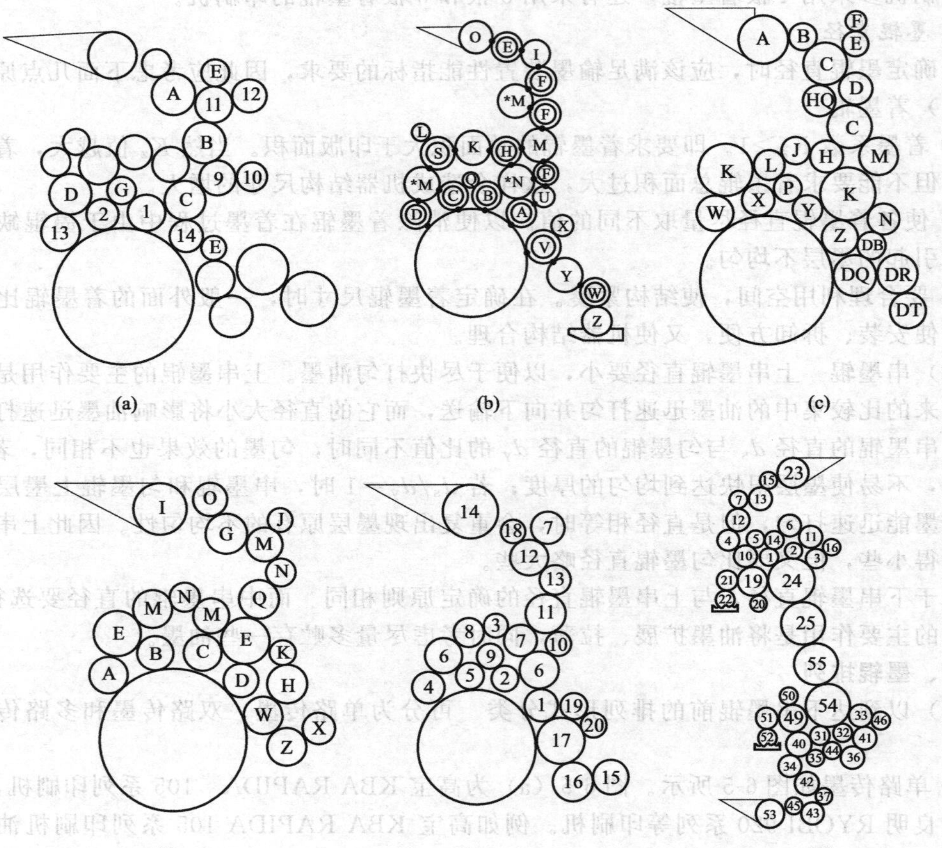

图 6-7　多路传墨

(2) 以墨辊的排列位置分类　可分为对称式和非对称式两种。某平版印刷机属于对称式排列，如图 6-8 所示，油墨经中串墨辊分为对称的两路经匀墨辊供给着墨辊油墨。大多数印刷机均属于非对称式，如图 6-5～图 6-7 所示印刷机的墨路系统，其中图 6-7（a）所示海德堡 Speedmaster CD 102 系列印刷机，油墨经中串墨辊 B 分两路供墨，再经多个匀墨辊，右路供给一个下串墨辊 C，左路供给两个下串墨辊 G、D。

(3) 从传墨和匀墨的特点分类　可以分为多辊型和储墨辊型。

① 多辊型，如图 6-9 所示的秋山 Bestech 40 系列印刷机的输墨形式，这种输墨形式的特点是油墨到达着墨辊前，要经过一系列不同直径的软硬相互滚压的墨辊匀墨。

② 储墨辊型输墨装置，如图 6-10 所示的日本滨田系列印刷机的输墨形式，在输墨系统中间部位采用一个大金属墨辊，周围是一系列的软质墨辊，以此来储存、传递和打匀油墨。

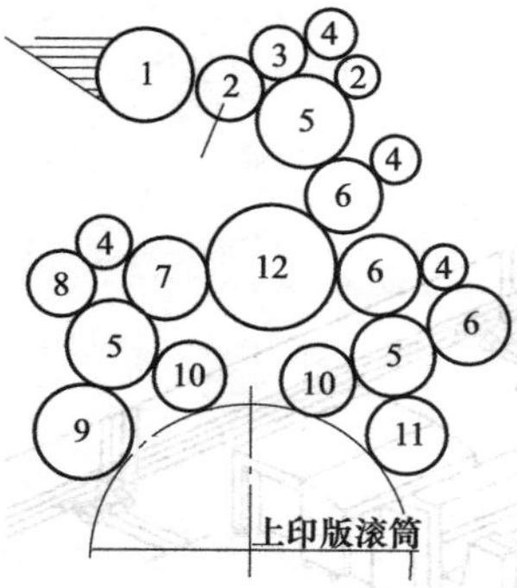

图 6-8　对称式

图 6-9　多辊型墨路

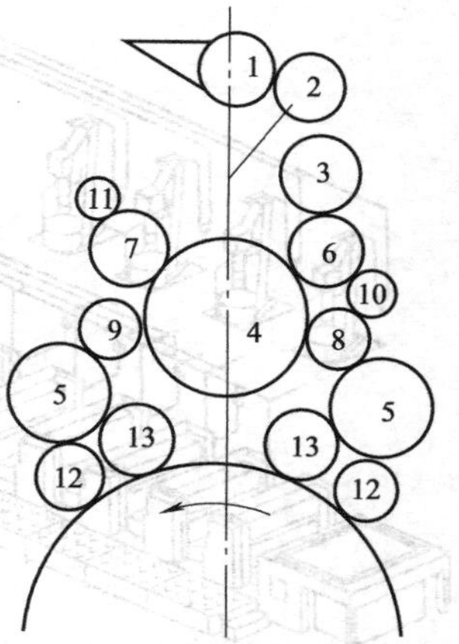

图 6-10　储墨辊型墨路

（4）对墨辊排列的要求

① 软、硬间隔排列墨辊。在印刷机上，为了更好地传墨和匀墨，输墨装置的墨辊应该以软质匀墨辊和硬质串墨辊相配设置使用，以便在一定的压力下墨辊彼此接触良好。

② 合理分配着墨量。墨辊安排要有利于着墨辊的着墨量合理分配。由前面着墨量的计算可以看出，大多数印刷机都是由第一组着墨辊供给印版油墨，第二组除了供给印版少量油墨外，主要起到匀墨和收墨的作用。这就是说在安排墨辊的排列时，使得供墨量要满足前重后轻的原则。

现代印刷机大都不采用对称式排列，有些对称排列的印刷机，如图 6-11 所示的平版印刷机，为了改善着墨辊的供墨分配，在中串墨辊之后，分流时加了重辊 7，以增加墨辊 5、6、2 及 5、6、1 之间的压力，从而达到增加向加了重辊的这组着墨辊分流的墨量。同时还可以在调整着墨辊与印版之间的接触压力时，使加了重辊的这组着墨辊与印版之间的压力比未加重辊的那一组着墨辊与印版之间的压力大，因而增加了有重辊的这一组着墨辊的着墨率。

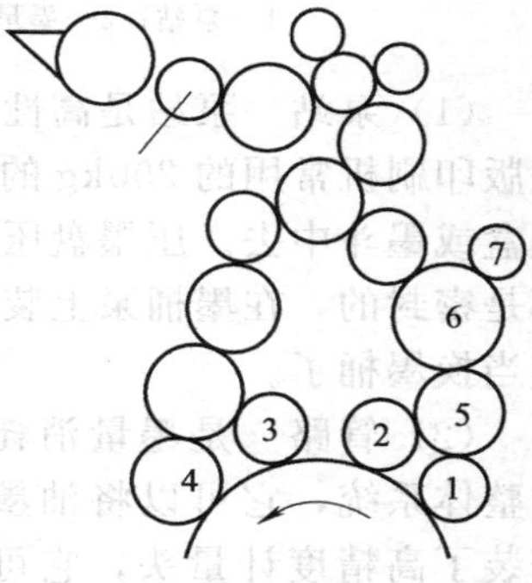

图 6-11　Planter supervariant 印刷机匀墨系统

③ 合理利用空间，便于安装和拆卸。墨辊排列应考虑印刷机的总体布局，合理利用空间，使机器结构紧凑，又便于墨辊的安装和拆卸。

第二节　集中输墨系统

集中输墨系统是一种全新的供墨方法，可以满足印刷厂中各种单张纸印刷机的供墨要求，能自动控制墨斗中的墨量。改变了传统的供墨装置，可安全、稳定、可靠、自动、定量地进行供墨，同时可减轻操作人员的工作强度，是现代印刷机的标志之一。海德堡 Speedmaster102 系列、74 系列、74DI 系列，高宝 KBA RAPIDA 部分系列，三菱 DIAMOND 部分系列等都采用了集中输墨装置。图 6-12 所示为集中输墨系统。

一、集中输墨系统的组成与作用

由于油墨的远距离传送，所以称为中央供墨系统，它由三个不同的部分组成：泵站、管路系统、加墨系统。

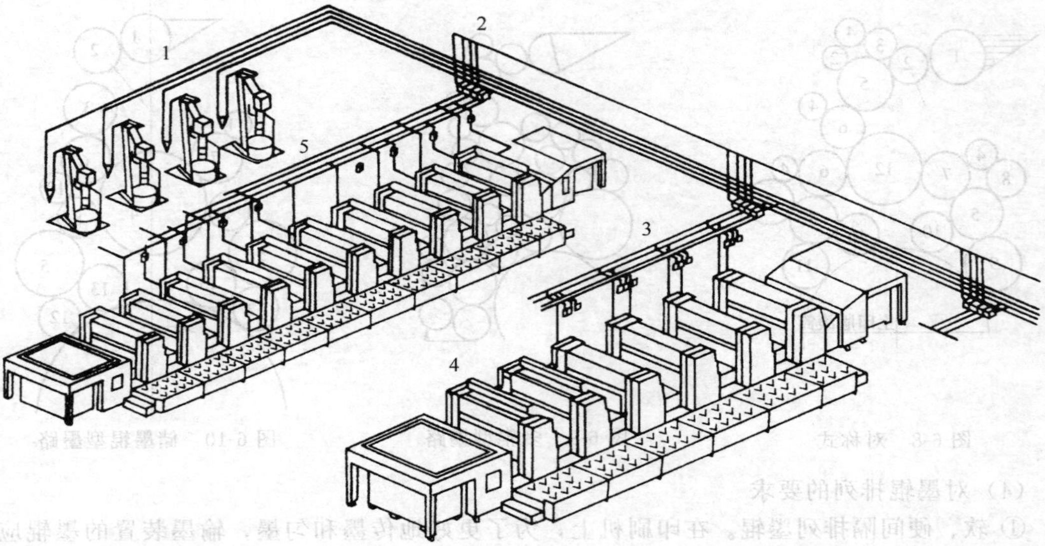

图 6-12 集中输墨系统

1—泵站；2—墨量消耗计量机构；3—加墨杆；4—手动专用墨筒；5—自动专用墨筒

(1) 泵站 泵站是高性能的墨泵，将墨从墨桶或墨罐中泵出。如图 6-13 所示为单张纸平版印刷机常用的 200kg 的墨桶泵和 320kg 的墨箱泵，由它把油墨泵出给各个印刷机组的墨盒或墨斗中去。压墨盘压在油墨表面，这样可以避免空气进入系统中，整个系统直到墨斗都是密封的，在墨桶泵上装有自动关闭系统，以防止空气进入，并能告诉操作人员什么时候应当换墨桶了。

(2) 管路 是墨量消耗的计量系统。高压管路是一个封闭的整体系统，它可以将油墨准确地送到需要的地方，在管路中安装了高精度计量头，它可测量耗墨量并显示在控制台上，这样每个订单所使用的油墨量都被精确地记录下来。

(3) 加墨系统 它装在墨斗上方，加墨器有从手动到全自动各种新形式。

图 6-13 气动泵站

二、常见几种加墨系统

1. Inkline 型

Inkline 型系列是一个由海德堡印刷机械有限公司制造的全自动油墨加墨系统。该系统是与 Technotrans 有限公司合作开发的，并于 1998 年首先推向市场，在很短的时间内，Inkline 型即作为行业标准得到市场认可。Inkline 型油墨加墨系统如图 6-14 所示。

该系统由三个部分组成：安装在印刷机组上方的横梁；计量供墨装置，由一个透明墨盒支架和一个具有计量、测量和控制功能的部件（微处理器控制）组成；一个 2kg 墨盒。

(1) 横梁及计量供墨装置 墨盒支架由电动机驱动并且在横梁上往返移动，来自于印刷机气泵的压缩空气把油墨从墨盒中压出。超声波传感器用来持续监测墨斗和墨盒的墨量。需要时，对墨斗自动补充油墨，墨量可分别设置并保持温度，确保了印刷过程的稳定进行。在墨盒被完全用空之前，通过发光和声音信号，及时向操作人员发出需要更换墨盒的信息。通过简单操作即可安装在墨盒支架上的机械式油墨搅拌器保持了油墨良好的流动性。印刷机所需要的印前准备时间大大降低。手工用墨铲从墨罐中往每一墨斗中填加油墨需要 2min，而使用 Inkline 系统全部印刷单元大约只需要 4min（与印刷单元无关）。全部印刷机组一次同时加完油墨。

CANbus 型油墨供给系统是选装部件，这一系统可由 CP2000 中心控制，并获取运作数据。利用此功能对于印件所消耗的油墨量可以进行灵活的即时性记录。

Inkline 型油墨加墨系统可使印刷品的质量得到改善，同时使操作人员摆脱耗时费力的反复操作。

（2）2kg 墨盒　由 3 部分组成：带组合阀的墨盒盒体，密封盖，压出油墨的压力接头。如图 6-15 所示。

图 6-14　Inkline 型油墨加墨系统

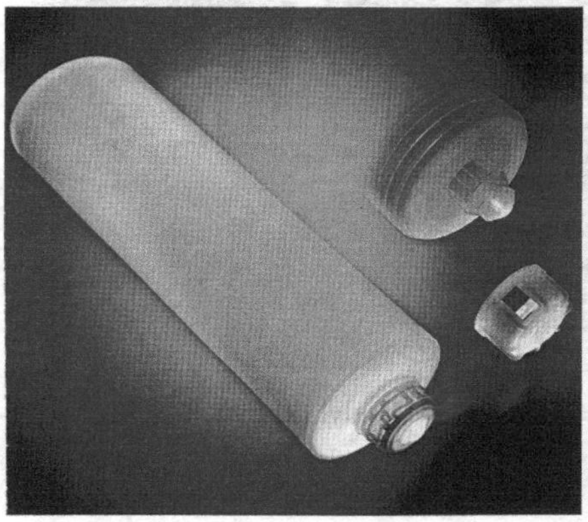

图 6-15　2kg 墨盒

① 带组合阀的墨盒盒体　圆筒形盒体可填加 2kg 印刷油墨专用组合阀的特点：为油墨加压时组合阀打开，压力撤除时自动关闭。

② 密封盖　墨盒装配了密封盖，可以很容易用手摘掉，当墨盒正在加墨时，密封盖保证组合阀处于闭合状态，同时可在运输期间提供保护。密封盖也可为墨盒使用一半后进行再次密封。未使用的整墨盒和半空墨盒一样都具有长久的保存期限。即使保存了很长时间，墨盒都可开启使用而没有油墨损失。

③ 压力接头　墨盒压力接头具有专用气压通路，以保证当油墨压出时墨盒可靠的排气功能。油墨能渗透，固结后把气路堵塞。带模压刮油胀圈的压力接头的特殊几何形状确保将近 100%的油墨从墨盒中压出。

2. Handy. fill 型

Handy. fill 型与 Inkline 型同系列，是由 Technotrans 公司制造的一种半自动加墨系统，也使用 2kg 墨盒。

Handy. fill 型加墨系统以结构紧凑、坚固耐用见长。这一系统采用气动驱动，压缩空气直接作用于墨盒的气管接头上。油墨既可连续供给也可间歇供给。与 Inkline 系统一样，Handy. fill 加墨系统的墨盒支架是透明的，因而很容易随时观察墨盒中留存墨量。

大多数 Handy. fill 系统配“导轨组件”，亦即一个带有组合式墨盒的横梁，这一备件使得该加墨系统的再次定位十分方便，从而确保精确而清洁的油墨直接供应在每一印刷单元的墨斗上。

Handy. fill 加墨系统特别适宜于自动化程度略低一些的印刷机，对于各种常见牌号和类型的单张纸平版印刷机都可以得到相应的系统。如图 6-16 所示。

3. Light caitouche 型

Light caitouche 型加墨系统由 Wagner 公司制造，也是一种半自动加墨系统。它的传动动力来源于一个压缩气缸，Light caitouche 装在印刷机组侧墙板的一个摆动臂上。往墨斗中填加油墨时，用手动使之转动完成。该油墨供给系统也是一个试用于自动化程度不太高的印刷机的系统。一个组合式压力控制器和位于操作手柄上的压力表用来优化控制油墨的注入。一旦墨盒中油墨用完，只要通过气动压力使压缩气缸升起即可。操作人员很容易用一个新墨盒换掉旧墨盒。如图 6-17 所示。

图 6-16　Handy. fill 型加墨系统

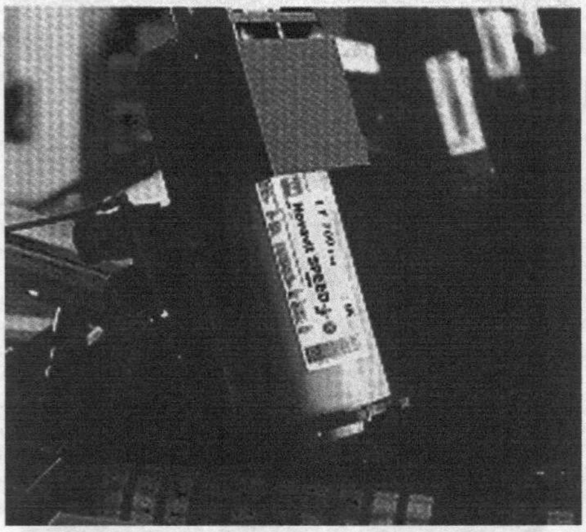

图 6-17　Light caitouche 型加墨系统

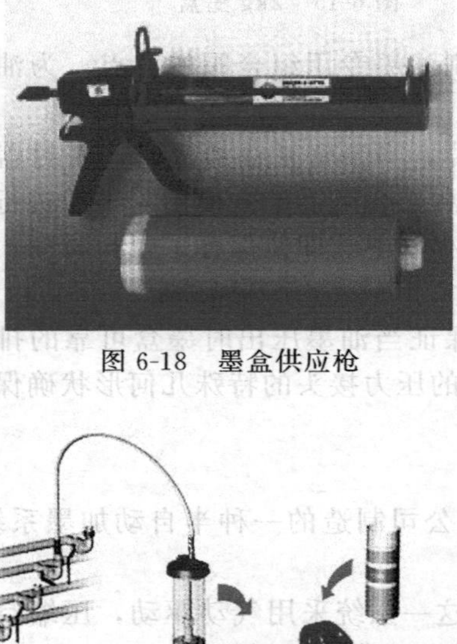

图 6-18　墨盒供应枪

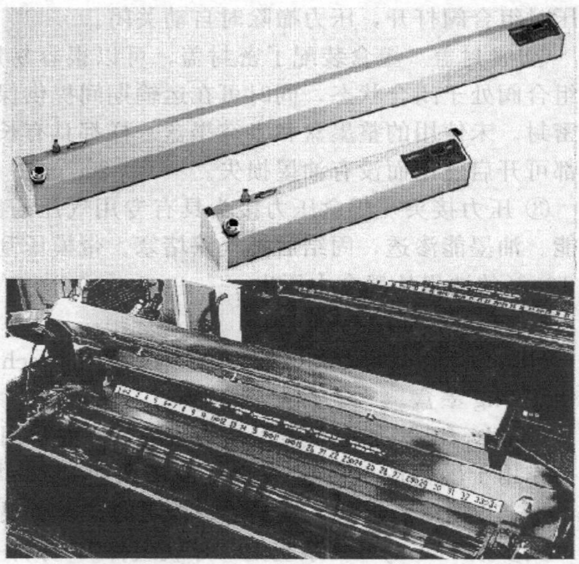

图 6-19　加墨杆机构

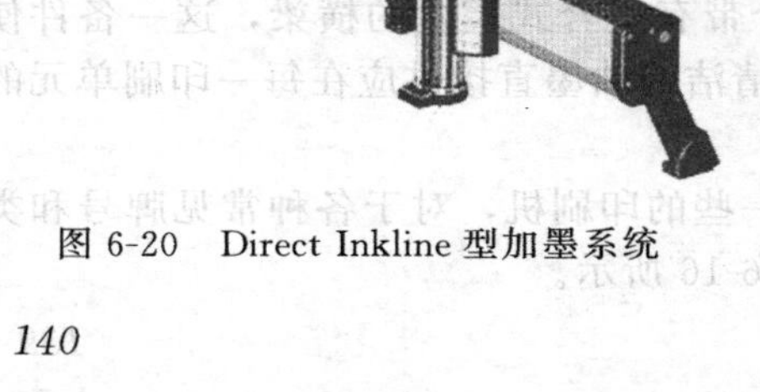

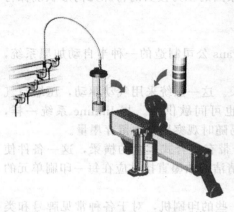

图 6-20　Direct Inkline 型加墨系统

4. Ink Cartridge Gun 型

Ink Cartridge Gun 型加墨系统墨盒供应是墨盒供应枪，由 Beyer&Otto 公司开发，是一种把油墨从 2kg 墨盒中压出的完全手动系统。由于墨盒供墨枪结构紧凑，采用组合式球轴承传动机构，所以这种供墨系统主要适于中小型印刷机的应用。如图 6-18 所示。

5. 加墨杆

不需要墨盒，直接用加墨杆添加油墨，它由传感器、带显示的控制系统、阀门和加墨杆组成，安装起来很容易，只需供墨系统接电、接压缩空气和向系统中泵墨，即插即用。如图 6-19 所示。

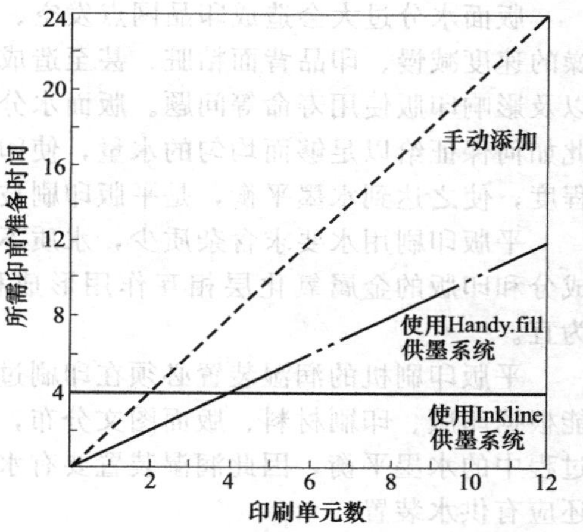

图 6-21 印前准备时间的比较

6. Direct Inkline 型

Direct Inkline 型加墨系统集中了中央供墨系统和 2kg 墨盒的特点。平版印刷机由中央供墨系统供墨，使用特殊油墨时用 2kg 墨盒。Direct Inkline 型加墨系统的这种模块化设计给使用提供了灵活多样的可能性。如图 6-20 所示。

三、集中输墨系统的特点

1. 生产效率高

图 6-21 所示为手动添加、使用 Handy. fill 加墨系统、使用 Inkline 加墨系统在印前准备时间的比较。从图中可看出，现代包装印刷企业采用集中输墨系统后，生产准备时间大大缩短，生产效率提高了。

2. 节约油墨与环境保护

由于墨盒油墨几乎可以用尽，加上容器开启后立即存贮时的油墨没有损失，这样采用集中输墨系统后，相对于手动添加油墨，可节约 7.5%的油墨，若对于一台对开四色平版印刷机，两班工作制，每年用墨量按 8t 计算，每年可节省 320kg 油墨，同时也保护了环境。

3. 操作人员的工作强度明显降低

采用集中输墨系统后，操作人员的工作强度明显降低，使操作人员有更多的时间和精力放在质量控制上。

4. 投资少回报快

2kg 墨盒是一种开放的、新的系统，它是未来油墨的包装标准。价格也不贵，墨盒可再次使用和回收或通过燃烧利用墨盒所含有的热能。采用集中输墨系统投资不大，回报快。

第三节 润湿装置

由于平版印刷工艺利用了油水不相混溶的原理，即在印版的空白部分亲水疏油，有图文的部分则亲油疏水来完成油墨的转移。印刷时先给印版上水，使空白部分先着水，再给印版上墨，使图文部分着墨，因此平版印刷机除了设置输墨装置外，还必须有向印版供水的润湿装置，即称为润湿装置。

给印版输墨时，存在油墨与水的接触，油墨接受一部分水并且乳化，油墨接受水量的临界值为 20%～30%，超过此值油墨的延伸性和黏度明显降低，墨辊之间的油墨的传递受到影响，这种情况称为乳化现象。由此可见，在印刷过程中应用尽可能小的水量。

版面水分过大会造成印品网点发空、墨辊脱墨、色彩无光、层次模糊、质感差、印迹干燥的速度减慢、印品背面粘脏、甚至造成纸张伸缩变形而影响套印，还可能造成油墨的传递以及影响印版使用寿命等问题。版面水分过小，会出现网点不清晰、糊版、脏版等现象。因此如何保证给以足够而均匀的水量，使印刷质量达到最佳效果的前提下把供水量控制在最少程度，使之达到水墨平衡，是平版印刷技术的关键问题。

平版印刷用水要求含杂质少，水质不能太硬。一般平版印刷用水为弱酸性，使水的酸性成分和印版的金属氧化层相互作用形成稳定的水膜。水溶液的酸碱度应取 pH 值为 5～6 为宜。

平版印刷机的润湿装置必须在印刷过程中稳定均匀地向印版涂布以适量的润湿液膜，并能根据印版、印刷材料、版面图文分布，方便地对版面润湿液膜厚薄进行调节以达到在印刷过程中的水墨平衡，因此润湿装置要有水量调节机构，以便有效地控制印版上的水量，此外还应有供水装置。

平版印刷机润湿装置的类型可分为接触式和非接触式两大类。接触式润湿方法是水斗辊上的水经过各种水辊接触传递给印版，如间歇式、连续式和酒精润湿装置；而非接触润湿方法是水斗辊上的水不是经过直接接触传递给印版，如刷子式和喷雾式润湿装置。

一、接触式润湿装置

1. 间歇式润湿装置

图 6-22 所示为间歇式润湿装置，水斗辊 2（俗称出水辊）有间歇转动和连续转动两种形式，而传水辊 3 则往返摆动于水斗辊 2 和窜水辊 4 之间，它与水斗辊或窜水辊接触时，依靠摩擦力而绕自身轴线转动，实现间歇传水。

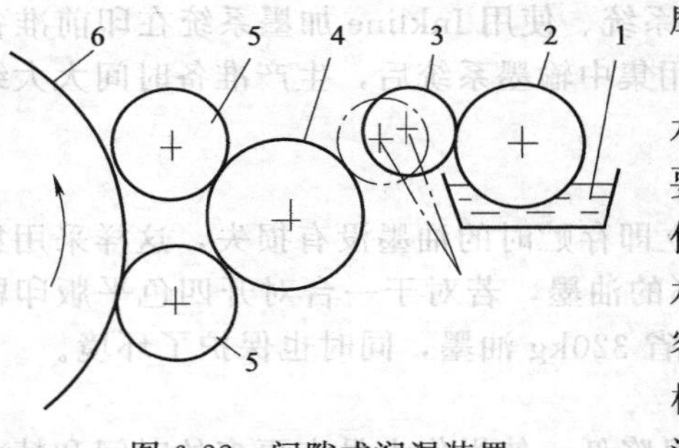

图 6-22　间隙式润湿装置

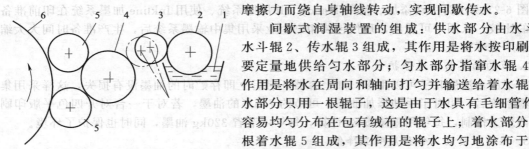

1—水斗；2—水斗辊；3—传水辊；4—窜水辊；5—着水辊；6—印版滚筒

间歇式润湿装置的组成：供水部分由水斗 1、水斗辊 2、传水辊 3 组成，其作用是将水按印刷的需要定量地供给匀水部分；匀水部分指窜水辊 4，其作用是将水在周向和轴向打匀并输送给着水辊，匀水部分只用一根辊子，这是由于水具有毛细管作用，容易均匀分布在包有绒布的辊子上；着水部分由两根着水辊 5 组成，其作用是将水均匀地涂布于印版滚筒 6 的空白部分上。

与输墨装置相类似，为了满足给印版均匀、适量地上水，供水部分的供水量、着水部分的着水辊与窜水辊、印版之间的压力都有相应的调节机构进行调节，同时为适应滚筒的合压和离压，着水辊也有起落机构。

印刷过程中，水斗中溶液不断地消耗，为使水斗中的溶液保持一定的水位，一般还需要设置自动加水器。

(1) 供水部分的传动

① 机构控制的传动形式　图 6-23 所示为机构自动控制水斗辊和传水辊传动原理。

a. 水斗辊 14 的间歇转动。凸轮 1 的轴由压印滚筒经两级齿轮减速后带动旋转，从而使曲柄 2 旋转，再通过连杆 4，使摆杆 13 摆动。摆杆 13 上的棘爪推动棘轮 15 间歇转动，由于棘轮安装于水斗辊轴端，因而水斗辊得到了间歇转动。水斗辊转动的角度大小，即出水量的大小是由扇形板 10 控制棘爪对棘轮推动的齿数实现的。扇形板 10 的位置由手柄杆 11 来调节，调好后由弹簧销 12 定位。

b. 传水辊的往复摆动。由凸轮 1 推动滚子 3 使摆杆 5 摆动再由摆臂 7 经调节螺丝 17 推动摆杆 6 使传水辊摆动。弹簧 8 可以使传水辊 9 与水斗辊 14 得到接触压力。

c. 传水辊摆动的自动控制原理。该机构中传水辊 9 摆动和停止的自动控制是由机械机构实现的。当把插销 20 插入扇形摆块中间通孔时，传水辊由离、合压机构带动。离压时，由压印机构带动摆杆 24 逆时针方向摆动，由连杆 23 使摆杆 22 顺时针方向摆动，再经连杆 21 使摆杆 19 逆时针摆动，从而控制杆 16 逆时针转动，阻止摆杆 18 下摆，停止传水辊摆向水斗辊。合压时，动作相反，摆杆 18 不被控制杆 16 阻止。因此，传水辊正常往复摆动，进行传水。

当把插销 20 插入扇形摆块的左边通孔时，摆杆 18 在任何位置都被控制杆 16 阻止，因此无论机器离压或合压，传水辊均停止摆动，不进行传水。如果把插销 20 插入右边的盲孔时，即便是离压时，控制杆 16 也不阻止摆杆 18，传水辊仍然进行传水。当机器合压时，插销 20 自动滑到中间孔，开始自动控制传水辊的摆动运动，插销 20 的三个位置是由手柄扳动的。上述为 J2201 型平版印刷机供水部分传动机构。

② 电气控制的传动形式　图 6-24（a）所示为电气控制的传动结构及原理。该机构与上述机械控制的传动形式基本相同。但凸轮 1 和曲柄 2 安装在窜水辊的轴端，并经过一个周转轮系降速后，使凸轮和曲柄得到动力。其工作原理与上述不同之处是传水辊 9 的摆动与停止运动是由电磁铁 17 控制撑杆 16 的位置来实现的。当电磁铁通电激磁时，使撑杆 16 逆时针摆动，从而阻止摆杆 7 下摆，使传水辊 9 停止摆动。当电磁铁断电时，电磁铁释放，撑杆 16 顺时针方向摆回，摆杆 7 不被撑杆 16 阻止，传水辊由凸轮 1 驱动实现往复摆动，进行传水。电磁铁的动作是由机器操作按钮直接控制的。这种机构用于 J2108 型平版印刷机上。

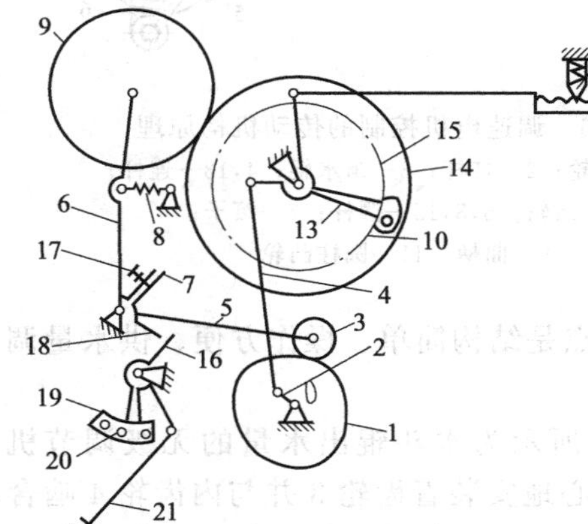

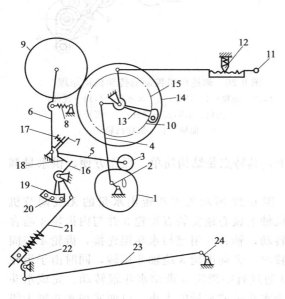

图 6-23　机构控制的传动原理

1—凸轮；2—曲柄；3—滚子；4,21,23—连杆；5,6,13,18,19,22,24—摆杆；7—摆臂；8—弹簧；9—传水辊；10—扇形板；11—手柄杆；12—弹簧销；14—水斗辊；15—棘轮；16—控制杆；17—调节螺丝；20—插销

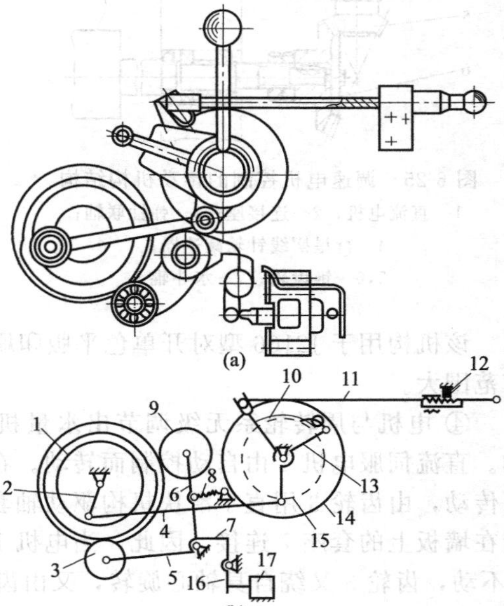

图 6-24　电气控制传动

1—凸轮；2—曲柄；3—滚子；4,11—连杆；5,6,7,13—摆杆；8—弹簧；9—传水辊；10—挡板；12—弹簧销；14—水斗辊；15—棘轮；16—撑杆；17—电磁铁

③ 用调速电机控制的水斗辊无级调节机构　图 6-25 所示为电机控制水斗辊无级调节的传动结构。水斗辊 7 用单独的直流电机带动。1 为直流电机（IISE-03 型，300r/min，

0.24kW)，经连接座 2 与行星摆线针轮减速器 4 的外壳固连在一起，并用弹性联轴器 3 把运动传给减速器主轴（减速器传动比为 29∶1)，经锥齿轮副 5、6 传给水斗辊 7，调节直流电机的转速即可调节水斗辊 7 的转速，从而调节了供水量，依靠控制电路可以控制水斗辊自动停止或运转，而且跟踪主电机的速度而变化，以便适应供水量的需求。

传水辊的摆动如图 6-26 所示。印版滚筒轴端的链轮 1 经链条传动链轮 10，链轮 10 和圆柱凸轮 11、曲柄 9 固定在同一轴上，凸轮 11 上部经杠杆 2 使窜水辊 3 窜动。曲柄 9 经连杆 4 使摆杆 6 摆动，并带动与摆杆 6 固连的凸轮 5 转动，从而推动滚子 7 和摆杆 8，摆杆 8 的另一端安装有传水辊，因而使传水辊摆动，由于供水量是由调节水斗辊的转速来实现的，因此传水辊跟随机构转动，连续不停地在水斗辊和窜水辊之间往复摆动，它的运动不需要控制。图中凸轮 11 经摆杆 12 使窜墨辊窜动，曲柄 9 经连杆 13 传动供墨机构。

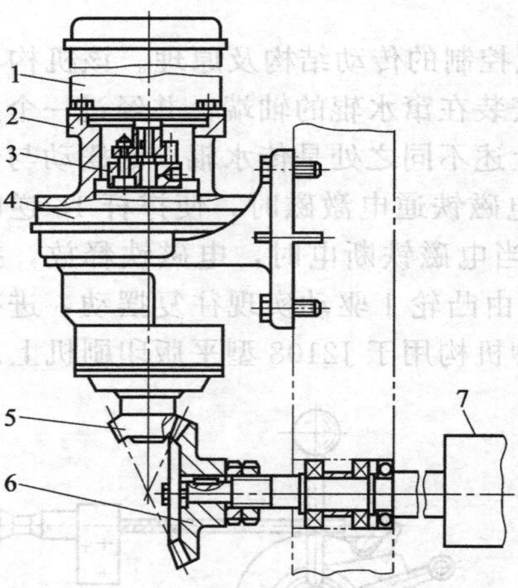

图 6-25　调速电机控制的传动机构结构
1—直流电机；2—连接座；3—弹性联轴；
4—行星摆线针轮减速器；
5,6—锥齿轮；7—水斗辊

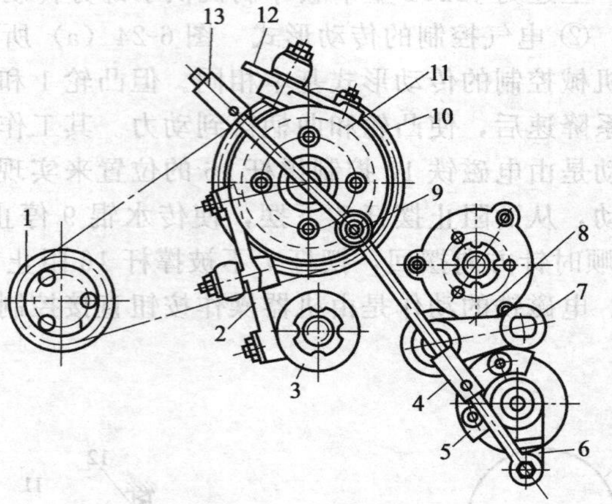

图 6-26　调速电机控制的传动机构原理
1,10—链轮；2—杠杆；3—窜水辊；4,13—连杆；
5—凸轮；6,8,12—摆杆；7—滚子；
9—曲柄；11—圆柱凸轮

该机构用于 J2106 型对开单色平版印刷机上，其特点是结构简单、操作方便、供水量调节范围大。

④ 电机与周转轮系无级调节出水量机构　图 6-27 所示为水斗辊出水量的无级调节机构。直流伺服电机 1 由自动控制而转动。在电机轴上偏心地安装着齿轮 3 并与内齿轮 4 啮合而传动，由齿轮 3 用直字滑块机构驱动轴套 6 转动，轴套 6 用键与水斗辊连接，齿轮 4 与固定在墙板上的套座 7 连接。因此，当电机 1 旋转时，带动齿轮 3 绕轴 2 旋转，同时由于齿轮 4 不动，齿轮 3 又绕自身轴心旋转，又由齿轮 3 通过直字滑决 5 带动水斗辊转动、完成水斗辊的出水运动。变化直流电机的转速就可以改变水斗辊的水量的大小，以便实现水斗辊无级调节水量的工作。

在此应该指出的是，上述机器的窜水辊也应用了周转轮系减速机构，经过减速后的输出凸轮驱动传水辊的摆动，实现了传水运动。

(2) 匀水和着水部分的压力调节及起落机构　匀水部分实际上就是一根窜水辊。窜水辊的旋转一般来自印版滚筒，即由印版滚筒轴端上的齿轮经过介轮带动窜水辊轴端齿轮。要求窜水辊与印版滚筒表面线速度相等。窜水辊的轴向往复运动可采用曲柄连杆机构或圆柱凸轮机构来实现。窜水量一般不需要调节。

着水部分通常有两根着水辊，其作用是把来自窜水辊的水传给印版。

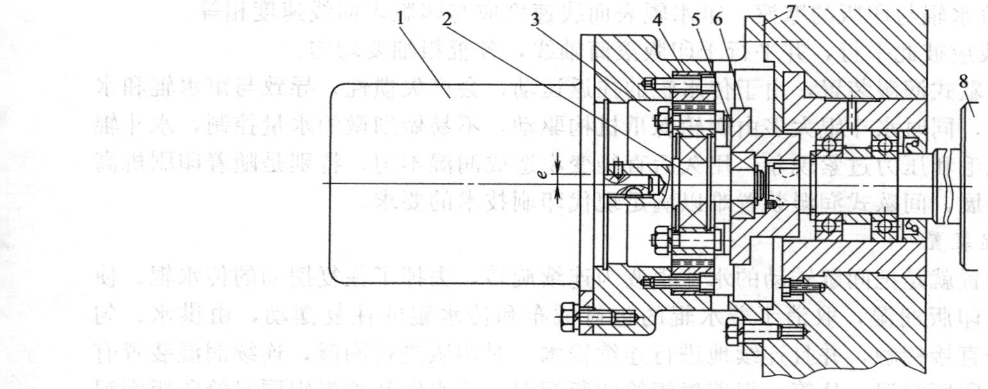

图 6-27 电机与周转轮系无级调节出水量机构

1—电机；2—轴；3,4—齿轮；5—直字滑块；6—轴套；7—套座；8—水斗辊

着水辊是依靠与窜水辊和印版滚筒接触的相互摩擦而转动的。因此，着水辊表面的线速度与印版滚筒表面线速度相等，不做轴向运动。

着水辊与印版之间，着水辊与窜水辊之间的压力都应该是可调的。同时，根据印刷需要控制着水辊与印版接触与分离。所以着水辊也具有起落机构。

① 机械式着水辊压力调节　与印版滚筒接触的为给水部分的着水辊，两个着水辊与印版滚筒和窜水辊之间的压力要适宜，为此，必须要有压力调节机构。着水辊与窜水辊之间压力调节原理是转动蜗杆带动斜齿轮旋转，斜齿轮偏心地安装于着水辊轴端，从而改变着水辊与窜水辊之间的距离，改变两者之间压力的大小。着水辊与印版滚筒之间压力的调节是依靠锥头机构实现的。

② 气动式起落及调压机构　图 6-28 为气动式着水辊起落和压力调节原理。着水辊与窜水辊 12 之间的压力调节是通过转动两个着水辊轴上的偏心套 9、11 实现的。调节时会影响着水辊与印版滚筒 10 之间的压力。然后拧动螺杆 4，通过改变弹簧 6 的压力，经杠杆 7、8 调节着水辊与印版滚筒之间的压力。调好后，锁紧螺母 5。

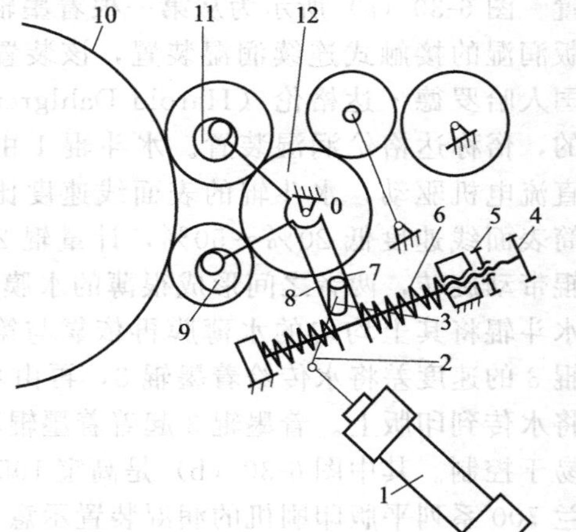

图 6-28 气动式起落及调压机构

1—气缸；2—摆杆；3—短轴；4—螺杆；5—螺母；6—弹簧；7,8—杠杆；9,11—偏心套；10—印版滚筒；12—窜水辊

着水辊的起落是通过气缸 1 的气缸杆的动作实现的。气缸工作时，由摆杆 2 控制短轴 3 在杠杆 7、8 之间转动，同时撑开杠杆 7、8 使之中间距离加大，从而使着水辊与印版滚筒脱开停水。反之，可使着水辊与印版滚筒接触给水。

该机构是实现自动控制着水辊起落的一种装置，气缸的动作由电磁阀控制，通过操作按钮可以方便地起落着水辊。它应用在德国米勒四色平版印刷机上。

润湿装置的部件在结构上基本与输墨部件类似，应满足下述原则。

① 根据平版印刷原理，在布局润湿装置时，必须使着水辊先与印版接触，然后才是着墨辊与印版接触。即先向印版润湿后输墨。

② 为使各水辊接触良好，匀水和传水效果好，安排水辊时也要使软辊与硬辊相间排列。

③ 为了减少着水辊与印版的摩擦，窜水辊表面线速度应与印版表面线速度相等。

④ 各水辊轴线应彼此平行，并平行于印版滚筒轴线，各辊粗细要均匀。

上述传统的间歇式润湿装置，由于传水辊的往返运动，会产失惯性，导致与窜水辊和水斗辊接触传水不匀，同时水斗辊大多由棘轮棘爪机构驱动，不易做细微的水量控制，水斗辊包有新绒套时有脱毛和压力过紧现象，用久后直径变小造成润湿不匀，特别是随着印刷机高速和多色的迅速发展，间歇式润湿装置难以满足现代印刷技术的要求。

2. 连续式润湿装置

连续式润湿装置就是把间歇转动的水斗辊改为连续旋转，去掉了往复摆动的传水辊。使水连续不断地供给印版润湿，取消了着水辊的包衬绒布和传水辊的往复摆动，由供水、匀水、着水三个部分直接接触，并且连续地进行连续输水、对印版进行润湿，连续润湿装置有着水辊单独直接给印版润湿、从第一根着墨辊给印版润湿、着水辊和着墨辊同时给印版润湿三种类型。

（1）着水辊单独直接给印版润湿的润湿装置　图 6-29 所示为直接给印版润湿的接触式连续润湿装置。水斗辊 1 和计量辊 2 由具有电子控制电路的电机驱动和控制，转速比较慢，供水量可由电机转速不同来调节，窜水辊 3 和着水辊 4 由印版滚筒轴端齿轮驱动，其表面线速度与印版滚筒表面线速度相等，转速较快，因此，计量辊 2 和窜水辊 3 不但转速不等，而且在接触点上的转向也相反。由此使两辊之间形成更薄的润湿膜，以便实现均匀地给印版润湿，图中 5 为压辊。上述装置是日本小森平版印刷机研制的 KOMORILMATIC 连续供水装置。

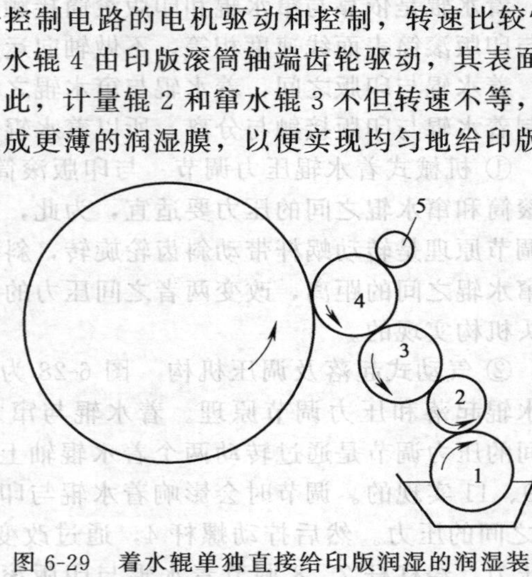

图 6-29　着水辊单独直接给印版润湿的润湿装置
1—水斗辊；2—计量辊；3—窜水辊；
4—着水辊；5—压辊

（2）从第一根着墨辊给印版润湿的润湿装置　图 6-30（a）所示为从第一根着墨辊 3 给印版润湿的接触式连续润湿装置，该装置是由美国人哈罗德·达格伦（Harold Dahlgren）设计的，俗称达格伦润湿装置。水斗辊 1 由单独的直流电机驱动，水斗辊的表面线速度比印版滚筒表面线速度低 20%～50%，计量辊 2 由水斗辊带动旋转，两者之间形成很薄的水膜。因此，水斗辊将其上均匀的水薄膜再依靠与第一着墨辊 3 的速度差将水传给着墨辊 3，再由着墨辊 3 将水传到印版上。着墨辊 3 起着着墨辊和着水辊的双重作用。上述连续润湿装置供水稳定，易于控制。其中图 6-30（b）是高宝 105 系列平版印刷机的润湿装置示意，图 6-30（c）是罗兰 700 系列平版印刷机的润湿装置示意。

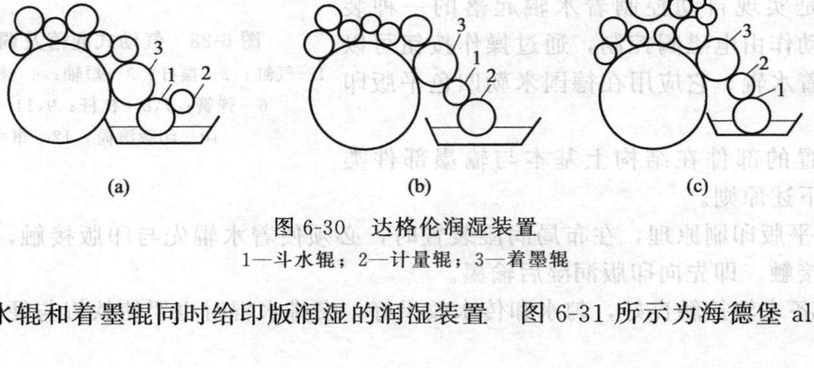

图 6-30　达格伦润湿装置
1—斗水辊；2—计量辊；3—着墨辊

（3）着水辊和着墨辊同时给印版润湿的润湿装置　图 6-31 所示为海德堡 alcolor 的润湿

装置，即自动控制连续润版装置。

该装置共由五个水辊组成。图中 1 为橡胶材料的水斗辊，2 为经抛光镀有铬层的计量辊，3 为橡胶材料的着水辊，4 为不抛光有镀铝层的窜水辊，5 为尼龙材料的中间辊，6 为第一根着墨辊。应用 10%～20%的酒精润湿液。

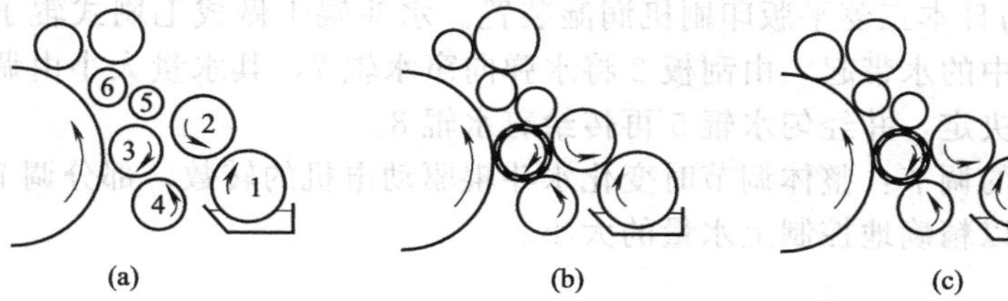

图 6-31　海德堡 alcolor 的润湿装置

1—水斗辊；2—计量辊；3—着水辊；4—窜水辊；5—中间辊；6—第一根着墨辊

水斗辊 1 直接由电机驱动，并由电子控制电路的速度补偿加以调节，再由其轴端齿轮传动计量辊 2，因此计量辊始终与水斗辊同速转动。在水斗辊 1 和计量辊 2 之间形成极薄的润湿膜，润湿膜的薄厚由无级调节的速度快慢来控制。窜水辊 4 和着水辊 3 是由印版滚筒带动而旋转的。着水辊 3 的转速比计量辊 2 快，两者接触时使润湿膜拉长而变薄，并能渗入到着水辊上的油墨内（油墨从辊 6 经辊 5 得到的），然后给印版着水。

该润湿装置的自动控制：图 6-31（a）为非工作位置，计量辊 2 与着水辊脱开，水、墨辊都与印版脱离。在此位置上润湿装置也能通过上墨装置进行清洗；图 6-31（b）为预润湿位置，使计量辊 2 与着水辊 3 接触传水，中间辊与着墨辊接触，因此开始预润湿印版和着墨辊，使润湿薄膜通过着水辊进入印版，并经中间辊使润湿液在着墨辊上达到水墨平衡；图 6-31（c）为正式印刷位置，着水辊和着墨辊都进入工作状态，即给印版润湿、输墨。由于经过了预润湿阶段，水、墨在印版上很快达到了平衡状态，在墨辊上还设有吹风杆，会使过量的润湿液挥发掉。

上述装置的操作均有预编的程序自动控制，且与纸张的输送、印刷、空转、停机等自动控制相联系，并同步进行。其优点如下。

① 由于加有自动控制的润湿阶段，开始印刷时水与墨很快达到平衡，故降低了印刷机开机和停机后的废品率，相应地提高了印刷机的生产率。

② 润湿液量的大小通过速度补偿加以控制，使得润湿液用量稳定，印刷过程中始终保持水墨平衡，节约润湿液的消耗，印刷品网点清晰，印品质量高。

③ 水辊的清洗可以通过中间辊与着墨辊同时进行，减少了辅助时间。

图 6-32 是三菱钻石系列平版印刷机采用类似于 alcolor 的润湿装置。它是一种独特的多模式润湿系统，它有三种工作模式，分别为：AD 模式，中间辊与第一着墨辊分开，如图 6-32（a）所示；半 AD 模式，中间辊与第一着墨辊接触，这是一般情况下采用的润湿状态，如图 6-32（b）所示；ITD 模式，窜水辊下移与中间辊接触，这种模式具有较高的油墨乳化

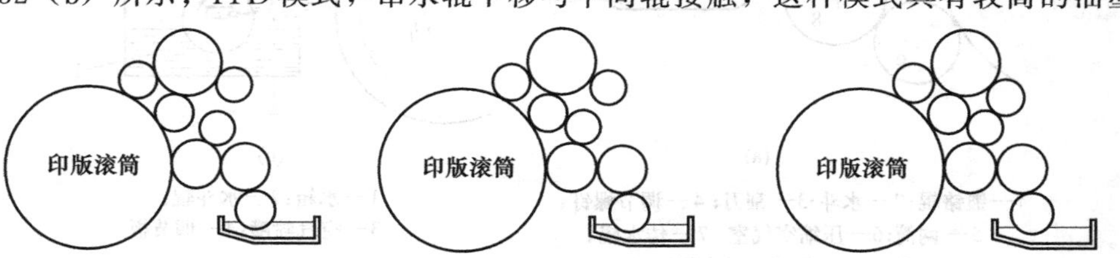

图 6-32　三菱钻石系列平版印刷机的润湿装置

速度，可用于需要大量油墨的平网满版印刷，如图 6-32（c）所示。

二、非接触式润湿装置

1. 刷辊给水润湿装置

图 6-33 为毛刷给水润湿装置。

图 6-33（a）为日本三菱平版印刷机润湿装置。水斗辊 1 做成毛刷式辊子，直接由电机带动旋转，将水斗中的水带起，由刮板 2 将水弹向窜水辊 7，其水量大小由调整螺钉 3 调节遮水板 4 的位置来决定，并经匀水辊 5 再传给着水辊 8。

该装置供水量的调节：整体调节时变化水斗辊驱动电机的转数，部分调节时可调整遮水板的位置。因此可以精确地控制上水量的大小。

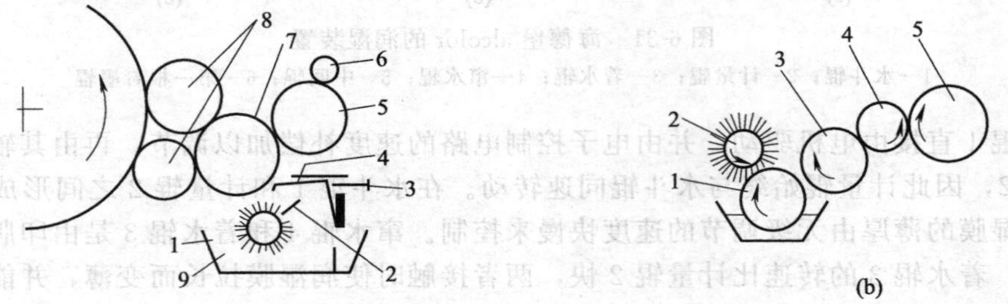

(a)

1—水斗辊；2—刮板；3—调节螺钉；4—遮水板；5—匀水辊；6—压辊；7—窜水辊；8—着水辊；9—水斗

(b)

1—斗水辊；2—毛刷辊；3—窜水辊；4—着水辊；5—印版滚筒

图 6-33 毛刷辊润湿装置

由于采用了分离传动，印版上的水不会倒流到水斗 9 中，保持了水斗中溶液的清洁。与此结构相类似的还有美国高斯公司毛刷润湿装置。毛刷辊是用尼龙做成的，并浸到水斗中。由电机单独驱动并能无级调速，润湿量的大小依靠转速不同和刮板的位置而定。刮板在轴向上分段装配，各段可单独自由地调节与毛刷的位置，从而在整版的宽度上自由调节水量，刮刀也可以通过电机遥控，实现自动调节供水量的大小。

图 6-33（b）为美国海里斯（Harris）毛刷润湿装置。毛刷辊 2 与水斗辊 1 始终接触并以相同速度旋转，因此水斗辊从水斗中吸起的水被毛刷辊弹洒到窜水辊 3 上，并经着水辊 4 传给印版滚筒 5。水斗辊的转速决定出水量的大小。该装置由于毛刷辊与窜水辊没有接触，在水的循环中也不会出现油墨和灰尘倒流到水斗里的现象。

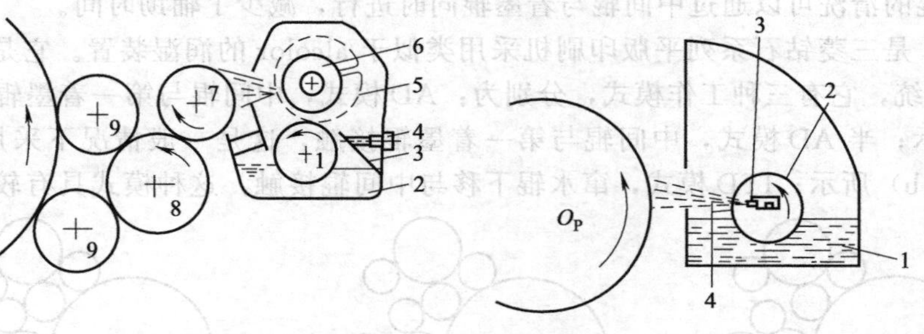

(a)

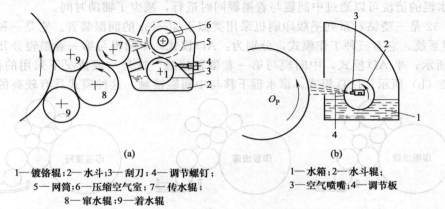

1—镀铬辊；2—水斗；3—刮刀；4—调节螺钉；5—网筒；6—压缩空气室；7—传水辊；8—窜水辊；9—着水辊

(b)

1—水箱；2—水斗辊；3—空气喷嘴；4—调节板

图 6-34 喷水润湿装置

2. 喷水润湿装置

图 6-34（a）为 Speedmaster 平版印刷机气流喷雾润湿装置。图中光滑镀铬辊 1 由单独的直流调速电机驱动，并浸入水中旋转。多孔圆柱网筒 5 套有细网编织的外套并由铬辊 1 利用摩擦带动旋转。压缩空气室 6（由风泵供气）的一侧沿轴向开有一排喷口，将镀铬辊 1 传给编织外套的水喷成雾状射到辊子 7 上。再由窜水辊 8 经着水辊 9 向印版滚筒润湿。由于喷射的角度可以调整，沿镀铬辊 1 轴向的一排调节螺钉 4 用来调节橡胶刮刀 3 与铬辊的间隙。从而可以调节沿镀铬辊轴向各区段的给水量。该装置中另设水箱，由水泵不停地给水斗 2 循环供水。

这种润湿方式的特点与毛刷辊润湿基本相同。其供水部分和着水部分不直接接触，润湿液不会倒流，供水量可以通过调节水斗辊转速来控制。这种气流喷雾给印版着水的均匀度比毛刷辊给水的效果更好。

图 6-34（b）也是喷嘴润湿装置，带网的水斗辊 2 连续旋转，从水箱 1 中把水带起，在网辊轴内有一排空气喷嘴 3，把水喷向印版滚筒。水量的大小由调节板 4 控制。

3. 空气刮刀润湿装置

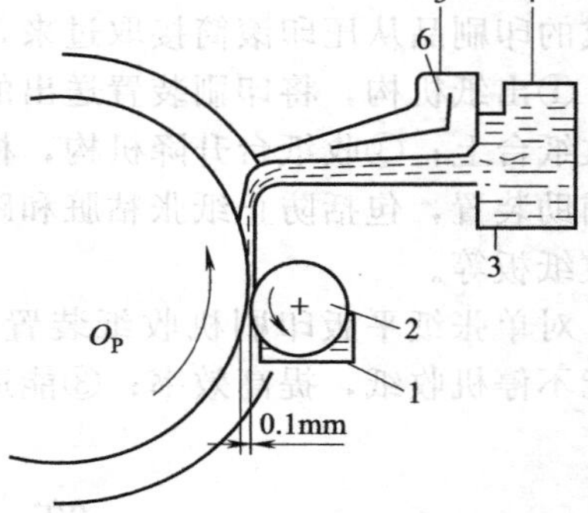

图 6-35 空气刮刀润湿装置
1—水斗；2—水斗辊；3—水槽；4—吸气；5—压缩空气；6—空气刮刀

图 6-35 所示为空气刮刀润湿装置。图中 1 为水斗，水斗辊 2 是一个橡胶辊，其表面距印版滚筒调节成 0.1mm 的距离。水斗辊连续旋转，以水膜形式将水带给印版滚筒。水量的大小由空气刮刀 6（吹进压缩空气）控制。并将多余的水吹掉，然后由吸气装置将吹掉的水吸回水槽 3 中。该装置的吸嘴和吹嘴容易弄脏，并且有噪声。这是美国人姆伦（Mullen）研制的，故称为姆伦润湿装置。

第七章　单张纸印刷机的收纸装置

收纸装置是决定印刷机生产速度快慢的重要因素之一。现代单张纸平版印刷机的印刷速度较高，收纸装置也是非常重要的装置，它与印刷装置匹配的好，印刷质量和印刷速度都能提高，否则会极大地影响印刷质量和印刷速度。单张纸印刷机收纸装置的作用是把已经印刷完成的印刷品从压印滚筒接取过来，齐纸机构把印刷品收集并堆积整齐。由以下工作机构组成：①出纸机构，将印刷装置送出的纸张，输送到收纸台；②齐纸机构，使纸张整齐地堆积在收纸台上；③收纸台升降机构，根据印刷工艺要求，传动收纸台自动下降，或快速升降，④辅助装置，包括防止纸张粘脏和蹭脏的装置、纸张平整器、加速纸张落入纸堆的风扇，辅助收纸板等。

对单张纸平版印刷机收纸装置的要求是：①收齐堆齐纸堆，不能损伤和蹭脏印刷品；②能不停机收纸，提高效率；③能适应高速印刷需要，同时要便于安全取样。

第一节　出纸机构

现代单张纸印刷机出纸机构的形式大多是链条咬牙出纸机构，如图 7-1 所示。图 7-1 (a) 为 J2108 型机的链条咬牙出纸机构，它由两条（机器两侧各一条）套筒滚子链 5 组成，装在主、从动链轮 3 和 7 上，共有 12 排咬牙排装在托架 6 上，当每排咬牙的牙垫转至与压印滚筒 1 表面相切时（在 A 点），在开牙凸轮块 2 作用下咬住纸张并带其运行。当运行到从动链轮 7 时，咬牙上的滚子 4 受到开牙凸轮块 8 的作用打开咬牙，将纸张放置在收纸台 9 上，每排咬牙都是在 A 点接取纸张，在开牙凸轮块 8 处开牙放纸，在整个链条的运动路线上下都有导轨板 10 控制（图中只画了一段）。通常为了安装与调整的需要，把从动链轮 7 的轴设计成为可移动的，特别是当链条磨损后伸长，必须能拉紧链条，以便防止纸张交接不稳定。

图 7-1 (b) 为海德堡 Speedmaster 102-4 型机的链条咬牙出纸机构，收纸链轮 11 从压印滚筒 1 上接过纸张，经套筒滚子链 12 带动咬纸牙排 13 到从动链轮 14 开牙后将纸张放在收纸台 15 上。整个链条只有五排牙，链条上下也装有导轨板控制。

一、收纸滚筒结构

图 7-2 所示为 J2108 型机收纸滚筒的结构。动力由收纸滚筒齿轮 14 经传动齿轮轴传来，它的齿数和模数与橡皮布滚筒和印版滚筒是相同的，齿轮座 13 通过平键与收纸滚筒轴 10 相连，由于收纸滚筒是向上传动的中枢，因此轮毂与轴的键连接必须是紧配合，不能松动，否则易出现重影和条痕等故障。

双联齿轮 12 向油泵齿轮传递动力，齿轮 11 既向油泵又向侧拉规和给纸机传递动力。收纸滚筒轴两端用滚珠轴承支撑。收纸滚筒链轮 5、9 是向收纸牙排传递动力的。支架 8 用于固定收纸牙排闭牙板，支架是被滚珠轴承活套在收纸滚筒上，轴转动时支架 8 不转动。收纸滚筒导杆 7 可根据印刷品的表面情况，以不蹭脏为原则，任意调节位置。导杆 7 上的防蹭脏小轮也可以轴向任意调节。

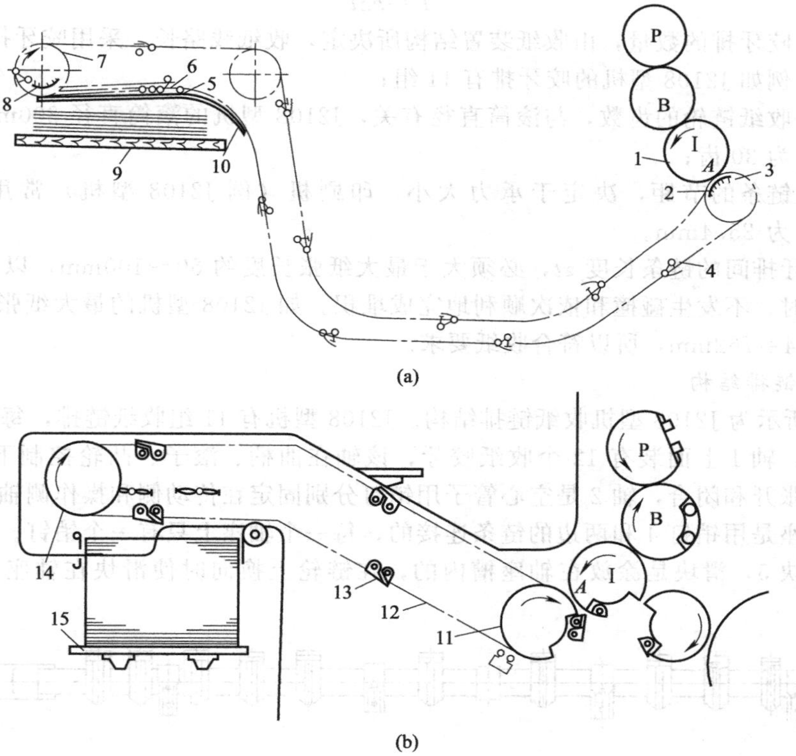

图 7-1 链条咬牙出纸机构

1—压印滚筒；2,8—开牙凸轮块；3,11—主动链轮；4—滚子；5,12—套筒滚子链；6—托架；7,14—从动链轮；9,15—收纸台；10—导轨板；13—咬纸牙排

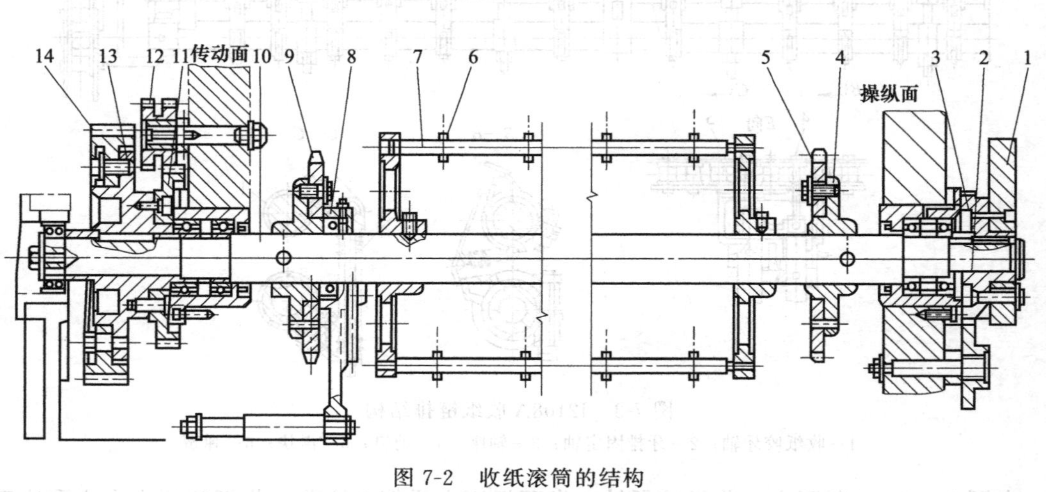

图 7-2 收纸滚筒的结构

1—恒力凸轮；2—传油泵齿轮；3—链轮座；4,5,9—链轮；6—防蹭脏轮；7—导杆；8—支架；10—轴；11,14—齿轮；12—双联齿轮；13—齿轮座

二、收纸链条咬牙排

1. 收纸链条

收纸咬牙排的两端，铰接在两根套筒滚子链上，分别由固定于收纸滚筒轴的两个链轮传动。收纸链条的长度 L

$$L = kzt \tag{7-1}$$

式中 k——咬牙排的数量，由收纸装置结构所决定，收纸线路长，采用咬牙排的数量就多，例如J2108型机的咬牙排有11组；

z——收纸链轮的齿数，与滚筒直径有关，J2108型机的滚筒直径300mm，链轮齿数为30齿；

t——链条的节距，决定于承力大小，印刷机（例J2108型机）常用链条的节距为25.4mm。

每组咬牙排间的链条长度zt，必须大于最大纸张长度约50～100mm，以保证纸张在收纸台上堆积时，不发生碰撞和依次顺利地完成堆积。如J2108型机的最大纸张长为650mm，$zt=30\times25.4=762$mm，所以符合收纸要求。

2. 收纸链排结构

图7-3所示为J2108型机收纸链排结构。J2108型机有11组收纸链排，每一个链排由两根轴支撑着，轴1上面装有12个收纸咬牙，该轴在曲柄、滚子、凸轮控制下作往复运动，从而使咬牙张开和闭合，轴2是空心管子用销钉分别固定在传动侧和操作侧轴座上。E向视图，两端轴座是用销钉4和两边的链条连接的，每一个轴座上只有一个销钉。另一个链条节距上装有滑块5，滑块是涂放在轴座槽内的，在链轮上换向时使滑块在轴座槽内有微量的滑动。

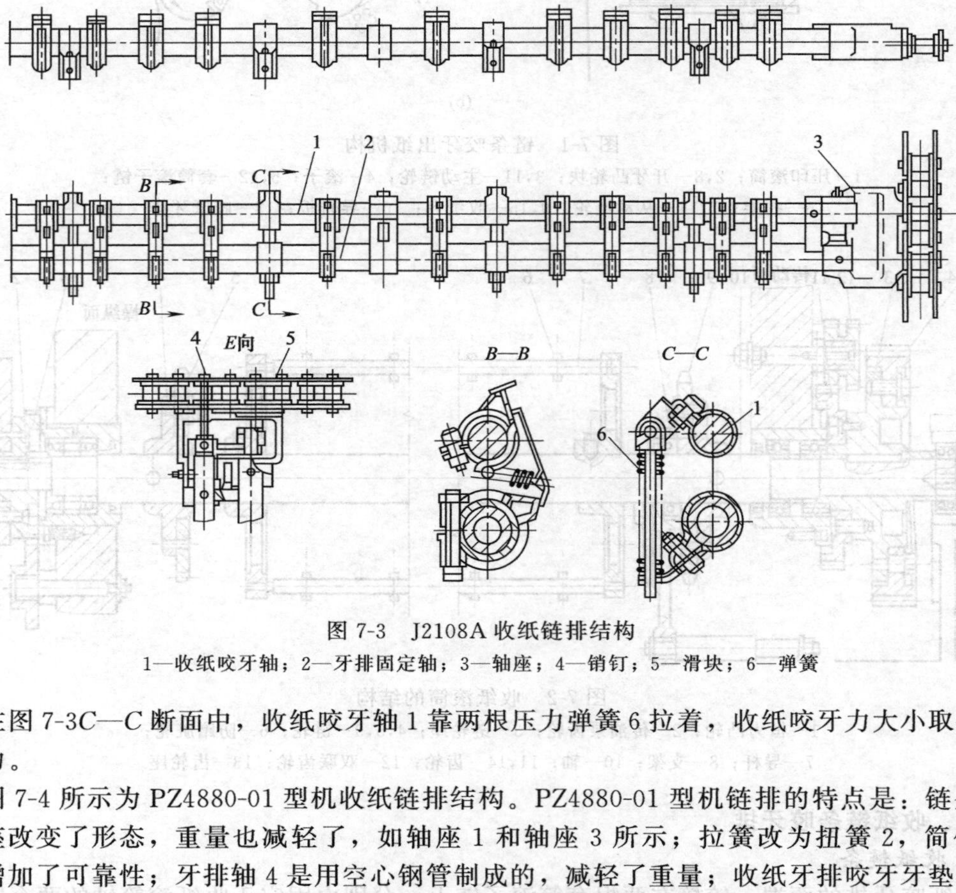

图7-3　J2108A收纸链排结构

1—收纸咬牙轴；2—牙排固定轴；3—轴座；4—销钉；5—滑块；6—弹簧

在图7-3C—C断面中，收纸咬牙轴1靠两根压力弹簧6拉着，收纸咬牙力大小取决于压簧的力。

图7-4所示为PZ4880-01型机收纸链排结构。PZ4880-01型机链排的特点是：链条两边的轴座改变了形态，重量也减轻了，如轴座1和轴座3所示；拉簧改为扭簧2，简化了结构，增加了可靠性；牙排轴4是用空心钢管制成的，减轻了重量；收纸牙排咬牙牙垫6是耐磨塑料制成的，牙垫体7是钢板冲压焊接而成的。其他部分与J2108型机相同。

收纸咬牙排与链条间通过托座连接（图7-5）。套筒滚子链1的一个加长销轴2与托座9

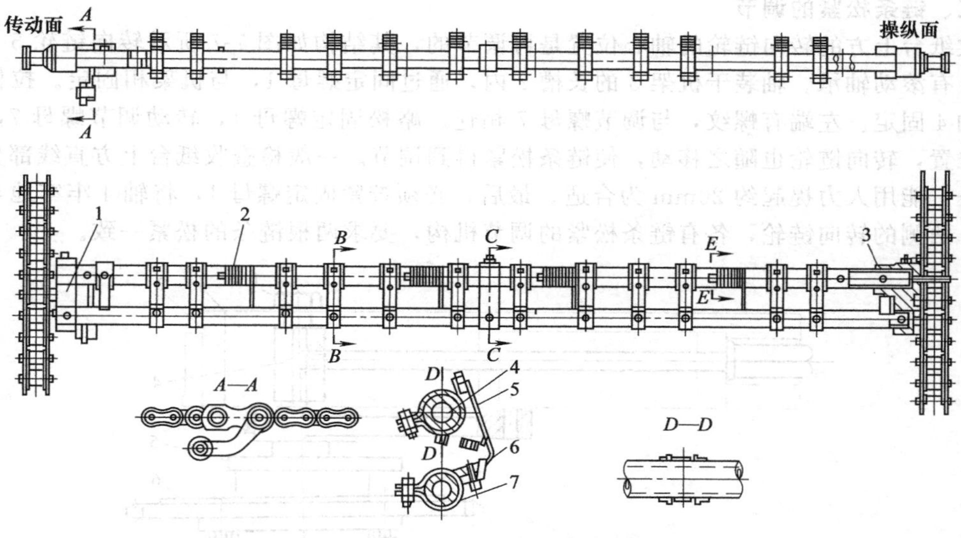

图 7-4　PZ4880-01 收纸链排结构

1,3—轴座；2—扭簧；4—牙排轴；5—收纸咬牙；6—牙垫；7—牙垫体

相固定。另一销轴 3 上装有滑块 4 在托座的导槽 5 内滑动。当链条在直线导轨部分运动时，销轴 2、3 的距离为链条节距的两倍（$2t$）。当链条在弧形导轨或随链轮转动时，两销轴的距离小于 $2t$。滑块、导槽结构可适用于销轴距离变化的要求，牙垫轴 7 与托座 9 相固定。咬牙轴 8 装在托座的轴承孔内，通过张闭滚子 6，传动咬牙轴，使咬牙张闭。这种结构，咬牙排的重量和张牙的作用力都由链条承受，因此磨损较快。

为了减轻链条磨损，一些印刷机采用双导轨结构，图 7-6（a）所示为咬牙排托座装在链条上，由一根导轨导向。图 7-6（b）中咬牙排的托座，有两个滚子在一个封闭的导轨内运动，链条则在另一导轨内运动，经连杆带动托座和咬牙排一起运动。咬牙排的作用力，经托座传给封闭导轨，而链条只承受传动力，不易磨损。这两根导轨的形状和大小，可以相同，也可以不同。对于收纸滚筒来说，牙垫的轨迹必须等于收纸滚筒传动齿轮的分度圆 D_0，利用双导轨结构后，链轮的分度圆 D_s 尺寸可以不受牙垫高度的限制。

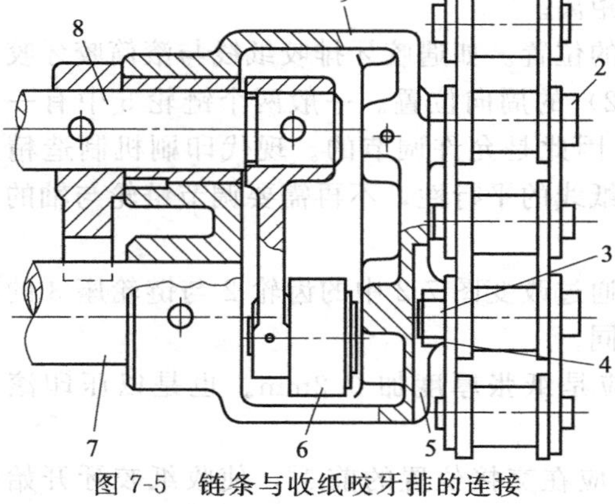

图 7-5　链条与收纸咬牙排的连接

1—套筒滚子链；2,3—销轴；4—滑块；5—导槽；6—滚子；7—牙垫轴；8—咬牙轴；9—托座

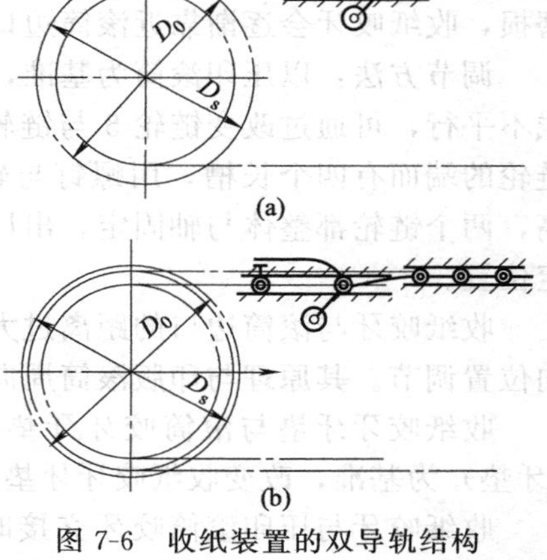

图 7-6　收纸装置的双导轨结构

三、链条松紧的调节

收纸台上方的转向链轮的轴心位置是可调节的，其结构如图 7-7 所示转向链轮 5 与轴 4 之间，有滚动轴承。轴装于机架 3 的长槽 2 内，通过固定螺母 1，与机架相固定。拉杆 6 右端和轴 4 固定。左端有螺纹，与调节螺母 7 相连。略松固定螺母 1，转动调节螺母 7，移动轴的位置，转向链轮也随之移动，使链条松紧得到调节。一般检查收纸台上方直线部分的收纸链条，能用人力提起约 20mm 为合适。最后，必须拧紧固定螺母 1，将轴 4 牢牢地与机架固定。两侧的转向链轮，各有链条松紧的调节机构，要求两根链条的松紧一致。

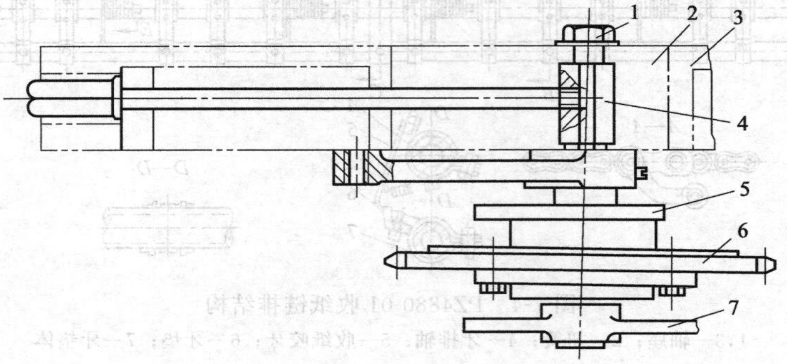

图 7-7　链条松紧的调节

1—固定螺母；2—长槽；3—机架；4—轴；5—链轮；6—拉杆；7—调节螺母

四、链条咬牙与压印滚筒咬牙的交接关系

现代单张纸平版印刷机，一般有 10 组到 20 组的收纸链排，每一个链排由两条链支撑，如图 7-1 所示。均采用高收纸台堆纸，收纸台堆纸高度达 1m 以上，有的可达 1.5m，距离长，可增加传纸时间，便于设置烘干、喷粉等装置；更换纸台时间间隔长，可节省辅助工作时间。咬牙的运动轨迹与压印滚筒 1 相切，咬牙在切点 A 处和压印滚筒咬牙交接纸张。凸轮 2 控制收纸咬牙接纸时的张闭。凸轮 8 控制收纸咬牙经过收纸台上部放纸时的张闭。

收纸咬牙和滚筒咬牙的交接位置，是收纸咬牙运动轨迹和压印滚筒咬牙的相切处。确定方法是找到收纸咬牙牙垫与压印滚筒表面的距离为最小的地方。此时，切线方向的相对位置，要求收纸咬牙咬纸线平行于滚筒咬牙咬纸线，使收纸咬牙比滚筒咬牙少咬纸 1mm。即收纸咬牙距离滚筒边口约 1mm。一是保证收纸咬牙不与滚筒边口相碰。二是随着收纸链轮磨损，收纸咬牙会逐渐靠近滚筒边口，预留一定距离。

调节方法：以压印滚筒为基准，改变咬牙排的位置。如遇咬牙排咬纸线与滚筒咬牙咬纸线不平行，可通过改变链轮 5 与链轮座 3（图 7-2）的周向位置。一般两个链轮 5 中有一个链轮的端面有四个长槽，用螺钉与轮座相固定，因此是允许调节的。现代印刷机制造精度高，两个链轮都整体与轴固定，出厂时能保证咬纸线的平行性，不再需要调节链轮与轴的固定位置。

收纸咬牙与滚筒边口的距离过大或过小，可通过改变图 7-2 中的齿轮 2 与链轮座 3 的周向位置调节。其原理与印版滚筒周向位置调节相同。

收纸咬牙牙垫与滚筒咬牙牙垫的距离，也应是纸张厚度加 0.2mm。也是以压印滚筒（牙垫）为基准，改变收纸咬牙牙垫高度来达到。

收纸咬牙与压印滚筒咬牙交接时间的调节，应在交接位置的前 1°，使收纸咬牙开始咬纸。两咬牙共同控制纸张约 2°，即在交接位置后 1°，压印滚筒咬牙开始放纸。如不符要求可通过改变张闭凸轮的位置进行调节。调节方法可参阅递纸咬牙与滚筒咬牙交接时间的调节。

现代平版印刷机的印刷速度大幅度地提高，采用链条咬牙传纸能够满足高速、长距离的传纸要求。为了减少撞击与磨损，对导轨的斜率与安装精度要求很高，因导轨是链条平稳运行的保证，安装后必须保持平直，左右开挡一致，左右不平行度不得大于 0.5mm，导轨间隙应略大于链条的轴承，不能有卡住现象，但间隙过大对链条保养不利，而且会增加噪声，导轨间隙应不大于 0.3mm。

第二节　链条咬牙的传纸速度

纸张从压印滚筒交给收纸咬牙时的速度，等于滚筒的表面线速度。高速印刷机的印刷速度高达 4m/s 左右。纸张若以这样的速度落入收纸台上，由于惯性冲击，纸张在碰到齐纸板时会造成折痕，以及飘移不定，不仅影响纸张堆齐，甚至无法印刷。因此，必须采用一些减速结构，使纸张到收纸台上的速度减为 1m/s 以下。

一、利用收纸链轮减速

根据交接要求，收纸咬牙的牙垫在链轮上转动时，其运动轨迹应与收纸链轮传动齿轮（或压印滚筒的传动齿轮）的分度圆 D_0（图 7-8）相同，同时牙垫又必须高出链条套筒。所以链轮的分度圆直径 D_1 小于压印滚筒传动齿轮的分度圆直径 D_0，但牙垫高度也不能太大。所以，收纸咬牙与压印滚筒交接纸张时的速度 v_{I}

$$v_{\mathrm{I}} = \omega_{\mathrm{I}} \frac{D_0}{2}$$

式中　ω_{I}——滚筒的角速度。

纸张被收纸咬牙送入收纸台上部的直线部分时，其速度等于链条移动速度 v_1

$$v_1 = \omega \frac{D_1}{2}$$

显然，$v_{\mathrm{I}} > v_1$，纸张速度的降低值，可用减速系数 ξ_1 表示

$$\xi_1 = \frac{v_1}{v_{\mathrm{I}}} = \frac{D_1}{D_0} \tag{7-2}$$

ξ_1 值一般在 0.8～1 范围内。以 J2108 型机为例，滚筒齿轮分度圆直径 $D_0 = 300\text{mm}$；链轮齿数 $z_1 = 30$，链条节距 $t = 24.5\text{mm}$。链轮分度圆直径 D_1 为

$$D_1 = \frac{t}{\sin \frac{180°}{z_1}} = \frac{24.5}{\sin \frac{180°}{30}} = 234.4\text{mm}$$

所以
$$\xi_1 = \frac{D_1}{D_0} = \frac{234.4}{300} \approx 0.78$$

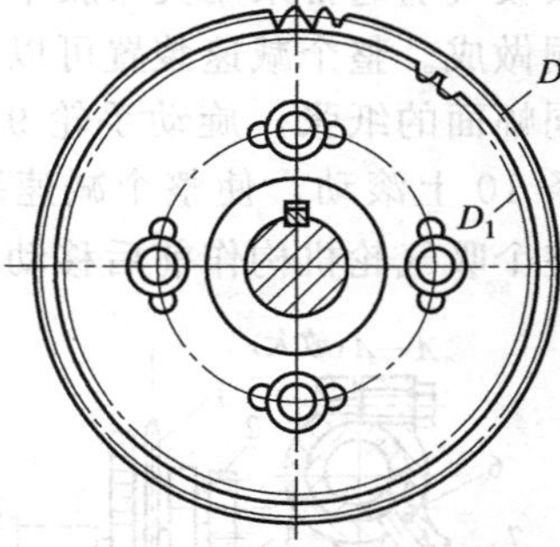

图 7-8　收纸链轮减速原理

说明链条的速度 v_1 为印刷滚筒表面速度的 78%。若该机印速为每小时 7500 印张，则印刷滚筒的表面速度 v_{I}

$$v_{\mathrm{I}} = \frac{\pi \times 300 \times 7500}{1000 \times 3600} = 1.96\text{m/s}$$

链条的速度 v_1

$$v_1 = 0.78 \times 1.96 = 1.53\text{m/s}$$

二、利用双导轨减速

采用双导轨链条传动收纸咬牙排，不仅可以减少链条导轨磨损，还可用两根导轨形状的

不同来降低传纸速度，已被一些高速印刷机所应用。图 7-9 所示是在收纸台上部转向链轮处的双导轨结构。咬牙排 3 在封闭导轨 1 中运动，链条 2 由链轮 5 转向，通过连杆 4 带动收纸咬牙排 3。收纸咬牙在两导轨重合部分，其速度与链条速度 v_1 相等。两导轨分开，能使收纸咬牙的速度降低。

三、利用吸气轮减速

1. 工作原理

国产印刷机大都用单导轨链条传送纸张，咬牙在收纸台上方放纸时的速度即为链条速度，速度较高。因此，采用吸气轮减速机构，其工作原理如图 7-10 所示。

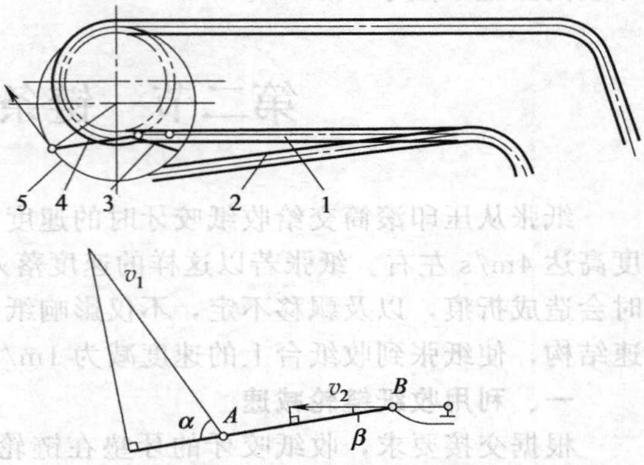

图 7-9　双导轨减速工作原理

1—封闭导轨；2—链条；3—咬牙排；4—连杆；5—链轮

吸气轮 5 由于气泵吸气使其内部压力低于大气压，并不断地以较慢的速度与纸张运动同向转动，当咬牙 2 带着纸张 4 经过吸气轮 5 的上部时，便吸住纸张，使其减速，把纸张与收纸台 1 上的纸堆之间的空气抽掉一部分，使纸张平稳地落在纸堆上。

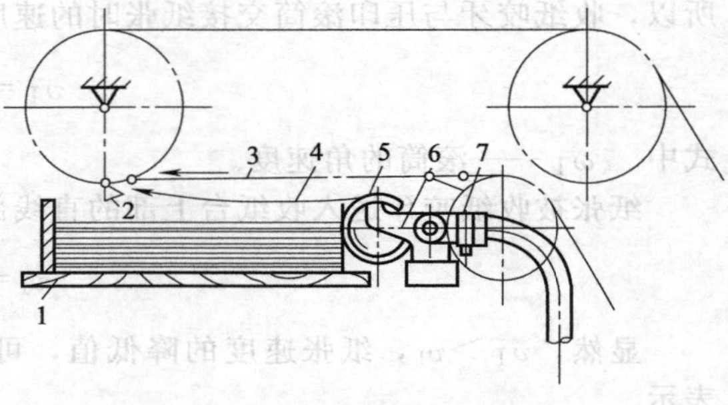

图 7-10　吸气轮减速工作原理

1—收纸台；2—咬牙；3—收纸链条；4—纸张；5—吸气轮；6—风管；7—风量调节阀

2. 吸气轮的结构

如图 7-11 所示，传动链轮 1 由收纸链条带动齿轮 2（与链轮 1 同轴）、介轮 3、齿轮 4 使轴 5 转动，吸气轮 8 安装在轴 5 上，因此吸气轮 8 不断的转动，吸气轮 8 的表面线速度就是纸张减速后的速度。从 A—A 剖面图可看出，气门 6 用来调节吸气量，由于吸气轮 8 转动而吸气嘴 6 是不动的，为防止磨损吸气嘴通常采用夹布胶木，而吸气轮用黄铜做成。整个减速装置可以移动，以适应不同幅面的纸张，旋动手轮 9 则齿轮 11 在齿条 10 上滚动，使整个减速装置移动，带着整个吸气轮机构作前后移动，获得所需的工作位置。

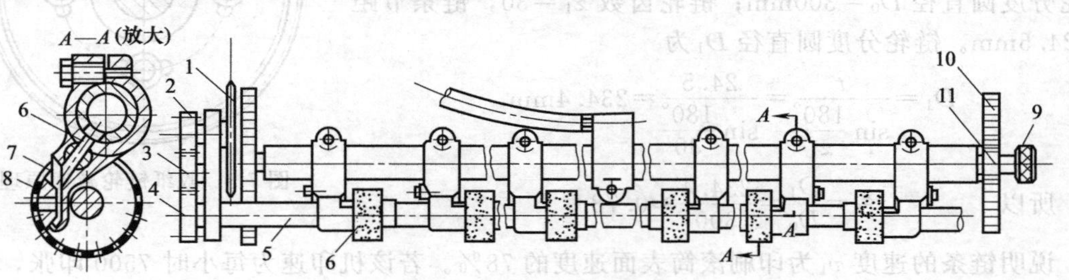

图 7-11　吸气轮减速机构

1—链轮；2,4,11—齿轮；3—介轮；5—轴；6—气门；7—吸气嘴；8—吸气轮；9—手轮；10—齿条

对于小幅面的印刷机，由于纸张惯性小，容易堆齐在收纸台上。一般以收纸咬牙速度送向收纸台，不需增设其他减速结构。

对于现代单张纸印刷机均采用吸气式辊减速机构，但只依靠吸气辊减速还不能使印刷品速度降到 1m/s 以内，因此在印刷机收纸台的上方又安装有风扇吹风，使印刷品受到上方均匀地压吹风力，使纸张减速并整齐地落在收纸台上。

图 7-12 为海德堡 Speedmaster 102-4 型机收纸减速机构。在收纸台上方，吸气辊的前缘安装有一排吹风嘴 2，并在吸气辊的后缘装有三排 12 个小电风扇 4，它们均从纸张的上面向下给纸张吹风，使纸张受到均匀的压力而迅速下落在收纸台上。1 为吹气头，作用是在纸张与托架之间吹风托起纸张，以防双面印刷时蹭脏印迹。3 为驱动吸气轮的直流电机，6 为纸张，7 为收纸牙排，8 为开牙凸轮

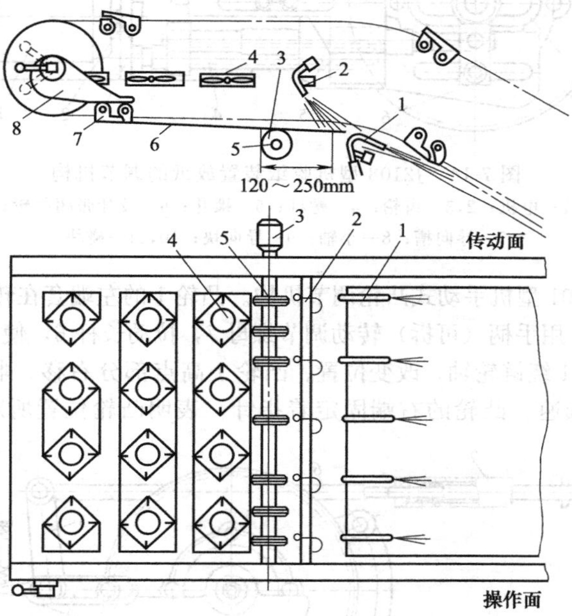

图 7-12　收纸减速机构

1—吹气头；2—吹风嘴；3—电机；4—电风扇；5—滚轮；6—纸张；7—收纸牙排；8—开牙凸轮

图 7-13 为罗兰 ROLAND 单张纸平版印刷机在收纸上方所采用的气杆压风，应用气流气压实现收纸台压风，在收纸台上方平行于纸张运行的方向上装有 5 根气杆，每根气杆有六个吹风嘴。图 7-13 表示出纸张在气杆吹风时的情况，纸张被吹成波浪形，轻轻柔和地落到收纸台上。这种轻微地抖落可以增加纸张的稳定性，收纸效果很好。

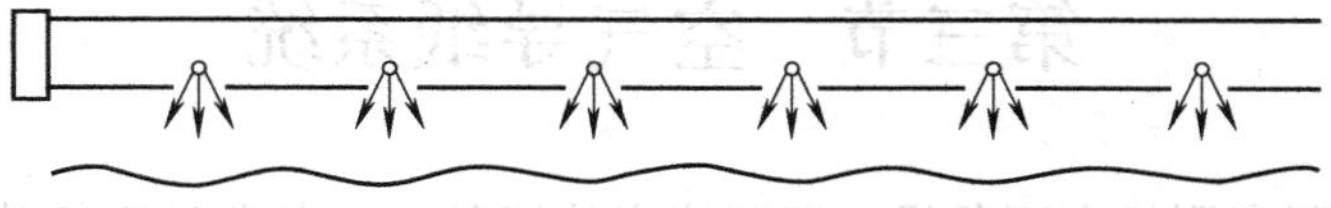

图 7-13　罗兰 ROLAND 单张纸平版印刷机收纸气杆压风

四、印刷机印速与放纸时刻

印刷机在不同的生产速度下，滚筒表面速度和收纸咬牙移动速度也随之改变，为解决由于收纸咬牙移动速度改变，造成纸张惯性的变化，而影响收纸的正确性，一般通过调节转向链轮处的咬牙张开凸轮的位置而达到：在印速高时，使咬牙早放纸；反之，迟放纸。

图 7-14 为 J2108 型机电动式调节机构。电机 1 轴端的齿轮 2，传动齿轮 3，使螺杆 4 转动。通过导向块 9 的螺孔 5，使导向块 9 和与它相连的咬牙张闭凸轮 6 获得左右移动。机器低速运转时，电机传动凸轮 6 左移；使收纸咬牙迟些放纸；反之，凸轮 6 右移，使咬牙早些放纸。碰块 11 的位置决定低速时的凸轮位置，碰块 10 的位置决定高速时的凸轮位置。因此，选择不同的高速，可调节碰块 10 的位置。在操作“定速”按钮的同时，一方面整个机

器逐渐增速至所选择的速度，另一方面电机 1 也逐渐将凸轮右移至碰块决定的对应于此印速的凸轮位置。

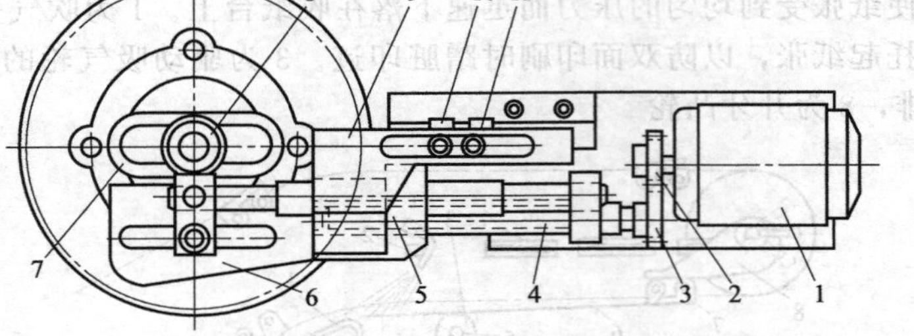

图 7-14　J2108 型机收纸装置放纸的调节机构

1—电机；2,3—齿轮；4—螺杆；5—螺孔；6—咬牙张闭凸轮；7—导向槽；8—小轴；9—导向块；10,11—碰块

图 7-15 为 PZ4880-01 型机手动式凸轮调节机构。凸轮 1 的左端套在转向链轮 2 的轴上，右端有长槽 4，嵌入销轴 3。用手柄（可拆）转动调节螺母 7，拉动长杆 6，使双臂摆杆 5 绕中心 O 转动，通过销轴 3 使凸轮 1 绕链轮轴，改变位置。凸轮 1 高点部分右移，收纸咬牙放纸早，适用于高速；反之，适于低速。凸轮的右端固定着指针，表明凸轮位置所对应的印刷速度。

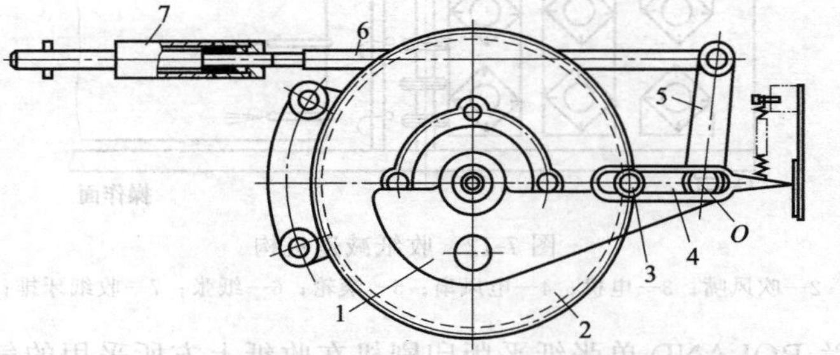

图 7-15　PZ4880-01 型机收纸装置放纸的调节机构

1—凸轮；2—链轮；3—销轴；4—长槽；5—双臂摆杆；6—长杆；7—调节螺母

第三节　空气导纸系统

现代单张纸平版印刷机在不断提高印刷速度的情况下，完成多色印刷，均采用了空气导纸系统，避免和消除了印迹蹭脏和划伤现象，确保印刷质量稳定与提高。

一、空气导纸系统的性能特点

传统的单张纸平版印刷机在收纸装置部分及印刷机组之间的传纸滚筒、翻转滚筒上没有采取什么措施，只是在实际生产过程中，在传纸滚筒、翻转滚筒表面上包有一疏墨材料的防脏纸或超级蓝网布，从而减轻了印迹的蹭脏，但不能彻底解决印迹蹭脏和划伤的现象，限制了印刷速度的提高与印刷质量的稳定，同时在更换纸张和纸板时还需要一定的调整时间。

现代单张纸平版印刷机在收纸装置部分及传纸滚筒及翻转滚筒上采用了空气导纸系统。它抛弃了防脏纸或超级蓝网布，节约成本，提高生产效率；纸张和纸板之间互相转换时的调整准备速度加快；采用径向吹嘴吹气，可稳定薄纸、防止纸张折角；传纸不留痕迹，防止划墨，有利于第二次走纸；防止导纸板处油墨堆积；消除了承印物不规则的运动，平稳地将纸张精确堆积在收纸台上；与传统的系统相比，减轻了清洁保养工作；可以更高的速度运行印刷机。如图 7-16 为空气导纸系统在印刷机中的位置。

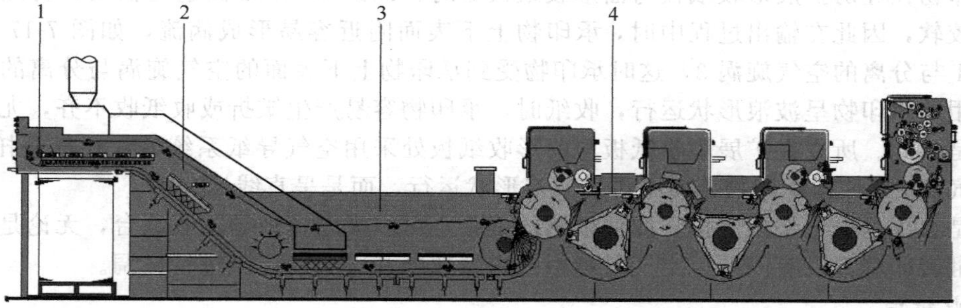

图 7-16　空气导纸系统在印刷机中的位置

1—收纸台；2—曲形收纸板；3—扩展形收纸板；4—传纸滚筒

二、空气导纸系统的工作原理

现代单张纸平版印刷机在收纸装置部分及传纸滚筒上采用空气导纸系统。例如海德堡 Speedmaster102 系列等印刷机上采用空气导纸系统，应用空气动力学的原理，利用在收纸部分及印刷机组之间传纸滚筒下方部分，利用射流吸附技术，以吹为吸的原理将每张纸拉向和贴近弯曲的导纸板，而正是由于向两侧横向吹气气流的存在，形成很薄的气垫，这样承印物在机组间和收纸部分传递时是停留在一层气垫上的，实现了流畅、无划痕的传递，避免了承印物与导纸板的直接接触，从而避免了蹭脏。

1. *扩展形收纸板与曲形收纸板*

图 7-17（a)、(b）所示为收纸装置具有专利的海德堡导纸板在承印物上形成稳定的防

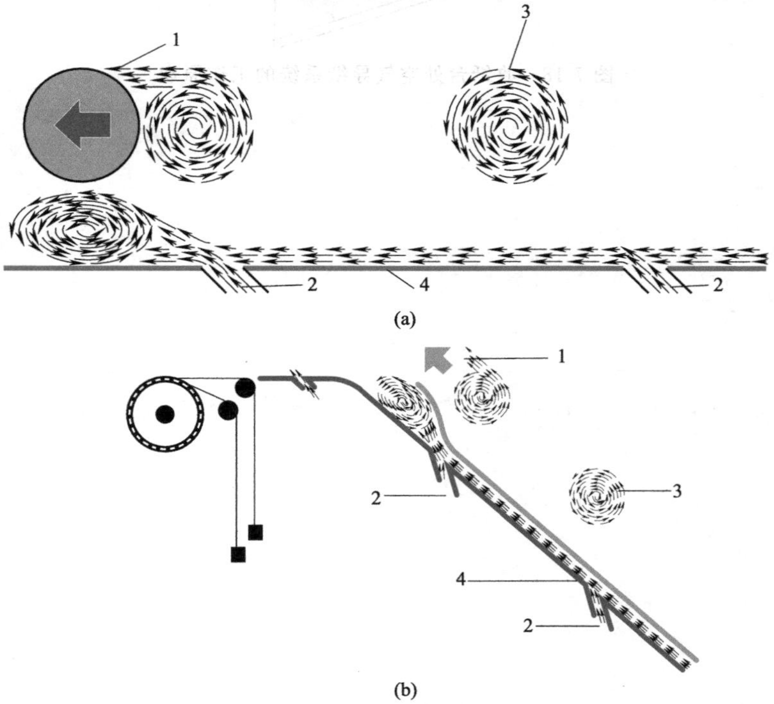

图 7-17　扩展形收纸板与曲形收纸板处空气导纸系统的工作原理

1—空气旋涡；2—喷射气流；3—分离的空气旋涡；4—气垫托纸板

护气垫的空气导纸系统工作原理，此图分别位于图 7-16 中的扩展形收纸板 3 与曲形收纸板 2 处。

承印物在经历扩展形收纸板与曲形收纸板处时，以约 3.6m/s 高速度输出，再加上纸张本身比较软，因此在输出过程中时，承印物上下表面附近容易形成涡流，如图 7-17 中的空气旋涡 1 与分离的空气旋涡 3，这时承印物受到承印物上下表面的空气旋涡与分离的空气旋涡的作用，承印物呈波浪形状运行，收纸时，承印物容易产生皱折或收纸收不齐，尤其是薄纸时更是如此。所以在扩展形收纸板与曲形收纸板处采用空气导纸系统后，在气垫托纸板 4 处喷射气流 2，这样承印物表面不再呈波浪形状运行，而是呈直线运行了。

正是有了这个气垫的支撑，即使敏感的纸张也可以无划痕地导入收纸台，无论是在线印刷还是翻转印刷都没有问题。空气量可根据机器速度和纸台的走纸进行微调。

2. 收纸台

同样收纸台部分空气导纸系统也是这样。承印物在以高达 3.6m/s 左右的速度输出到收纸台时，由于承印物运行的惯性，会造成折痕或飘移不定、抖动，特别是薄纸更是如此，这样不仅影响承印物的堆齐，甚至无法印刷。如图 7-18 所示，现代单张纸平版印刷机均采用空气导纸系统，此图位于图 7-16 中的收纸台 1 处，在其他减速机构的配合下，空气导纸系统最终把纸张平稳、整齐、流畅、无划伤和无蹭脏地收集在收纸台上。

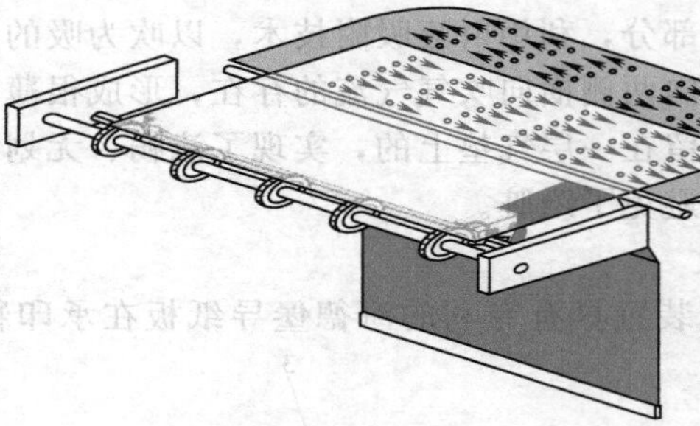

图 7-18　收纸台处空气导纸系统的工作原理

第八章　卷筒纸平版印刷机的输纸与折页装置

卷筒纸印刷机的输纸装置与单张纸印刷机的输纸装置完全不同。在卷筒纸平版印刷机上，纸张以纸带的形式从纸卷上连续不断地展开，并以一定的张力要求，供给印刷机组印刷，而纸带经印刷后，其收纸系统则由卷筒纸平版印刷机的折页装置完成纸带的裁切和折页工作。

卷筒纸平版印刷机输纸装置的基本功能是以一定的轴向位置，根据印刷机组的张力要求，平稳而准确地将纸带源源不断地送入印刷机组。

卷筒纸平版印刷机在纸带连续供给的印刷过程中，要得到套印准确、裁切和折页整齐、表面光滑平整的印刷品，其输纸装置应能做到快速更换纸卷，在轴向能够正确地安装纸卷，能缓冲及消除纸带振动，保持纸带张力恒定，同时匀速地按所需方向和套准要求把纸带送给印刷机机组。为实现上述印刷工艺要求，卷筒纸平版印刷机的输纸装置一般由卷筒纸安装机构、张力控制机构和纸带引导系统等组成。而其收纸折页装置则根据输出纸张的不同工艺要求，相应设置有纵切和纵折机构、横切和横折机构以及纸贴输出机构等。下面就卷筒纸平版印刷机的输纸与折页装置的相应结构分别给予阐述。

第一节　概　述

卷筒纸印刷机纸卷安装机构主要包括：卷筒纸纸架、纸卷卡紧机构、纸卷升降机构、纸卷轴向调节机构及自动接纸系统等部分。

一、纸架类型

卷筒纸印刷机纸架类型按纸卷数可分为：单纸卷纸架、双纸卷纸架、三纸卷纸架。

（1）单纸卷纸架　一个给纸机只能装一个纸卷，如图 8-1 所示。用这种纸架当纸卷印刷完时，必须停机更换新纸卷。这种给纸机每用完一个纸卷，要停一次机器，这样就降低了机器的生产效率。同时由于多次启动和停止机器运转易引起断纸造成纸张浪费。它一般在速度不太高的印刷机上使用。

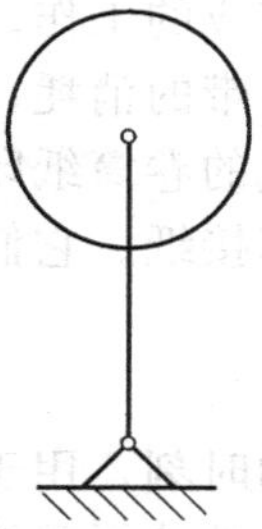

图 8-1　单纸卷纸架

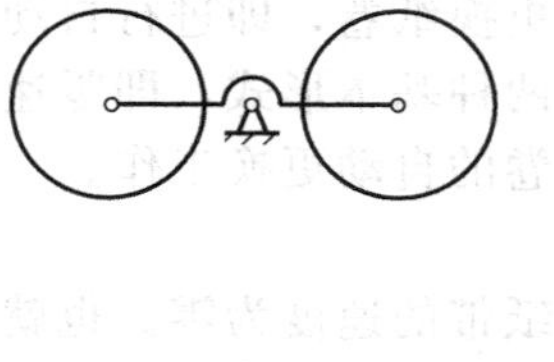

图 8-2　双纸卷纸架

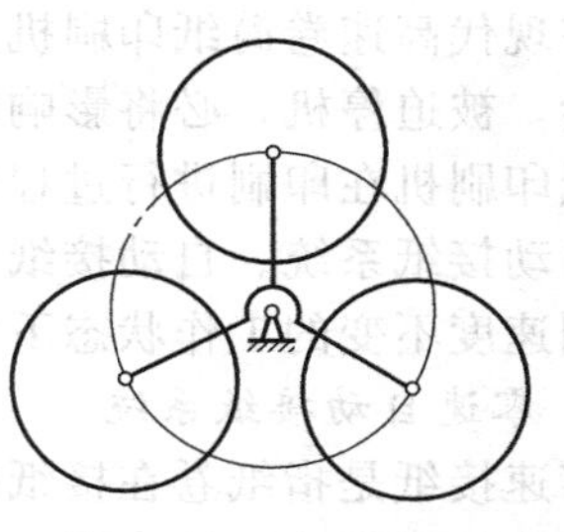

图 8-3　三纸卷纸架

（2）双纸卷纸架　一个给纸机上同时可以安装两个纸卷，如图 8-2 所示。这种给纸机可采用旋转换纸，如图 8-2 所示，即上面的一个纸卷先使用，在使用过程中，将下面的纸卷装好待用。等第一个纸卷用完以后，可停机人工接纸或不停机自动接纸，待纸接好后，第二个纸卷转到工作位置使用，原第一个上纸机构转到待用位置，再上一个新纸卷待用。

(3) 三纸卷纸架　这种给纸机如图 8-3 所示。当一个纸卷快要用完时，纸架便转动一个角度，使第二个纸卷进入自动接纸位置，当第一个纸卷即将用完时，即进行自动接纸，接纸后再转动一角度，第二纸卷到达工作位置，第一个纸架转到待用位置，安装纸卷备用。这类给纸机多用于高速新闻卷筒纸印刷机上。

二、纸卷卡紧机构

在卷筒纸印刷机上，纸卷的卡紧安装有两种方式：有芯轴安装和无芯轴安装。

(1) 有芯轴安装　图 8-4 所示为纸卷采用有芯轴安装。

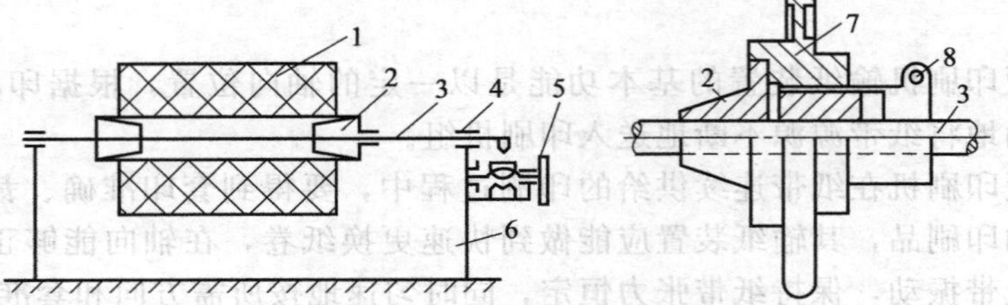

图 8-4　有芯轴纸卷的安装

1—纸卷；2—锥头；3—芯轴；4—轴承；5—手轮；6—纸卷架；7—手轮；8—锁紧套

穿过纸卷 1 心部的芯轴 3 是一根钢制的长轴，其上有两个夹紧纸卷用的锥头 2，锥头用锁紧套 8 紧固在芯轴上，转动手轮 7 使其轴向移动，从而夹紧纸卷。纸卷夹紧以后，连同芯轴一起安装到纸卷架 6 对开的轴承 4 上。纸卷的轴向移动用手轮 5 完成。

而在高斯 M-600 型以商业印刷为主的卷筒纸印刷机上，纸卷的安装则采用了气胀式有芯轴安装，而纸卷的轴向移动则利用电机通过减速机构来完成。

(2) 无芯轴安装　图 8-5 所示为纸卷用无芯轴卡紧安装。

这种纸卷安装没有穿纸长轴，而用梅花顶尖卡紧。纸卷卡紧采用电动方式。固定顶尖 15 与磁粉制动器 17 相连，它本身不能轴向移动。安装纸卷时，先将移动顶尖 16 退回到一定位置，然后让纸卷置于两顶尖之间，将纸卷的芯部对准顶尖 15 和 16，启动电机 19，通过蜗杆 20、蜗轮 21 使丝杠 22 转动，经套 23 带动移动顶尖 16 左移，将纸卷自动夹紧。限位块 24 与微动开关 25 配合，用以限制移动顶尖 16 的最大移位量。

这种纸卷卡紧方式由于速度快，纸卷卡紧牢固可靠，而且每次卡紧力一致，故在现代高速卷筒纸印刷机上被广泛采用。

三、自动接纸系统

在现代高速卷筒纸印刷机上，一纸卷用完后更换纸卷是一项必须完成的工作。而为了更换纸卷，被迫停机，必将影响印刷生产率。为了减少停机时间，控制纸带的消耗，人们希望卷筒纸印刷机在印刷进行过程中完成更换纸卷，即进行自动接纸。现代的卷筒纸印刷机都设置有自动接纸系统。自动接纸主要有两种基本形式，即零速接纸和高速接纸。它们都是在滚筒印刷速度不变的工作状态下完成纸卷的自动更换工作。

1. 零速自动接纸系统

零速接纸是指纸卷在接纸的瞬间纸带的速度为零。也就是在接纸的时刻，用于接纸的纸带和被接的纸带速度均为零，而印刷部分可以不降速继续印刷。零速自动接纸系统的主要功能是将快要用完的旧纸卷的纸带按要求准确无误地粘贴在新纸卷上，并且及时将旧纸卷纸带切断，完成接纸工作，所有接纸过程都是在零速（即纸带停止运动）的情况下完成的。为保证接纸过程中印刷部分不降速停机印刷，故零速自动接纸系统设有储纸机构。

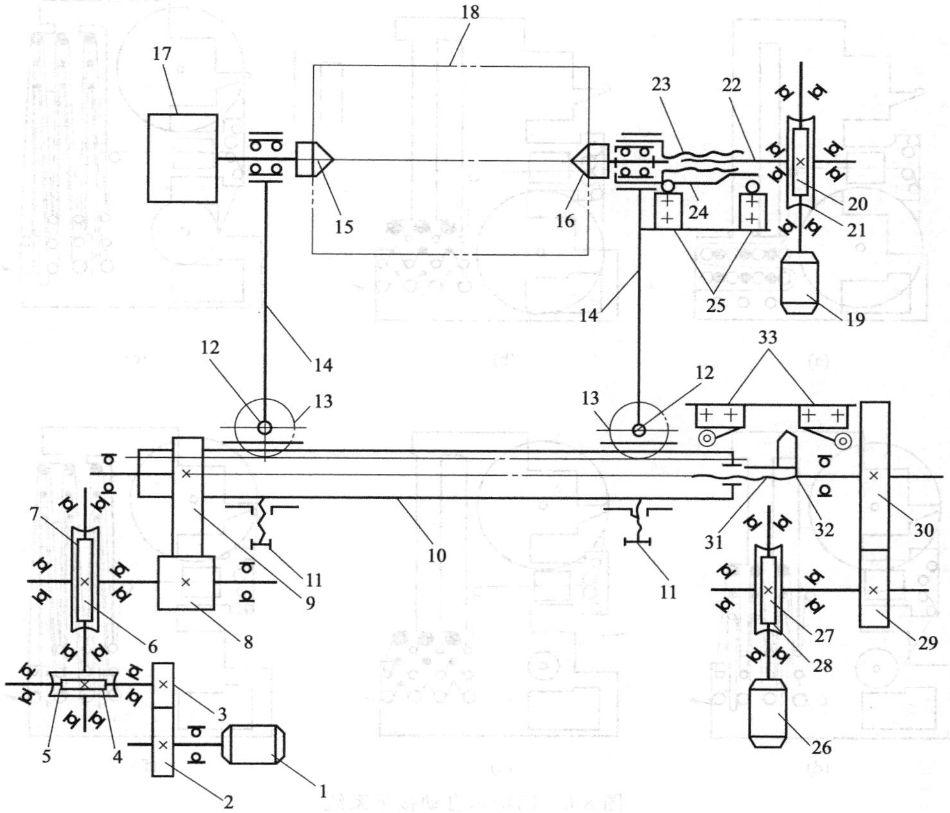

图 8-5 无芯轴纸卷的安装

1,19,26—电机；2,3,8,29,30—齿轮；4,6,20,27—蜗杆；5,7,21,28—蜗轮；9—扇形齿轮；10,12—轴；11—螺钉；13—小齿轮轴；14—支臂；15,16—顶尖；17—磁粉制动器；18—纸卷；22,31—丝杠；23—套；24,32—限位块；25—微动开关；33—限位开关

零速自动接纸系统有多种类型，如巴特尔接纸系统、康泰接纸系统和英克接纸系统，虽然这几种自动接纸系统结构有所不同，但自动接纸的原理基本相同。图 8-6 所示为巴特尔自动接纸系统原理。其接纸过程如下。

① 如图 8-6（a）所示，穿纸时，所有浮动辊全部下降。浮动辊（图中涂黑的辊）和固定过纸辊（图中未涂黑的辊）形成两排，纸带如图所示穿过各辊。

② 如图 8-6（b）所示，浮动辊在压缩空气的作用下向上运动，储纸系统开始储纸。纸带的线速度比印刷部件的线速度高。这种速度的设置是为了纸带除供给印刷部件正常的印刷用纸外，还有一部分纸被储存在储纸系统。而储纸量的大小则决定于浮动辊的数量和浮动辊移动的距离。

③ 如图 8-6（c）所示，此时浮动辊已到达最高位置。储纸量也达到最大值。在浮动辊即将到达最高位置时，纸卷制动控制机构自动地在纸卷轴上施加一个制动力。使纸卷转速降低，最后使纸卷供出纸带的线速度和印刷部件的线速度相等，这时浮动辊也正好到达最高点。此后纸卷正常向印刷部件供纸，而纸带的张力也达到印刷所要求的张力。当旧纸卷用到规定的直径时，监测装置发出第一个信号。此时新纸卷准备好开始接纸。

④ 如图 8-6（d）所示，新纸卷已经做好接纸准备，当纸卷用到应该接纸的直径时，监测装置发出第二个信号。旧纸卷制动器给纸卷轴施加制动力，使纸卷平移地停止运动，并且

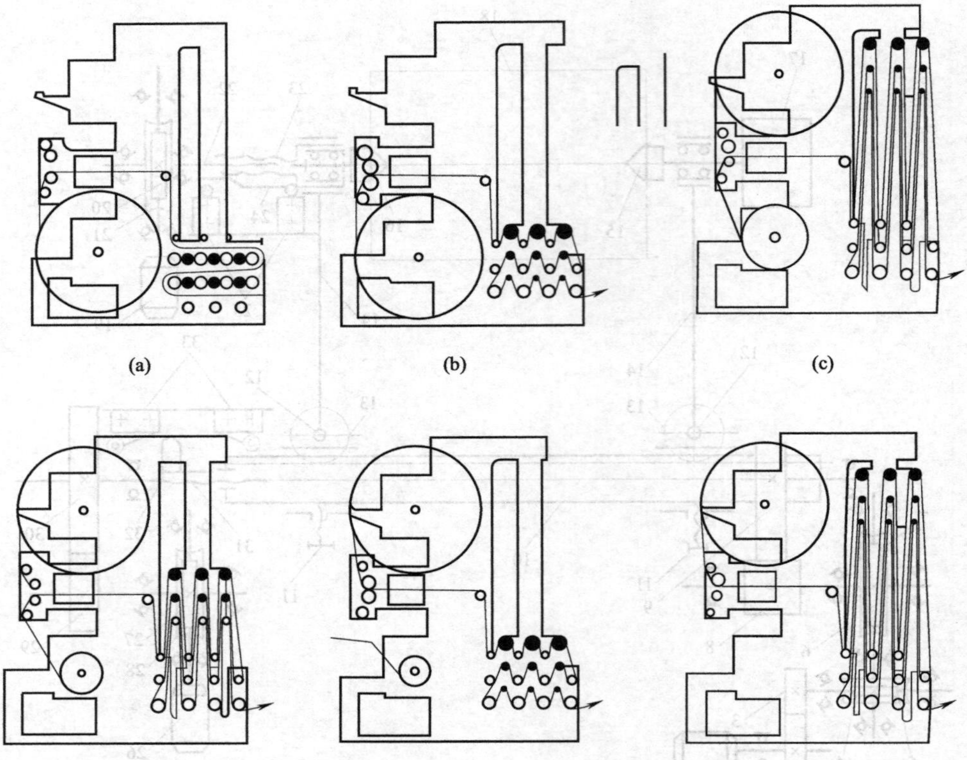

图 8-6　巴特尔自动接纸系统

立刻与新纸卷在零速下完成接纸。在接纸期间浮动辊下降，此时正常印刷用纸由储纸系统供给，而印刷速度不变。当储纸系统中储纸即将用尽时，自动接纸已完成，而由新纸卷给印刷部件供纸。

⑤ 如图 8-6（e）所示，自动接纸完成后，旧纸卷纸带被切断。新纸卷很快被加速到其纸带的线速度比印刷线速度高的状态。一方面供印刷部件印刷用纸，另一方面供储纸系统给浮动辊上升储纸。

⑥ 如图 8-6（f）所示，新纸卷被自动接纸以后，浮动辊又返回到最高位置，旧纸卷完全被新纸卷取代。取下旧纸卷芯，并且准备安装一个新纸卷，完成一个接纸工作循环过程。

图 8-7 所示为康泰自动接纸系统。康泰自动接纸系统的工作过程与巴特尔自动接纸系统的基本相同。由图 8-7（a）为储纸浮动辊上升开始储纸的情况，它相当于图 8-6（b）的情

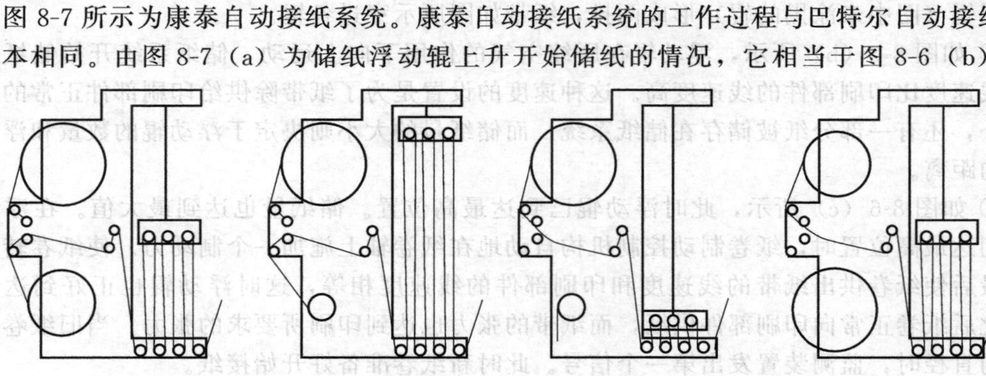

图 8-7　康泰自动接纸系统

形。图 8-7（b）为正常供纸的情形，此时新纸卷准备接纸，相当于图 8-6（c）的情形。图 8-7（c）为接纸的情况，在接纸过程中，浮动辊已降到最低点，自动接纸同时完成。旧纸卷纸带被切断，新纸卷开始供纸。而图 8-7（d）为接好纸以后浮动辊又开始上升储纸的过程。

在德国海德堡 M-600 型卷筒纸印刷机上采用的是康泰自动接纸系统。它的整个操作过程（旧纸卷停止转动，粘接、切断、新纸卷加速转动）是在达到预定的某一剩余纸卷直径时全自动进行的。

从以上巴特尔自动接纸系统和康泰自动接纸系统的原理图和工作过程可以看出，它们的不同之处主要是在浮动辊。巴特尔接纸系统浮动辊为上下三排，而康泰接纸系统浮动辊只有一排。因它们的结构不同，储纸量也有所不同。从结构看康泰自动接纸系统结构简单，但其穿纸不如巴特尔接纸系统方便。不过它易于制造和维修。

2. 高速自动接纸系统

高速接纸是指新旧纸卷在接纸过程中纸带不停，在高速运转下完成自动接纸，或者在接纸时刻输纸机的自动接纸采用与印刷部件降速后的两纸带速度相等的情况下完成接纸。高速自动接纸系统的主要功能是将快要用完的旧纸卷的纸带准确无误地粘贴在新纸卷上。由于高速自动接纸时，新旧纸带都处在运动状态，也就是说新纸卷在外力的作用下，纸带速度与旧纸卷纸带速度相同的情况下完成自动接纸，因此这种自动接纸系统没有储纸系统。高速自动接纸系统大都用于新闻印刷或要求不高的书刊及一般的卷筒纸印刷机上。如果它用于商业用卷筒纸印刷机上，则另加专门的送纸机构。

高速自动接纸系统虽有各种各样的结构，但其自动接纸的原理大致是相同的。接纸前，先在待用纸卷的纸带头部贴好胶纸，当在用纸卷直径到达换卷尺寸时，由电气系统完成检测和控制，同时使待用纸卷加速转动，等到它的表面线速度与在用纸卷线速度达到一致时，刷辊和裁纸刀产生摆动，推动在用纸带与待用纸卷接触，当纸卷上的胶纸转过刷辊，由于压力作用，两条纸带就粘接在一起，待用纸卷进入工作状态，与此同时，裁纸刀将原用纸带切断，而后刷辊和裁纸刀复位，完成接纸的全过程。

图 8-8 所示为三纸卷纸架型高速自动接纸系统示意。其接纸过程如下。

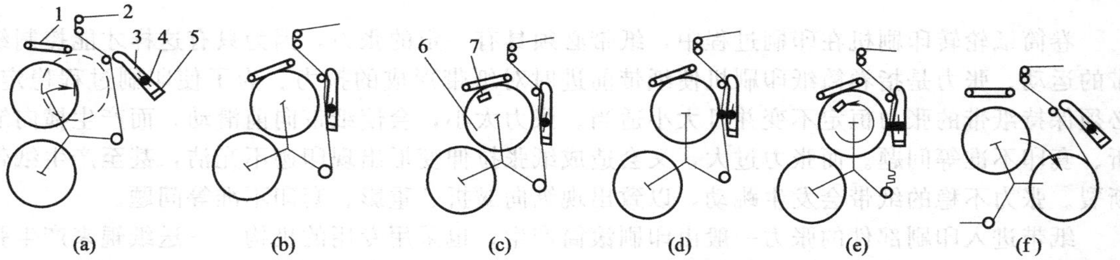

图 8-8　三纸卷高速自动接纸系统

1—加速皮带；2—纸带；3—接纸臂；4—压纸辊；5—切刀；6—标签测定光电管；7—接纸标签

① 正在使用的纸卷向印刷部件正常供纸，纸带的线速度与印刷速度相等。在新纸卷上贴好双面胶带，当纸卷用到一定直径时，监测装置发出第一个接纸信号（如果要降速自动接纸，在发出第一个接纸信号后，机器便自动降速）。如图 8-8（a）所示。

② 监测装置发出第一个接纸信号（纸卷直径约 160mm），转臂便自动转动一个角度，使新纸卷转到接纸位置。新纸卷的位置由光电系统控制。纸卷位置定位以后，加速皮带落在新纸卷外表面上，开始给新纸卷加速，同时接纸臂摆动到接纸位置。如图 8-8（b）所示。

③ 新纸卷加速一直使新纸卷的线速度和纸带速度一致时方可接纸。在新纸卷加速过程中，旧纸带继续向印刷部件供纸。如图 8-8（c）所示。

④ 当旧纸卷用到规定直径时（直径约 120mm 左右），监测装置发出第二个自动接纸信号，此时标签测定光电管接通。在光电管和标签重合时，接纸臂上的压辊或毛刷立即靠向新纸卷进行自动接纸。如图 8-8（d）所示。

⑤ 新的纸卷自动接纸后，转过一定角度，切刀冲击将旧纸卷纸带切断。如图 8-8（e）所示。

⑥ 自动接纸完成以后，加速皮带抬起并停止运动，接纸臂复位。新纸卷转动到正常供纸位置，而旧纸卷转到上纸位置，完成一个接纸工作循环。如图 8-8（f）所示。

3. 零速自动接纸和高速自动接纸的特点

① 零速自动接纸因纸卷是在静止状态下完成接纸，故其接纸的可靠性要比高速自动接纸高。

② 零速自动接纸系统有储纸系统，纸带在这种系统中可储存达几十米。这样就相当于对纸进行了预处理，同时也使纸带的温、湿度更接近于车间的温、湿度，故易于套准和保证印刷质量。这对要求印刷质量较高的商业印刷来说无疑是极其重要的。

③ 对于现代的高速卷筒纸印刷机来讲，这两种自动接纸系统都能使用于高速卷筒纸印刷机，但相对而言，高速自动接纸系统更适合于高速卷筒纸印刷机。

④ 高速自动接纸系统结构较复杂，而其控制系统有较高的要求。相对而言，零速接纸系统其结构较为简单。

⑤ 高速自动接纸在加速新纸卷时采用了加速皮带或加速轮，因而易将新纸卷纸带弄坏，而零速自动接纸系统则不存在这样的问题。

目前，一般而言，在卷筒纸印刷机上，零速自动接纸系统由于其本身的结构特点更适用于商业用卷筒纸印刷机，如海德堡 M-600 型卷筒纸轮转印刷机其接纸系统就是采用了零速自动接纸系统。而高速自动接纸系统则多适用于新闻印刷用卷筒纸印刷机。

第二节　张力控制机构

卷筒纸轮转印刷机在印刷过程中，纸带必须具有一定的张力，因为只有这样才能控制纸带的运动。张力是指卷筒纸印刷机使纸带前进时对纸带形成的拉力。为了使印刷过程稳定，必须保持纸带的张力恒定不变并且大小适当。张力太小，会使纸带向前滑动，而产生横向皱折、套印不准等问题。而张力过大，又会造成纸张拉伸变形出现印迹不光洁，甚至产生纸带断裂。张力不稳的纸带会发生跳动，以致出现纵向皱折、重影、套印不准等问题。

纸带进入印刷部件的张力一般由印刷滚筒产生，也采用专用的机构——送纸辊来产生张力。纸带张力在印刷过程中由于各种原因会产生变化。而引起纸带张力变化的因素也很多，首先是卷筒纸的形状，理想的卷筒纸应是一个准确的圆柱体，它的旋转轴线与其几何轴线应重合。但由于纸带绕卷不均匀，纸带质量不均、纸芯偏心，纸卷管理不善，纸卷的形状常与理想的形状不符而变成偏心，外圆不规则，椭圆形或几何轴轴线与旋转轴线相交。这样的纸卷在退卷时，必然会使纸带产生跳动或退卷速度不一致。其次，印刷过程中由于纸卷直径逐渐变小，换接纸卷、印刷速度和纸张性质的变化等，都使纸带张力发生变化。为使纸带张力恒定，满足正常印刷的要求，所以在卷筒纸印刷机的不同部位，设置有多种形式的张力控制机构，而这些张力控制机构主要是通过纸卷制动装置、纸带减振装置和相应调节机构间的相互协调作用来达到纸带张力的恒定。

一、纸卷制动装置

前面已经叙述了引起纸带张力变化的因素，而保证纸带有稳定的张力，其重要的一个方面是对纸卷施加一定的制动力。按照施加制动力的方法，纸卷制动可分为圆周制动和轴制动两大类。制动力作用在纸卷外圆表面称为圆周制动。制动力施加在与纸卷芯部相固连的轴（或制动环）上，则称为轴制动。

无论哪一种制动方式作为纸卷制动装置应具备下列的基本功能。

① 打开纸卷的整个时间内（启动后，刹车前）纸带张力应稳定在给定的值上。

② 在机器启动、升速、降速和刹车时，制动装置应能及时调整制动力，防止纸带过载而出现断纸和纸卷随意打开。

③ 在整个纸卷打开过程中制动力应能调整。

1. 圆周制动

实现圆周制动可以是运动的制动带［图 8-9（a)］，也可以是固定不动的制动带［图 8-9（b)］，还有一种是固定制动带固定端采用弹簧悬挂的结构［图 8-9（c)］。

制动带固定的圆周制动结构简单，但由于制动带直接与纸卷外表面接触摩擦，往往会弄脏损坏纸面，同时还会使纸带产生静电。故一般仅在小型低速机上使用。而一段采用弹簧悬挂的固定制动带则可较好地稳定偏心纸卷展开时的张力而使纸卷工作更平稳。

制动带运动的圆周制动，其运动制动带是由单独的电机驱动，或由印刷滚筒转动通过相应齿轮组驱动制动带运动。它的制动原理是利用运动带速度和纸卷速度之差来产生制动力。通常制动带的速度比纸带的速度约低 2%～5%。由于速差较小，它不像固定带那样易弄脏损坏纸面和产生静电。而且，这种制动方式可通过改变制动带的速度和制动带与纸卷的压力，以及制动带与纸卷的包角等各种途径来调整制动力的大小。如果运动带的速度高于纸卷表面速度，它还可以驱动纸卷。因此，这种制动方式目前被广泛地应用于自动接纸系统中，尤其是在高速自动接纸时应用较多。

2. 轴制动

图 8-10 所示为轴制动示意。轴制动的优点是制动件不与卷筒纸纸面直接接触，因而不会损坏纸面，也不会产生静电，同时其结构也紧凑。但它不能有效地控制偏心纸卷产生的惯性力，特别是在大纸卷时更为明显。而且制动力必须随纸卷直径的减小而不断地调整，否则不能保持纸带张力不变。轴制动可采用在纸卷芯部轴端设置制动块，也可采用设置气动制动器和磁粉制动器。商业用卷筒纸印刷机，纸卷的制动大都采用气动制动器和磁粉制动器制动。这里主要对磁粉制动器和气动制动器原理进行介绍。

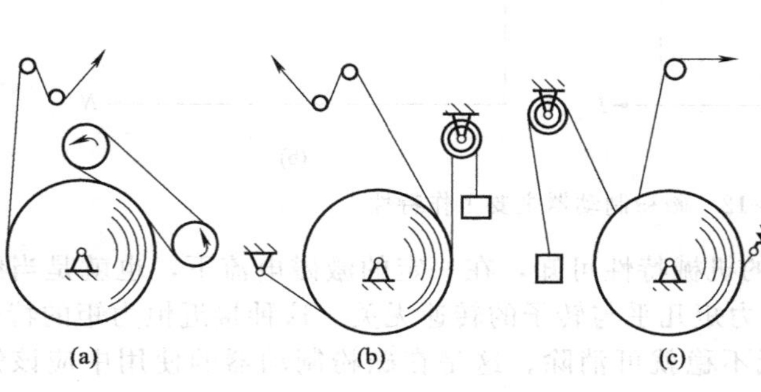

图 8-9　圆周制动方式

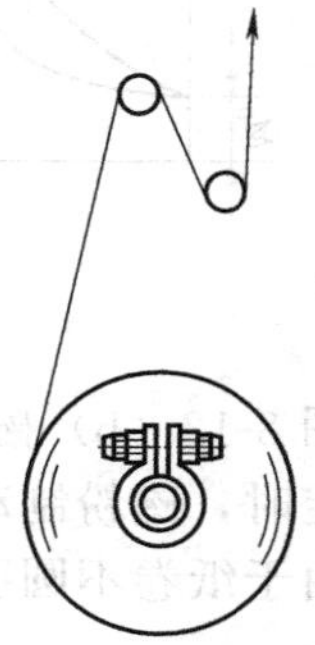

图 8-10　轴制动

(1) 磁粉制动器　磁粉制动器是利用电磁感应原理完成张力控制的制动装置。图 8-11 所示为磁粉制动器结构示意。

它主要由外定子 1、线圈 2、转子 3、内定子 5 和磁粉 13 等部分组成。磁粉填充在内定子和转子之间，为减少制动器工作时升温，在内定子中通有水路冷却系统来进行制动器的降

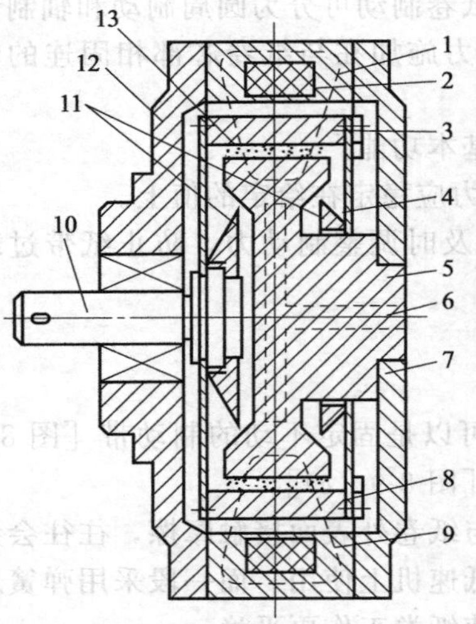

图 8-11 磁粉制动器

1—外定子；2—线圈；3—转子；4—密封环；5—内定子；6—冷却水路；7—后端盖；8—风扇叶片；9—磁力线；10—轴；11—迷宫环；12—前端盖；13—磁粉

温，同时，在转子上还设有风扇叶片 8 来进行边工作边风冷却工作。以保证磁粉制动器的正常工作和延长磁粉的寿命。

当励磁线圈 2 通有电流时，线圈周围就产生磁力线 9，磁粉 13 受到磁力线的作用而磁化，这样，在转子和内定子之间联结成磁链，并使内定子和转子之间有了连接力。由于内定子是不动的，因此正在旋转的转子就被制动。从而使纸卷制动。调节励磁电流的大小，就可改变制动力矩的大小，而且制动力矩基本上与励磁电流成正比。

图 8-12 为磁粉制动器的主要工作特性。其中图 8-12（a）为磁粉制动器的力矩特性，图 8-12（b）为磁粉制动器的机械特性。根据图 8-12（a）力矩与电流的关系曲线，可把它分为三个区域。Ⅰ区为小电流磁化状态的非线性区域，M_0 为没有通电时因摩擦力产生的力矩。Ⅱ区为线性区，在这一区域电流逐步加大，所产生的力矩 M 也相应增大，M-I 曲线接近于直线，也就是力矩 M 与电流 I 基本呈正比关系，而实际应用中也仅仅采用磁粉制动器的这个线性区作为其工作区域。Ⅲ区为饱和磁化状态的非线性区域。这一区域电流相当大，磁通趋于饱和。电流上升和下降产生了制动力矩差 ΔM，是由于磁滞的缘故，ΔM 越小，张力控制就越精确，常用的磁粉制动器 ΔM 一般控制在额定力矩的 5%。

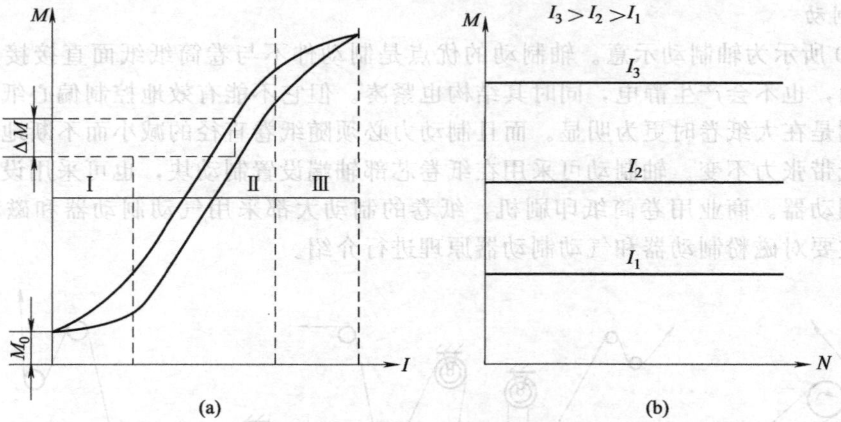

图 8-12 磁粉制动器主要工作特性

根据图 8-12（b）磁粉制动器的机械特性可知，在一定的激磁电流下，也就是当线圈内的电流一定时，磁粉制动器的制动力矩几乎与转子的转速无关。这种接近恒力矩的特性使得在工作中由于纸卷不圆引起的送纸不稳就可消除。这是在磁粉制动器的使用中应该知道的一点。

（2）气动制动器　气动制动器在一些国外的卷筒纸印刷机见到，其结构也是多种多样的。其基本原理是由压缩空气控制制动元件，压缩空气压力大，制动力矩大。反之则小。它和磁粉制动器一样，也是单一因素控制制动力矩。不过磁粉制动器的制动因素是电流，而气动制动器的控制因素是压缩空气的压力。气动制动器具有结构简单、制造维护方便和耐用可靠的特点。

二、张力自动控制系统

在印刷过程中，纸卷直径大小、机器速度变化、纸带质地分布不均匀以及纸带通过滚筒空挡时都会引起纸带张力的波动。为了使纸带张力恒定，必须使纸卷制动力能够根据纸带张力波动的情况随机进行调整。为此，现代卷筒纸印刷机上都设置有张力自动控制系统。这里介绍一种用磁粉制动器对纸卷进行制动的张力自动控制系统。

图 8-13 所示为磁粉制动张力自动控制系统工作原理。

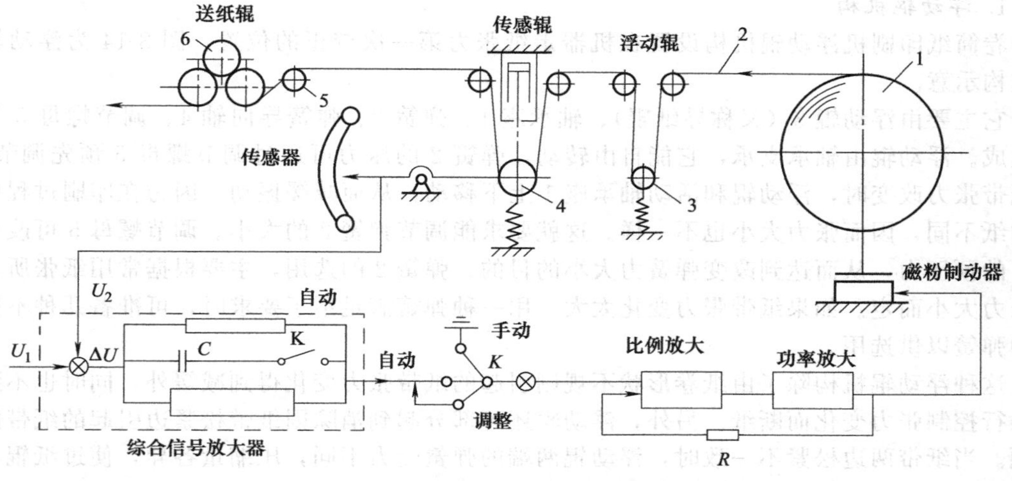

图 8-13 磁粉制动张力自动控制系统工作原理

1—纸卷；2—纸带；3—浮动辊；4—张力感应辊；5—调整辊；6—送纸辊

该控制系统可以任意调整卷筒纸纸带的张力。磁粉制动器制动力矩施加在纸卷芯轴上，即为轴制动。在图中，纸卷 1 开卷后纸带 2 经浮动辊 3、张力感应辊 4、调整辊 5、由送纸辊 6 带入印刷部件。电压信号 U_1 是根据比较合适的印刷部分张力预先给定的电压信号。在印刷过程中如果由于机器速度的变化，纸卷的偏心，纸卷直径的减小或其他原因使纸带张力发生变化时，就会使张力感应辊 4 产生位移离开平衡位置，绕其支点偏转一个角度，而传感器是一绕线滑动电阻，张力感应辊 4 位移时，滑动触点的电压发生变化，并发出改变后的电压信号 U_2，送至综合信号放大器，与给定的电压信号 U_1 相对比，存在 ΔU（$\Delta U = U_1 - U_2$），ΔU 经电压放大器、功率放大器后，引起通入磁粉制动器的励磁电流发生变化，从而使磁粉制动器作用在纸卷轴上的制动力矩相应地发生改变，纸带张力恢复到给定值。这样张力感应辊 4 也恢复到原来的平衡位置，从而保证走纸张力的稳定。在图中，控制磁粉制动器的电流有一部分要作反馈，这种反馈电流经电阻 R 的作用，变成电压信号进入比例放大器，这样可加强电路系统的稳定性和控制精度。

在这个系统中，开关 K 放在“手动”位置时，传感器和综合信号放大器不起作用，此时张力不能自动调节。当开关 K 处在“自动”或“调整”位置时，传感器和综合放大器才工作。“手动”位置的作用是用来对不同纸张选定合适的张力，通过电流表指示出来，作为磁粉制动器控制电流的标准值，为使用“调整”或“自动”位置作准备。“调整”位置的主要作用是检查传感器是否起作用，自动调整系统是否正常。如果正常印刷时，随着纸卷直径减小，电流表指针向减小方向移动，说明自动调整系统工作正常。经“调整”位置检查传感器和自动调整系统工作正常以后，可起用“自动”开关，就能自动保持张力稳定，而在印刷过程中不再调节。

为了达到张力稳定，减小因机器振动、机器突然加速和骤停、纸卷不圆或其他暂时性的原因而引起张力过大或过小的冲击，因而在卷筒纸轮转印刷机输纸机的张力自动控制系统中设置了纸带减振装置。

三、纸带减振装置

卷筒纸印刷机由于前面所述的因素而引起纸带的振动，而这种振动和纸带张力的变化不可能用制动器完全消除。为了减缓和消除纸带振动及保持走纸张力的稳定，在卷筒纸轮转印刷机输纸系统中一般都采用减振装置，减振装置主要包括浮动辊机构和阻尼机构。

1. 浮动辊机构

卷筒纸印刷机浮动辊机构设置在机器走纸张力第一次校正的位置。图 8-14 为浮动辊机构结构示意。

它主要由浮动辊 3（又称导纸辊）、轴承座 1、弹簧 2、弹簧导向轴 4、调节螺母 5 等部件组成。浮动辊由轴承支承，它能自由转动，弹簧 2 的压力可通过调节螺母 5 预先调节好。当纸带张力改变时，浮动辊和活动轴承座 1 上下移动，从而减缓振动。因为在印刷过程中使用的纸不同，因而张力大小也不一样。这就要求能调节弹簧 2 的大小。调节螺母 5 可改变弹簧 2 的预压力，从而达到改变弹簧力大小的目的。弹簧 2 的选用，主要根据常用纸张所需要的张力大小而定。如果纸带张力变化太大，用一种弹簧满足不了要求时，可准备几种不同规格的弹簧以供选用。

这种浮动辊机构除了由纸卷形状不规则引起的纸带张力变化得到减缓外，同时也不致于因强行控制张力变化而断纸。另外，浮动辊还可部分起到消除因纸带松紧边引起的纸带跑偏问题。当纸带两边松紧不一致时，浮动辊两端的弹簧受力不同，压缩量各异，使过纸辊与水平线呈一定倾斜角，松边纸带路线变的稍长些，从而防止纸带跑偏。

2. 阻尼机构

卷筒纸轮转印刷机走纸张力在得到浮动辊的第一次校正后，减缓了由于纸卷形状不规则而引起的走纸张力变化，但当纸卷大小及印刷速度改变时，纸带张力也会发生明显的变化。同时印刷速度越高，张力变化也越大。为进一步控制走纸张力，故在张力自动控制系统中又设置了阻尼机构。其目的是对由速度的急剧变化所产生的走纸张力的急剧变化施加一个阻尼，使这种突然情况下的张力变化转变为缓慢的连续性的变化，以稳定走纸的张力。

图 8-15 为阻尼机构结构示意。

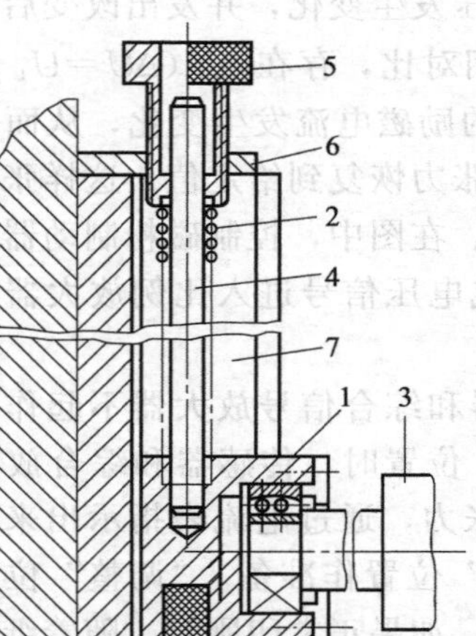

图 8-14　浮动辊机构结构

1—轴承座；2—弹簧；3—浮动辊；
4—导向轴；5—调节螺母；
6—固定板；7—滑板

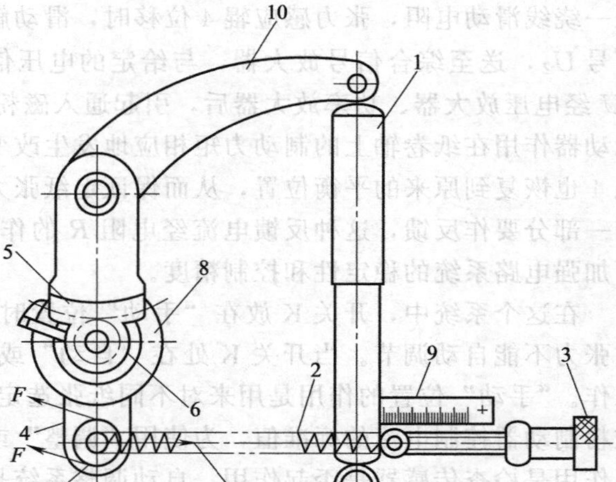

图 8-15　阻尼机构结构

1—阻尼筒；2—调整簧；3—调节螺母；4—摆杆；5—扇形齿轮；6—小齿轮；7—张力感应辊；8—传感器；9—标尺；10—阻尼臂

它由阻尼筒1、张力感应辊7（又称导纸辊）、调整簧2、调节螺母3、摆杆4、扇形齿轮5、小齿轮6和传感器（电位器）8等组成。

作用在张力感应辊7上的纸带张力F与调整簧2的拉力T相平衡。调整簧2的拉力可由调节螺母3来调节，其数值可从标尺9上得知。当纸卷大小发生变化或印刷速度产生变化时，因纸带张力的变化会改变它的平衡而使张力感应辊7摆动，通过摆杆4和扇形齿轮5，使小齿轮6转动，带动传感器8改变一个偏转角度，从而改变传感器输出电压信号的大小。

由于机械振动等因素，会造成张力F的瞬时变化，这使张力感应辊7会出现跳动，使传感器输出信号不稳定，造成制动力矩也不稳定，其结果使纸带张力F大小急剧变化，造成张力感应辊的跳动加剧。这时阻尼筒1可吸收张力瞬时的变化，从而能阻止感应辊的跳动，起到缓冲和阻尼的作用。

四、送纸辊机构

送纸辊又称纸带驱动辊或续纸辊。它能强制驱动纸带，同时也能精确地控制进入印刷装置的纸带张力。送纸辊通常安装在印刷装置的前面和印刷装置与折页装置之间。

这样从纸卷上出来的一段纸带张力的波动和进入折页装置前的一段纸带张力的波动就不会直接影响进入印刷装置的纸带张力。因此，送纸辊又起到了更精确地控制进入印刷装置和折页装置纸带张力的作用。

送纸辊机构主要由三个辊组成，如图8-16所示。

两个主动的硬质钢辊1、2与一个被动软质压辊3组成了送纸辊组机构。纸带由压辊3压在辊2上面。辊3和辊2之间必须有一定的压力，而且在辊的两端压力应一致。在操作面墙板端压辊3的摆臂4和轴5相固定，这一端的压力是通过定位螺钉6调节（定位螺钉6在辊3轴的两端各有一套）。在传动面墙板端压辊3的摆臂4和轴5是活套的，上下两个螺钉7分别顶住摆臂4筋板，所以调节螺钉7，便能改变压辊3和送纸辊2之间的压力。

压辊3可以抬起，以便穿纸。抬起的动作由摆动式气缸8完成。当摆动式气缸活塞移动时，带动摆臂9摆动，通过轴5、摆臂4使压辊3起落。

钢辊1、2的转动通过一个无级变速箱和主传动系统相连接，且表面速度可进行无级调节。钢辊1、2的驱动有些印刷机通过单独的调速电机来驱动，以便调节其转速。

为了保证进入印刷部件的纸带张力精确稳定，要求送纸辊的线速度略低于印刷滚筒的线速度。速度过小，进入印刷部件前的纸带易形成拥纸，速度太大会使纸带断裂。

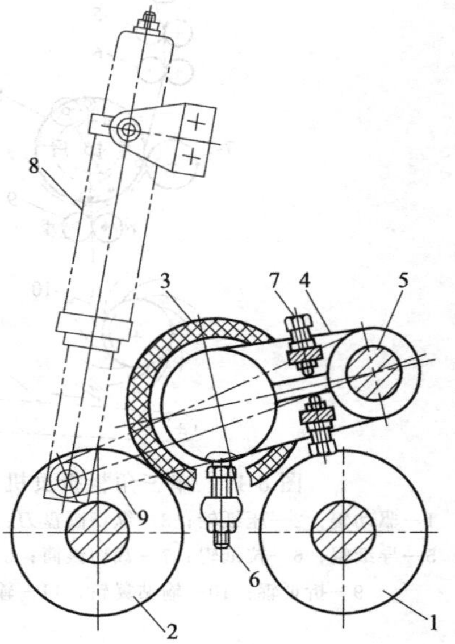

图8-16 送纸辊机构

1,2—硬质钢辊；3—压辊；4,9—摆臂；5—轴；6—定位螺钉；7—调节螺钉；8—气缸

第三节 折页装置

卷筒纸折页装置通常称为折页机，它是卷筒纸轮转印刷机的重要组成部分。它的作用是将正反面均已印好的纸带，根据印刷品规格要求进行裁切、折叠和输出。

一、折页机的基本类型与工作原理

1. 冲击式折页机

根据折页方式，卷筒纸轮转印刷折页机可分为冲击式折页机和滚折式折页机。冲击式折页速度高，但其折页精度较低，这对其以后处理加工来讲是不利的，现在这种折页方式有被滚折式折页代替的趋势。冲击式折页机目前主要适用于报纸印刷的折页。这种报纸折页装置根据卷筒纸宽度不同又可分为单三角板折页机和双三角板折页机。

图 8-17 为单三角板折页机结构原理。它主要由纸带驱动辊 1、压纸轮 2、纵切圆盘刀 3、三角板 4、导纸辊 5、拉纸辊 6、裁切滚筒 7、折页滚筒 8、折页辊 9、输帖翼轮 10 和输送带 11 等组成。

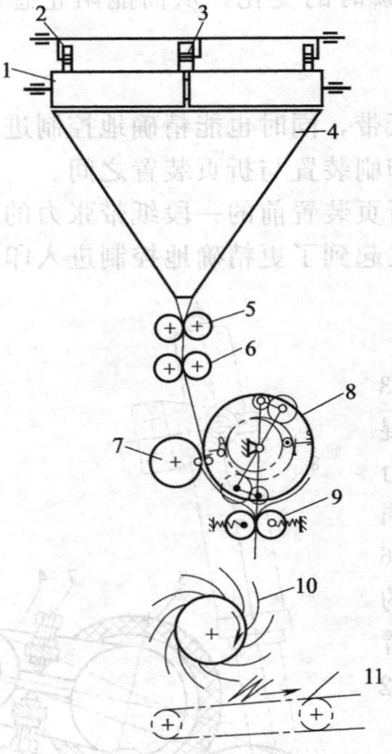

图 8-17 单三角板折页机

1—驱动辊；2—压纸轮；3—纵切圆盘刀；4—三角板；
5—导纸辊；6—拉纸辊；7—裁切滚筒；8—折页滚筒；
9—折页辊；10—输帖翼轮；11—输送带

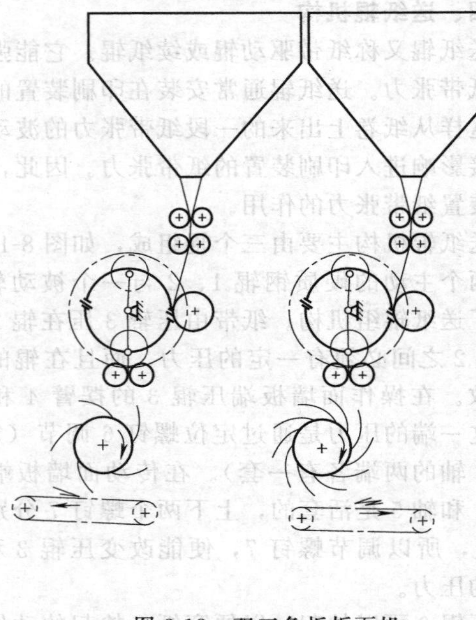

图 8-18 双三角板折页机

折页机的工作原理如下：已印好双面的纸带进入纸带驱动辊 1，如果是正、反两面 4 版的报纸，纵切圆盘刀 3 就落下并沿纵向把纸带分切成两部分。纸带通过三角板 4 和导纸辊 5 的作用完成纵折。再由拉纸辊 6 将纸带输送到裁切滚筒 7 和折页滚筒 8 之间，纸带在送入折页滚筒 8 时，先被其上的钢针钩住。由裁切滚筒 7 和折页滚筒 8 的共同配合按照规定尺寸横切成单张。同时再由折页滚筒 8 上的行星折刀与一对折页辊 9 的相互配合完成横折工作。折好的折帖通过输帖翼轮 10 传送到输送带 11 输送出去。

图 8-18 为双三角板折页机结构原理。从图中可看出，它由两套平行的单三角板折页机组成。如果纸卷宽度为 1575mm，则纸带在印刷后由纵切圆盘刀切成两条单宽度为 787.5mm 的纸带。每条纸带可分别进入各自的三角板，在进行横切和横折后由各自的输送带输出，这样两条输送带上同时输出一张四版的折帖。如果要得到两张八版的折帖，只要把在左边一个三角板上纵折后的纸带用导纸辊引导到另一三角板之下与右边纵折后的纸带重叠

在一起，通过拉纸辊的作用同时进入右边的横切和横折机构进行横切和横折，这时就输出两张八版的折帖。

在双三角板折页机中每套折页机及组成及工作原理与单三角板折页机相同，这里就不再叙述。

2. 滚折式折页机

滚折式折页机由于其折页精度高，同时通过其滚筒比的改变以及由于现代加工技术的提高也保证了折页速度的要求，故现在已被广泛使用于各种印刷的折页，而目前使用较多的通常为三滚筒折页机和五滚筒折页机。

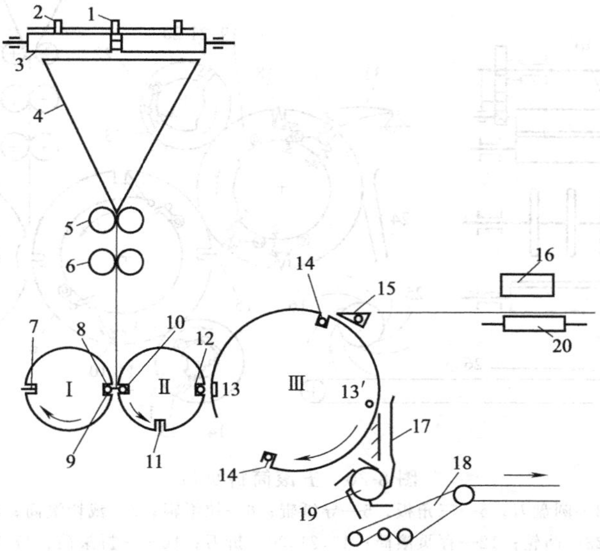

图 8-19　三滚筒折页机结构

1—圆盘刀；2—压纸轮；3—驱动辊；4—三角板；5—导纸辊；6—拉纸辊；7,11,16—折刀；8—钢针；9—裁刀；10—刀垫；12,14—夹板；13,13′—咬牙；15,17—导纸板；18—输送带；19—翼轮；20—折辊

(1) 三滚筒折页机　图 8-19 所示为三滚筒折页机结构原理。它主要由驱动辊 3、三角板 4、导纸辊 5、拉纸辊 6、裁切滚筒Ⅰ、第一折页滚筒Ⅱ、第二折页滚筒Ⅲ，十六开书帖折页输出系统和三十二开双联书帖输出系统等组成。

三滚筒折页机的工作原理如下。

① 十六开书帖折页。纸带经过驱动辊 3、三角板 4、导纸辊及拉纸辊 6 完成纵折工作。经过纵折后的纸带被裁切滚筒Ⅰ上的钢针 8 挑住，此时其上的裁刀 9 和第一折页滚筒Ⅱ上的刀垫 10 配合将纸带裁断。然后裁切滚筒Ⅰ转过 180°，其上的折刀 7 再与第一折页滚筒Ⅱ上的夹板 12 配合完成第一横折。夹板 12 带书帖又转过 180°与第二折页滚筒Ⅲ的咬牙 13（13′）相遇时交结咬牙 13，随着折页滚筒Ⅲ的旋转，书帖转到导纸板 15 时开牙，书帖进入输送带定位后，由折刀 16 与折辊 20 配合完成十六开书帖的折页，经输送带 18 输出。

② 三十二开双联书帖折页。纸带经过纵折后，再经裁切滚筒Ⅰ横切和完成第一横折后（这些与十六开书帖折页相同），由第一折页滚筒Ⅱ的夹板 12 夹住书帖转过 270°时，第一折页滚筒的折刀 11 和第二折页滚Ⅲ上的夹板 14 配合完成第二横折成为三十二开双联书帖。然后由夹板 14 夹住书帖转到导致板 17 处开牙落入翼轮 19，最后由输送带 18 输出。

(2) 五滚筒折页机　图 8-20 所示为五滚筒折页机结构原理。它主要由驱动辊 1、三角板

4、导纸辊 5、拉纸辊 6、裁切滚筒 7、传页滚筒 9、存页滚筒 12、一折滚筒 16、二折滚筒 20、十六开折页系统和书帖输出系统等组成。

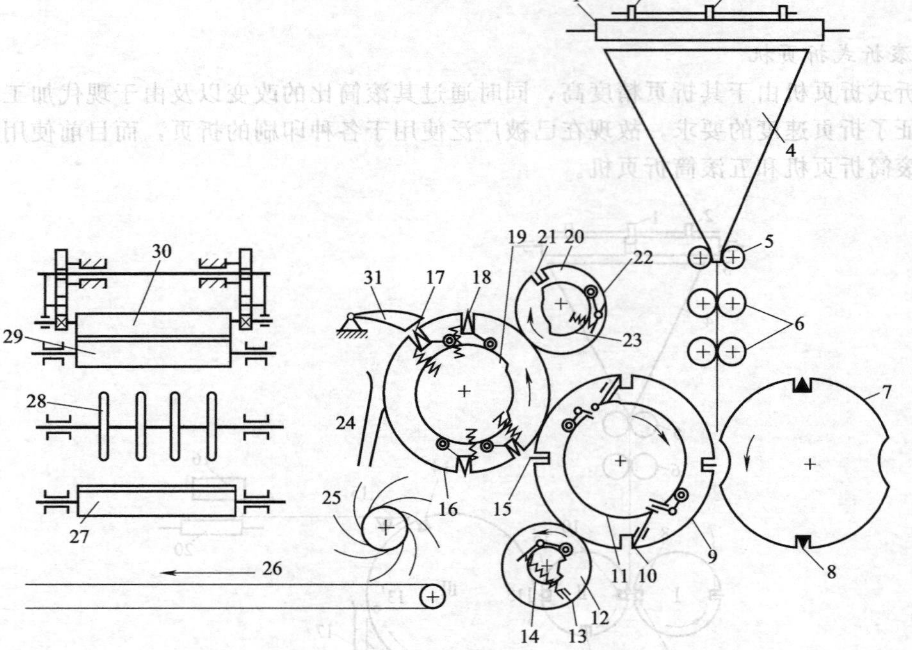

图 8-20　五滚筒折页机

1—驱动辊；2—压纸轮；3—圆盘刀；4—三角板；5—导纸辊；6—拉纸辊；7—裁切滚筒；8—裁切刀；9—传页滚筒；10,13—钢针；11,14,19,23—凸轮；12—存页滚筒；15,21,30—折刀；16——折滚筒；17,18—夹板；20—二折滚筒；22—钩子；24—导纸板；25,28—翼轮；26,27—输送带；29—折页辊；31—导向板

五滚筒折页机的工作原理如下。

① 十六开单帖折页。纸带由压纸轮 2、驱动辊 1 作用经三角板 4、导纸辊 5 和拉纸辊 6 完成纵折（此时圆盘刀 3 抬起。有时为了纵折时容易排除空气也可用花瓣状圆盘刀沿纸带纵折线开出断续的缝隙），然后纸带由裁切滚筒 7 上的裁切刀 8 与传页滚筒 9 上的橡胶垫相配合完成横切。并在传页滚筒 9 上凸轮 11 控制下的钢针 10 挑住，再由其上的折刀 15 和一折滚筒 16 上的凸轮 19 作用的夹板 17 配合进行第一横折，然后随着一折滚筒 16 的旋转，折好的书帖由导向板 31 顺导纸板 24 送入翼轮 25 中，并落到输送带 26 上输出。当需要十六开套帖时，由传页滚筒 9 上的钢针 10 挑着第一张纸帖与存页滚筒 12 上的钢针 13 相遇时，交给存页滚筒钢针 13。当存页滚筒转一周，而传页滚筒 9 的第二排钢针挑着的第二纸帖相遇时，存页滚筒钢针缩回，此时两帖纸重叠在传页滚筒 9 的钢针 10 上，当传页滚筒折刀 15 与一折滚筒夹板 17 相遇时，完成第一套帖的横折。输出与单帖相同。

② 三十二开双联书帖折页。纸带经三角板 4、导纸辊 5 后完成纵折，由拉纸辊 6 把纵折后的纸带送入到裁切滚筒 7、传页滚筒 9、一折滚筒 16 后完成第一横折，此时有二折滚筒 20 上的钩子 22 钩住纸帖，当二折滚筒上的折刀 21 与一折滚筒的夹板 18 相遇时，完成第二横折，每一印刷循环得到两份三十二开双联书帖。折好的书帖经导向板 31、导纸板 24、翼轮 25 落到输送带 26 上输出。当需要三十二开套帖时，存页滚筒 12 进行工作，当一折滚筒的钢针挑着纸帖运行时，与存页滚筒的钢针 13 相遇时，存页滚筒的钢针在凸轮 14 时作用下，伸出、挑住纸帖并旋转一周再交给传页滚筒 9 上的第二排钢针、与第二排钢针上的纸帖

重合在一起，配成双帖。然后双帖纸帖再经过两次横折便得到三十二开双联双层书帖。再由导纸板 24、翼轮 25 落入输送带 26 上输出。

当不需要套帖时，可调整凸轮 14，使滚子与凸轮脱开，钢针 13 缩进。

二、纵切和纵折机构与横切和横折机构

无论是冲击式折页机还是滚折式折页机，其纵切和纵折机构都基本相同，它们是折页机的第一部分。图 8-21 所示为纵切和纵折机构结构示意。它主要由调节辊、纵切机构、三角板、导纸辊和拉纸辊等组成。纵切和纵折均是沿着纸带的运动方向进行。

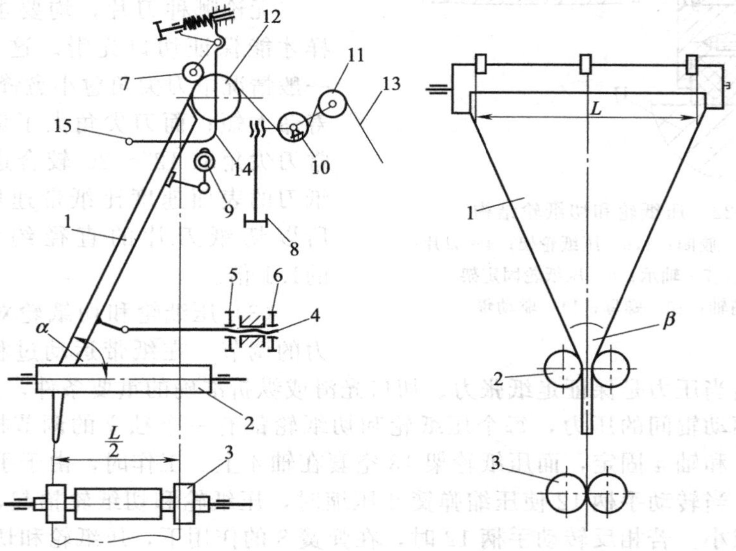

图 8-21　纵切和纵折机构

1—三角板；2—导纸辊；3—拉纸辊；4—螺杆；5,6—螺母；7—压纸轮；8—调节手轮；9—螺钉；10,11—调节辊；12—驱动辊；13—纸带；14—摆杆；15—手柄

1. 纵切机构

卷筒纸轮转印刷机折页机的纵切机构几乎都采用圆盘刀机构。它主要由纸带驱动辊（又称刀体辊，俗称收纸花辊）、压纸轮和切纸轮等组成。

(1) 纸带驱动辊　纸带驱动辊（图 8-21 中 12）是纸带引导系统的最后一根导纸轴，也是纸带进入折页机构的重要部件。驱动辊是主动辊，其动力一般来自主传动轴。驱动辊和压纸轮的共同作用把纸带送入三角板。驱动辊和压纸轮不仅要传送纸带，而且使纸带保持一定的走纸张力，驱动辊的中部做有刀槽，它与切纸轮相配合完成纸带的纵向裁切。

(2) 压纸轮和切纸轮结构　压纸轮和切纸轮一般安装在驱动辊的上方。通常，一个三角板均安装有两个压纸轮和一个切纸轮。压纸轮的作用是与驱动辊相互配合依靠摩擦力将纸带送进折页机。工作时两压纸轮的压力应一致，以便保证纸带平稳地向前输送。切纸轮的作用除了压纸外还有将纸带切成两半或在纸带中缝处起打孔的作用。

图 8-22 为压纸轮和切纸轮的结构。压纸轮和切纸轮的区别就在于无刀片 4。装上刀片 4 即为切纸轮，而拆下刀片 4，就变成压纸轮。图中压纸轮架（胶圈架）3 和 6 通过螺钉 1 固定在一起，并安装在销轴 9 上。为保证压纸轮转动灵活，压纸轮架与销轴之间安装有滚动轴承 7。压纸轮架上还装有胶圈 2，胶圈在工作时对纸带驱动辊有适当的压力，以保证纸带能平稳地向前输送。需要说明的是切纸轮可以是被动的（在切薄纸时），它由纸带和驱动辊带动。而在纵切厚纸带（特别是切多层重叠纸带）时，因容易搓皱纸边，不能保证切口的光整，故有时采用强制驱动的切纸轮。

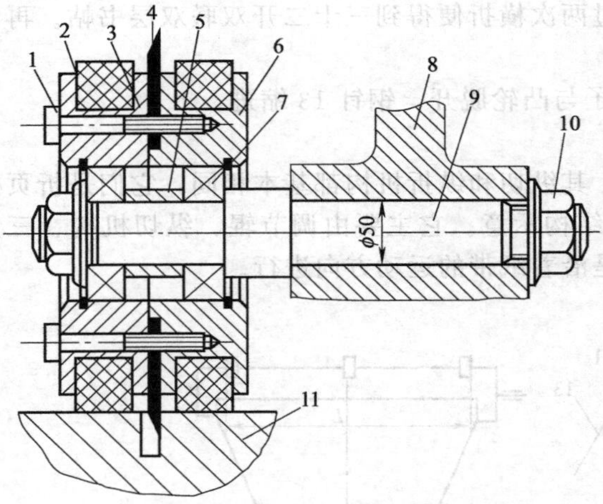

图 8-22　压纸轮和切纸轮结构

1—螺钉；2—胶圈；3,6—压纸轮架；4—刀片；5—套筒；7—轴承；8—压纸轮固定架；9—销轴；10—螺母；11—驱动辊

切纸刀片按使用要求分为圆刀片和花轮刀片两种。圆刀片用于将纸带纵向切开；而花轮刀片在圆周上开有等距离的45°缺口，它的用途是在折厚纸而纸带不需要切成两半时，为帮助纵折，在纸带中缝处打出一排长形的孔，这样在纵折时有利于空气的排出，提高纵折的准确性和平整度。

无论哪种刀片，均要求刀刃锋利，这样才能保证切口光滑。这与刀尖角有关，一般情况下刀尖角愈小愈锋利，但磨损快，寿命太短；而刀尖角大了就不太锋利，通常刀尖角取12°～20°较合适。另外要求切纸刀的表面速度比纸带速度大10%左右。所以切纸刀片的直径约为压纸轮直径的1.1倍。

(3) 压纸轮和切纸轮对纸带驱动辊压力的调节　在纸带运动过程中，驱动辊和压纸轮之间的适当压力是保证走纸张力、切口光滑或纵折准确的重要条件，为调整每个压纸轮或切纸轮和驱动辊间的压力，每个压纸轮和切纸轮都有一个独立的调节机构。如图8-23所示，调整架6和轴4固定，而压纸轮架13空套在轴4上。工作时，由于手柄杆2的控制，轴4不能转动，当转动手柄12使压缩弹簧8压缩时，压纸轮和切纸轮抬起，这样它们对驱动辊的压力就减小。若相反转动手柄12时，在弹簧8的作用下，压纸轮和切纸轮向下运动，这样就加大了它们与驱动辊的压力。

在穿纸过程中，必须将压纸轮和切纸轮全部抬起。调节方法是将手柄15（见图8-21）向上抬起，把手柄杆2上的定位销插入墙板上的非工作位置孔，则连杆3向右摆动，带动轴4顺时针转动一个角度。轴4带动调整架6向右摆动，通过螺杆9使压纸轮架13向上抬起，这样两个压纸轮和切纸轮全部同时抬起，离开驱动辊。

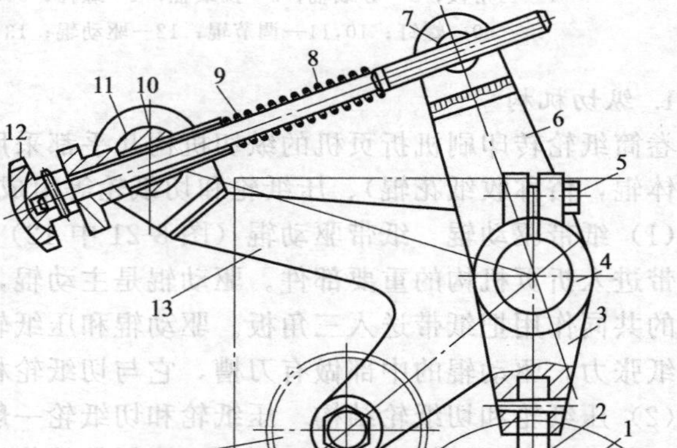

图 8-23　压纸轮和切纸轮调节机构

1—驱动辊；2—手柄杆；3—连杆；4—轴；5—螺钉；6—调整架；7—轴；8—弹簧；9—螺杆；10—螺套；11—轴；12—手柄；13—压纸轮架；14—压纸轮或切纸轮

2. 纵折机构

纵折机构由三角板、导纸辊和拉纸辊组成，它的作用是完成纸带的纵向折叠，也就是书帖的第一折，纵折后的纸带宽度为卷筒纸宽度的二分之一。下面就机构的有关具体结构给予介绍。

(1) 折页三角板　三角板也称成型板，它是纸带完成第一纵折的主要机件，也是在纸带被切成两半幅进行折页时起导向的作用。三角板的种类很多，具体有以下几种。

① 整体型三角板。这种三角板就是用铸铁材料铸成一个整体，经过加工而成，也可以用钢板加工而成，它的特点是结构简单。

② 可调型三角板。它是把三角板分成两半，由两半拼接而成。它的特点是三角板的张角 β 可以调节（见图 8-21）。

③ 组合式三角板。三角板的两侧面为圆柱体、圆锥体和一个钢板焊接或用螺钉连接而成，也有的三角板两边的圆柱体或圆锥体不和中间的钢板连接在一起，而采用可自转的圆锥体。这种三角板使用较少。

④ 框架式三角板。其三角板只有一个三角框，而没有中间的一块三角板。

⑤ 气垫式三角板。在三角板鼻尖及其两侧钻有许多小孔，通上压缩空气，即形成气垫将纸带托起，以减少纸带和三角板的摩擦，这样可防止印品上的图文蹭脏和减少静电的产生。

目前在卷筒纸轮转印刷机上主要采用整体型三角板、可调型三角板和气垫式三角板，而对于印刷高级印刷品的商业用卷筒纸轮转印刷机则使用气垫式三角板。

无论哪种三角板均要求其表面光洁，而且三角板为等腰三角形，以保证折页顺利进行。

如图 8-21 所示，三角板 1 的反面固定在支架上，通过螺钉 9、螺杆 4 和螺母 5、6，可调节三角板的位置和仰角 α。

纵折的准确性与三角板的仰角 α 有关，仰角是三角板平面与导纸辊轴线之间的夹角，仰角过大，也就是三角板倾斜度大，这样会使鼻尖处纸带过松，折缝处容易产生皱折；仰角过小，折缝处易撕裂。

仰角 α 的大小取决于三角板张角 β 的大小。两者之间的关系为

$$\cos\alpha=\tan\frac{\beta}{2} \tag{8-1}$$

公式（8-6）即为三角板仰角和张角的关系式。这里三角板的张角 β 已由制造厂确定，使用时只要调节仰角 α，即转动螺母 5 和 6，通过螺杆 4，改变机架与三角板鼻尖的距离，以达到调节的目的。

三角板张角 β 的大小对折页精度有一定的影响，β 角越小，纸带纵折的过程就长，走纸比较平稳，折页的精度就高。所以在折厚纸或多层纸以及折页要求高的情况下多选用 β 角较小一些。不过 β 角小，三角板长度就要加长，这样会使折页机增高。

(2) 导纸辊　导纸辊又称引导辊，一般为钢制的两根空转辊，在三角板鼻尖两边各安装有一根（图 8-21）导纸辊 2，两根辊之间的距离可以调节。它的作用是引导纸带并辅助三角板进行纵折。同时可通过它调节折缝位置。导纸辊一般由纸带带动也有通过齿轮来驱动。

导纸辊与三角板鼻尖的间隙要合适，间隙小易卡纸带或使纸带产生皱折；间隙太大则起不到导纸作用。导纸辊与三角板鼻尖的间隙为纸厚加 0.25mm。导纸辊的调节因机器不同而不同。一般每个导纸辊两端分别有调节手轮，可以对两个导纸辊进行单独调节。也有的机器将两根导纸辊连在一起，同时调节导纸辊和鼻尖的间隙或导纸辊斜度。调节导纸辊斜度，可微量改变纸带折缝位置。

3. 横切和横折机构

横切和横折垂直于纸带的运动方向进行。横切是根据书帖的裁切长度将纸带切断，然后根据书刊开数和成帖方式由横折机构完成第二折或第三折。

第九章　上光涂布与干燥装置

由于市场竞争变得越来越激烈，使用上光技术使印刷企业获得的利润也越来越大，这样大大推动了包装印刷工业的技术改造和技术进步。过去，印刷品通常是在印刷完成后再送到专门的上光涂布机上进行上光涂布处理。现在，由于上光涂料的品质和工艺技术的不断完善，加上包装印刷业普遍面临印刷批量减少、印刷商品的交货期越来越快、包装的市场竞争越来越激烈、市场的分工越来越专业化的压力，联机上光涂布系统受到普遍青睐，目前，99%以上的对开或全张单张纸印刷机带有上光与干燥装置。

所谓的上光是指在印刷品表面涂（或喷、印）上一层无色透明的涂料，经流平、干燥、压光、固化后在印刷品表面形成一种薄而匀的透明光亮层，起到增强承印物表面平滑度、保护印刷图文的精饰加工功能的上光工艺。上光已成为印后加工的重要手段，在外贸出口产品包装加工上获得很大成效。在实现印前数字网络化、印刷多色高效化的技术创新中，印后加工只有运用高新技术达到精美自动化，才能完成印刷技术的整体革命，而印刷和上光有机的联机更是具有非凡意义，运用清洁能源、清洁原材料进行清洁产品生产的上光工艺，将为适应 ISO14000 环境管理国际标准的面向 21 世纪的印后重要精加工手段，在印刷、包装行业全面推广。

上光涂布的主要作用是保护印刷品，同时又可获得良好的印刷效果，增加美感，从而提高了印刷品的价值。上光涂布的方式有三种：单独的上光机上光涂布（即被称为脱机上光）、利用印刷机机组进行上光涂布、印刷机的联机上光涂布，这里介绍后两种。

第一节　利用印刷机机组上光涂布

利用单张纸平版印刷机上现有的印刷机组进行上光涂布，不仅生产效率高，印刷机的占地面积小，同时可节省额外的投资设备资金，是目前最简单、最经济的选择方案，当然上光涂布效果不是很好，适宜于简单的、要求不高的产品，随着印刷技术的发展，这种方式是现代单张纸多色平版印刷机上光涂布的发展趋势，一般有两种形式：利用润湿装置上光涂布、利用输墨装置上光涂布。

一、利用润湿装置上光涂布

高宝 KBA RAPIDA 单张纸平版多色印刷机，可配置能转换润湿与上光的装置，对承印物进行上光，操作人员只用少量的手工操作很快便可把润湿作业状态转换到上光作业状态运转。即可根据实际情况，变换润湿与上光的功能。这里要指出的是，这个印刷机组的输墨装置仍然完全保留输墨的功能。如图 9-1 所示。

在转换到上光作业状态时，润湿液变换为上光液，此时可把润湿与上光装置设置成顺向运转上光形式，如图 9-1（a）所示；也可把润湿与上光装置设置成逆向运转上光的形式，如图 9-1（b）所示。若是润湿与上光装置设置成逆向运转上光的形式，即着液（水）辊与传液（水）辊呈逆向运转状态。如图 9-1（a）所示，液（水）斗辊的转速以传液（水）辊三分之一至三分之二的转速运转，这样就通过这种转速差形成了预上光，真正的上光量还是需要

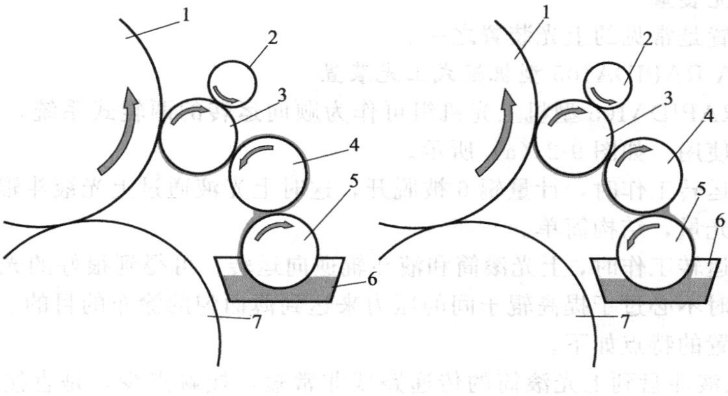

(a) 顺向运转作业状态　　(b) 逆向运转作业状态

图 9-1　润湿与上光装置

1—印版滚筒；2—计量辊；3—着液（水）辊；4—传液（水）辊；
5—液（水）斗辊；6—液（水）斗盘；7—橡皮布滚筒

通过液（水）斗辊的转速调整来实现。

若把润湿与上光装置设置成逆向运转上光的形式，即着液（水）辊与传液（水）辊呈逆向运转状态。如图 9-1（b）所示，可通过这种逆向运转处理，能达到更为均匀的上光膜和更好地消除鬼影现象，特别在局部上光时这种优越性更为明显。

其他有的印刷机也可停止输墨装置的工作，直接利用润湿装置上光。

二、利用输墨装置的上光装置

利用印刷机输墨装置的上光如同印刷机使用印刷油墨印刷一样，将上光液在墨辊上转匀后便可进行上光，上光液经过传递先被转移到印版上，再由印版转移到橡皮布上，最后再转移到承印物上。为适应各种印刷上光的要求，利用输墨装置上光的专用上光液有油性、水性和紫外线等几种形式来满足不同承印物的上光要求。这时这个机组的润湿装置就不工作了。

三、印刷机组转换上光机组

海德堡 Speedmaster CD 102 系列印刷机可带一种独特模块上光系统（MCS），它可以将刮刀式上光系统迅速插入最后一个印刷机组中，取代橡皮布清洗机构，转而进行保护性、高光或哑光上光作业，其装拆十分简便。

MCS 的软管泵具有速度补偿功能，使得上光油盘中光油储存量恰好准确地满足网纹辊正常工作，以确保获得均匀一致的上光效果。

第二节　印刷机联机的上光装置

印刷机独立上光机组是常用的联机上光装置，生产效率高，上光质量稳定，上光单元像印刷装置一样，全部都是由印刷机控制中心进行监测和控制，如无需停机快速的上光树脂版横向和周向套准、对角线套准机构等，其无级调节的精度高达百分之一毫米。上光装置可以为承印物的整个表面或局部图文进行厚而均匀上光同时，上光既可用橡皮布也可以用柔性版进行精细的局部上光，既可水性上光，也可紫外线上光，另外上光滚筒清洗装置可在印刷单元橡皮布自动清洗时自动清洗上光滚筒的橡皮布，联机上光装置可分为辊式上光和箱式上光两种。

一、辊式上光装置

辊式上光装置是常见的上光装置之一。

1. 高宝 KBA RAPIDA105 型机辊式上光装置

高宝 KBA RAPIDA105 型机上光机组可作为顺向运转的两辊式系统，也可作为逆向运转的三辊式系统使用。如图 9-2（a）所示。

两辊式顺向运转工作时，计量辊 6 被脱开，这时上光液通过上光液斗辊 2 和着液辊 3 之间的压力调节上光量，结构简单。

三辊式逆向运转工作时，上光滚筒和液斗辊逆向运转，可得到很好的光亮度，同时在使用高黏度上光液时不必过于提高辊子间的压力来达到薄而匀的涂布的目的。

这种辊式上光装置的特点如下。

① 上光液从液斗盘到上光滚筒的传递路线非常短，接触点少，是直接从液斗辊传给上光涂布滚筒，这样上光液不易在上光单元内部干结，可使用快干上光液。

② 即使是传递触点少，也可使很厚的上光液能均匀传递，上光液湿膜最厚达 $8g/m^2$，上光液干后厚度也可达 $3\sim4g/m^2$，上光厚度可以由液斗辊转速控制而发生变化，上光膜厚度会受到印刷速度影响。

③ 更换作业或换上光液的操作简单方便。

④ 辊式上光装置适合大面积全面上光，不适合局部上光。

⑤ 水性上光应用领域相当宽，不需要特殊设备。

⑥ 不适合金属色的上光。

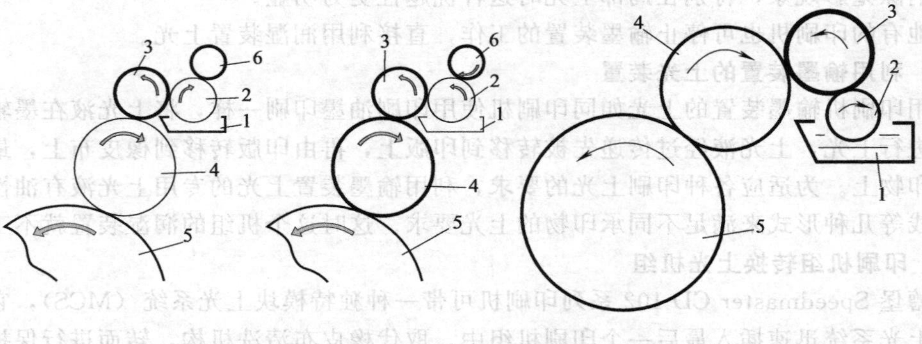

(a) 高宝KBA RAPIDA105型机　　(b) 海德堡Speedmaster CD 102-4型机

图 9-2　辊式上光装置

1—液斗辊盘；2—液斗辊；3—着液辊；4—上光涂布滚筒；5—压印滚筒；6—计量辊

2. 海德堡 Speedmaster CD 102-4 型机、罗兰 ROLAND 700 型机、三菱 DIAMOND 3000 型机、小森 LITHRONE40 型机辊式上光装置

如图 9-2（b）所示，这类印刷机联机上光单元的上光量、压力等均是印刷机控制中心进行控制的，像海德堡印刷机上光装置的上光液供给机构可控制上光液供应的全过程。上光液由电子双隔膜从储液桶中经过软管抽送到上光液斗盘中。液面高度和上光液的循环由电位计持续监控，确保上光液均匀供给，超声波监测器可随时监控上光液的上光量。

这种辊式上光装置的特点如下。

① 水性上光应用领域相当宽。

② 上光量可以变化，控制成本较高。

③ 可根据上光速度提供高度的灵活性。

④ 无需进行额外的开机准备，也不需要网纹辊，即可以轻松完成任意厚度的上光作业。

⑤ 被广泛应用于商务印刷中的局部上光和全面保护性上光。

⑥ 上光网点距离太近，容易相互粘连。

⑦ 不适合金属色的上光。

二、传统的刮刀式上光装置

刮刀式上光装置是一种常见的上光装置。它通常由两个上光刮刀组成的封闭刀片箱及起计量辊作用的陶瓷网纹辊所组成。上、下刮刀与网纹辊组成封闭的“上光箱”，上光液经管线泵入，海德堡 Speedmaster CD 102 系列、罗兰 ROLAND 700 系列、高宝 KBA RAPIDA105 系列、三菱 DIAMOND 3000 系列、小森 LITHRONE40 系列等均带有刮刀式上光装置，它们的结构也基本相同，图 9-3 所示为海德堡 Speedmaster CD 102-4 型机刮刀式上光装置。刮刀式上光装置的特点如下。

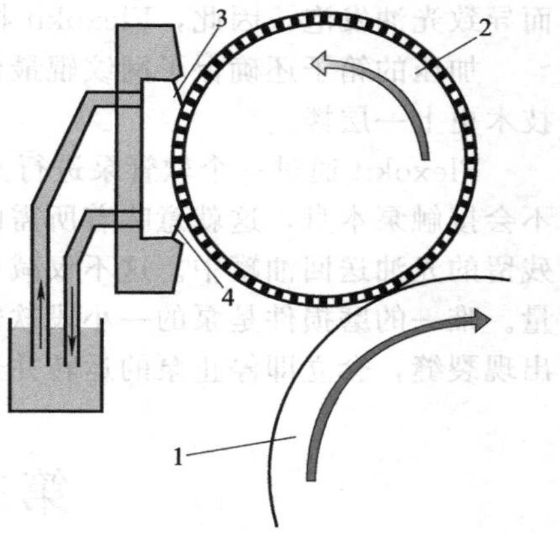

图 9-3 海德堡 Speedmaster CD 102-4 型机刮刀式上光装置
1—上光涂布滚筒；2—网纹辊；3—上刮刀；4—下刮刀

① 优异、恒定的上光质量。刮刀式上光结构中的上、下刮刀以气动方式与网纹辊离合。由于上刮刀的作用，可使上光液的涂布量均匀一致，不受印刷速度变化的影响，即使是连续多日的印刷作业，上光效果也能保持恒定一致。传统上光结构中，由于涂层厚度变化而带来的色调变化在此结构中已不复存在。

② 有利环保。刮刀式上光结构是一个闭合系统，只需很少量的上光液量循环，也不存在异味散发的问题，要清理的废料也被减少到最低程度。

③ 上光经济性更强。一般在换版作业时，上光液可直接用清洗剂清洗。只有在由普通上光转换为金色或银色上光时才需手工清洗刮刀系统。如果采用多个这样的刮刀式上光装置替换使用，换版和清洗作业时间可进一步缩短。选用合适的自动清洗装置也能大大提高工作效率。

④ 上光量不受到印刷速度的影响，网纹辊密度愈低，上光厚度愈厚，但不利于高网线印刷。

⑤ 此结构为一封闭系统，即使使用极低黏度的上光液，也可在高速印刷的同时进行上光。

⑥ 正是由于使用了网纹辊，可在纸张的整个宽度上很精确地以设定的上光液层厚度进行上光，保证印刷品具有稳定的上光效果，特别对薄纸上光时控制上光涂布量为最低范围，同时又涂布均匀。改变涂层的厚度是由网纹辊的网线疏密决定的。

⑦ 上光印金。这种上光装置能适应含有不同元素成分的金银色的上光印金，达到相当高的耐磨性。

⑧ 精细局部上光效果非常好，在精细局部上光时具备出色的细节再现能力。

三、辊式上光装置与传统的刮刀式上光装置的比较

辊式上光装置与传统的刮刀式上光装置的比较如表 9-1 所示。

表 9-1 辊式上光装置与传统的刮刀式上光装置的比较

形　式	辊　式	刮　刀　式
最佳应用	大面积或区块上光	需要精密、稳定与位置准确之上光
上光领域	不适合金属与珍珠色上光	无限制
上光量	最高 3～12g/mm^2	依所能带出之最大量
上光液控制方式	依滚轮设定之速度	依所使用陶瓷之网目数
速度修正补偿	可依上光曲线自动调整	上光量恒定，不受速度影响

四、Flexokit 柔印套件

Flexokit 是以传统的刮刀式上光装置为基础的，改善了传统的刮刀式上光装置，并带来了革命性的技术创新。它特别适用于需要大量进行特种上光的印刷活件。

Flexokit 是为满足金色、银色、珍珠色以及不透明的白和紫外上光等特种上光需要而设计优化的刮刀式上光装置。

这种网纹辊由一个经三重螺旋雕刻的金属辊制成，其表面排列螺旋型的纹路，这能够确保最佳的光油吸取及传送量。箱中的气压保持比大气压稍高一些，这有效阻止外界空气侵入而导致光油发泡，因此，Flexokit 特别适合于使用 Metalure 等易起泡的上光油。

加压的箱子还确保了网纹辊最佳的光油吸取量。它使本已达到均匀涂布的传统箱式刮刀技术更上一层楼。

Flexokit 通过一个软管泵进行光油的供给。在这种类型的泵中，光油只接触到软管，而不会接触泵本身，这就意味着所需的清洁工作大大减少。此外，软管泵可用来把输送线路中残留的光油送回油罐中。这不仅减少了清洁工作量，而且能够最大限度节约昂贵的光油消耗量。唯一的磨损件是泵的一小段软管，它的更换非常简单、迅速。如果传感器检测出软管上出现裂缝，会立即停止泵的运转并进行报警。

第三节　干燥装置

一、干燥装置的作用和要求

正确的干燥处理是确保印刷、上光质量优劣的关键之一，干燥装置的作用是使油墨和上光液在印刷品上快速固结，以防止印刷品的粘脏和粘连。

对干燥装置的要求如下。

① 在干燥过程中，不能引起油墨、上光液和承印物的颜色发生变化，更不能造成承印物尺寸的变化

② 干燥装置要体积小，使用方便、灵活，对人与环境无害。

③ 可根据印刷幅面大小、印刷墨层、上光液层的变化、印刷速度大小，对干燥装置的参数进行无级调整，停机时能自动断开，调机时能被隔开，以防止温度过高。

二、干燥装置的种类

上光涂布后必须干燥，为此单张纸平版印刷机上光涂布的干燥装置有：红外线干燥器、紫外线干燥器、热风干燥器、冷风干燥器，以及正在兴起的电子束干燥器等。这些不同的干燥装置位于印刷机的位置如图 9-4 所示。

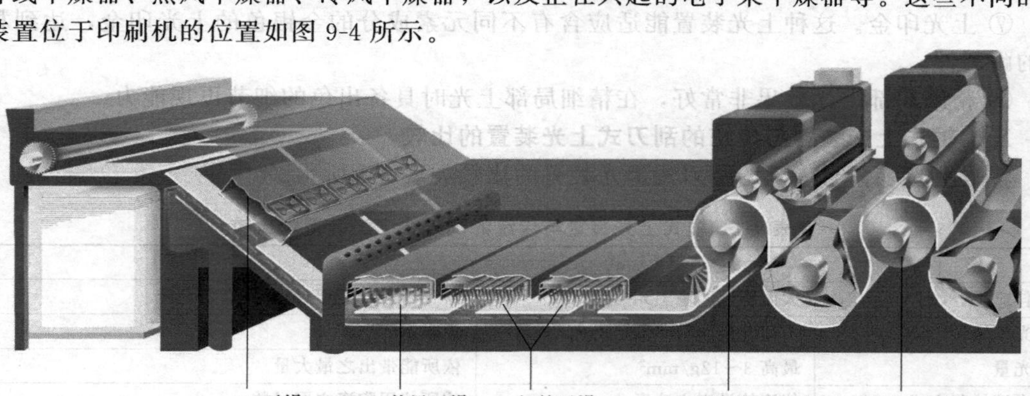

图 9-4　不同的干燥装置位于印刷机的位置

干燥器采用插入式安装结构，而且从红外线干燥改为紫外线干燥也极为方便，反之亦然。在印刷机上使用紫外线油墨进行印刷时，在每一个印刷机组后跟一个紫外线干燥器。红外线干燥器和紫外线干燥器都已商品化，体积小，采用插入式安装法，使用方便，印刷机上既可以安装红外线干燥器，也可以安装紫外线干燥器。插入式干燥器如图 9-5 所示。

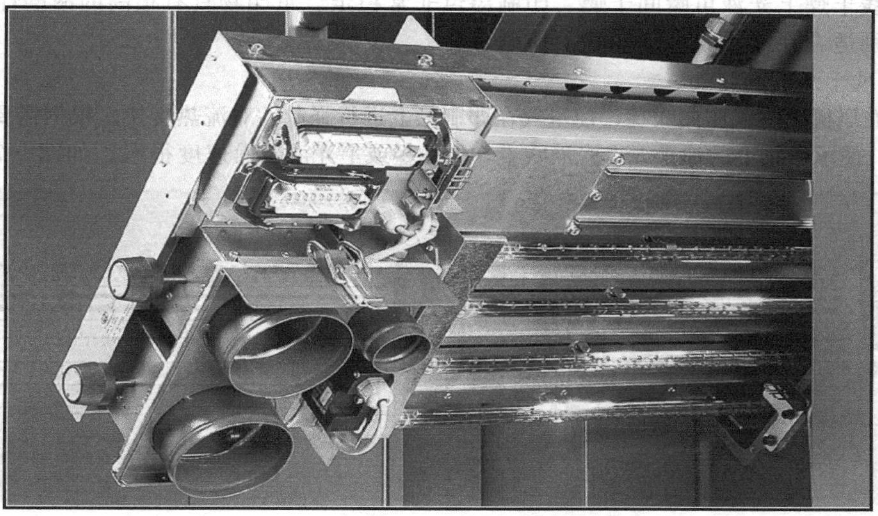

图 9-5　插入式干燥器

1. 红外线干燥器

在分光器的光谱可见光的右侧相邻红区域外侧的波长称作红外线，左侧相邻区域是紫外线。红外线在可见光谱的位置如图 9-6 所示，利用 700μm 左右的电磁波热效能，红外线干燥器以光波辐射产生热量，使上光液干燥，红外线干燥器可做成管状或刀状，红外线辐射石英灯泡作为辐射器，在里面装有电热器导电的玻璃护板、陶瓷的或者金属的薄板等形式作为反射器，将红外线照射到已涂布涂料的印刷品上，使涂料干燥。

γ/射线	X 射线	紫外线	可见光	红外线	微波	UHF	VHF	短波	中波	长波

10nm　380nm　760nm　0.1cm

图 9-6　红外线在可见光谱的位置

使用红外线干燥的特点：缩短待干翻面印刷的时间、减少喷粉量、增强印刷面之抗摩擦力、提高印刷面光泽度等。

海德堡 Speedmaster CD 102-4 型机标准红外线干燥系统温度设定参考标准如表 9-2 所示。

表 9-2　标准红外线干燥系统温度设定参考标准

印刷速度 /(印/小时)	承印物厚度 /(g/cm²)	红外线输出功率/%	热风输出 /%	收纸台纸面温度 /℃
低于 10000	小于 120	15	55	30～35
	大于 120	15	65	30～35
10000～15000	小于 120	25	70	35～42
	大于 120	25	85	35～42

2. 紫外线干燥器

紫外线干燥器是用充满高压氩气和水银蒸气的管状充气石英灯作为辐射器，它们的辐射射线靠椭圆的或抛物线的反射装置集聚到承印物上。它不像红外线干燥器以光波辐射产生热量，使上光液干燥，而是紫外线上光液吸收紫外线干燥器辐射光波波长，使紫外线上光液干燥。

紫外线干燥上光液可瞬间干燥、印刷墨色非常稳定、承印物具有很高的耐磨性和高的光泽度、特别适合在非吸收性承印物上印刷。

3. 吹风干燥器

利用鼓风机把空气压向吹嘴，使空气在印刷品上进行强制性对流热交换。根据需要用吹热风或冷风时，使承印物上的油墨或上光液吹干，但油墨或上光液干燥速度很慢。如图 9-7 所示。

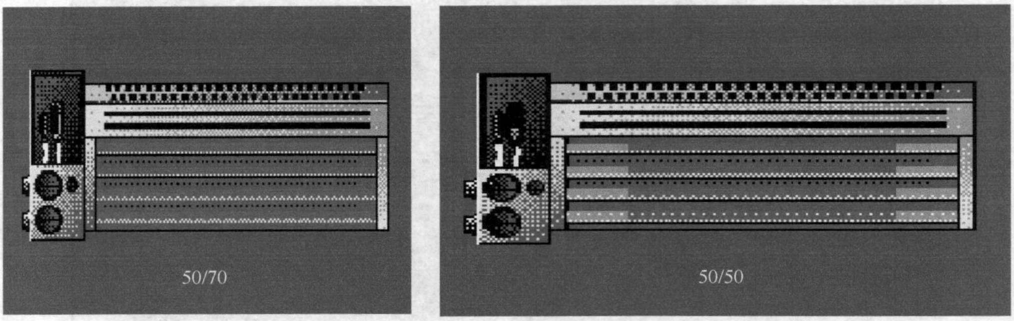

图 9-7 吹风干燥器

4. 电子束干燥装置

电子束干燥处理方式是近年国外将原应用在穿孔、刻槽、切割等机械加工方面的电子束加工工艺，运用到多色高效印刷工艺生产中的一种新型能源转换加工手段。电子束（EB）即通过电真空器件产生聚合、密集的、具有一定方向的电子流。利用高功率密度的电子束加工方法，使从热阴极发射的电子受控制电极及加速阳极的静电场控制被聚成向同一方向运动的、密集的、截面很小的电子束。当电子束冲击到工件时，动能变为热能，产生极高的温度，可使任何材料瞬时熔化或气化。被科学界认为是近期具有最佳处理一致性的干燥技术。可使油墨、上光涂料最大程度地交联和聚合，而无后固化和溶剂残留。同时热能的利用率最高。

5. 组合干燥

现代平版印刷机仅使用上述当中的某一种干燥装置去干燥印刷品是远远不够的，将这几种组合起来才能满足实际印刷需要，将紫外光固化或加热干燥处理的任何一种与电子束干燥相结合，无论涂层多厚，混合处理均能使之完全固化。生产速度提高，对载体基材无热损伤变形，能提高上光涂料的应用性能，增强黏附力，提高印后精饰加工效果，是今后发展的方向。

三、影响干燥的因素

影响干燥的因素有很多，其中有以下三个最主要的因素。

① 开启灯管支数或功率。开启灯管支数愈多，能量愈大。

② 印刷速度。印刷速度愈快，承印物接受能量愈少。

③ 油墨颜色、面积、厚度。油墨颜色愈暗，愈容易吸收能量；墨层面积愈大或愈厚，需要愈多的能量来干燥。

第四节 常见的几种带上光与干燥装置的印刷机

在实际的印刷生产过程中，印刷企业根据自身条件和能力等实际情况，可向印刷机制造商度身定制带有上光与干燥装置的印刷机。具有上光机组和在收纸装置中装备了干燥装置的机器，则可在印刷速度不受影响的情况下进行亮光或亚光上光作业。既可使用印版上光，也可使用橡皮布上光，在操纵台上进行调节可保证上光优异和套准精度，最后可保证上光表面到达收纸堆前能良好地干燥。

一、单张纸平版印刷机干燥装置设置的位置与作用

一般情况下大致有以下几种形式，如图 9-8 所示。

① 印刷机组之间的干燥装置，主要用于 UV 印刷，保证印迹油墨在纸张到达下一个印刷机组之前能完全干燥。

② 非印刷机组之间的干燥装置，可安装在印刷机组和上光机组之间或两个上光机组之间，保证上光之前油墨完全干燥或第二次上光前第一次上光液完全干燥。

③ 扩展形收纸的干燥装置，加长干燥装置是改善上光干燥效果的很好途径。这种装置最适合用于水性上光液和 UV 上光液的涂布。

④ 曲形干燥装置，这种干燥装置通常安装在收纸部分区域，由几个红外灯组成，用于快速干燥传统油墨。

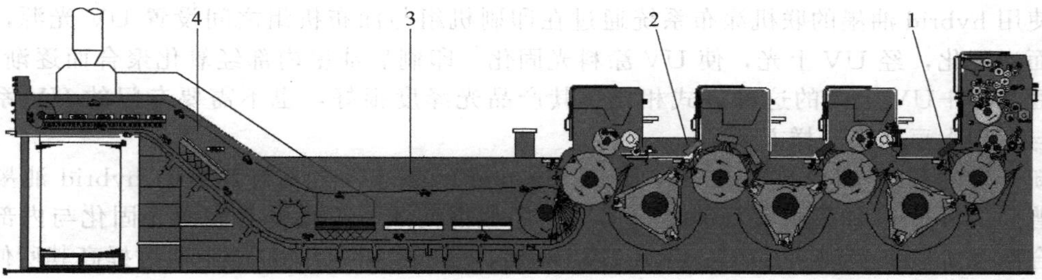

图 9-8　单张纸平版印刷机干燥装置的设置位置

1—印刷机组之间的干燥装置；2—非印刷机组之间的干燥装置；3—扩展形收纸的干燥装置；4—曲形干燥装置

二、印刷机组和上光涂布机组的组合

1. 印刷机组加一个上光涂布机组

一般有三种情形：大豆油墨＋水性上光、大豆油墨＋UV 上光、UV 油墨＋UV 上光。三者的优缺点见表 9-3。

表 9-3　三种情形的上光优缺点

底层油墨	上光涂料	费用	生产效率	耐磨性	光泽度	特　点
大豆油墨	水性	合算	高	一般	好	光泽度一般，不喷粉
大豆油墨	UV	较高	高	好	差至好	耐磨、耐压痕
UV	UV	较高	高	好	好	高光泽度、耐磨

（1）大豆油墨＋水性上光　这种方式具有易掌握、费用低的优点，应用最广。多色印刷后立即进行全面或局部水性上光，间接防止油墨反印，有效减少喷粉使用、水性上光环保无危险、干燥后无臭无味，适合食品包装印刷、上光后，承印物表面不会日久发黄等。

（2）UV 油墨＋UV 上光　具有耐磨性好、高光泽度等优点，特别适合包装产品方面，但其 UV 油墨价格贵，而且还需专门的 UV 的橡皮布、UV 的 PS 版、UV 的墨胶辊及 UV 的清洗剂，总的来讲，还是有一定的发展。

（3）大豆油墨＋UV 上光　这种方式既能降低费用又兼有 UV 上光的优点，但光泽度

不好。

2. 印刷机组加两个上光涂布机组

通常情况下是：大豆油墨＋水性上光＋UV 上光，这种可获得高光泽度的表面加工效果，在欧美发达国家普遍使用。第一个上光机组进行传统油墨上的水性涂底，传统油墨预先使用红外线干燥，水性涂底在氧化干燥型油墨与第二上光机组的 UV 光油之间形成了一个隔离层，可以在很大程度上避免油墨在氧化干燥过程中与第二个上光机组的 UV 上光油发生任何不良反应（即回缩效果），从而有效地保证了 UV 光油的高光泽度，采用刮刀式上光装置，可保障确定的、均匀的底层涂布量。此涂层隔离油墨与 UV 上光涂料发生化学反应，同时起到将印刷品上印刷图文与非图文的微观凹凸填平的作用。第二个上光机组是 UV 上光，它采用双辊式上光装置，可使涂布的 UV 上光涂布量有所变化，并可获得均匀的涂层。但是与一个上光机组相比，上光效果很好，但多了一个上光机组和干燥装置，目前开发出一种新型油墨叫 hybrid 油墨，使用这种油墨后，只需一个 UV 上光机组，就能达到使用两个上光涂布机组的效果，可减少一个上光机组和干燥机组。

3. hybrid 高光涂布系统

hybrid 油墨是由大豆油墨与 UV 油墨混合而成的，具有大豆油墨的易操作性和 UV 油墨的高生产效率，联机印刷与涂布时也不会出现光泽度差的问题。

使用 hybrid 油墨的联机涂布系统通过在印刷机组与涂布机组之间设置 UV 光源，使油墨表面光固化，经 UV 上光，使 UV 涂料光固化。印刷后油墨内部经氧化聚合而逐渐干燥。与大豆油墨＋UV 上光的这种方式相比，其产品光泽度很好，也不需要专门的 UV 系列材料，与使用大豆油墨一样方便。

新开发的系统“DAICURE Hy-Bryte System”的 UV 油墨与普通的 hybrid 油墨不一样，普通的 hybrid 油墨由大豆油墨和 UV 油墨相混而成，干燥分为表面光固化与内部的氧化聚合两个阶段来实现。“DAICURE Hy-Bryte System”的 UV 油墨是通过提高其所使用的 UV 油墨在轻油中的溶解能力，也就不需要专门的 UV 系列材料了，油墨与 UV 上光涂料同步固化，这种油墨不含有氧化聚合的物质及 VOC 干燥剂、溶剂等物质，在联机上光时有良好的稳定性，同时有利于环保。

三、单张纸平版印刷机上光与干燥装置常见的几种类型

以海德堡 Speedmaster CD 102-4 型机为例说明，如图 9-9 所示。

L——表示印刷机带有上光装置。

X——表示印刷机带有加长距离的收纸装置中装备干燥装置。

Y——表示印刷机组与上光机组之间有一个干燥装置。

从图 9-9 所示几种装置的设置情况来看，按照所列的顺序，每后一种设置要比前一种设置要好，要求要高，上光涂布与干燥的效果要好。

对于图 9-9（a）所示 L 型印刷机，这是最简单的上光设备配置，不适宜用于要求苛刻的上光产品，它适合承印一般的书刊杂志的封面，普通的说明书和年鉴年刊等一些短版的印刷品。

对于图 9-9（b）所示 L（X）型印刷机，具有上光机组和在加长收纸装置中装备干燥装置的机器配置。适合承印一般产品的商标、广告小册子等印刷品。

对于图 9-9（c）所示 YL（X）型印刷机，承印物经过印刷机组之后，需干燥装置干燥后进入上光涂布，再通过加长收纸装置中的干燥装置最后到达收纸台上。适合承印一些药品的包装、牙膏肥皂盒的包装及 CD 盘的封面等印刷品。

对于图 9-9（d）所示 LYL（X）型印刷机，承印物经过两次上光，两个上光机组之间加装了一个干燥装置，再通过加长收纸装置中的干燥装置最后到达收纸台上，可取得不同种类

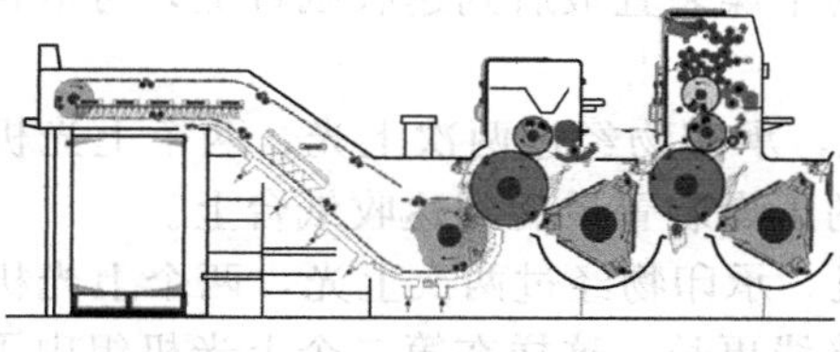

(a) 海德堡Speedmaster CD 102-4L 型机

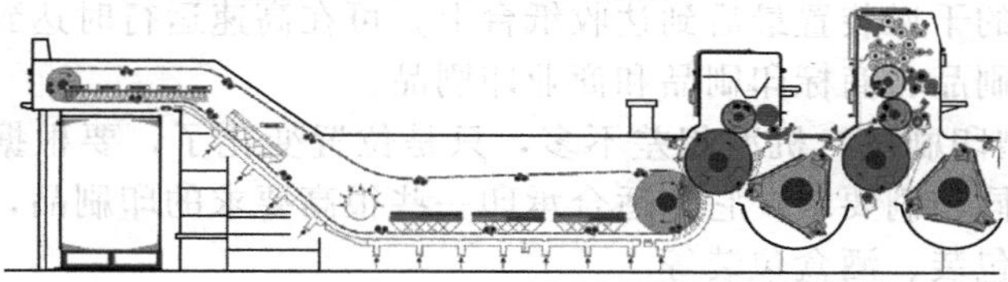

(b) 海德堡Speedmaster CD 102-4L (X) 型机

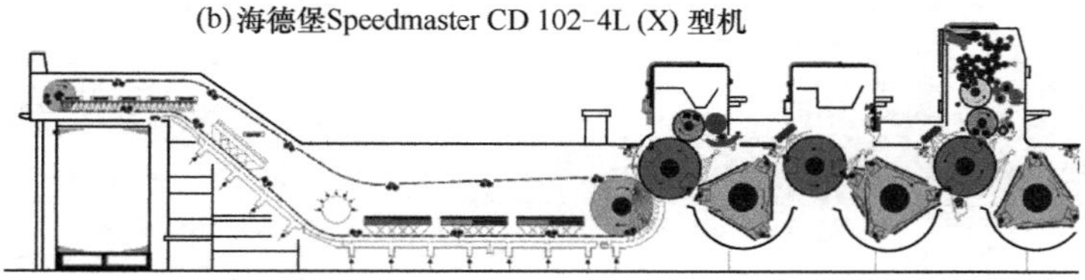

(c) 海德堡Speedmaster CD 102-4YL (X) 型机

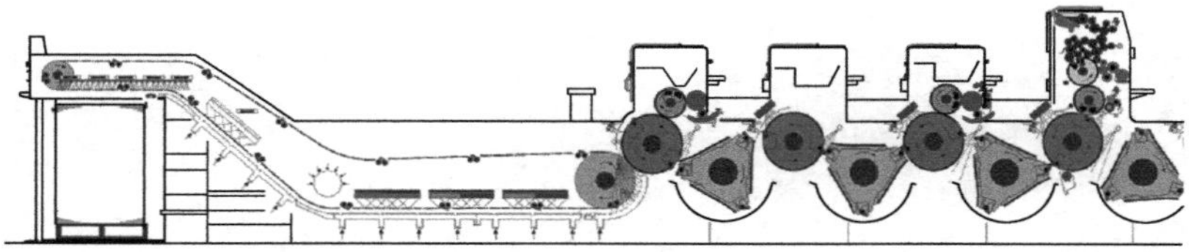

(d) 海德堡Speedmaster CD 102-4LYL(X) 型机

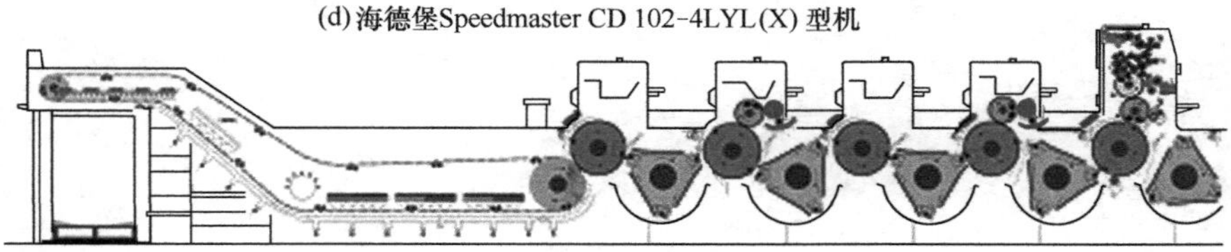

(e) 海德堡Speedmaster CD 102-4LYLY(X) 型机

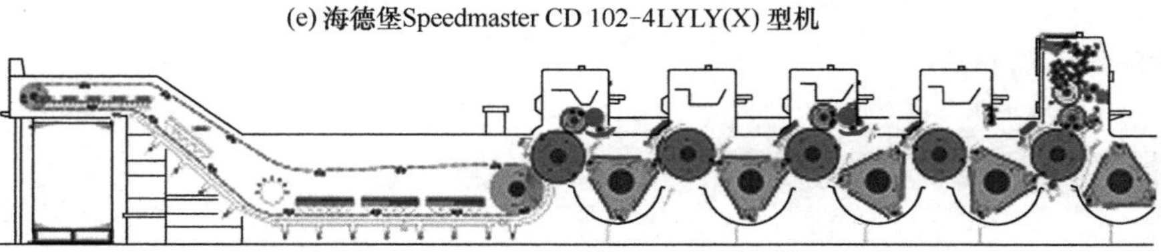

(f) 海德堡Speedmaster CD 102-4YLYL(X) 型机

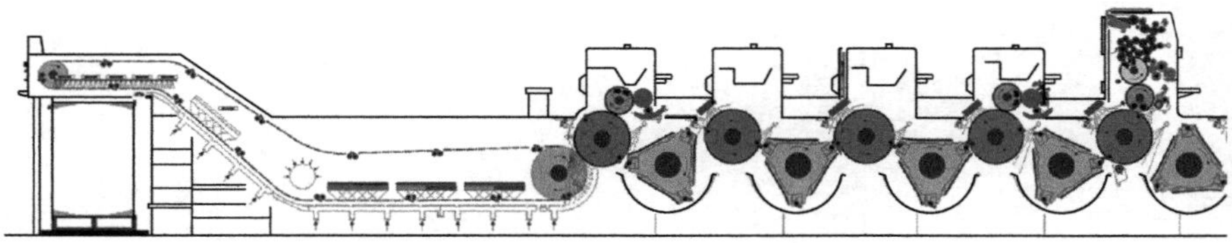

(g) 海德堡Speedmaster CD 102-4LYYL(X) 型机

图 9-9　常见海德堡 Speedmaster CD 102-4 型机上光与干燥装置

的打底金属效果（如印金或银），适合承印一些较高要求的长版印刷品，如化妆品的包装、香烟的包装、高档食品的包装等。

对于图 9-9（e）所示 LYLY（X）型印刷机，承印物经过两次上光，每个上光机组后都加装了一个干燥装置，再通过加长收纸装置中的干燥装置最后到达收纸台上，可取得不同种类的打底金属效果（如印金或银）。

对于图 9-9（f）所示 YLYL（X）型印刷机，承印物经过两次上光，两个上光机组之间加装了一个干燥装置，再通过加长收纸装置中的干燥装置最后到达收纸台上。

对于图 9-9（g）所示 LYYL（X）型印刷机，承印物经过两次上光，两个上光机组之间加装了两个上光干燥装置，使上光机组的干燥路线更长，这样在第二个上光机组中干湿度达到最佳，再通过加长收纸装置中的干燥装置最后到达收纸台上，可在高速运行时达到最佳光泽。适合承印最高品质的包装印刷品、商标印刷品和商业印刷品。

对于图 9-9（e）～（g）所示型印刷机，机型相差不多，只是位置变化了，要根据实际生产情况选择不同的机型，适应不同印刷要求，它们适合承印一些很高要求的印刷品，如很高档高价的化妆品盒包装、香烟盒包装、酒盒包装等。

第十章 印刷机的自动控制系统

印刷机作为一种自动机器，可以根据其自动化程度分为半自动、自动和全自动等几种。一般来讲，自动与半自动的区别在于输纸和收纸部分的自动程度，半自动印刷机一般是指印刷机的印刷与输墨、润湿等过程均是自动的，而输纸、收纸为手动完成。如果输纸、收纸过程与印刷、输墨、润湿等同样，都是自动完成的，这种印刷机就称为自动印刷机。然而对于印刷过程来讲，除了有以上一些工作以外，还有诸如墨量调整、水墨平衡、套准调节、质量检测与控制、印版装卸、清洗橡皮布以及输纸、收纸机构的调整等大量的工作环节。这些环节的自动化程度对印刷质量和生产效率都有非常大的影响，手工作业不仅生产效率低，而且受操作者主观影响较大，质量不稳定。随着自动控制技术和数字化技术的发展，20 世纪 90 年代，先进的印刷机已经实现了印刷操作过程的全部自动化。只要操作者由集成的控制台上控制按钮，印刷机的全部印刷过程，如印刷中的水墨平衡、自动套准、印刷品的质量检测与控制、自动清洗工作、更换印版、调整输纸和收纸装置等，都可以自动完成。近年来，触摸屏技术的广泛应用使得印刷机的操作更加简便。这种全自动化的印刷机不仅结束了自古以来印刷质量仅凭人为经验确定的非标准化和非数据化的历史，提高了印刷品进行高质量生产的效率，减轻了操作者的劳动强度，而且印刷机的数字化技术使印刷机的印刷与印前、印后等全部生产过程结合起来，一起进入了基于网络通信技术和数字信息技术的新时代。

由此可见，印刷机采用自动控制系统具有如下主要优点：

① 缩短更换印件的印刷前准备时间；

② 减少废品，降低纸张、油墨等材料的损耗，降低了生产成本；

③ 减轻了工人的劳动强度，改善了劳动条件；

④ 最大限度降低了凭经验判断印品质量的人为主观因素，印件质量得到了保证，同时在重印时也可以保证印刷质量的一致性；

⑤ 因为墨色控制、套准控制等都是由机器来自动进行的，所以实现起来准确快捷，对操作者经验性的要求大大降低。

印刷机的自动控制最早可以追溯到 20 世纪 70 年代。1972 年德国罗兰公司成功地研制出了多色平版印刷机遥控装置，几年后又研制了印品质量计算机控制系统。几乎同时，海德堡公司推出了 CPC 印刷机遥控系统。经过 30 多年的发展，印刷机的自动控制技术经历了由起初的仅仅对油墨及套准的控制，发展到全数字化的对整个印刷机工作状态的全面控制，以及通过网络技术的应用，实现了对印前、印刷和印后全部工作过程乃至印刷厂的全部工作如物流、计价、印件跟踪、发票、采购等所有环节的整体控制。目前印刷设备市场中，90%以上的多色平版印刷机都配备了自动控制系统。如海德堡公司的 CPC、CP-Tronic 以及 CP2000 系统，罗兰公司的 RCI、CCI 和 PECOM 系统，高宝公司的 Colortronic、Scantronic 和 Opera 系统，日本三菱公司的 APIS2 和 Maxnet 系统，小森公司的 PAI、DoNet 系统等。

印刷机自动控制技术还在继续发展，各印刷机制造商不断提高印刷机自动化程度，其目的在于进一步缩短印刷机印前准备时间，提高印刷机的实际生产效率。

第一节　海德堡印刷机的自动控制系统

海德堡公司的计算机印刷控制系统即 CPC（Computer Printing Control）系统，是海德堡应用于平版印刷机上，用来预调给墨量、遥控给墨、遥控套准以及监控印刷质量的一种可扩展式的系统。该系统由墨量和套准控制装置 CPC1、印刷质量控制装置 CPC2、印版图像阅读装置 CPC3、套准控制装置 CPC4、数据管理系统 CPC5 和自动检测与控制系统 CP-Tronic（CP 窗）等组成。如图 10-1 所示（图中未画出 CPC5）。

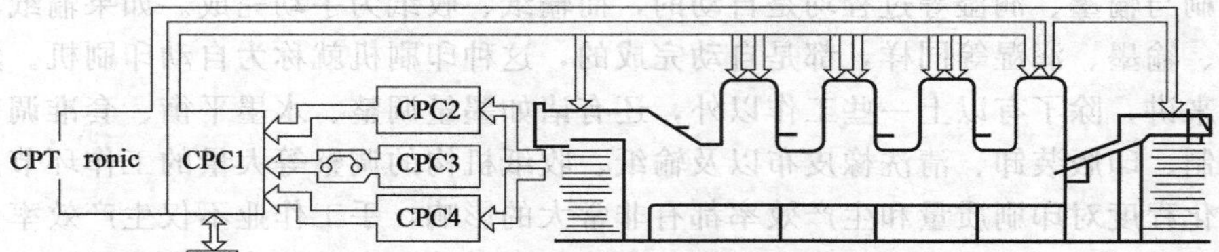

图 10-1　海德堡印刷机的 CPC 和 CP-Tronic 控制系统

一、CPC 控制系统

由图 10-1 可见，海德堡印刷机的 CPC 控制系统包括 CPC1、CPC2、CPC3、CPC4 和 CPC5 等。

1. CPC1 印刷控制装置

海德堡 CPC1 印刷控制装置由遥控给墨装置和遥控套准装置组成，它具有三种不同的型号，代表三个不同的扩展级数。

(1) CPC1-01　这是基本的给墨和套准遥控装置。该装置通过控制台上的按键对墨斗电机进行控制实现墨量的调节，对套准电机进行控制实现多色印刷的套准。

(2) CPC1-02　CPC1-02 除了具有 CPC1-01 的所有功能以外，还增加了盒式磁带装置 3、光笔 2、墨膜厚度分布存储器和处理机 4 等。使用光笔在墨量显示器上划过，就可以把当前的墨膜厚度分布情况以数据形式记录并存储到存储器 4 当中，需要时只需调出就可直接使用。

CPC1-02 的盒式磁带装置可以调用由 CPC3 印版阅读装置提供的预调数据，因此可以将给墨量迅速地调整到设定的数值，从而缩短了准备工作时间，提高了生产效率。

CPC1-02 控制台的功能键及显示如图 10-2 所示。

(3) CPC1-03　这是 CPC1 装置的又一种扩展形式，它提供了手动控制、随动控制和自动随动控制等多种控制方式，可以通过数据线与 CPC2 印刷质量控制装置相连，将 CPC2 装置测得的印品上每个墨区的墨层厚度转换成墨量调整值，并将其与设定的数值进行比较，再根据偏差值进行校正，从而更快、更准确地达到预定的数值。

(4) CPC1-04　CPC1-04 为海德堡印刷机的另一种新型墨量及套准遥控系统，可以完全取代原先的 CPC1-02 和 CPC1-03 装置，并兼容了其所有功能。这种新型的控制系统的信息显示采用与海德堡公司久负盛名的 CP-tronic 相同的等离子显示器，而且操作和显示方式也与 CP-tronic 类似，因而使 CPC 与 CP-tronic 的系统联动控制更加简便。

CPC1-04 系统中功能也进一步丰富多样，信息以图像表示，与 CP 窗系统相似，使印刷控制与故障诊断等操作更趋简捷，提高了工作效率。CPC1-04 系统整机套准遥控由一组单独控制键操作，程序更加合理。

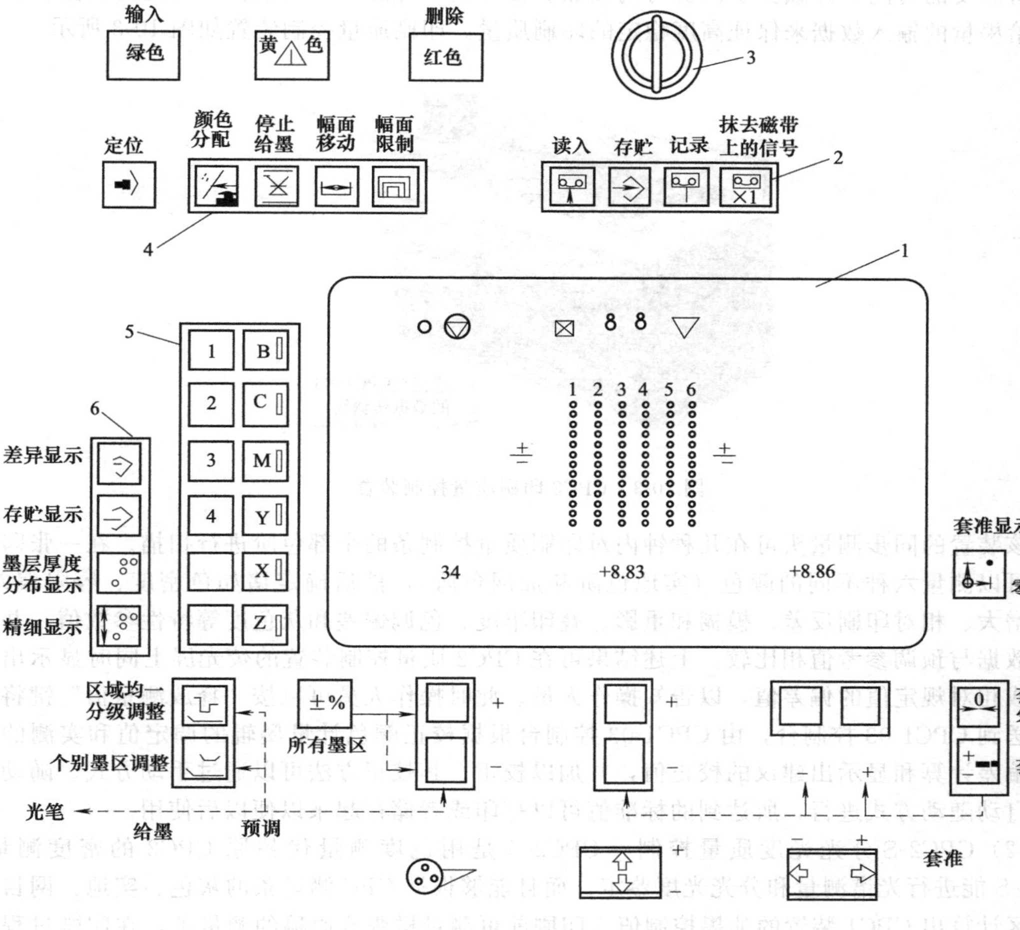

图 10-2　CPC1-02 控制台

1—荧光屏；2—按键组；3—控制台总开关；4～6—按键组

CPC1-04 墨区遥控伺服电机和印版滚筒套准电机的控制比以前也有了重大改进。印刷品墨量分布值一经调定，CPC1-04 系统现在可以同时控制 120 个墨区电机进行墨量控制，使整机上墨和水墨平衡所需的时间比以前缩短 50％以上，与此同时 CPC1-04 目前也比原先能同时控制更多的套准用伺服电机，从而更大地减少换版和印刷工作准备时间。

与海德堡印版阅读器 CPC31 或海德堡印刷数据管理系统 CPC51 联用，CPC1-04 系统可以对比以前更多的印件进行墨量分布预调和数据存储。例如，在 CPC31 上 50 个不同印件的网点分布信息，通过磁卡，在 CPC1-04 系统上同时进行数据转换和分析，预设墨量分布数值，并分别储存起来，从而可以大大提高预设定工作的可靠性和效率。

新的 CPC1-04 系统现在还可以对海德堡公司印刷机的上光单元进行精确的套准控制。

2．CPC2 质量控制装置

（1）简介　CPC2 印刷质量控制装置是一种利用印刷质量控制条来确定印刷品质量标准的测量装置。印刷质量控制条可以放置在印刷品的前口或拖梢处，也可以放置在两侧。CPC2 可以和多台印刷机或 CPC1-03 相连，测量值可以用数据传输线输送到多达 7 台的 CPC1-03 控制台或 CPC 终端设备。若配备有打印终端，就可以将资料打印出来；若与 CPC1-03 联机，则可以直接将测量数据传输到 CPC1-03 上进行控制，从而缩短了更换印刷作业所需要的时间，并减少了调机时的废品。在印刷中通过计算机把实际的光密度值转换成控制给墨量的输入数据来保证高度稳定的印刷质量。印刷质量控制装置如图 10-3 所示。

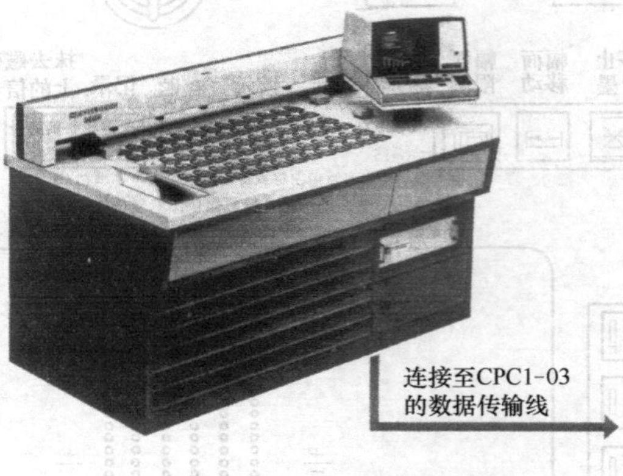

图 10-3　CPC2 印刷质量控制装置

该装置的同步测量头可在几秒钟内对印刷质量控制条的全部色阶进行扫描。在一张印刷品上可以测量六种不同的颜色（实地色阶和加网色阶），然后确定诸如色密度、容限偏差、网点增大、相对印刷反差、模糊和重影、叠印牢度、色调偏差和灰色度等特性参数值，并将这些数据与预调参考值相比较。上述结果可在 CPC2 质量控制装置的荧光屏上同时显示出给定值或相对规定值的偏差值，以告知操作人员。此时操作人员可以按“释放测量值”键将数据传送到 CPC1-03 控制台，由 CPC1-03 控制台根据校正颜色计量墨辊的调定值和实测的光密度偏差计算和显示出建议的校正值，并加以校正。其校正方法可以通过手动方式、随动方式或自动随动方式进行，所达到的标准值可以打印或者储存起来以便以后使用。

（2）CPC2-S 分光光度质量控制　CPC2-S 是用色度测量代替原 CPC2 的密度测量。CPC2-S 能进行光谱测量和分光光度鉴定，而且能够根据 CPC 测量条的灰色、实地、网目和重叠区计算出 CPC1 装置的油墨控制值。印刷前可测量样张或原稿的测量条，在印刷过程中可测量印品的质量控制条，并可将从原稿所测量的 6 种颜色直接转为专色；它与 CPC1 结合使用能够最大限度与样张接近样张或指导印刷。它也可以测量油墨光密度。

（3）海德堡印刷质量控制系统 CPC21　该系统利用分光光谱分析来改善过去凭人眼获得的色彩。该装置对于 PMS 和特殊内部色彩的升级极为有用。通过打样的参考数值与机器印张的比较，输墨的正确校正数值可自动进行计算。然后机器进行自我校正。

（4）海德堡印刷质量检测系统 CPC22　CPC22 是一种非常经济实用的印刷质量检测系统，可以帮助印刷厂家提高印刷品的质量并达到 ISO 9000 印刷质量检测标准，进而帮助企业取得 ISO 9000 证书。

ISO 9000 标准或者说印刷品质量检测证书的第一步，就是要对印件在印刷过程当中进行连续不断的、有规律的检测。每个印件都可以根据其印刷特性得到取样的频率和检测内容。按照这个频率，印刷工人有规律地取出样张，在 CPC1-04 看稿台上对样张进行质量分析并由 CPC22 印刷检测系统对检测数据进行打印，记录到该样张上去。通过对这一组样张的印刷数据的记录打印，印刷厂家便可以向他们的用户提供整套印刷质量控制的过程数据文件（包括所有样张），同时也达到了对印刷过程有规律质量控制的目的。

海德堡印刷质量检测系统 CPC22 有一个便携无绳式打印机，用于对样张的检测数据记录，数据可以被打印在印张的任何部位。

CPC22 系统对印张的检测频率、内容及输出格式等均可以按用户要求在 CP 窗系统中进行预设。在印数接近采样点时指示灯会自动闪亮，提醒操作工取样检查。样张取出之后，CP 窗系统便将当时的实际印刷数据传送给 CPC22 系统，只要按一下按钮，便能将这些数据打印记录在样张的任何区域上。操作十分简便可靠，对于短版高速印刷，其优越性尤为明显。

印刷完成之后，工人可以对每个印件都有一套完整的、有数据记录的样张，作为印刷质量跟踪控制的可靠依据。

(5) 海德堡联机图像控制系统 CPC23　CPC23 是海德堡公司推出，世界首创的单张纸平版印刷机联机在线图像控制系统。这一系统的推出和使用，使印刷机操作功能对印张进行实测比较，从而使随机印刷品色彩控制成为可能；同时也方便对印刷图像的瑕疵区域、墨皮蹭脏或套印误差等进行精确检测成为可能。

CPC23 系统是专为那些对印刷品质量要求极高的印刷厂商设计制造的，诸如那些高品质包装折叠纸盒、精美名牌商标或者其他高品质的商业印刷品的承印厂商。CPC23 系统采用专门设计的高分辨率 CCD 监测扫描头对整个印张进行数据扫描采样，并将采样数据传送至专用计算机处理，并与预设值进行比较分析。该系统的数据采样精度极高，以 70cm×100cm 的印张为例，CPC23 系统将此区域细分成一百万个以上的像素单元，并对其进行逐个采样。印张经采样后在一个高分辨率的彩色显示屏上显示，任何印刷图像的错误信息会立即清晰地被显示出来，印刷工便能及时准确地采取措施纠正，CPC23 系统可以容易地监测到直径为 0.3mm 的细小印刷瑕疵，在 0.8mm×0.8mm 的区域中也可以检查到由于墨皮蹭脏而引起的不小于 $D=0.1$ 的局部密度偏差。当 CPC23 系统发现上述种种错误时，会立即对印刷工进行提示。按客户要求，海德堡公司还可以提供收纸端标贴插入装置。

为了达到对印张的色彩控制，必须对其某些关键区域进行监测控制。通过 CPC23 的彩色显示屏，可以对那些高品质要求的包装外盒、商标和样本等印张进行分析，找出对印刷质量控制最重要的区域，并对其进行监控设定，CPC23 系统也可以对其进行自动分析设定。海德堡平版印刷机的每个墨区有 16 个测量点可以定义。

当印刷机调定完成，操作工得到满意的印张之后，CPC23 系统将对此印张的后续 16 张测量数据进行自动采集运算，得出标准比较值，作为以后印张图像监测和色彩控制的基准。

3. CPC3 印版图像阅读装置

CPC3 印版图像阅读装置是一种通过测量印版上网点区域所占的百分比从而确定给墨量的装置。与 CPC1 对应，CPC3 也是将图像分为若干个区域，测量时单独计算每个墨区的墨量。CPC3 印版图像阅读装置可对逐个给墨区上感测印版上亲墨层所占面积的百分率。感测孔宽度 32.5mm，相当于计量墨辊有效宽度或海德堡印刷机墨斗上墨斗螺丝之间的距离。对最大图像部分，则采用 22 个前后排列成一行的传感器，同时测量一个给墨区，每组传感器的测量面积为 32.5mm×32.5mm，每组传感器安装在一根测量杆上。根据需要测量杆上的传感器可以同时工作，也可以让其中一部分工作。

CPC3 是专为海德堡各种尺寸规格的印版设计的，能够阅读所有标准商品型的印版（包括多层金属平版），印版表面质量好坏直接影响测量的结果。印版的基本材料、涂层材料的涂胶愈均匀，测量结果就愈准确。CPC3 印版图像装置工作原理见图 10-4。

CPC3 印版图像阅读装置通常放置在制版室内，在印版曝光和涂胶以后，可以立即只用几秒钟的时间阅读一个印版，在阅读过程中，传感器均采用与欲阅读印版相类似的校准条进行校正。在非图像部分校准至 0%，在实地部分校准至 100%，为了排除校准条和印版之间在颜色方面的差别，采用附加的校准传感器来测量一个校准区，此校准区也可在印版上曝光，它可以自动校正颜色上存在的任何偏差。

CPC3 印版图像阅读装置数据的输出，可以采用盒式磁带或打印件的形式，当采用打印

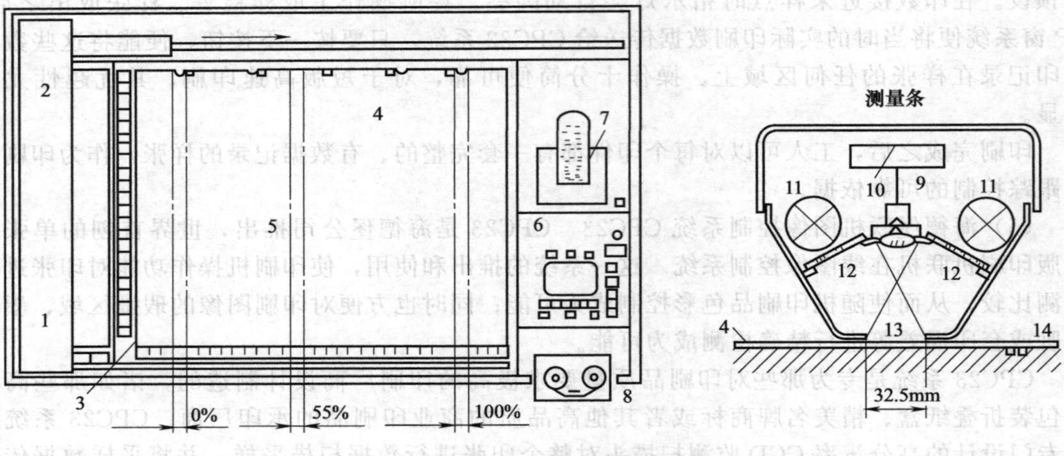

图 10-4　CPC3 印版图像阅读装置

1—测量条；2—标准条；3—校准区；4—印版；5—图像区；6—操作台；7—打印记录；8—盒式磁带；9—传感器；10—电子装置；11—活塞分配器；12—扩散的荧光屏；13—测量限制器；14—吸气槽

输出时，有两种不同类型的打印件：一种是有各种颜色和各种墨区的百分率数值；另一种是以图表的方式表示单一颜色的区域百分率。该装置总共可相继测量和存储六个印版（颜色），印版颜色的顺序是黑色、青色、品红、黄色以及第五和第六种颜色，它们与阅读印版的次序无关。在进行印刷前，只要将印版和 CPC3 记录的 CPC 盒式磁带给操作人员，只要把磁带读入 CPC1-02 和 CPC1-03 的存储器中，按一下控制台上的按钮，就可把数据输给印刷机，并由 CPC1-02 和 CPC1-03 的处理机把百分率数据换算成个别给墨区的调定值，就可开机进行印刷。因此采用 CPC3 阅读印版，可以更快更准确地预调墨层厚度分布，几乎没有换版调机时的纸张浪费和时间的浪费。

4. CPC4 套准控制装置

(1) CPC4 套准控制装置　CPC4 是一个无电缆的红外遥控装置，是一个专门用来测量套准的控制器，如图 10-5 所示。可以用来测量纵、横两个方向的套准误差值，并能显示和存储测定结果。测量时把 CPC4 放在印品上，可以测出十字线套准误差并进行记录然后再把 CPC4 装置置于 CPC1 控制台的控制板上方，按动按钮就可以通过红外传输方式将数据传送给 CPC1，而通过 CPC1 的遥控装置驱动步进电机调整印版位置，完成必要的校正。

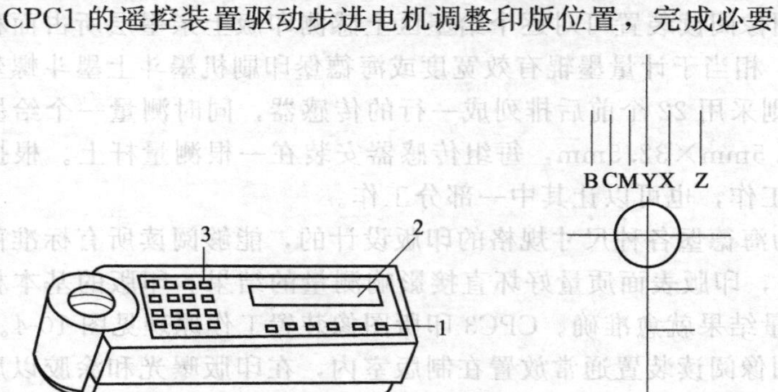

(a) CPC4套准检测装置　　(b)套准标记

图 10-5　CPC4 套准控制装置及标记

1—色组键；2—误差显示；3—操作按钮

（2）CPC42 海德堡自动套准控制装置　CPC42 是海德堡公司新近推出的全自动套准系统。在印刷准备工作期间或正式印刷过程中，该系统对每一印张的套准进行自动监测和控制，这样便大大地缩短了印刷准备工作时间，印刷工人则可以在生产过程中集中精力于质量管理。

与 CPC42 系统配套使用的是新推出的新型印刷套准标记。这种新型标记的横向宽度仅为以前普通标记的一半，这样便增加了印张的有效印刷面积。CPC42 能对海德堡平版印刷机进行全自动套准检测和修正，其套准控制精度达±0.01mm。

CPC42 全自动套准控制系统的主要部件为安装在印刷机最后一个印刷单元上的测量杆，在测量杆上装有两个由伺服电机驱动的测量头，测量头的移位和定位则由 CPC1-04 控制。在实际印刷过程中，CPC42 的两个测量头通过光导纤维提供测量光源，对每个颜色的套准偏差进行测量，并将数据传送至 CPC1-04 系统，进行运算比较，然后再由 CPC1-04 系统对各印刷单元执行自动套准控制，对印版滚筒进行周向、横向或对角线自动调整，无需人工干预。对每个不同的印件，其套准参数一经确定后即可储存，而不会因为纸张、油墨规格的变化或印刷速度的变化而影响套准精度，印刷工人可以集中精力去关心色彩控制或准备下一个印件的参数预设。

CPC4 除了可以对印张的纵向和横向套准进行检测之外，还可以对斜向即对角线方向的套准进行检测。当检测到对角线套准误差后，可以通过 CPC1-04 系统对印刷装置执行套准操作任务。

单张纸印刷机在进行套准控制时，一般是通过三个电机改变印版滚筒的位置而实现的（这种方式通常称为借滚筒，有些印刷机还可以通过自动调整侧规的位置来实现横向套准），这三个电机称为拉版电机（实际是拉动印版滚筒）。纵向和横向的借滚筒在前面章节中已经进行了介绍，所以在此不再重复。为实现对角线套准，印版滚筒在轴端安装了另一个伺服电机及其传动机构，当需要调整时电机旋转，带动印版滚筒运动使其中心线与橡皮滚筒的中心线由平行转变为空间交叉，从而印版与橡皮布轴向上各点在周向的相对位移不等，并由此实现对角线方向的套准。

采用上述方法进行对角线套准，由于印版滚筒和橡皮滚筒不平行，对印版滚筒轴承是极为不利的，因此这种方法调整的范围极为有限，一般印刷机只能达到±0.2mm，如果误差太大就难以实现自动套准调节。

有些印刷机采用拉动印版的方法（即改变印版与印版滚筒的相对位置）实现了对角线方向的自动套准，并使套准调节的范围扩大到了±2mm，使印刷机的操作和调整都更加简单。但是这种方法对机器的技术要求都较高（如电机与执行机构的安装、电源信号与控制信号的印入等），并使机器的造价大幅度增加，所以这种方法目前使用并不普及。

5. CPC5 数据管理系统

海德堡 CPC5 把数据控制与管理、印前、印刷和印后运作联系在一起。这个复杂的印刷厂管理系统是以数据网络为基础的。它对高效生产计划、自动机器预置以及有效生产数据的获取等信息的变化进行最佳化和自动化处理。其结果是加快了作业准备时间和生产时间；同时加速了订单方面的信息数据。与 CP 窗数据控制系统相联系，数据控制也为印刷厂家和销售公司、机器制造厂家之间的遥控诊断服务提供了依据。

二、CP-tronic 自动检测与控制系统

海德堡印刷机在 CPC 控制系统的基础上又配备了全面控制、监测和诊断印刷机用的全数字化电子显示系统，即 CP 窗（CP-tronic）。

CP 窗是一个模块化的集中控制、监测和诊断系统。CP 窗使印刷机的所有功能全部数字化，如预选值和实际值用数字输入，并能重新存储或重新显示。CP 窗的核心是一组高容

量的计算机，它运用密集的传感器和脉冲发生器网络提供信息和传输指令。在中央控制台等离子显示器上显示出全部与作业有关的信息，并在屏幕上显示错误信息，使操作者进行修正。几台高性能的计算机全部集中在一个开关柜内，彼此之间以尽可能直接的方式相互通信，控制系统采用16位模块化处理机，与印刷机中密集的传感器、制动器和电机网络交互作用。在印刷机上配备了这种全数字化的控制装置后，使印刷机的功能大大加强，成为真正的全自动印刷机。

1. CP窗的控制功能

(1) CP窗中央控制台

① 中央控制台键盘布置及作用　图10-6所示为CP窗中央控制台的键盘布置图。在图中的标号如下。

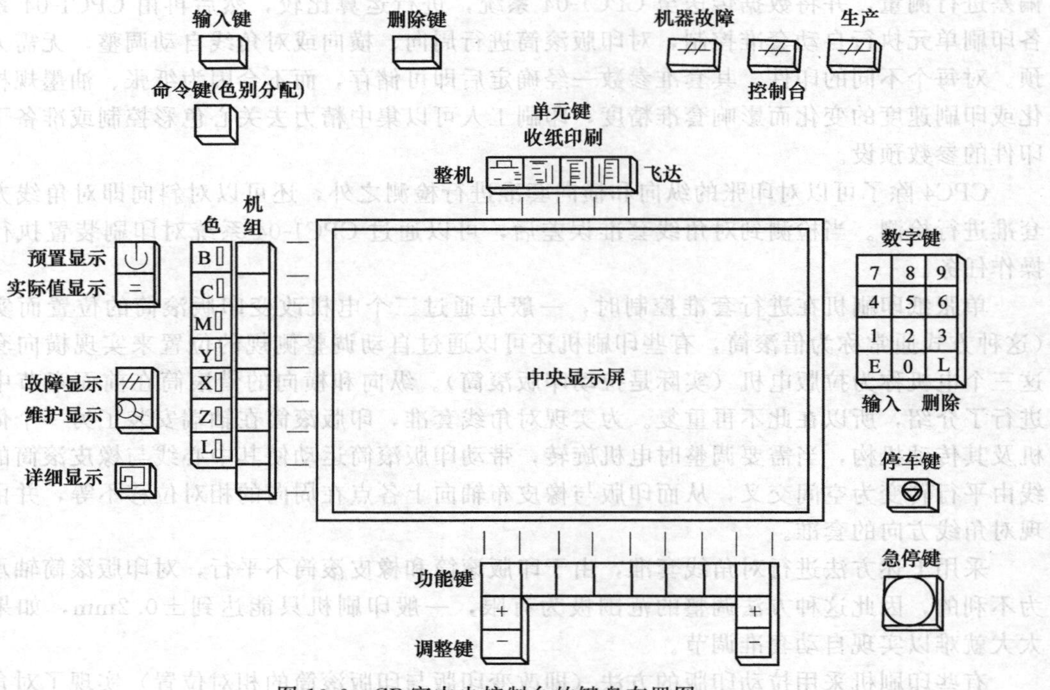

图10-6　CP窗中央控制台的键盘布置图

a. “单元”选择键。它由整机、收纸、印刷单元和飞达四个键组成。使用其中一个键就可以选择要进行操作和检查的单元。

b. 显示键：它由预置、实际值、故障、维修、详细显示五个显示键组成。它们的作用分别如下。

a) 预置显示键。用此键可为印刷过程设置各种功能预置值。并在中央显示屏显示出预置功能，如走纸、合压和印刷过程等。预置功能按顺序启动。所谓“功能”是指离合压、纸张翻转吹风单元开/关、开始生产（即印刷）等。

b) 实际值显示键。此键可以对各种功能或机器各部件进行启动/停，或连续改变其值(如改变吹风轮速度)，改变后可立即取代预置值。当在短暂停机又合压后，原已预置的功能重新显示并有效。

c) 故障显示键。当机器出现故障，由故障信号灯发光或闪亮，按下故障显示键，在中央显示屏上列出故障类型及有关部位，然后自动选择有关部位并在屏幕上以闪动的符号显示故障原因。

d）维修显示键。按此键可启动各种检测系统，并可看到各种图示显示。这些检查用于检测各“组”各部件的控制和功能。在中央显示屏上给出检测项目、各种代码及报告各部件的状态。

这里所指的“组”是吸气部件、吹风部件、润版冷却部件等。

e）详细显示键。此键用于对中央显示屏进行详细显示/整体显示的切换。整体显示是指显示所选“单元”内的所有“功能”和“组”。详细显示是对选中一“组”及其功能给出一个详细的图形显示，这样就可以看到印刷机各部位和指令单元的每一部分。

c.“组”选择键。当选择印刷单元之后，利用“组”选择键可以选定指定的机组。在显示屏上各机组与键是对应的。此外，对选中的机组相应的色别键发亮。如果未专门选择某一机组则对全部机组有效。此时，按功能键或调整键对全部印刷机组有效。因此，“组”选择键的功能取决于已选“单元”或预置显示。当选择“整机”后，“组”选择键可选下列功能或“组”：走纸、吸气单元、吹风单元、润版液冷却等。在显示屏上各功能与选择键对应，如选择“飞达”或“收纸”，它们是最小单元，再无选择的功能。当选择“故障显示”之后，用“组”键确定故障类型，而故障的原因与有关单元一同显示未准备好或告警。当选择维修显示键后，用“组”键启动各种维修检测，如中央润湿、维护1、维护2，其检测可以测试，显示图表及各种状态报告。

d. 色别键。选择“印刷单元”色别键B～L均可起作用。它们与印刷机组1～7相对应。按机组键时，机组与色别键均亮，要改变对应关系由“色别分配”命令控制。

e. 功能键。此键可启动或关掉在“组”内预置的功能或部件，在显示屏上功能和部件均与具体的按键对应。功能控制在显示屏上有八组显示方式：

显示方式1：整机/走纸；

显示方式2：整机/吸气；

显示方式3：整机/吹风；

显示方式4：整机/润版液冷却；

显示方式5：印刷单元和上光单元；

显示方式6：各印刷单元；

显示方式7：收纸；

显示方式8：飞达。

f. 调整键。此键用于调整可变的功能或部件，如水斗辊速度、吸气轮速度、工作计数器和预置速度，变化后的速度可在显示屏上显示。

g. 印刷机控制键。急停钮，按此钮立即停车，并锁住，再按才解锁。停车键，在操作中按此键，机器按下列顺序执行下列动作：关掉飞达、离压、墨斗辊和着墨辊停、印机降至最低速度运行、在机器中的纸张到达收纸部位全机停。

h. 命令键。按动黄色的命令键时，即命令色别分配。

i. 命令控制键。按动绿色“输入”键时，可输入命令，并启动命令执行键同时闪亮。在命令的启动或执行中，均可用红色的“删除”键将其中断。

j. 故障信号。它由“机器故障”信号灯、“控制台故障”信号灯、“生产故障”信号灯三个信号组成。当红色“机器故障”信号灯亮时，此时表示机器有故障不能开机，其故障分为：安全装置起作用（如打开防护罩），急停钮被锁住，安全钮处于“SAFE”位置（在给纸机控制板上）。当蓝色“控制台故障”信号灯亮时，表示控制台故障（如急停钮仍锁住）。当黄色“生产故障”信号灯亮时，表明影响生产的故障，其结果可导致印刷机离压，并以最低速度运行。即便此故障不立即影响生产，该信号作为一种警告，应尽快检查排除。

k. 中央显示屏。此显示屏可显示大量的符号与图形，以利于控制印刷。从屏幕显示和键盘顺序操作中可进行各种选择，其上以不同的符号代表功能、部件和测试，各种符号都恒定地与“组”选择键和“功能”选择键相对应。选中的键相应的符号在屏幕上显著发亮。

1. 数字键。从 0～9 为数字键，当选择输入印数功能键后，即可用数字键输入。此键在中央显示屏上显著发亮的区域中显示输入值，已输入的数值还要按正在闪亮的输入键“E”才能有效。当要去掉输入值时按“L”删除键即可。

② 印刷显示器 MID　在配备有 CP 窗控制系统的印刷机，全机除了有机器正常操作的按钮外，在输纸机和收纸部操作面板上面增设了两个印刷显示器 MID，它在印刷机作业中能够显示瞬时信息，监控纸张运行情况，并且能够在操作点立刻显示故障。如图 10-7 所示。

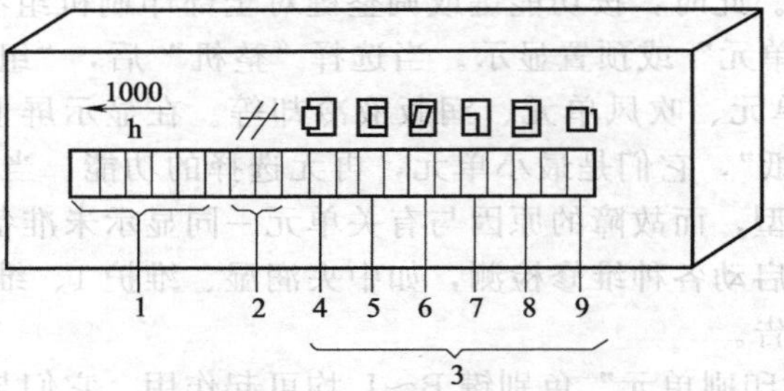

图 10-7　MID 印刷显示器

1～9—各种信息显示窗口

a. 标号说明。图中：

“1”为预置速度或角度显示；

“2”为故障显示；

“3”为纸张监视显示，在纸张监视显示中又可分为以下几种：

“4”为纸张过早显示；

“5”为纸张过晚显示；

“6”为纸张歪斜显示；

“7”为输纸故障显示；

“8”为拉纸故障显示；

“9”为双张显示。

b. 显示方式。

a）开动显示器，即打开主开关（控制箱/印刷机）在显示器上开始显示自检，自检顺利完成后，在整个屏幕上显示出“HEIDELBEGER”字样。

b）自检之后，屏幕上“HEIDELBEGER”消失，在“1”处出现横线，当机器旋转一周之后，机器内部建立了同步，横线消失，显示器给出预置速度或角度。

c）角度和故障显示。当控制达到同步之后，显示器在“1”的位置给出滚筒当前位置相对全机“零位”的角度值。此时只有在停机或进行滚筒定位、低速运转和点动机器时均为角度显示。当机器处于操作状态时则显示预置速度。

d）预置速度和纸张监控显示。机器处于操作状态时，在“1”处显示为当前速度（大小为显示值×100）。在“3”处报告纸张传送和输入信息，如出现故障以“#”号指示出故障的相应位置，根据故障的类型发出声响信号，使飞达脱开或全机停止。

e）维修代码显示。当启动主开关时，显示器开始自检，若发现有故障，在整个屏幕上显示相应的故障信息。

f）收纸部显示器的特殊功能。图 10-8 所示为收纸部显示器特殊功能显示图，有 2 种操

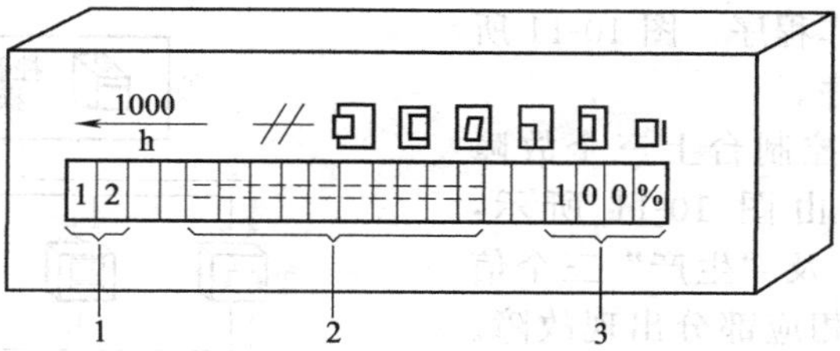

图 10-8　收纸特殊功能显示

作显示方式。

（ⅰ）吸气故障和水斗辊速度显示。图中 1 为有关位置代码显示（12 为收纸部/吸气轮）；2 为速度图形显示；3 为速度百分比显示。

在吸纸部操作面板上按“增加或减少润湿量”按钮（用于改变印刷单元的润湿量）或者按动“吸气轮加速或减速”按钮（用于改变吸气轮的转速）可使显示器进入该种操作方式。按动“吸气轮加速或减速”钮，即显示位置代码、当前速度（图形显示）和速度百分比。速度百分比按 2%变化，而图形每变化 10%改变一次。

（ⅱ）工作计数显示。在 MID 显示屏幕上显示预置和已印好的张数。但计算器的计数条件为：输纸监测器没有故障信息（双张、拉纸故障、纸晚到），不改变吸气轮和水斗辊速度以及没有故障信息显示。

在收纸操作面板上有“工作计数器开/关”按钮，可使记数开始或结束，而对计数器进行设定和复位只能在中央控制台上进行。

在收纸部显示器上不记录、不显示印刷废页，废页在中央显示器显示其数量。

g）输纸显示器的特殊功能。图 10-9 所示为输纸显示器特殊功能显示图。

由图 10-9 所示纸位监视显示中，“1”为纸张早到和歪斜监视——FUK 显示器；“2”为纸张前沿监视——ANK 显示器；“3”为拉规监视——ZMK 显示器。图中上半部黑色为传动面的监视，下半部黑色为操作面的监视。在飞达操作面板上安全钮置于“SAFE”，在位置（箭头指向）监视器显示工作状态，此位置为印刷与停止印刷位置。在预置速度在3000～3500 印/小时之内正常印刷时可以控制纸张输入和监视。当速度超过 3500 印/小时，只显示横线，不能进行控制。

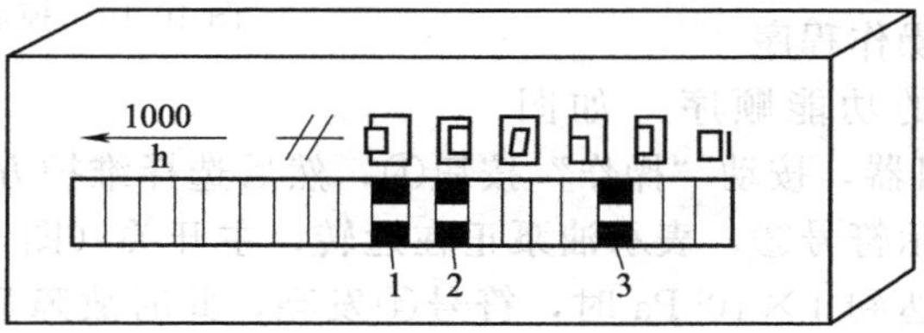

图 10-9　输纸特殊功能显示

(2) 控制台一般操作程序　图 10-10 所示为控制台一般操作程序流程。

在印刷机开始印刷时，在控制台上要按照下列程序进行操作。由图 10-10 所示：①打开控制箱主开关，控制台处于操作状态。②进行“单元”选择，其中有整机、收纸、印刷单元及飞达四个单元以供选择。③选择显示方式，分为预置显示、实际值显示及详细显示。④选择“组”或“功能”，如走纸、吸气部及印刷机组等。⑤功能的启/停，例如走纸启/停、润版等。⑥调整水斗辊速度、吸气轮速度、工作计数器及预置速度。⑦如在③中选择预置显示，则功能控制存储在控制台中，并在下列几种操作方式中自动发送到印刷机。⑧对印刷机组进行操作，如走纸、生产等，若在③中选择实际值显示，则功能控制立即直接影响印刷机。

(3) 控制台故障操作程序　图 10-11 所示为控制台故障操作程序。

当启动机器后，在控制台上三个故障信号灯发光或熄灭，由图 10-11 所示：①"印刷机"、"控制台"及"生产"三个信号灯中哪个闪亮则表示相应部分出现故障。②为选择故障显示方式。③为选择出现故障的组。如印刷机未准备或告警。④为选择受故障影响的单元，此时受故障影响的单元在中央大显示屏上以闪亮方式显示。⑤为在显示屏上闪亮的符号表达故障的原因，如防护罩未盖上，急停钮被锁住等。⑥在显示屏上均可显示部件组，单元的故障如控制箱、控制台、飞达、印刷单元、收纸部。

无论机器出现任何故障，只要按照上述操作程序，操作人员就能及时找出并及时处理。

图 10-12 所示为控制台维修操作程序。

在印刷机启动后，由图 10-12 所示：①选择维修显示。②选择维修方式，其中有中央润滑、维修 1 和维修 2。维修 1 是测试和变量，维修 2 是机器专有信息。③为选择测试，当前输入、输出软件版本代码，可调起始警告等。④为用户"+/−"键选择功能。⑤为各种程序和测试在中央显示屏上的图形显示。⑥为手动操作或触发组或部件的功能测试。

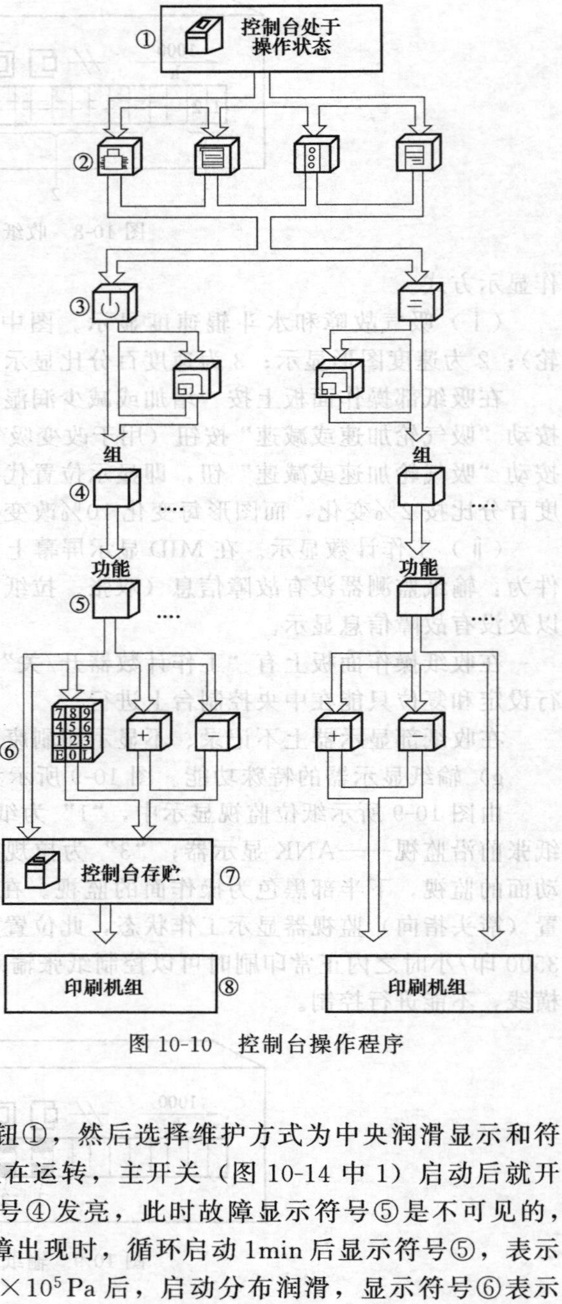

图 10-10　控制台操作程序

(4) 中央润滑系统操作程序

① 中央润滑系统的功能顺序　如图 10-13 所示，首先启动机器，按动"操作"按钮①，然后选择维护方式为中央润滑显示和符号②，启动循环润滑显示符号③，表示油泵正在运转，主开关（图 10-14 中 1）启动后就开始循环润滑，如果油压达到 1×10^5 Pa 时，符号④发亮，此时故障显示符号⑤是不可见的，即无显示。当油压达不到 1×10^5 Pa 或其他故障出现时，循环启动 1min 后显示符号⑤，表示"不能润滑"，此时符号⑤闪亮。当油压达到 1×10^5 Pa 后，启动分布润滑，显示符号⑥表示油泵正常运转，自动分布润滑。然后油压升至 12×10^5 Pa 时符号⑦发亮，而分布润滑自动转换到循环润滑。显示符号⑧发亮，此时，当印刷机从 7295 圈到 60000 圈时为自动分布润滑，到 60000 圈以后为自动开始润滑。而 7295 圈是机器两次润滑之间的圈数。按动符号⑤可以手动加油。当机器出现油压故障时，最多 4min 机器信号灯⑪发亮。如果此时印刷速度超过 3500r/h，音响器⑫发出音响报警。操作者应检查油路并进行修理。

② 中央润滑油路工作原理　图 10-14 所示为中央润滑油路的工作原理。打开主开关 1 经电机过载开关 2 启动油泵及电机 3，将油箱 4 中的油抽出经油管进入过滤器 5，过滤器 5 有指示器显示，当指示器显示绿色时，说明过滤芯完好，可正常印刷，当指标器显示红色时，

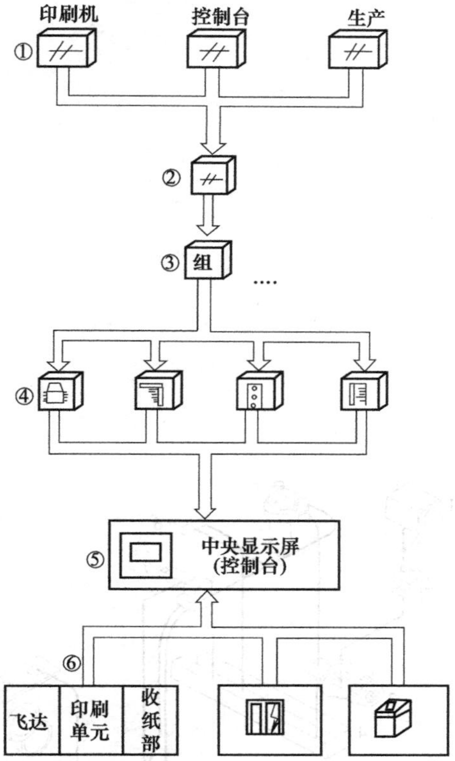

图 10-11　控制台故障操作程序

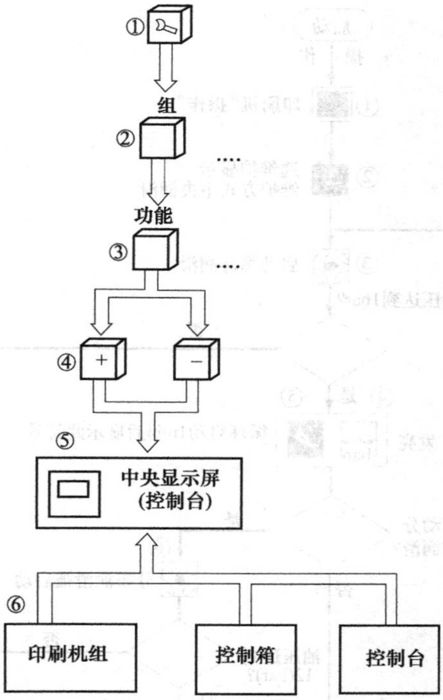

图 10-12　控制台维修操作程序

告诉操作者过滤器的滤芯已脏，必须更换后再开机印刷。经过滤器的油再进入限压阀 6（它是油路过压时的安全装置），接着油通过二位四通阀 7 使循环润滑系统进行工作。该系统对印刷机进行连续润滑，出油管 8 以大约 1×10^5Pa 的油压向各润滑点输油。在循环润滑系统中装有压力监视器 9，由它监视循环润滑系统油路中油压变化情况。印刷机油压电子控制系统 10 的作用有两个，作用一是对循环润滑系统的压力监视器 9 和分布润滑系统压力监视器 12 发出的信号进行判断，当循环润滑系统的油压小于 1×10^5Pa 和分布润滑系统油压小于 1.2MPa 时，电子控制系统在控制台的中央显示屏 15 上维护状态“中央润滑”下进行显示，使“油压故障”指示灯 13 亮，如果此时机器速度超过 3500r/h 时，由音响报警信号 14 报警，并在控制台中央显示屏 15 故障显示区里出现一个闪动的符号，以表明“不能润滑”故障信息。电子控制系统的作用二是由循环润滑向分布润滑的转换，转换的条件是机器已经达到润滑间隔（60000 圈）自动转换或者按下“手动分布润滑”功能钮。

当二位四通阀在正常位置时，进行循环润滑，如需进行自动或手动分布润滑时，可通过电子控制系统使二位四通阀的阀门转换并启动分布润滑。还可以手动按阀门上的按钮（约 15s）来启动分布润滑。在电控系统控制结束后，阀门回到转换前正常位置。

在进行分布润滑时，由活塞分配器 11 对各润滑点定量供油。油压约为 1.2MPa，每次供油时间约为 15s。图中粗实线为油路，细实线为控制信号线。

2. CP 窗的自动调整功能

(1) 全自动更换印版装置　应用 CP 窗自动更换印版是从制版部门开始的。当印版在制版车间制作完毕，阅读好各印版的供墨预调定值后，直接装入印版盒子内（最多可装五套印版），以便由印版盒子自动提供给各印刷机组，它可以自动更换每个印刷机组的印版，不需

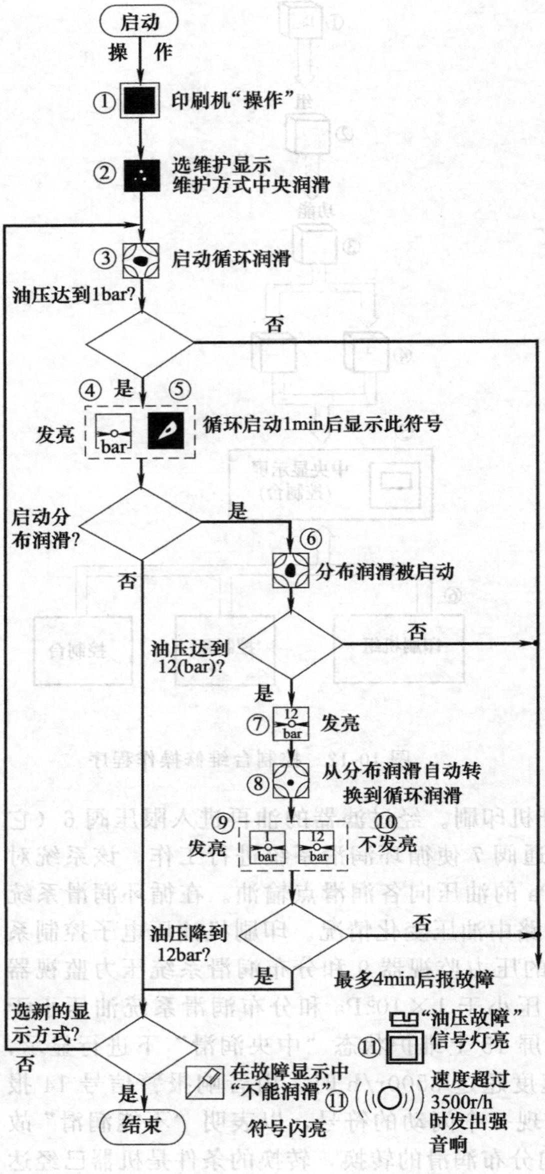

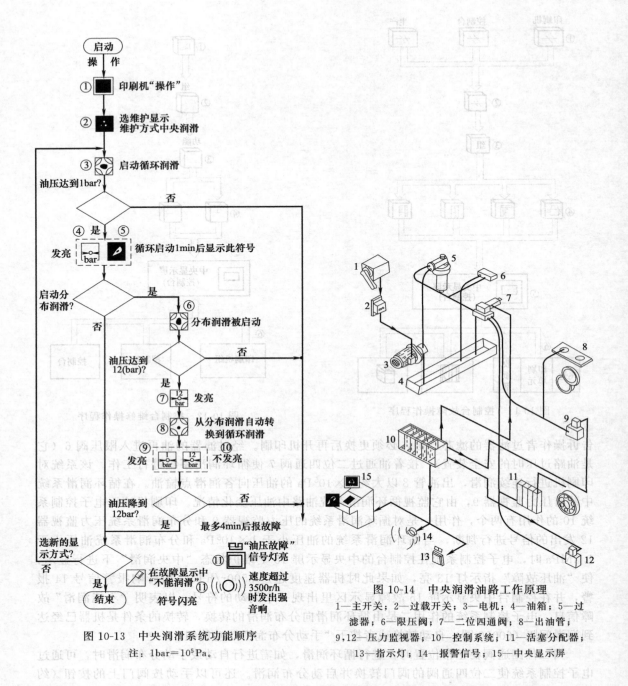

图 10-13 中央润滑系统功能顺序

注：1bar＝10^5Pa。

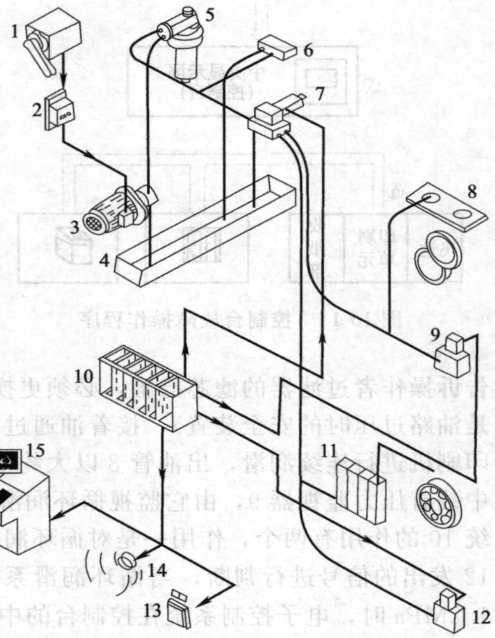

图 10-14 中央润滑油路工作原理

1—主开关；2—过载开关；3—电机；4—油箱；5—过滤器；6—限压阀；7—二位四通阀；8—出油管；9，12—压力监视器；10—控制系统；11—活塞分配器；13—指示灯；14—报警信号；15—中央显示屏

要操作者插手。当印刷机需要更换印版时，先把印版盒子装入印刷机上的印版储箱内。如图10-15所示，操作者在控制台上通过CP窗指令把装好印版的盒子移到换版位置，自动卸下已完成印刷的印版，并将其自动插入盒子中；接着印刷机所有机组同时安装取自印版储箱中的新印版，当印版到达预定位置时，使版夹闭合将新印版夹紧。上述拆卸旧版与安装新版的过程完全自动进行。在印刷机的印刷过程中，印版储箱装在印刷机组上并处于静止位置，它还起着保护印刷机组的作用。

（2）自动夹紧印版装置　除了上述全自动印版更换装置外，海德堡印刷机还有一种印版

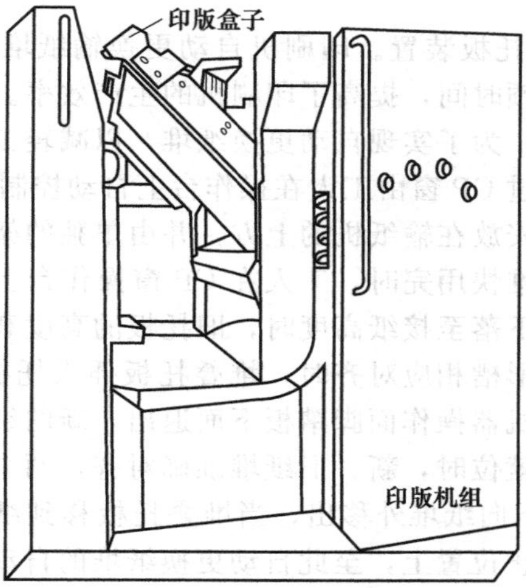

图 10-15　全自动换版装置

自动气动夹紧装置。具有这种自动夹紧装置的印刷机，不需要任何夹紧工具，也没有装印版的储版箱。在印版滚筒上配备有气动夹紧印版装置。在更换印版时，由操作者把各印版引至夹紧及套准装置内。然后按下印刷机组上的按钮，就可以把印版牢靠而准确地固定好。与上述全自动换版装置对应，这种装置一般称为半自动换版装置。

(3) 印刷规格自动调整装置　当印刷机更换新的印刷纸张幅面或纸张厚度时，只要将需要印刷的纸张幅面尺寸、厚度数据输入到 CP 窗控制台，然后按一下按钮，适应新纸张印刷的机器上一系列调定工作即可全部自动完成。在输纸机处，分纸头机构、侧拉规机构、输纸板上的压纸辊、纸堆上的横向挡板等均移动到预定的位置。自动调节印刷压力及纸堆高度以便适应纸张厚度变化。在收纸装置处，纸张减速吸气辊、侧齐纸和后齐纸机构自动移到新的位置，以便适应印刷要求。

(4) 自动运送纸堆　海德堡平版印刷机由 CP 窗控制运用全自动化的纸堆托板和滚轴输送机，自动完成输纸机纸堆更换（换新纸堆）及纸堆从纸库运送到印刷机输纸机旁的过程，即海德堡后勤工作的自动化。它使印刷作业自动化程度延伸到纸张存储库房，纸堆以直角方向送入及移出印刷机。

① 滚轴输送机。在印刷机连续工作过程中，纸堆的运送是一种频繁而费力的劳动，为了适应高速与频繁上纸的要求，海德堡公司运用 CP 窗全自动控制的条件下，设计出滚轴输送机，如图 10-16 所示。该输送机是通过安装好的输送滚轴轨道 1 和特制的纸堆专用输送托板 3，在托板的齿状顶面装好纸堆 4，齿状托板是与海德堡公司设计的自动换纸用堆叠台互相配合使用。

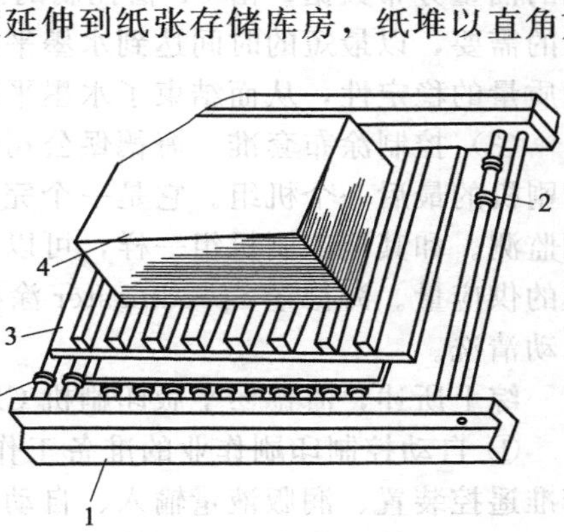

图 10-16　滚轴输送机装置

1—输送滚轴轨道；2—输送滚轴；3—纸堆专用输送托板；4—纸堆

当印刷机开始印刷时，装在托纸机上的纸堆在 CP 窗控制下从仓库里顺着输送滚轴 2 滚出，一直送到印刷机输纸机的侧旁。当需要换纸时，由 CP 窗控制堆叠托板下降插入托纸齿形内，托住纸板上未印刷的纸张，此时旧托纸板下降到滚轴输送机上从机器操作面脚踏板下滚出。新托纸板从传动面输纸机侧边滚入输纸机内定位并上升到输纸位置，此时堆纸托板撤出，新输纸板进入正常印刷。

② 更换纸堆的自动堆叠托板装置。印刷机自动更换输纸堆，实现了印刷机不停机换纸的过程，它减少了机器的停顿时间，提高了印刷机的生产效率。上述不停机换纸过程是由工人手动操作接纸杆来完成的。为了实现自动更换纸堆，以减轻工人的劳动强度，海德堡公司设计了堆叠托板装置，并通过 CP 窗由工人在操作台上自动控制完成换纸。

这种自动堆叠托板装置安放在输纸机的上方，并由单独的架子安装在输纸机的后面。纸堆的自动更换过程是当旧纸堆快用完时，工人在 CP 窗操作台上按下按钮，在 CP 窗控制下堆叠托板顺着架子上的轨道下落至接纸高度时，旧托板的高度和横向定位由无接触传感器测量，当堆叠托板与托板的齿形槽相应对齐时，堆叠托板插入托板的齿形槽内，并托住纸堆，旧托板下降至滚轴轨道上从机器操作面脚踏板下面退出，新的纸堆在新托纸板上准确地在旧纸堆下方定位，并向上移动就位时，新、旧纸堆准确对齐，两个纸堆叠合好之后，堆叠托板在 CP 窗控制的传感器控制下向纸堆外移出，当堆叠托板移到纸堆外后由 CP 窗控制上升至输纸机上方的专用架子的停止位置上，至此自动更换纸堆的自动操作过程可靠地完成了。

3. CPC 与 CP 窗的连接

海德堡公司为了改进控制以及编入附加调定值的输墨、润版及涂布的顺序，实现了 CPC 和 CP 窗之间的在线连接。通过这种连接，工人可以通过 CP 窗控制台的操作完成由 CPC 和 CP 窗控制的涂布套准；各印刷机组油墨分布的自动传送；通过 CPC1 设定润版液量；程控油墨的输入等功能。

(1) 程控油墨输入　在印刷作业开始或需要更换油墨洗涤墨辊后，须给各机组输入新油墨。这种油墨输入是由 CPC 和 CP 窗连接后的系统实现的，它是该系统的软件所产生的一个功能。它可根据 CPC 存储的油墨分布数据，按时间和墨区及不同的印刷画面情况，通过 CP 窗的计算机计算出所需要的较大墨量和较小墨量，再分别自动输入到各个印刷机组的墨斗中去。比起只用 CPC3 遥控输墨量使整个输墨装置中油墨均匀和饱和更为优异。

采用程控油墨输入的方式，大大地减少了开印的废品量，并减少油墨的浪费。

另外，用 CP 窗可进行监控及供墨量的无级调节，以便有效地控制印刷质量。

(2) 设定润版液量　在印刷机印刷过程中，计算机从 CPC3 印版装置经由 CPC1 光笔得到的油墨分布数据，由 CP 窗控制的油墨输入程序能针对特定作业自动使润版液配合印刷图像的需要，以最短的时间达到水墨平衡，该程序还能调节和稳定润版和输墨装置，以保证印刷质量的稳定性，从而结束了水墨平衡依靠人为经验校正的历史。

(3) 控制涂布套准　海德堡公司研制了 Speedmaster 涂布装置，它是 Speedmaster 平版印刷机的最后一个机组。它是一个完全独立的印刷机组。该涂布机组由 CPC 和 CP 窗控制和监测。和其他印刷机组一样，可以自动调节速度补偿式涂布盘辊的速度，以达到控制涂布液的供应量。海德堡 Speedmaster 涂布装置涂料流往印张的行程较短，操作十分简便，并可自动清洗。

综上所述，海德堡平版印刷机 CP 窗和 CPC 连接后，实现全自动印刷控制过程如下。

① 自动控制印刷作业的准备工作。油墨预调定、预选择、程控油墨量输入、给墨量与套准遥控装置、润版液量输入、自动套准控制、印刷纸张尺寸与厚度的输入、输纸与收纸机预调、印张传送控制、中心控制及功能诊断等。

② 正式印刷控制工作。纸张输送到位控制、橡皮滚筒的监控、自动套准控制、光谱彩色测定与灰色平衡、中心控制与诊断、自动橡皮布洗涤等。

③ 更换作业的控制工作。橡皮布自动洗涤、墨辊自动洗涤、滚筒压力遥控调节、输纸机与收纸机自动调节、前规侧规自动调节、自动装版、以校样的测量条为基准值来操纵光谱质量控制等。

④ 提高印刷机利用率的控制工作。功能与维修诊断、自动集中润滑、预防性维修、可互换印刷电路板、电话维修服务等。

总之，海德堡平版印刷机实现全自动印刷，又由 CP 窗监控整个印刷机，保证了印刷过程的稳定性，提高了产品质量，降低了废品率，从而提高了印刷机的生产效率。

三、CP2000 型控制系统

CP2000 型新一代平版印刷机以 CP2000 控制系统为核心，以海德堡公司传统的速霸平版印刷机为基础，形成完美的机电组合。它把速霸平版印刷机的多项创新技术和全新的 CP2000 控制技术、CPC24 图像控制技术以及印前系统数字化联为一体，进一步注释了海德堡印前、印刷和印后一体化的概念。

CP2000 型平版印刷机与前几代速霸印刷机相比，主要区别在于其现代化设计的控制台，控制台右方有一个 TFT 彩色显示大屏幕触摸屏，任何操作都能在触摸屏上轻易完成，所有重要的功能都能在触摸屏上预设和调整，所有的作业信息和机器设定数据都能从屏幕上储存和读取。因此，这种先进的控制被形象地形容为“单键生产率”(one touch productivity)，这是海德堡自 1993 年推出供单人操作的速霸 SM74，并提出“单键生产率”口号以来的又一大进步。

下面着重介绍该机器各项系统的特点和性能。

1. 中央控制系统

就其控制系统而言，CP2000 控制系统秉承了 CP 窗和油墨遥控系统 CPC1-04 的所有功能，并增加了如色彩实时控制、触摸屏操作等一些加强功能，使得整套中央控制系统日趋完善。整套系统主要包括 CP2000 中央控制台和色彩实时控制系统。

CP2000 的控制系统具有以下几大特点：

① 触摸屏操作、快速简便可靠；

② 可以预置作业信息、储存多达 250 个作业；

③ 可以选配印前接口，实现印刷和印前数字化联机；

④ 色彩实时控制系统可以使供墨单元反应加快 50%～70%，大大减少了废张数量；

⑤ 生产中，即使生产中断，墨量分布变化也会很少，保证印张色彩统一，减少废张；

⑥ 智能化预润版和后润版，减少了机件磨损。

2. 图像和色彩管理

CP2000 平版印刷机基本摒弃了传统的利用色彩控制条，通过“肉眼”测量印品色彩、分析印张与样张色差的方法，而是采用了一套自动化的色彩测量和控制系统。它就是海德堡公司最新研制的被称为“电子眼”的 CPC24 系统。

其技术特点主要有：

① 对整个印张图像进行测量；

② 通过分光光度技术进行真实的测色分析，基本不需要色彩控制条；

③ 彩色触摸屏显示器使操作更加简便；

④ 通过印前接口 CPC32-CIP3 输入印前信息；

⑤ 自动显示与标准值的色差；

⑥ 自动生成墨区调整值，经操作员确认后，连线传送到印刷机中；

⑦ 可与多台印刷机联机；

⑧ 适用于不同尺寸、厚度和材料的纸张。

3. 自动化纸张控制

CP2000 型 CD102 印刷机承袭了速霸平版印刷机在飞达、递纸和收纸各部分的技术特点，并开发了诸如用于递纸的空气导纸系统、收纸部分的双面喷粉等功能，使得走纸更加顺畅，不仅保证了印刷机以15200张/小时的速度高速运转，而且确保了印刷质量。

其主要特点和优势为：

① 从飞达到收纸各部分优化的纸张控制系统，保证印刷机以15200张/小时的最快速度运转；

② 从飞达到收纸都应用具有海德堡专利的“文图利”导纸（Venturi）技术，保证印张全线无划痕；

③ 使用双面喷粉技术防止纸张蹭脏，并减少喷粉量；

④ 预制飞达自动化程度更高，提高了生产率；

⑤ 由于无需壳罩和超级蓝布备网，节省了成本；

⑥ 进行普通纸和板纸作业转换时，调整准备更快捷；

⑦ 与原系统相比，可减少清洗和维护的次数。

4. 印刷系统控制

CP2000型对开机不仅机械精良，而且在供墨、润版、上版和洗涤系统方面也独具特色。润版方面，CP2000印刷机主要采用酒精润版方式和差动系统（VarioSystem）。

CP2000印刷机可以选购自动化的油墨供应系统——墨线（Inkline）。该系统是海德堡公司最新开发研制的，它把油墨均匀地分布到墨斗中，无需操作员手动添墨。

其特点主要有：

① 墨斗及时自动续墨；

② 超声波传感器可监控墨斗和墨盒的墨量；

③ 墨盒油墨过少或出错时，会发出警告并有低墨显示；

④ 内置油墨搅拌器经常搅动油墨，保持油墨流动。

CP2000印刷机还可以选购自动上版装置，只需1min即可完成滚筒定位。

5. 清洗和维修

CP2000印刷机各部分的设计都以更少的清洗维护和保养为目标之一，以节省停机时间，提高生产率。

海德堡公司最新研制成功的模块化橡皮布洗涤装置和自动压印滚筒清洗，一改传统的布面清洗，而以毛刷取而代之，利用毛刷串动和旋转，对橡皮布进行上下左右清洗。这个模拟人手的清洗方式不仅提供了有效而彻底的清洗作业，减少了停机时间，还可以保护环境、减少清洗液用量。

综合以上对CP2000印刷机的中央控制系统、色彩和图像管理、纸张控制、印刷自动化和清洗方面在技术特点、功能和优势上的分析，CP2000平版印刷机真正把“单键生产率”落实到了每个零件、每个装置和每个系统中。

第二节　其他印刷机的自动控制系统

一、罗兰700系列印刷机自动控制系统

罗兰700系列印刷机自动控制系统如图10-17所示。

罗兰印刷电子系统PECOM是由印刷电子控制处理器PEC、印刷电子组织处理器PEO和印刷电子管理功能处理器PEM组合与连接起来的。罗兰的PECOM系统采用了数码程序技术，由主控中心集中操作，并用数字予以显示。可记录5000～10000条生产资讯，并具有700个故障显示，400个自动诊断功能，通过高灵敏度的光导纤维进行信息传递，使信息转换快速准确，从而保证印刷质量的稳定性和更高的生产效率。

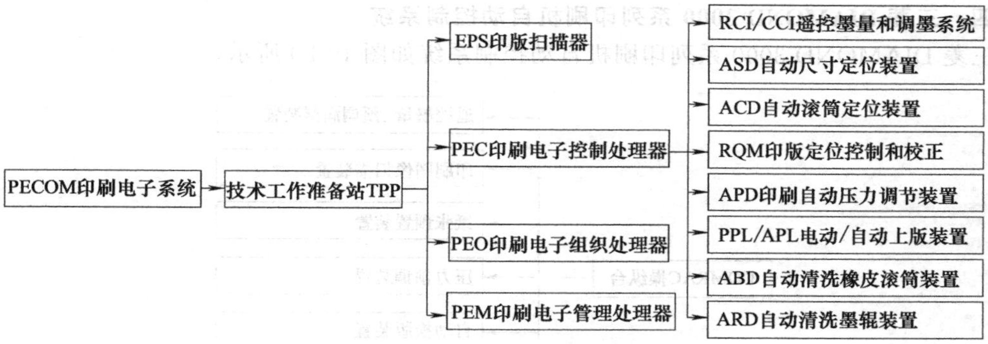

图 10-17　罗兰 700 系列印刷机自动控制系统

二、高宝 KBA RAPIDA105 系列印刷机自动控制系统

高宝 KBA RAPIDA105 系列印刷机自动控制系统如图 10-18 所示。

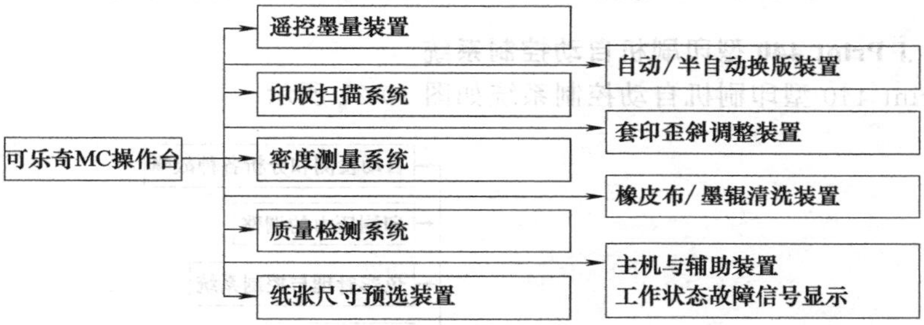

图 10-18　高宝 KBA RAPIDA105 系列印刷机自动控制系统

三、小森 LITHRONE S 40 系列印刷机自动控制系统

小森 LITHRONE S 40 系列印刷机自动控制系统如图 10-19 所示。

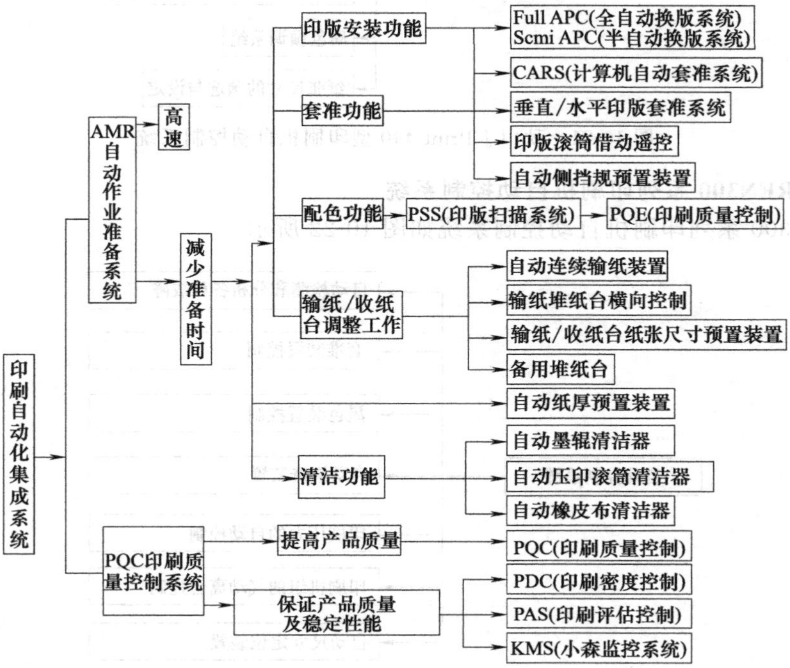

图 10-19　小森 LITHRONE S 40 系列印刷机自动控制系统

四、三菱 DIAMOND 3000 系列印刷机自动控制系统

三菱 DIAMOND 3000 系列印刷机自动控制系统如图 10-20 所示。

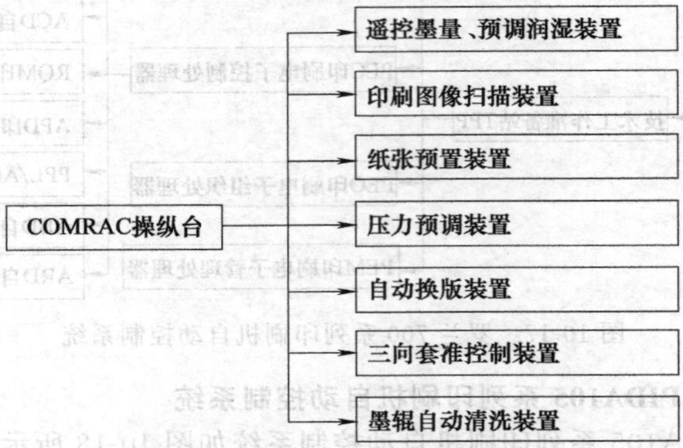

图 10-20　三菱 DIAMOND 3000 系列印刷机自动控制系统

五、秋山 J Print 440 型印刷机自动控制系统

秋山 J Print 440 型印刷机自动控制系统如图 10-21 所示。

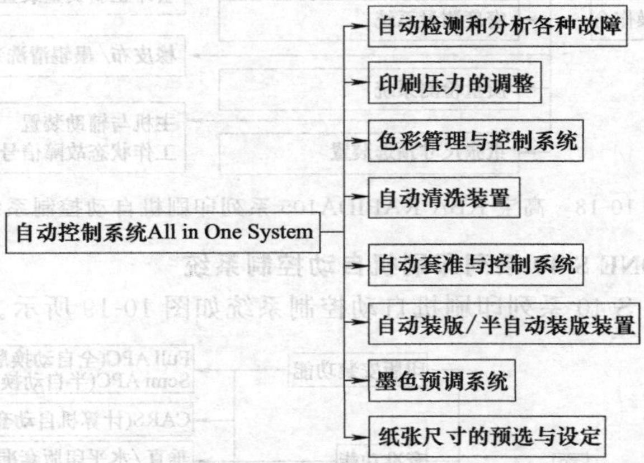

图 10-21　秋山 J Print 440 型印刷机自动控制系统

六、BEIREN300 系列印刷机自动控制系统

BEIREN300 系列印刷机自动控制系统如图 10-22 所示。

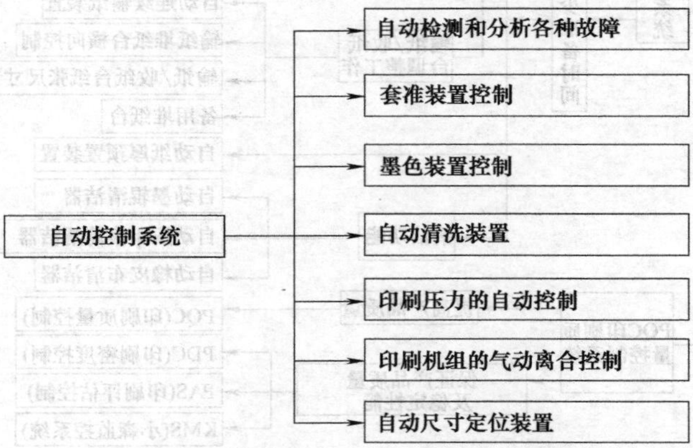

图 10-22　BEIREN300 系列印刷机自动控制系统

七、高斯 M600 系列印刷机自动控制系统

高斯 M600 系列印刷机自动控制系统如图 10-23 所示。

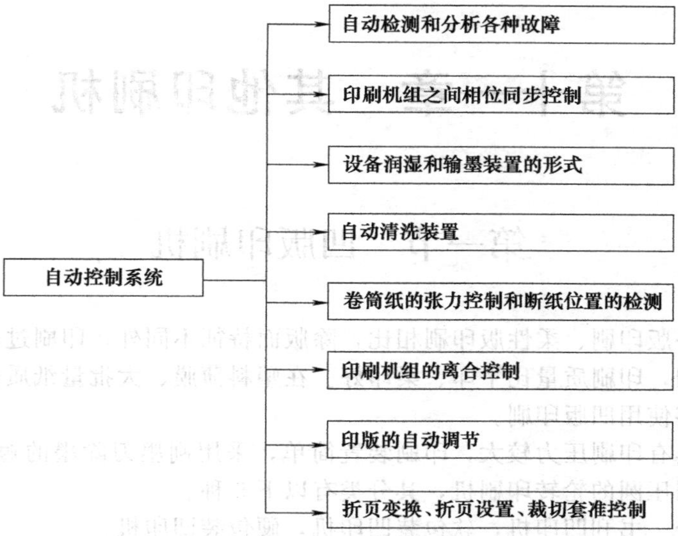

图 10-23　高斯 M600 系列印刷机自动控制系统

第十一章 其他印刷机

第一节 凹版印刷机

凹版印刷与平版印刷、柔性版印刷相比，除版面特征不同外，印刷过程和表现印品画面层次的方式也不同，印刷质量比平印、柔印好。在塑料薄膜、大批量纸质包装物、样本、杂志和报纸的印刷多使用凹版印刷。

凹版印刷机具有印刷压力较大，印刷装置简单，采用刮墨刀除墨的短墨路供墨等特点。凹版印刷机都是圆压圆的轮转印刷机，其分类有以下 5 种。

(1) 按用途分　书刊凹印机，软包装凹印机，硬包装凹印机。

(2) 按印刷色数分　单色凹印机，多色凹印机。

(3) 按供料方式分　单张凹印机，卷筒型凹印机。

(4) 按印刷机组排列分　卫星式凹印机，机组式凹印机。

(5) 按承印材料种类分　纸张凹印机，塑料凹印机。

一、分类

1. 单张纸凹版印刷机

单张纸凹印机的承印物主要是纸张，日本的 MITSUBISHI CORPORATION、德国 Moog、上海紫明等公司都生产单张纸凹印机，用来对大型卷筒纸凹印机的补充。

单张纸凹印机采用与胶印机相同的传纸方式，即印刷面在整个传递过程中始终朝上，以避免印刷面的划伤和蹭脏。在输纸过程中，输纸咬牙、滚筒咬牙及链条咬牙均为自动调节咬牙，适应纸张变化。在印薄纸时，前规可进行精细调整。供墨装置已有静电辅助印刷设施。印刷机组后安装干燥装置，干燥箱的长度根据客户要求和油墨种类确定，可进行热风、IR、UV 等干燥方式组合使用。单张纸凹印机的基本操作与胶印机相似，操作更易掌握。

单张纸凹印机配有单色到八色的印刷机组，印刷规格（mm×mm）有 640×900、520×740、740×1040、780×1120 等。它保存凹印工艺中的优点，与卷筒纸凹印相比还有自己的特点：无需配自动套准装置；对纸张厚薄的适应性强，纸张损耗降低；活件更换速度加快；更加适应短版印刷；可与胶印机配合使用；价格比卷筒纸凹印机低。

2. 机组式凹版印刷机

机组式凹印机的承印材料可以是纸张、塑料薄膜、纸塑复合材料、塑塑复合材料等。其结构如图分 11-1 所示。

机组式凹印机各印刷机组水平排列，每一个印刷单元都有独立的压印滚筒和供墨系统，承印材料依次通过各印刷单元完成多色印刷。由于印刷机组水平排列，印刷品的色数和幅面宽度将不再受限，且解决了承印材料的干燥问题。在各机组间安装翻转导向辊改变料带穿行路线，可实现双面印刷。印后加工机组的安装因印刷机组的水平放置，而显得容易、方便，但机组式凹版印刷机存在占地面积大、技术水平要求高、造价成本高、对承印材料要求高等不利因素。

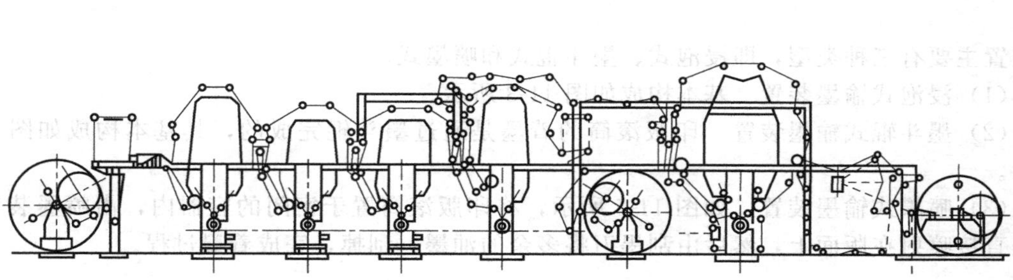

图 11-1　机组式凹版印刷机

3. 卫星式凹版印刷机

卫星式凹印机最适合印刷伸长率较高的塑料薄膜。卫星式凹印机各印刷机组共用一个压印滚筒，在其四周呈卫星型排列。由于印刷时承印材料紧紧附着在压印滚筒上，产生的摩擦力克服材料的伸长变形，消除承印材料与压印滚筒之间相对滑动，保证套色精度。各印刷机组间的距离小，对油墨干燥不利，印刷速度不快。卫星式凹版印刷机目前很少使用。市场上多见卷筒型凹印机，无论是哪类卷筒型凹印机，都由开卷机构、印刷机构、供墨机构、张力控制系统、收卷机构和传动机构组成，除此，可根据要求安装模切压痕、复合等印后加工装置。以下几节对卷筒型凹印机各部分机构进行简要分析。

印刷滚筒按卫星式排列的卷筒纸凹版印刷机，即在大的共用压印滚筒周围设置各色凹版滚筒的凹版印刷机。其基本构成如图 11-2 所示。

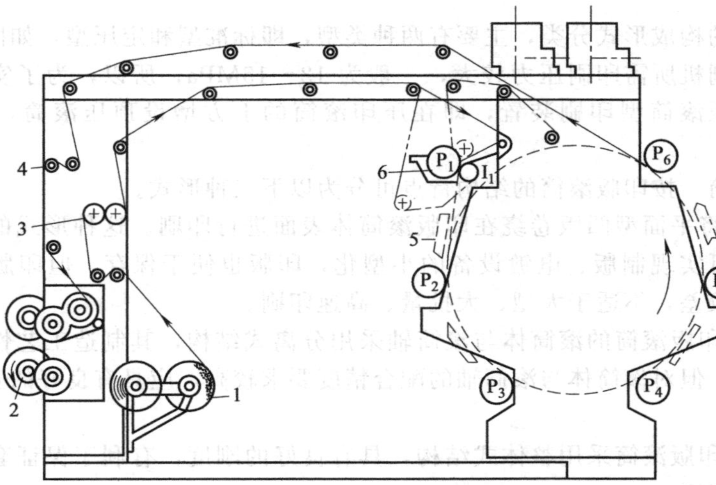

图 11-2　卫星式凹版印刷机

1—给料部；2—收料部；3—制动辊；4—牵引装置；5—干燥部；6—输墨装置

本机承印物由给料部解卷后经传纸辊进入印刷装置，可连续完成六色套印；也可通过反印装置完成一面单色另一面五色印刷。印刷后由收料部进行复卷。

二、凹版印刷机主要结构

凹版印刷机一般都由输纸装置、印刷装置、输墨装置、干燥装置及收纸装置等组成。

1. 输纸装置

输纸装置是安放待印的承印材料，并使待印的承印材料根据印刷机的压印特点平稳准确地送入印刷装置进行印刷的装置。

2. 输墨装置

由于凹版印刷采用溶剂型液体油墨，所以凹版印刷机可采用短墨路输墨装置。短墨路输墨装置主要有三种类型，即浸泡式、墨斗辊式和喷墨式。

（1）浸泡式输墨装置　基本构成如图 11-3 所示。

（2）墨斗辊式输墨装置　印版滚筒的着墨是通过墨斗辊完成的，其基本构成如图 11-4 所示。

（3）喷墨式输墨装置　如图 11-5 所示，将印版滚筒置于密闭的容器内，由喷墨装置将油墨直接喷射在版面上，然后由刮墨刀将多余的油墨刮掉，完成着墨过程。

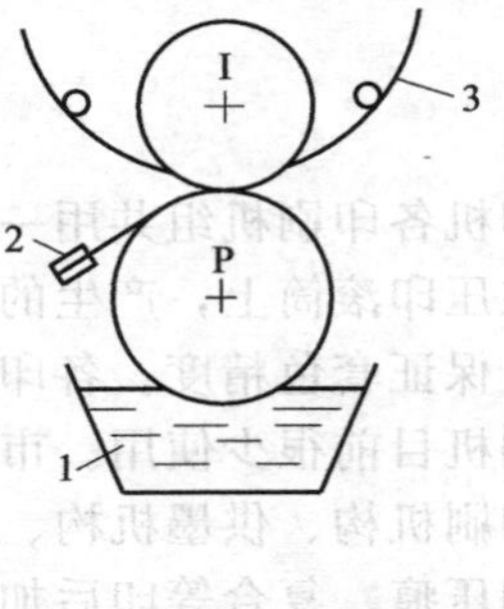

图 11-3　浸泡式输墨装置

1—墨斗；2—刮墨刀；3—承印物

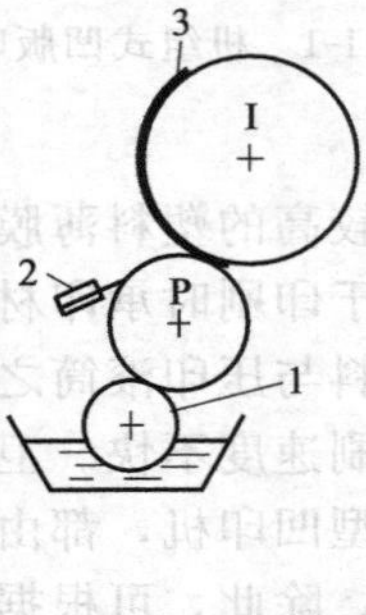

图 11-4　墨斗辊式输墨装置

1—墨斗辊；2—刮墨刀；3—承印物

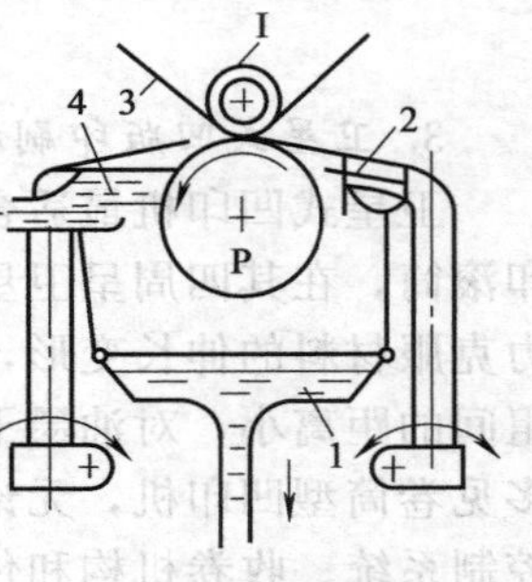

图 11-5　喷墨式输墨装置

1—辅助墨槽；2—刮墨刀；3—承印物；4—喷墨装置

3. 印刷装置

按印刷滚筒的构成形式分类，主要有两种类型，即标准型和定压型，如图 11-6 所示。

由于凹版印刷机所需印刷压力较大，一般为 12～15MPa，所以，为了实现良好的油墨转移，可选用顶压滚筒型印刷装置，即在压印滚筒的上方增设顶压滚筒，如图 11-6（b）所示。

（1）印版滚筒　按印版滚筒的结构特点可分为以下三种形式。

① 卷绕式。将平面型凹版卷绕在印版滚筒体表面进行印刷。这种形式的印版滚筒，其制版比较方便，可实现制版、电镀设备的小型化，印版也便于保存，但印版的安装不够方便，印版的刚性较差，不适于大型、大批量、高速印刷。

② 分离式。印版滚筒的滚筒体与滚筒轴采用分离式结构，其制造工艺性较好，搬运与保管也较为方便，但对滚筒体与滚筒轴的配合精度要求较高，应具有良好的互换性，不利于保证套准精度。

③ 整体式。印版滚筒采用整体式结构，具有良好的刚度，有利于保证套准精度，适合于大批量、高速印刷。

目前所用的凹版主要有两种类型，即照相凹版和电子雕刻凹版。当印刷批量较大、印刷质量要求较高时，一般使用电子雕刻凹版。

（2）压印滚筒　凹版印刷机的压印滚筒一般不靠齿轮驱动，而是由与印版滚筒的接触摩擦力带动其旋转。因压印滚筒对印版滚筒所施印刷压力较大，所以，在印刷过程中两滚筒之间在接触区不会产生滑动。因此，压印滚筒的直径不需要与印版滚筒保持恒定的传动比，但是对压印滚筒的圆度和圆柱度有较高的要求。

此外，在压印滚筒上应包有厚度约 10mm 的橡皮布，以实现良好的油墨转移。

4. 静电辅助印刷装置

在凹版印刷中，经常会碰到高调部分空白点的问题，尤其是电子雕刻版更为严重。因为，电雕版网穴的形状多为锥形，在锥尖中的油墨难以转移，因此，就设计出静电压印滚筒，以提高印版上油墨的转移率，这种方法被称之为静电辅助印刷。静电辅助印刷是以压印滚筒作为正极，印版滚筒作为负极，在电场作用下，使带有负电荷的油墨向带有正电荷的承印物表面转移。静电辅助印刷装置的主要部件有静电发生器、放电针排、消电荷针排等。

压印滚筒一般由钢芯、绝缘层、半导体层和导体层组成（如图 11-7 所示）。正极的放电针排向压印滚筒表面放电，使压印滚筒表面聚集大量的电荷。在转动过程中，压印滚筒表面的电荷向承印物转移，使承印物的一面带有正电荷，由于印版滚筒是接地的，故其为负极，形成电场。在电场上，负极一方的油墨就会向正极一方的承印物转移，静电场越强，油墨的转移量越大。所以，可以借助静电引力使印版上的油墨得以良好转移，以达到消除空白点的目的。静电辅助印刷装置的正极电压可以在 0～35000V 间进行调节。

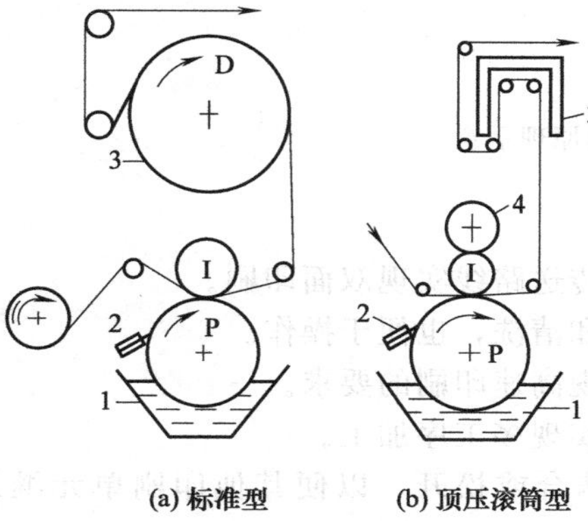

图 11-6　印刷装置的基本构成

1—墨斗；2—刮墨刀；3—干燥装置；4—顶压滚筒

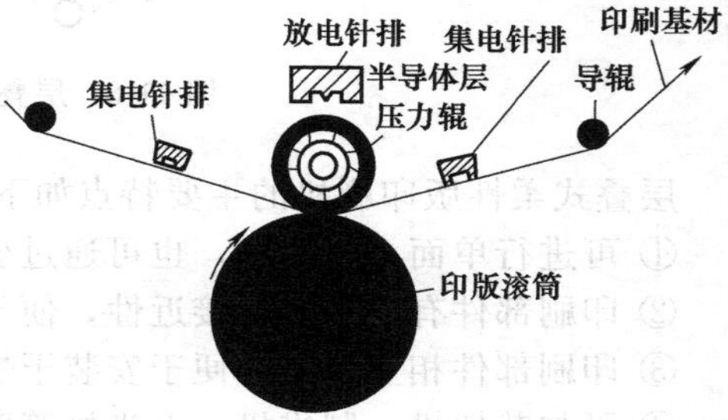

图 11-7　静电辅助印刷示意图

第二节　柔性版印刷机

柔性版印刷机的种类较多，由于印刷品的要求、承印材料和使用油墨等方面的不同，形成了不同类型的机器配置形式。在柔性版印刷机上，除了设置有输纸装置、输墨装置、印刷装置、热风干燥装置和收纸装置外，还配置有张力控制系统、卷料纠偏装置、印刷图像监测系统、印刷自动套准系统。另外，在有些柔性版印刷机上还安装有上光、模切、压痕、覆膜、烫印、打孔、分切、废料复卷等印后加工装置。根据印刷市场发展的变化和要求，一些柔性版印刷机制造厂商又相继推出了丝网印刷和柔性版印刷相结合、凹版印刷和柔性版印刷相结合以及柔版印刷、平版印刷和丝网印刷相结合的组合机型。

柔性版印刷机按输纸方式可分为单张纸柔性版印刷机和卷筒纸柔性版印刷机。按印刷幅面的宽度则可分为窄幅机（幅宽 600mm 以下）、中幅机（幅宽 600～1000mm）和宽幅机（幅宽 1000mm 以上）三类。而根据印刷部件的排列形式不同，可将柔性版印刷机分为层叠式、机组式和卫星式三大类。

一、分类

1. *层叠式柔性版印刷机*

层叠式柔性版印刷机的各印刷色组上下层叠，排列在印刷部件主墙板的一侧或两侧，每一个印刷色组通过装在主墙板上的齿轮传动。印刷时，承印物依次通过各印刷色组，完成全部印刷。每一个印刷色组都有压印滚筒、印版滚筒和输墨装置，而且各印刷色组结构相同。层叠式柔性版印刷机可印刷 1～8 色，但多为 6 色，若配置有翻转装置，还可以进行正、反面印刷。其基本结构如图 11-8 所示。

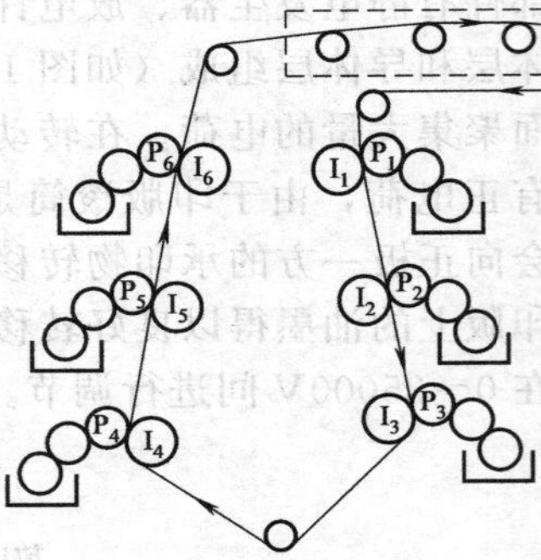

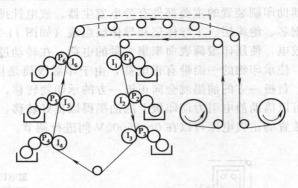

图 11-8 层叠式柔性版印刷机原理示意

层叠式柔性版印刷机的主要特点如下。

① 可进行单面多色印刷，也可通过变换承印物的传送路线实现双面印刷。

② 印刷部件有良好的可接近性，便于调整、更换和清洗，也便于操作。

③ 印刷部件相互独立，便于安装干燥装置，以实现高速印刷的要求。

④ 可与裁切机、制袋机、上光机等联机使用，以实现多工序加工。

⑤ 可以进行 360°套准，各色印刷单元可以单独啮合或松开，以便其他印刷单元继续印刷。

⑥ 由于该机型各机组之间的距离较大，故套准精度受到限制，一般为±0.8mm，多色印刷时套印精度不高。

层叠式柔性版印刷机适用于大多数承印物，但不适合印刷伸缩性较大或较薄易起褶的承印材料，因此常作为一种辅助性的印刷设备，一般用于简单的包装盒的印刷。有时也可作为涂布机使用，进行涂布印刷。

2. 机组式柔性版印刷机

机组式柔性版印刷机的各印刷色组互相独立且呈水平直线排列，机组之间可用一根共用的传动轴来驱动印刷单元，也可由各机组的独立传动系统驱动印刷单元。印刷时，承印物沿水平方向前进，依次完成各色印刷，基本结构如图 11-9、图 11-10 所示。这种机型可进行单色、多色、单双面多色印刷，承印材料可以是单张也可以是卷筒式。

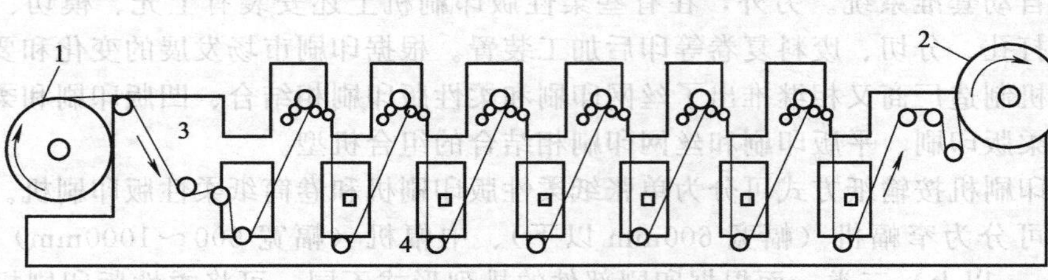

图 11-9 机组式柔性版印刷机原理示意

1—放料；2—收料；3—承印物；4—导料系统

机组式柔性版印刷机的主要特点如下。

① 可进行单色、多色印刷。通过变换承印物的传送路线可实现双面印刷。

② 承印材料可以是单张的纸张、纸板、瓦楞纸等硬质材料，也可以是卷筒式的材料。

③ 机组工位多，一机多用，对批量少、交货期急，需用工位多的特殊印刷品，采用此类机型具有优势。

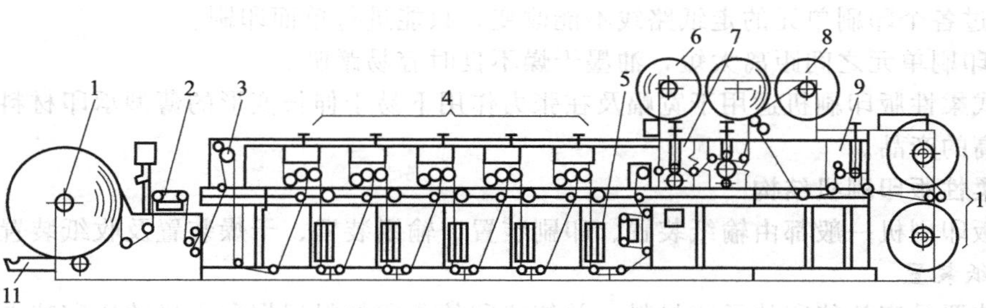

图 11-10　窄幅机组式柔印机基本构成

1—给纸系统；2—横向纠集装置；3—变速进纸装置；4—印刷机组；5—烘干系统；6—覆膜装置；7—横切机组；8—废料复卷装置；9—打孔、分切装置；10—复卷装置；11—升降纸架

④ 零件标准化、部件通用化、产品系列化程度较高。

⑤ 窄幅机组式柔印机具有附加性好和可变性强的优点。

⑥ 有很强的印后加工能力。除完成多色印刷外，还可以与涂布、上光、烫印、覆膜、打孔等印后加工设备联机，形成柔性版印刷生产线。

⑦ 可根据需要与凹版印刷机机组或与轮转丝网印刷机组合为印刷生产线，以增强产品的防伪功能和装饰效果。

⑧ 占地面积较大，技术水平要求较高。

机组式柔性版印刷机适合用于印刷纸张、铝箔、纸板、瓦楞纸、不干胶商标和报纸等材料，也能印刷一些柔软的薄膜。

3. 卫星式柔性版印刷机

卫星式柔性版印刷机所有的印刷单元共用一个压印滚筒，即只有一个大的中央压印滚筒，各个印版滚筒围绕着这个大直径的压印滚筒转动。在承印物进入印版滚筒和压印滚筒之间，紧贴着压印滚筒的表面转动一圈后，依次完成多色印刷。其基本结构如图 11-11 所示。

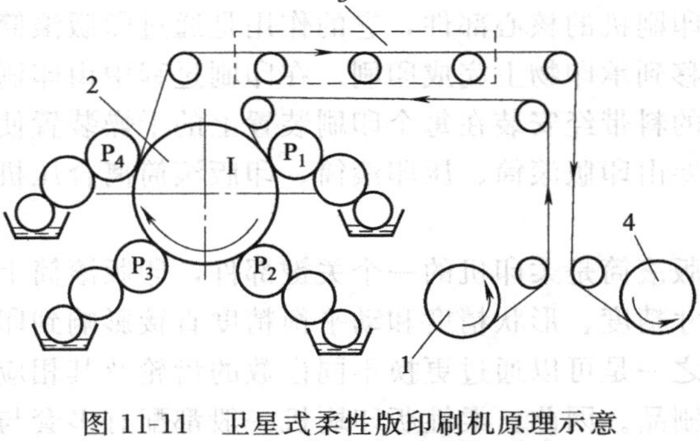

图 11-11　卫星式柔性版印刷机原理示意

1—输纸部分；2—印刷部分；3—干燥部分；4—收纸部分

卫星式柔性版印刷机的主要特点如下。

① 承印物在压印滚筒上通过一次可完成多色印刷。

② 印刷品套印精度高，套印精度可达±0.02mm～±0.05mm。

③ 承印材料广泛，适用的纸张重量在 28～700g/m^2 不同的张力之间，适用于各种塑料薄膜，特别是易于伸长变形的薄型承印材料。

④ 印刷调节距离短，印刷材料损耗少。

⑤ 印刷速度快（一般可达 250～400m/min），产量高。

⑥ 经过各个印刷单元的走纸路线不能改变，只能进行单面印刷。

⑦ 各印刷单元之间距离太短，油墨干燥不良时容易蹭脏。

卫星式柔性版印刷机适用于宽幅及在张力作用下易于伸长变形的薄型承印材料或者印刷精度要求高的产品。

二、柔性版印刷机结构

柔性版印刷机一般都由输纸装置、印刷装置、输墨装置、干燥装置及收纸装置等组成。

1. 输纸装置

输纸装置是安放待印的承印材料，并使待印的承印材料根据印刷机的压印特点平稳准确地送入印刷装置进行印刷的装置。

2. 输墨装置

输墨装置的功能是实现由墨槽向印版表面均匀、定量地传递油墨。由于柔性版印刷采用的是低黏度液体油墨，它不需要对墨层进行反复滚压和碾匀的匀墨过程，所以，输墨装置比较简单，使用的是短墨路系统，该装置一般由墨槽、输墨辊、刮墨刀及网纹传墨辊组成。如图 11-12 所示。

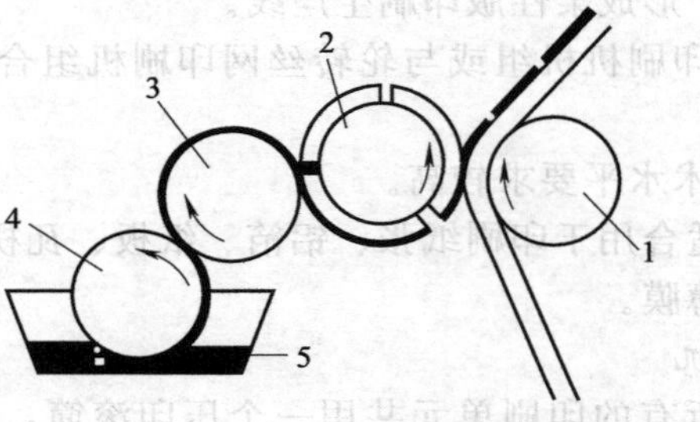

图 11-12　柔印机输墨系统

1—压印滚筒；2—印版滚筒；3—网纹传墨辊；4—输墨辊；5—墨槽

3. 印刷装置

印刷装置是柔性版印刷机的核心部件，它的作用是通过印版滚筒和压印滚筒的合压将印版滚筒图文部分油墨转移到承印物上完成印刷。在印刷过程中由印刷套准装置进行印刷套准控制，达到套印要求后的料带经安装在每个印刷装置上的干燥装置使油墨干燥、固化。

柔性版印刷装置主要由印版滚筒、压印滚筒、印版滚筒离合压机构、印刷套准装置和干燥装置组成。

(1) 印版滚筒　印版滚筒是柔印机的一个关键部件，印版滚筒上印版在双面胶带的粘合下贴于其表面，它的尺寸精度、形状精度和动平衡精度直接影响到印刷质量。

柔性版印刷的特点之一是可以通过更换不同齿数的齿轮及其相应直径印版滚筒的方法来印刷不同重复长度的印刷品。因此，柔性版印刷机一般都配有多套与常用规格相对应的印版滚筒。印版滚筒的结构形式常见的有两端镶轴头式、芯轴插入式和套筒式三种，如图 11-13 所示。

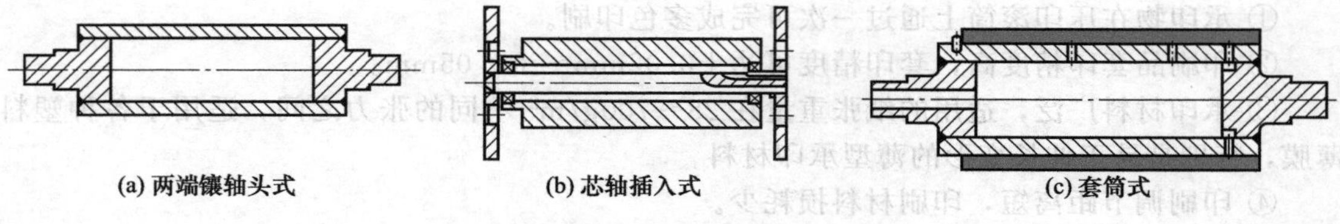

(a) 两端镶轴头式　(b) 芯轴插入式　(c) 套筒式

图 11-13　印版滚筒结构形式

（2）压印滚筒　压印滚筒大多采用铸铁材料，少数由钢辊制成。过去一般采用单壁式结构，这样容易产生压印滚筒的膨胀或收缩。为避免压印滚筒的膨胀或收缩，现在一般采用双壁腔内与冷却水循环系统相连接，以调节和控制滚筒体的表面温度，减少温度效应。

（3）印版滚筒离合压机构　柔性版印刷机的离合压机构一般采用偏心套结构。它是利用改变印版滚筒位置的方法，使印版滚筒同时与网纹传墨辊、压印滚筒离压或合压的。离合压驱动形式由机械式、液压式和气动式等，一般还配有微调印刷压力的装置。机械式离合压机构比较复杂，可靠性较差，因此，现在柔性版印刷机上已很少采用。液压传动机构适应载荷范围较大，故在大型宽幅柔性版印刷机上得到广泛应用。液压传动的特点是操作控制方便，易于集中控制；平稳性好，易于吸收冲击力；系统内全部机构都在油内工作，能自行润滑，部件经久耐用。但油液易泄漏，污染环境。气动式离合压机构，由于气压传动采用空气作为介质，费用低；用过的空气可任意排放，维护简单，操作控制方便，介质清洁，管路不易堵塞，使用安全。气压传动时，由于压缩空气的工作压力较低，系统结构尺寸较大，因而只适应于中小压力的传动。目前，气压式离合压机构是窄幅柔性版印刷机中最常用的一种形式。

第三节　丝网印刷机

由于丝网印刷应用范围广，因此根据其用途、承印材料及其形状的不同而有多种的印刷方法，印刷机的种类也是多种多样的。丝网印刷的方法大致可分为平面丝网印刷和曲面丝网印刷。平面丝网印刷主要以广告、卡片类，金属及塑料标牌等单张印刷品为对象，以及部分卷筒承印材料为对象的连续印刷。曲面丝网印刷主要是一种在金属、塑料、陶瓷、玻璃等圆筒及圆锥形制品表面进行印刷的方法。

一、分类

丝网印刷机的种类一般按自动化程度、网版及印刷台、承印物形状、印刷色数和承印物的规格尺寸来分类。

1. 按自动化程度分类

① 手动式丝网印刷机。

② 半自动丝网印刷机。

③ 全自动丝网印刷机。

2. 按丝网版及印刷台的形式分类

（1）平网机　平网机为网版为平面形的丝印机，其印刷方式只能是往复间歇式。或者是网版固定，刮墨刀往返；或者刮墨刀固定，网版作往返运动。

（2）圆网机　圆网机的网版呈圆筒形，圆筒内部装有喷嘴的加墨管道和刮墨刀，工作时圆网筒作连续旋转运动，墨刀固定不动。

3. 按承印物的形状分类

丝网印刷机按承印物形状可分为平面丝印机和曲面丝印机两类。

（1）平面丝网印刷机　该类印刷机所用的承印材料为平面状的，可以是单张的，也可以是卷筒的；而使用的网版有平网或圆网；印刷工作台有的为平面状，有的为滚筒状。

（2）曲面丝网印刷机　分为平网曲面和圆网曲面两种。

① 平网曲面丝网印刷机，网版为平面状，承印物的支撑装置根据承印物的形状而不同，可以根据需要来更换。印刷时，靠承印物的支撑体自转来带动圆筒状承印物的转动来完成印刷。

② 圆网曲面丝网印刷机，网版为圆筒形，刮墨板安装在圆网内，承印物的支撑体可以

自转，以便带动筒状承印物的转动来完成印刷。

4. 按印刷色数来分类

丝网印刷机根据每一印刷过程中完成的颜色数可以分为单色丝网印刷机和多色丝网印刷机。

5. 按承印物的印刷规格尺寸分类

承印物的规格尺寸常用的有四开、对开、全张等，因而丝网印刷机也分为四开丝网印刷机、对开丝网印刷机、全张丝网印刷机等。

二、丝网印刷的主要机构

以常见的平网平面丝网印刷机为例，对丝网印刷机的工作原理叙述如下：印刷时经传动机构传动动力，使刮墨板在运动中挤压油墨和网版，这时网版与承印物接触，形成一条压印线，由于网版的丝网具有张力，对刮墨板产生回弹力，使得网版除压印线以外都不与承印物接触，油墨在刮墨板的挤压力作用下，顺利通过网孔，随压印线的移动漏印到承印物表面。如图 11-14 所示。

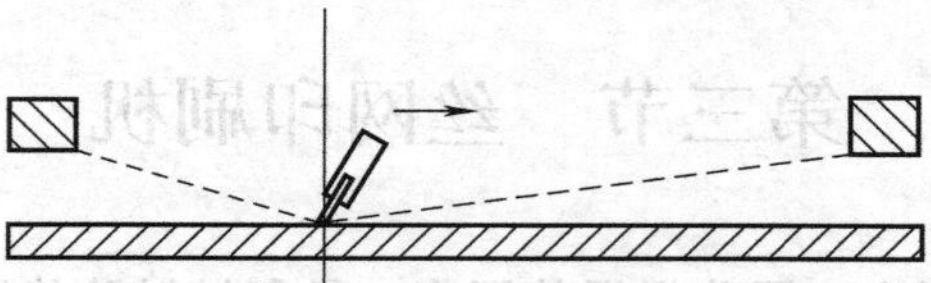

图 11-14　丝网印刷机原理

1. 传动装置

丝网印刷机通常由电机来驱动机器工作。气泵或液压泵驱动和控制网版和刮墨装置及工作台的印刷各项动作。

2. 印版装置

① 印版夹持器。广泛采用槽钢加丝杆压脚组成，以夹持固定网版。

② 印版起落机构。揭书式起落印版的丝印机，一般采用凸轮机构或摆杆机构组成；水平升降式起落印版的丝印机，一般采用气缸导柱结构或凸轮导柱结构。

③ 对版调整机构，一般采用机械螺纹旋动来实现对版。

3. 印刷装置

印刷装置主要是刮墨机构，它是由电机、气（液）压泵，通过齿轮、凸轮、蜗轮蜗杆、曲柄、连杆等结构，来控制刮墨机构的刮墨板和回墨板的往复行程和换位升降，以实现丝网印刷的刮墨运动。

4. 承印平台

承印平台是用来固定承印物的，所以其表面具有较高的平面度和保证套印重复的精度。承印平台应具有印件的定位装置及用以固定不透气片状承印物如纸张、塑料薄膜等的真空吸附设施；其次，为了适应不同厚度的承印物和保持一定的网距，承印平台的高度应可以调整；为对版方便，承印平台应在水平方向也可以调节。

第四节　无水平版印刷机

无水平版印刷的技术核心是油墨在转印过程中完全抛弃了水（润版液）的帮助，依靠印版和油墨自身的特性完成油墨的转印。无水印版和无水油墨的成功研制，实现了无水平版印刷的初步应用。无水平版印刷机可分为两部分：直接成像DI无水平版印刷机和非直接成像无水平版印刷机。

一、直接成像DI无水平版印刷机

直接成像印刷机（以下简称DI印刷机）是指印版的制作在印刷机内直接完成，印刷机实际上是制版机和印刷机的组合设备。世界上第一台DI印刷机是由海德堡于1991年推出的，该DI印刷机被命名为GTO-DI/Sparc，其中的DI即为直接成像（Direct Imaging）的意思。

DI印刷机依靠印版自身的性质进行着墨与否的控制，不利用传统平版印刷原理，因而可使用无水平版印刷。事实上，正是DI印刷机的问世，才使得无水平版印刷得以更加广泛地推广应用。

1. DI印刷机基本原理和特点

DI印刷机的基本原理是在计算机信号的控制下，利用激光成像技术，在机完成印版的制作，印版无需显影与定影，只需清洗后即可上机印刷。DI印刷机多采用无水平版印刷和调频加网等新印刷技术，能够高速、优质地完成各种印刷任务。

（1）直接成像技术　以海德堡GTO-DI/Laser印刷机为例，它采用激光直接成像技术，其直接成像系统结构如图11-15所示。该直接成像系统沿印版滚筒轴向排列16个成像头，每个成像头由一个激光二极管、光纤和光学透镜组成，发出的激光波长约为830nm，分辨率可达2540dpi，形成的像素直径约为30μm。所使用的新型无水印版有一层特殊的吸热层，对激光敏感度很高，可以很好地吸收激光热能。印版上的多晶硅表面在激光的照射下被烧穿，碳层被气化，印刷时该点将吸附油墨；空白区域的多晶硅层没有被烧蚀，因而不粘油墨，完全可以实现无水平版印刷。

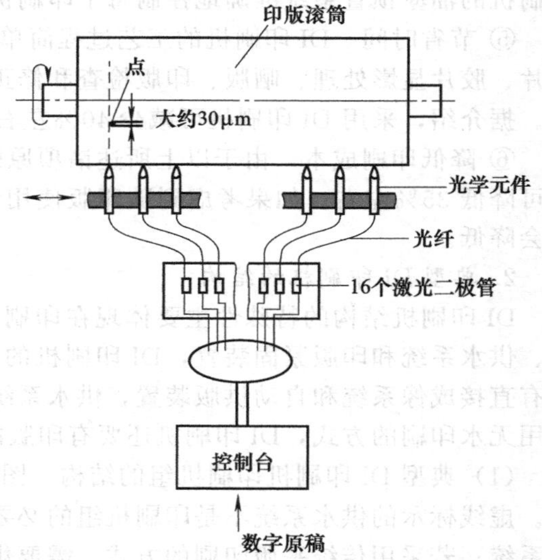

图11-15　海德堡GTO-DI/Laser的直接成像系统

在印刷时，操作人员先将空白印版装在印版滚筒上，用中等速度开动印刷机（空转，不上墨，也不走纸）。已经由RIP处理好的图像被送往DI印刷机的计算机控制系统，再由计算机控制系统分配到成像装置的每一个激光二极管，在印版表面成像。成像过程可以在每个印刷机组同时进行，成像时间大约在10min左右。与此同时，DI印刷机操作人员可从事装纸等其他准备工作。一旦直接成像过程完成，DI印刷机停机，然后是清洗印版表面，以除去制版时烧蚀下来的版屑。完成印版表面清洗工作后即可重新开机，加油墨和走纸，进行正常印刷。

（2）DI印刷机的特点

① 无水印刷　没有润版液的印刷是DI印刷机的最大优点。其他还有如网点扩大小、复制质量高、色泽鲜艳以及纸张利用率高等，显著降低了印刷成本，提高了印刷品的质量。

② 调频加网　调频加网的优点，是可以在保持相同加网线数的条件下使记录分辨率降低一半左右，从而使RIP的处理速度提高约四倍。换言之，在相同记录分辨率的条件下可以使加网线数提高一倍左右。

采用调频加网技术时，每个记录点是相互独立而不相连的。如果采用传统制版的方法，这种相互独立的细小网点极有可能丢失。这是因为，从图文数据到印版需要经历两次转移过程，第一次是从计算机转移到胶片，第二次则从胶片转移到印版，这种制版过程可能因曝光不足或曝光过度而导致网点缩小或膨胀。因此，在进行显影、覆膜、冲洗等操作时需格外小心，稍有不慎就会使成片的小网点丢失。在 DI 印刷机中没有胶片处理这一过程，印版是一次成像的，它只有从计算机数据到印版的一次转移过程，不存在丢失网点的问题。因此，采用 DI 印刷机有助于调频加网技术进入大规模应用。

③ 套印准确　采用传统平版印刷工艺时，每一张分色片上均有定位标志，安装印版需要花时间作定位调整，如果印版定位不准则会引起套印不准，造成印张作废。在 DI 印刷机中是先安装印版后成像的，故无需调整印版，从而保证了套印精度。

④ 用墨恰当　DI 印刷机中，由于所印刷的图文是通过计算机处理的，因此在 RIP 实现光栅化转换操作（即对图文加网操作）后，计算机知道每个印版需要多少油墨，从而可通过印刷机的油墨预置系统准确地控制每个印刷机组的用墨量。

⑤ 节省时间　DI 印刷机的工艺过程简单、工序少，它比传统平版印刷工艺减少了输出胶片、胶片显影处理、晒版、印版检查和修正、安装印版并调试定位以及调整水墨平衡等操作。据介绍，采用 DI 印刷机可减少 40%左右的印刷准备时间。

⑥ 降低印刷成本　由于以上所述诸项原因，通过精确计算表明，采用 DI 印刷机总的费用可降低 35%左右。如果考虑到随印版使用量的增加而导致的价格下降，则总的印刷成本还会降低。

2. 典型 DI 印刷机的结构

DI 印刷机结构的特殊性主要体现在印刷机组。传统平版印刷机的印刷机组包括供墨系统、供水系统和印版紧固装置，DI 印刷机的印刷机组除包括供墨系统外，必不可少的装置还有直接成像系统和自动供版装置，供水系统的有无则视所采用的印刷方式而定。另外，若采用无水印刷的方式，DI 印刷机还要有印版冷却装置。

（1）典型 DI 印刷机印刷机组的结构　图 11-16 所示为一套 DI 印刷机印刷机组的典型结构。虚线标示的供水系统不是印刷机组的必要装置，若采用无水平版印刷的方式，不需要供水系统；若采用传统平版印刷的方式，需要供水系统。印版滚筒上还安装有直接成像系统以便对印版进行在机制版，另外，印版滚筒和橡皮滚筒上都安装了清洗装置，可对印版和橡皮布进行清洗，除去制版时的版屑和残留油墨。

（2）典型 DI 印刷机供版装置结构　由于 DI 印刷机在机内自动完成印版的拆卸和安装，所以 DI 印刷机的印版滚筒内都安装有印版供版装置，以适应快速制版的需要。如海德堡速

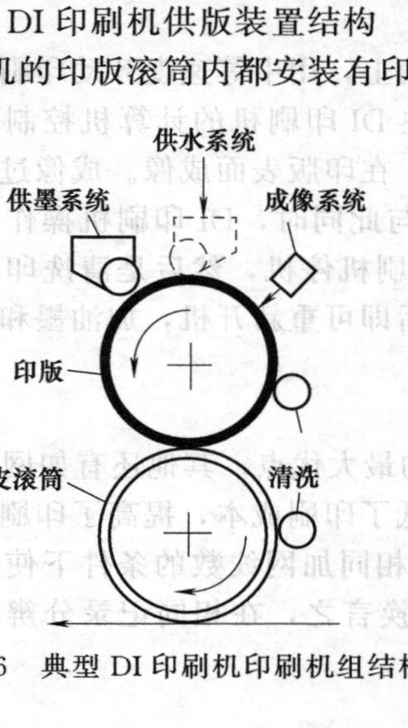

图 11-16　典型 DI 印刷机印刷机组结构

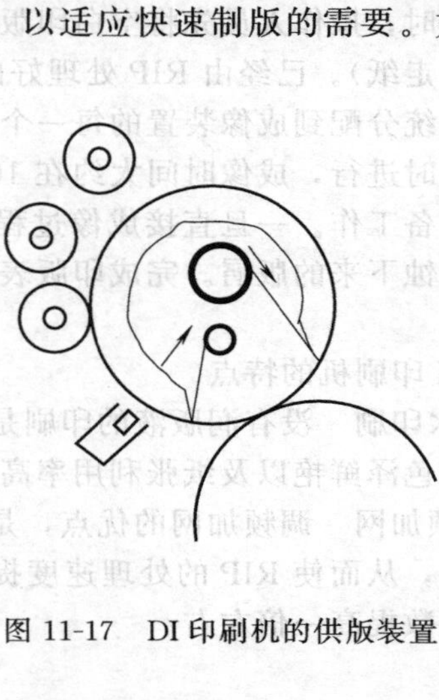
图 11-17　DI 印刷机的供版装置

霸 DI 46-4 型 DI 印刷机在印版滚筒内就安装了自动供版装置，并存储 35 块备用印版，可供 35 个印刷活件使用。

自动供版装置的结构如图 11-17 所示，通常安装在印版滚筒内部，由一个供版轴和收版轴组成。在制版时，供版轴和收版轴同时转动，新的版材被拉出紧贴在印版滚筒上，旧版材由收版轴卷起回收。

3. 常见 DI 印刷机介绍

DI 印刷机上市以来，经过十多年的发展，从最初的 GTO-DI 印刷机发展到现在已经形成了产品的多样化、系列化。到目前为止，全世界有十多家著名印刷机生产企业投入到 DI 印刷机的生产行列中来，产品涵盖了单色、双色、四色、单张纸、卷筒纸等种类的 DI 印刷机。不同公司生产的 DI 印刷机，其结构特点也不尽相同，下面介绍几种具有代表性的 DI 印刷机。

(1) 德堡速霸 DI 46-4 直接成像印刷机　速霸 DI 46-4 印刷机采用卫星式滚筒排列结构，该结构可使四色印刷只需一次纸张定位，而且四个印刷机组的橡皮滚筒依次紧密地从印张表面滚压过去，产生的静电使纸张紧紧地贴附于压印滚筒表面而不会错位，可以保证四色套准。四倍直径的压印滚筒表面镀有三层铬，有效地保护了滚筒，使其免受腐蚀。

该机的印版滚筒和橡皮滚筒采用斜齿轮转动和滚枕接触，其滚枕接触宽度为 13mm，印版和橡皮滚筒之间压缩量为 0.1～0.13mm，保证所印网点结实，印版磨损小，滚筒运转平稳。

四个印刷机组的印刷压力可利用收纸部的调节手轮进行调节，设定范围从 −0.1mm 到 +0.3mm，并有标尺显示，能准确、简单地根据纸张厚度来改变压力。

四个印刷机组均为气动控制，磨损低，效率高。通过中央操作面板上的按钮，即可启动全自动的换版—成像—清洗程序。

速霸 DI 46-4 印刷机采用直接成像系统，它采用 4 个印版滚筒共用一个压印滚筒的卫星式结构，每个印刷机组都装有直接成像系统，每套直接成像系统含 16 个激光成像头，激光波长为 870nm，如图 11-18 所示。激光二极管发出的激光经光纤引到光学镜头，聚焦成精密的激光束，对印版进行成像。速霸 DI 46-4 印刷机采用的无水印版底层是聚酯片基，中间层是金属钛，顶层是硅胶层。

图 11-18　速霸 DI 46-4 印刷机直接成像系统

(2) 高宝 74 Karat 直接成像印刷机　74 Karat 印刷机主要特点是在结构上做了较大的改进，采用图 11-19 所示的结构。滚筒的排列为五滚筒排列形式，印版滚筒安排在中央滚筒

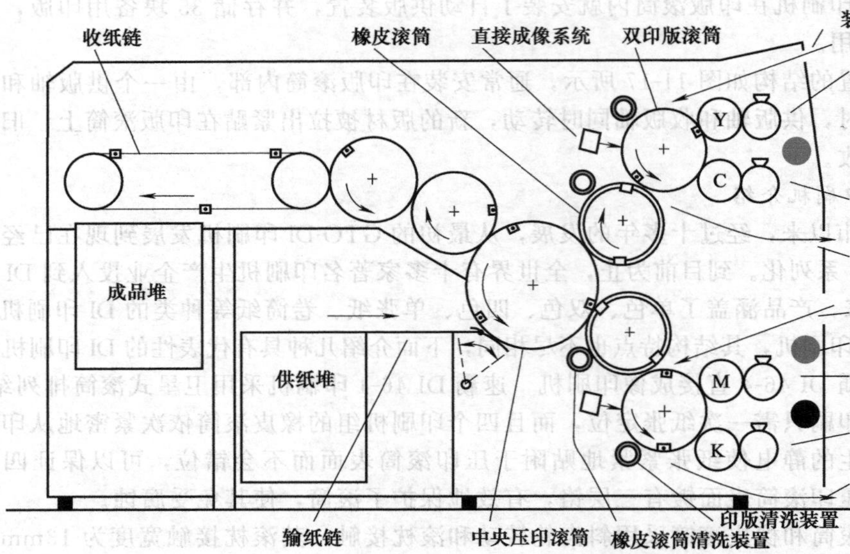

图 11-19　高宝 74 Karat 印刷机总体结构

周围，压印滚筒、橡皮滚筒和印版滚筒直径比为 3∶2∶2。每一个印版滚筒上安装两块印版，如图 11-19 所示上面的印版滚筒安装了黄、青两块印版，下面的印版滚筒上安装了品红、黑两块印版，这样只用两个印版滚筒就能实现四色印刷。与其他类型的 DI 印刷机一样，74 Karat 印刷机在每一个印版滚筒上安装有一套 DI 成像装置，这样 74 Karat 印刷机虽然能进行四色印刷，但只需要两套制版装置就可以满足四色印版制作的需要，降低了机器成本。

74 Karat 印刷机仍然采用无水平版印刷，但其供墨系统却很独特。它采用短墨路无键式自动校正供墨系统，可以避免重影、墨杠和印刷质量不稳定等经常困扰传统供墨系统的问题。供墨系统由一个墨盒、一个刮墨刀、一个网纹辊和一个着墨辊组成，使得墨量调整反应非常灵敏，因此减少了印刷的准备时间。油墨先由墨盒传到墨盒底部的网纹辊上，通过刮墨刀刮去多余的油墨，再把油墨传到着墨辊上进行印版着墨。其所用墨盒为无水平版印刷的油墨筒，可以实现不停机更换。利用该供墨系统，只需 8 张过版纸即可生产出合格的印品，印刷速度可达 10000 印/小时。

由于采用短墨路和网纹辊输墨技术，74 Karat 印刷机的输墨系统没有进行局部调节墨量的功能，但同时由于对着墨辊的温度进行了严格的控制，所以可以保证印版上的墨层厚度非常精确。由于一个印版滚筒上安装两块印版，所以对印版着墨时需要交替进行，着墨辊在完成对第一块印版着墨以后要抬离印版，然后由下一色着墨辊对第二块印版进行着墨，这样着墨辊需要频繁地进行离合；由于压印滚筒、橡皮滚筒和印版滚筒不是等直径，而是采用 3∶2∶2 的直径比，使得纸张的传送和交接变得很复杂。

74 Karat 印刷机能印刷的最大幅面为 A2＋，输纸装置采用大幅面印刷机常用的横向进纸方式。印版的安装和拆卸由供版系统自动完成。该机的直接成像系统采用 Creo 热激光二极管成像技术，其结构与海德堡速霸 DI 46-4 印刷机直接成像系统相似，分别安装在每个印版滚筒上，可在机内对铝基 PEARL 无水印版直接成像。成像时印版滚筒转动，成像系统沿着印版滚筒作轴向运动，40 个激光二极管同时对印版成像。成像分辨率范围在 1524～3556dpi（600 线/cm～1400 线/cm）之间，印刷普通印品时常用 1524dpi（600 线/cm）的分辨率，印刷精美印品时采用 2540dpi（1000 线/cm）的分辨率；以 1524dpi 的分辨率进行最大幅面的印版制作需时 15min。

二、非直接成像无水平版印刷机

1. 无水平版印刷机的形式

无水平版印刷摆脱了水墨平衡的矛盾，在版面上形成两种不同性质的表面。图文区域的亲墨性是靠感光层对油墨的吸附能力来实现的，图文区域略低于版面，有较厚的墨层；空白区域是由硅胶层组成的，印刷时油墨和硅胶层不断接触，油墨中的溶剂很快向硅胶层扩散、渗透，使硅胶层表面膨润，其结果在二者接触面之间由溶剂形成溶剂层。由于油墨层内部的油墨内聚力大于溶剂层内部的溶剂内聚力，所以连续印刷时，通过界面溶剂层的破坏与分裂来实现油墨层和硅胶层的剥离。

根据无水平版成像方式的不同，可以把无水平版印刷机分成两种形式，即阴图型无水平版印刷机和阳图型无水平版印刷机。

(1) 阴图型无水平版印刷机　阴图型无水平版印刷机所用的印版属阴图型无水平版，其版材结构如图 11-20 所示。

阴图型无水平版版基采用铝板，版基厚度一般为 0.13～0.30mm。在版基上首先涂布重氮感光层，感光层与 PS 版基本相似。为使重氮感光层与最外层进行粘合，在重氮感光层上涂布胶合层，胶合层为感光性重氮化合物。最外层为硅胶层，由硅氮烷组成，通过硅橡胶硬化或进一步聚合而成，其本身就具有很好的抗墨性，所以印版的空白区域不用着水也能进行印刷。

制版所用光源为紫外线，制作好的无水平版安装到印版滚筒上之后，将无水平版上的保护层揭下，用软纱布抹上专用的清洁剂轻轻擦拭版面。对于橡皮布没有特殊的要求，采用一般平版印刷机用橡皮布即可。印刷压力与采用 PS 版时相同。滚筒衬垫宜采用中性衬垫。

(2) 阳图型无水平版印刷机　阳图型无水平版印刷机是目前应用比较广泛的机型，所使用无水平版为阳图型无水平版，以日本东丽无水平版为例说明其印版形式。

阳图型无水平版结构如图 11-21 所示，版基为铝板。在版基表面涂布白色的底涂层，目的是增加感光层与版基的结合力。在底涂层上涂布感光液，是形成印版图文区域的基础。感光层上的硅胶层是由二官能团和三官能团的有机硅单体经水解、缩聚而成的网状有机硅高分子材料，是构成印版上空白区域的基础。制版所用光源为金属卤素灯或超高压水银灯。光源的光谱波长范围为 350～420nm。曝光后，版材受光区域的感光层因吸收光能而产生光聚合反应退色，同时与上层的硅胶层产生光粘接，形成版面空白区域；未受光区域的硅胶层产生膨润而浮凸。

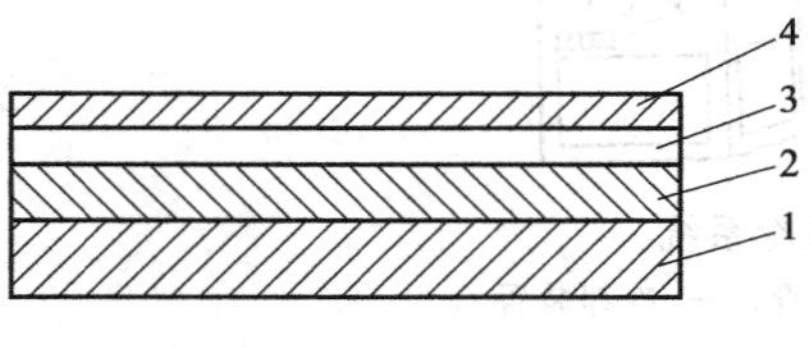

图 11-20　阴图型无水平版版材结构

1—版基；2—重氮感光层；
3—胶合层；4—硅胶层

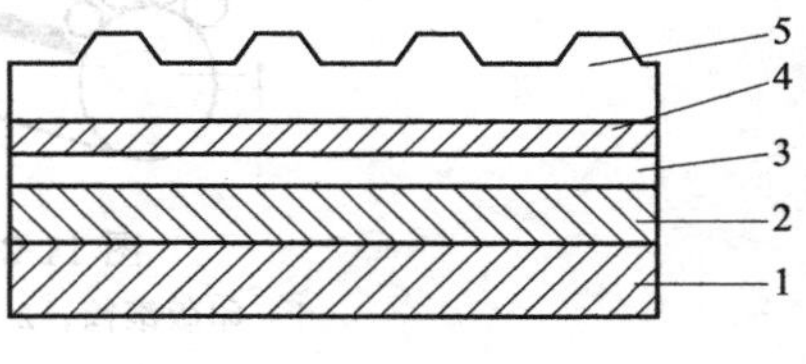

图 11-21　日本东丽无水平版版材结构

1—版基；2—底涂层；3—感光层；
4—硅胶层；5—保护层

制作完成后的印版安装到阳图型无水平版印刷机上进行印刷，其操作与阴图型无水平版印刷机相似。

2. 无水平版印刷机的特点

与传统平版印刷机相比，无水平版印刷机有两大特点。

（1）无印版润湿系统　由于传统平版印刷采用油水不相溶的原理进行印刷，所以印版的润湿系统是传统平版印刷机必不可少的装置之一。无水平版印刷采用与传统平版印刷不同的原理进行印刷，完全依靠印版和油墨自身的特性完成油墨的转印，所以无水平版印刷机内不需要安装润湿系统。

（2）安装冷却系统　传统平版印刷机的润湿系统除了具有帮助印刷机正确转移油墨的作用外，另一个重要作用是利用不断流动的润版液对印版起到冷却作用。无水平版印刷机采用冷却系统完成对匀墨辊、串墨辊和印版的冷却。

无水平版印刷机的水冷系统如图 11-22 所示。水冷系统就是采用低温的水来降低匀墨辊或串墨辊的温度，低温的水通过冷却装置输入到匀墨辊或串墨辊的辊芯内以达到对胶辊的冷却作用。整个水冷系统的水能循环使用。水冷系统能很好地控制油墨的温度，防止油墨温度过高，控制油墨始终具有良好的黏度和流变性。一般的新型无水平版印刷机和高速无水平版印刷机多采用串墨辊水冷系统，而中速无水平版印刷机和由传统平版印刷机改造的无水平版印刷机多采用匀墨辊水冷系统或风冷系统。

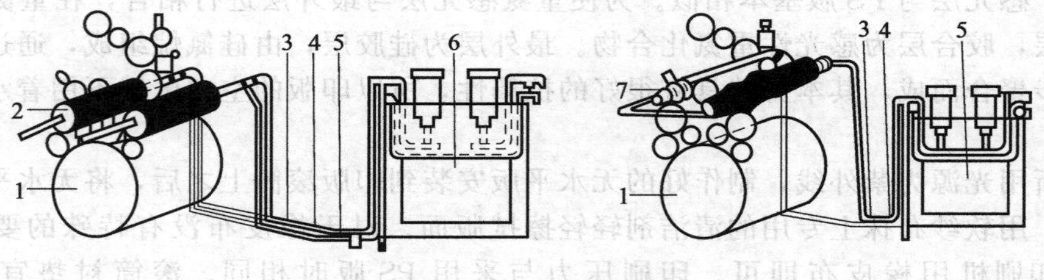

图 11-22　水冷系统

1—印版滚筒；2—冷却串墨辊；3—流量调节器；4—冷却进水管；
5—冷却出水管；6—冷却装置；7—冷却匀墨辊

无水平版印刷机的风冷系统如图 11-23 所示。风冷系统就是采用风冷装置向印版版面滚筒吹送冷风，使其版面冷却，防止印件蹭脏。整个风冷系统由三大部件组成，即冷风喷嘴、通风管和冷风发生器。冷风发生器的原理类似常用的制冷空调器，能产生低温气流。冷风通过通风管送到冷风喷嘴处，由冷风喷嘴把低温的气流吹到印版滚筒，从而起到冷却作用。

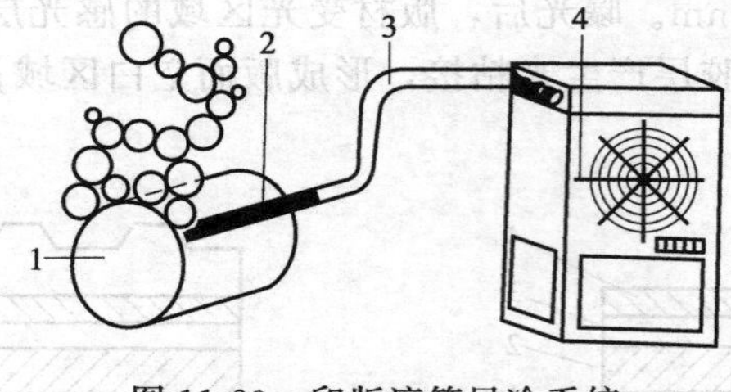

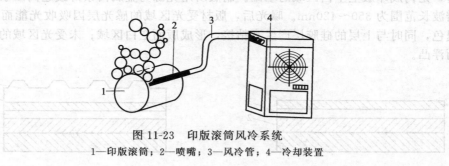

图 11-23　印版滚筒风冷系统

1—印版滚筒；2—喷嘴；3—风冷管；4—冷却装置

3. 非直接成像无水平版印刷机的组成

非直接成像无水平版印刷机由输纸装置、定位与递纸装置、输墨装置、印刷装置、收纸装置、冷却装置及辅助装置等组成。其中输纸装置、定位与递纸装置、输墨装置、印刷装置、收纸装置与普通的有水平版印刷机基本一样，这里简要介绍冷却装置及辅助装置。

（1）墨辊水冷机构　墨辊水冷机构将水输入串墨辊或匀墨辊的辊芯内。如图 11-24 所示。

（2）风冷机构　风冷机构是向印版滚筒的版面吹送冷风，如图 11-25 所示。

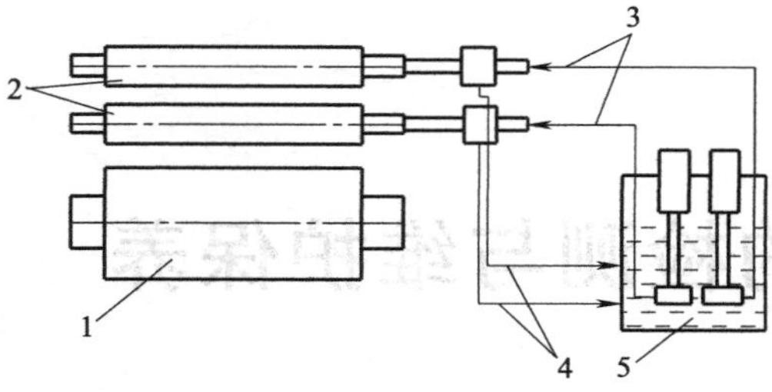

图 11-24 墨辊冷却装置原理
1—印版滚筒；2—墨辊；3—进水管；
4—出水管；5—储水器

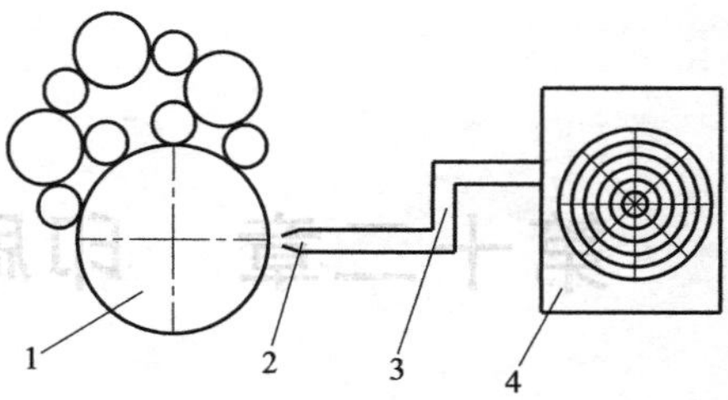

图 11-25 风冷系统原理
1—印版滚筒；2—出风口；3—冷风管；
4—冷风装置

(3) 墨辊与印版的接触宽度调节机构 胶辊采用低内耗材料，运转中热膨胀量很小。自动调节着墨辊和印版接触宽度，接触宽度始终一致，不会产生热膨胀。

(4) 去污机构 设有聚硅氧烷（硅酮）胶去污辊。油墨黏附力较强，纸粉、纸毛易附在上面，出现白斑。

印版脏污采用拒墨条，约 3μm 厚，一面涂硅胶，另一面涂黏合剂。印刷时，印版有脏污，粘在橡皮布上，位置与印版脏污位置对应。

4. 普通有水平版印刷机变换为无水平版印刷机

现代单张纸平版印刷机大多采用了特别有利于散热的开放式输墨系统形式，以适应无水平版印刷需要。比如高宝 KBA RAPIDA105-4 型机具有日后加配输墨装置恒温冷却循环系统的接口，或者也可以直接在印刷机上补装这种恒温冷却循环系统，从而把普通平版印刷机变换为无水平版印刷机。如图 11-26 所示。

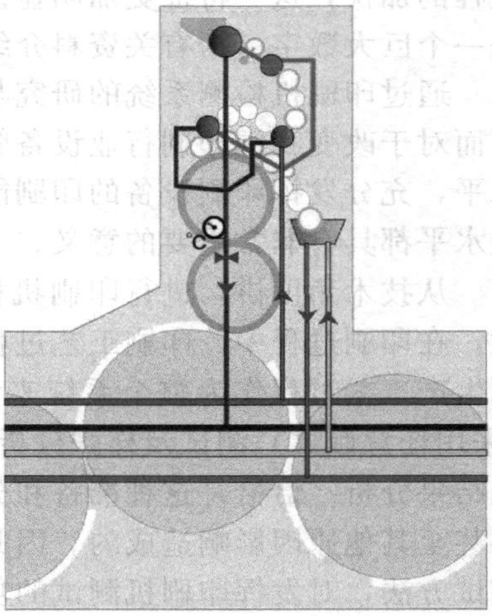

图 11-26 高宝 KBA RAPIDA105-4 型机恒温冷却循环系统

无水平版印刷网点边缘高度清晰，尤其在精细网线或各种调频网点印刷时这个优越性更加明显。大墨量区域的油墨转移可达到很高的实地密度。因此无水平版印刷能印出杰出的实地效果，无鬼影或水辊痕迹。与有水平版印刷相比，无水平版印刷的优越性还在于干燥和对非吸收性承印材料的印刷适性比有水平版印刷更胜一筹。用这种无公害、并不需要润湿液和相应添加材料的印刷工艺可实现“照相质量”的印刷。

目前，印刷工业发达国家约有 20%～30%普通的单张纸平版印刷机改换成无水平版印刷机使用，取消了使用润版液，保护了生态环境，减少了污染，印刷生产过程也容易得到控制，同时印刷质量也得到了稳定和提高，有良好的发展趋势。

我国也于 20 世纪 80 年代开始使用无水平版印刷技术，但规模很小，发展很有限，主要的因素是：无水平版印刷需要专用的无水平版印刷的油墨、印版，还需要加装输墨装置恒温冷却循环系统控制油墨温度。随着印刷业的发展，无水平版印刷必定会有很大的发展。

第十二章　印刷机的检测与维护保养

第一节　概　　述

随着现代科学技术的不断发展，现代印刷机的设计与制造技术进入了一个崭新阶段。印刷机的设计理论及设计水平、制造精度以及自动化程度都向前迈进了一大步。印刷机的印刷速度显著增加，印件印刷前的准备时间大大减少，因而印刷机的实际生产率大大提高。印刷机的单机购置价格也明显增加（与印刷机的功能配置有关）。印刷机已经成为印刷企业中的重大资金投入，成为印刷过程中的最高成本中心。印刷企业日益认识到对昂贵的印刷设备进行检测和分析、维护和保养的重要性。

全世界范围内，由于经济全球化、社会信息化程度的不断提高，印刷信息的需求量仍在继续增加。印刷机作为印刷生产的重要工具，其需求量仍在增长。随着我国社会主义现代化进程的加快，这一特征更加明显。我国印刷行业多色印刷机的拥有量以及每年的新增数量都是一个巨大数字。据有关资料介绍，我国已经成为世界上最大的印刷机械净进口国。

通过印刷机检测系统的研究与建立，可以为我国印刷行业提供印刷机检测技术与服务，因而对于改变我国印刷行业设备管理落后的现状，提高我国印刷行业大型设备的管理与维护水平，充分发挥印刷设备的印刷能力与效益，提高印刷质量，甚至对于提高我国印刷机械制造水平都具有非常重要的意义。

从技术角度讲，进行印刷机检测是一项综合性的、系统性的工作，具有技术上的复杂性。在印刷过程中，印刷工艺过程靠前面的某个工序将影响后面的工艺步骤，因而需要把印刷生产工艺过程作为整个系统来考虑，需要系统的、全面的测试分析过程；如果现场随机（采用任意版式）测试及样张分析也是可能的，但是这种自由测试报告常常缺乏严密的准备及结果分析。恰恰是这种准备和分析步骤，可能揭示所存在的问题是机械方面的或者是受材料甚至其他原因影响造成的。因此，建立一种把印刷工艺过程作为总体考虑的系统性的专业测试方法，对发挥印刷机测试的功效是非常必要的。

长期以来，印刷质量的检测与控制一直是印刷行业研究重点之一。人们对于印刷质量检测与控制原理、方法及测量工具的研究经过多年发展已经达到较高水平。印刷机械作为印刷工艺过程关键加工工序的设备，其性能的测试和加工质量的控制也逐渐由单纯的生产过程测控及单项指标的测试，向全面的综合性测控体系发展。在这方面，国际上印刷技术较先进的国家都已建立了相应的印刷机械测控系统。如美国的GATF印刷技术基金会的相应测控系统和德国的FOGRA印刷技术研究会的相应测控系统是国际公认的具有较高水平的检测机构及系统。

我国目前还没有开展印刷机检测体系的系统研究，也没有建立相应的检测机构。印刷设备的性能和质量的测控管理缺乏系统的科学的量化指标和方法。随着人们对印刷质量要求的不断提高，国内大型进口印刷设备的不断增多以及我国印刷机制造水平的不断发展，为了提高我国印刷行业的设备管理水平，充分发挥印刷设备的能力和效益，有必要研究和学习印刷机检测系统、也更加重视印刷机的维护保养。

印刷机在规定的寿命期限内应该保持良好的精度和性能，这除了与印刷机本身的制造与装配精度有关外，还与日常操作与管理有密切的关系，如对印刷机的润滑、维护和保养等。在印刷机保证自身精度情况下，如果能全面、安全、正确地对印刷机进行润滑、维护和保养，不但可适当地延长印刷机的寿命，避免印刷机的损坏事故，还可以保证印刷质量，提高印刷经济效益，是十分重要的一件事情。

第二节　印刷机的检测

一、印刷机检测功能

一般来讲，印刷机检测系统包括以下内容。

(1) 新设备的购买及安装验收　通过对所购新设备的检测，印刷企业才能确切了解新设备的印刷性能和印刷质量是否达到预期的指标，作为新设备安装验收的依据。如果通过对新设备进行测试与验收，能够阻止不合格产品或次品流入印刷企业，则可避免使印刷企业造成巨大损失。

(2) 印刷工艺过程监控　通过对现有设备的检测，可将测试结果与相应技术指标进行比较和分析，对现有设备的印刷性能和印刷质量作出正确的判断，从而确定印刷机的印刷能力，作为印刷设备管理决策的依据。对印刷工艺过程的监测也能使印刷企业对油墨、橡皮布、润版液、印版和纸张等印刷材料作出正确选择。

(3) 故障诊断与排除　印刷机测试可以帮助印刷企业找出影响印刷质量的原因，从而找到故障排除的措施。

(4) 印刷机质量年检　印刷机检测可为印刷机质量年检提供测试数据，其中包括 ISO 9000 印刷企业认证及行业设备管理的年检等。

(5) 确定印刷机特性曲线　通过检测可确定印刷机的色调值增加特性，印刷企业可利用这一特性为印前处理工序提供质量控制和色彩管理的依据。

(6) 作为印机制造企业的参考检验体系。

二、影响印刷品质量的主要因素

根据生产过程控制原理，一般来说，生产过程的质量控制依赖于人的行为（Mankind）、机器（Machines）、方法（Methods）、材料（Materials）、测量（Measurements）及环境（Milieu）等，即所谓的 6M 理论。就印刷生产过程而言，则依赖于：印刷操作人员、印刷机械、印刷工艺方法、印刷材料、印刷测量及印刷环境等，如图 12-1 所示。

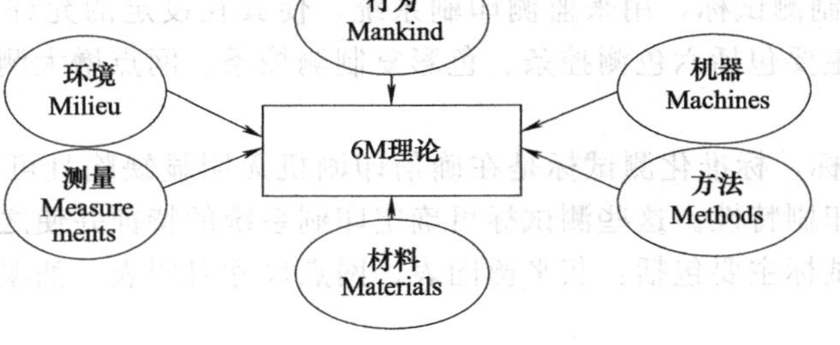

图 12-1　生产过程的影响因素

为了使问题简化，在对印刷机进行检测评价时，需要将 6M 变量因素中与印刷机印刷生产过程关系最密切的几个因素加以控制，使之达到优化状态并做到相对稳定，如印刷环境

（现场温度、湿度、机器安装位置等）、印刷材料（包括承印物、油墨、橡皮布、胶辊、润版液及印版等）、操作人员（具有专业知识以及多年实际操作经验的人员）、印刷生产工艺（包括印前工艺等）以及印刷测量仪器及方法等。只有这样，才可能使这一较为复杂的系统大大简化，从而做到对印刷机检测结果进行准确的评估，并且使检测结果具有可重复性和可比较性。

三、印刷机检测过程

一般来说，对印刷机实施具体检测的过程可分为 3 个阶段进行。

（1）材料选测阶段　主要包括印版、橡皮布、胶辊、承印物、油墨、润版液等的选择及测定（还包括操作环境测控及记录）。

（2）印刷机调节和机械性能测试阶段　其中主要包括：

① 墨辊/水辊，即墨辊硬度、运转时压力的大小及均匀性。

② 印刷压力，即滚筒间印刷压力的大小及均匀性。

③ 滚筒径跳与轴向串动。

④ 承印物在传递过程中叼牙交接情况，咬纸牙咬纸力是否均匀，大小是否合适。

⑤ 墨杠及滚筒压印表面疵点检测。

这一阶段的效果如何，需要使用相应的测试版进行试印作出判断。在完成印刷机调节和机械性能测试之后，应决定印刷机的机械部件是否需要修理和更换。这一工作必须在试印刷及结果分析阶段之前进行，否则在第 3 阶段，即试印刷阶段所揭示的性能特点将可能导致错误的判断。只有印刷机调节和性能条件满足要求，则有可能和有必要进行试印刷和结果分析。

（3）试印刷及结果分析阶段　这一阶段主要包括：

① 幻影检测——检测印刷机消除幻影的能力；

② 套准检测——检测印刷机给纸系统及印刷系统的套准能力；

③ 测试版印刷及数据分析——通过测试版上各种图标或测控信号条的分析，判断印刷机的机械特性，分析其印刷特性。

应当指出，印刷机检测的最后手段，归结为对印刷机所印产品（主要指彩色印刷品）的检测与评价。其检测与评价方法有主观的视觉观察评价及客观的仪器分析评价两种。为了提高主观及客观评价的方便性及有效性，需要设计一种或几种包括各种图标及信号条，能反映印刷机机械特性和印刷特性的测试版。测试版上除了颜色复制的测试标以外还包括一系列质量控制测试标。质量控制测试标按照其用途可分为以下三类。

① 诊断测试标，用于印刷系统的故障排除，例如梯尺测试标、星形测试标、QC 质量控制信号条、重影测试标和传纸套准测试标等。

② 工艺过程控制测试标，用来监测印刷系统，使其在设定的允许误差范围内运行。工艺过程控制测试标主要包括六色测控条、色彩复制测控条、网点增大测试标和实地色彩测控条等。

③ 标准化测试标，标准化测试标是在确信印刷机无明显缺陷且可正常操作的情况下用来测量印刷系统的印刷特性。这些测试标可确定印刷系统的特征并使之优化从而达到最佳印刷质量。标准化测试标主要包括：灰平衡图表、网点尺寸对照表、油墨覆盖率测试标和印样对照表等。

长期以来，人们对于印刷质量控制与印刷色彩复制的理论研究以及相应的各种测试方法与测试仪器的研制已经比较成熟，使得建立印刷机检测系统具备了必需的理论基础与物质条件。

第三节　印刷机的润滑

一、印刷机的零件磨损

印刷机的零件在工作中，不断地受载荷的作用，经过长期的摩擦、冲击、高温及介质腐蚀，零件表面会逐渐产生磨损，其几何形状和表层组织也不断发生了改变，逐步地失去了原有的工作性能。零件的自然磨损和事故磨损，对于设备的使用都是有害的，自然磨损是不可避免的，但事故磨损是不允许的。

1. 零件的磨损分类

自然磨损根据其产生的原因和磨损过程的特性可以分为三种类型：机械磨损、腐蚀磨损和热磨损。这三种类型的磨损基本上包括了设备的正常使用条件下可能产生的全部主要故障。其中机械磨损是最普遍、最主要、最常见的磨损形式，它对机械设备的威胁也最大。

（1）机械磨损　是由于零件的金属表面在相对工作运动中所产生的摩擦和疲劳作用的结果。其磨损形式又可分为氧化状磨损、热状磨损、磨料状磨损、斑点状磨损。

（2）腐蚀磨损　空气中的化学物质、酸类汽化的酸气及煤气等都能使印刷机受腐蚀。当生产场所的温度升高时，空气中的水汽与较冷的金属零件接触而冷却凝结，引起生锈。腐蚀和生锈加快了机器零件的磨损。在潮湿、温度不适当或气温急剧升降条件下使用的机器，磨损更快。

（3）热磨损　零件在外界高温的条件下工作，其金属表面会发生剧烈的氧化现象，零件表面金属被烧坏裂开，出现裂缝，零件的力学性能和几何尺寸都会受到影响，铸铁件会使内部晶粒扩大，并在金属晶粒四周氧化产生细小间隙，使铸件脆弱而损坏。这种零件因在高温直接作用下受到破坏的形式称为热磨损。

2. 影响零件磨损的因素

（1）零件材料对磨损的影响　零件的耐磨性与材料的硬度和韧性有关。材料的硬度高说明其表面抗变形的能力强。但过高的硬度又容易使材料脆性增大，材料表面容易产生磨粒的剥落；材料的韧性可以防止磨粒的产生，从而提高了零件的耐磨性。另外零件材料经处理后其耐磨性也会提高。零件的耐磨性能不但与材料表面硬度有关，而且与材料的搭配有关。

（2）润滑对磨损的影响　零件的磨损主要是由于接触表面相对运动时产生的摩擦力作用的结果。为了降低摩擦力的作用，必须对零件相对运动的接触表面加以润滑剂，以减少因摩擦力作用而消耗的能量，因而润滑对磨损有重要的影响。

（3）零件表面粗糙度对磨损的影响　零件经过机械加工后其表面不可能达到理想的几何形状，总是要留下切削刀具的刀痕或砂轮磨削的痕迹，因此就构成了零件表面的凹凸不平。

（4）零件的工作条件对磨损的影响　零件在设备中不同的工作条件会影响其磨损程度，如载荷的大小和方式、运动速度、摩擦表面的运动性质等。另外零件的工作环境对磨损有直接影响，如工作温度，润滑剂的数量、质量和润滑方式，空气中的粉尘情况等。

二、润滑系统

1. 润滑的意义

所谓润滑，就是指在两个相互接触物体的工作表面加入有润滑性能的物质以减少物体之间的摩擦和磨损。润滑的作用可归纳为：控制摩擦，减少磨损，冷却，防锈，缓冲吸振，防尘除脏。

平版印刷机是一种比较精密的机器，保持印刷机的精密度是保证机器正常运转和提高印刷品质量的重要环节。印刷机运转时，轴与轴套、凸轮与滚子、齿轮啮合面、滚轮与滑道、连杆的铰链处等，由于表面互相接触，并作相对运动而产生摩擦。摩擦生热，必然消耗功和能，必然导致磨损，使机器精度下降。为了减缓零件的磨损，最经济最简单的方法就是在摩擦表面施加润滑剂。润滑对平版印刷机的意义就在于减少摩擦阻力，降低平版印刷机机件的磨损速度，提高平版印刷机的使用寿命。

印刷机有相对运动零件的摩擦，分为滑动摩擦与滚动摩擦。其中滚动摩擦是两个零件表面的接触部分相互滚动，而滑动摩擦是两个零件的整个接触表面互相滑动，但无论是什么摩擦在机器工作过程中都会产生有害影响。为了减少摩擦阻力，降低印刷机零部件的磨损速度，延长印刷机的使用寿命，十分重要的途径之一就是加强印刷机的润滑与保养。

有摩擦就有磨损，磨损是摩擦的必然结果。但是磨损有自然正常磨损和事故性磨损之分。印刷机运转过程中缺油，是事故性磨损的一个常见原因。严重的事故性磨损会在几十分钟或几个小时内使机器零件损坏或报废。例如印刷机润滑不周，在滚筒轴与轴套之间缺油时，在滚筒较大压力的作用下，滚筒高速旋转，温度不断升高，零件发生膨胀。由于滚筒轴颈膨胀得快，受到轴套孔的限制，这时就可能发生"烧轴"咬焊事故。

将具有润滑性的物质——润滑剂加到摩擦面之间，形成润滑膜，使摩擦面脱离直接接触，以达到降低摩擦和减少磨损的目的，称之为润滑，如果润滑剂不能有效地控制摩擦，就不可能顺利地减少磨损，并将出现大量的摩擦热，形成运动副的高温，其结果将迅速破坏摩擦表面以及润滑油本身。

润滑可减少零件表面的磨损，降低传动功率的消耗，防止金属的化学腐蚀。润滑是在零件接触的工作面中间，加入一层流动材料——润滑剂，变滑动或滚动为流体的内摩擦，使摩擦力减小到最低限度。依靠润滑剂的黏度，在两个相互运动的零件间形成一层油膜，使两个零件的接触表面隔开而不是直接接触。如图 12-2 所示，在轴与轴承之间形成了油膜。零件表面形成完全的油膜必须满足以下条件。

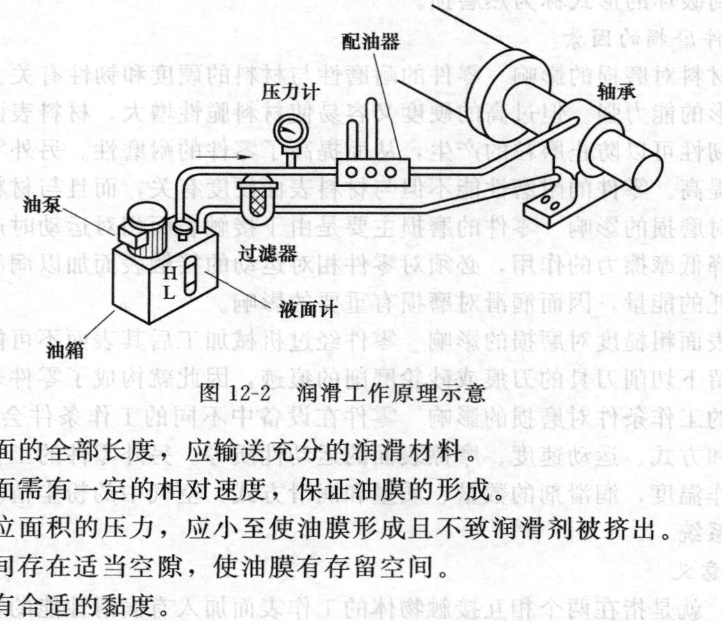

图 12-2　润滑工作原理示意

① 沿着接触面的全部长度，应输送充分的润滑材料。

② 两个接触面需有一定的相对速度，保证油膜的形成。

③ 接触面单位面积的压力，应小至使油膜形成且不致润滑剂被挤出。

④ 轴和轴承间存在适当空隙，使油膜有存留空间。

⑤ 润滑材料有合适的黏度。

为此在现代企业的生产管理制度中，都规定有机器保养制度，这些制度包括：

① 防止机器磨损而规定的清洁管理和按时润滑制度；

② 为防止机件损坏而规定的安全操作制度；

③ 为及时发现事故苗子和机器自然磨损而规定的定期检查和维修制度。

2. 润滑材料与润滑方式

(1) 润滑材料　平版印刷机常用的润滑剂可分为三类：液体润滑油、润滑脂和固体润滑剂。

① 润滑油。润滑油是平版印刷机用得最多的一种润滑剂，具有流动性大、内摩擦因数小和冷却作用的特点，可适用于高速运转印刷机的润滑。机械油（俗称机油），是平版印刷机常用的一种润滑油，选用润滑油时，一般采用机器使用说明书的建议标号。海德堡机由于负载重，因此使用的为100号。冬季可选用黏度较低的机械油，夏季可选用黏度较高的机械油。润滑的零件是滚筒轴套和其他轴套、滚动轴承、齿轮、凸轮、连杆等。

另外，要保持润滑油的清洁，采取滤清等有效措施，并经常清洗油箱。

② 润滑脂（俗称黄油）。润滑脂具有黏附力强、保护性好、缓冲性好、不易流失等特点，特别适合那些分散润滑点的润滑。由于高温时油脂会熔化，失去润滑作用，所以润滑脂适合于轻载、低速的零部件的润滑，如水、墨辊两端轴承，咬牙轴轴承，摆动递纸牙轴轴承处等。

③ 固体润滑剂。固体润滑剂是一种利用固体材料如石墨、云母、二硫化钼等制成的润滑剂。它具有在高温、高压下能长期可靠地起润滑作用的特点。石墨、二硫化钼等材料，既可以单独使用，也可以与润滑油或润滑脂调合使用。这种润滑剂在平版印刷机上应用较少，仅在分纸吸嘴和一些风泵上使用，如“QBW”型风泵等。

(2) 润滑方式　将润滑油或润滑脂送入轴承（或其他需要润滑的部位）有下列几种方式和装置。

① 手工润滑装置　在缓慢运动的零部件上，由人工进行每班一次到三次加油润滑的装置。

a. 油眼。直接在静止零件的上部开一喇叭口的小孔，以注入润滑油润滑摩擦副，如图12-3所示。该结构简单，但不能防止灰尘和脏物落入油眼，加油时油眼周围常被油渗湿。印刷机上许多不太重要的部分都采用油眼。

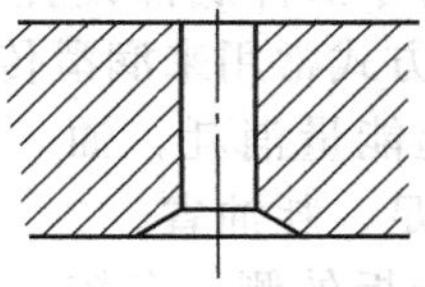

图 12-3　油眼

b. 油杯。有保护油眼的作用，并增加储油量而减少加油次数。图12-4所示为各种油杯的结构形式，图12-4 (a) 为自动关闭式弹簧盖油杯，其缺点是突出在零件的外部。图12-4 (b) 为球阀油杯，可以装嵌在零件的表面以下。采用润滑脂的油杯有旋盖式油杯［图12-4 (c)］和压注油杯［图12-4 (d)］，球阀油杯和压注油杯必须有专用油枪加油。

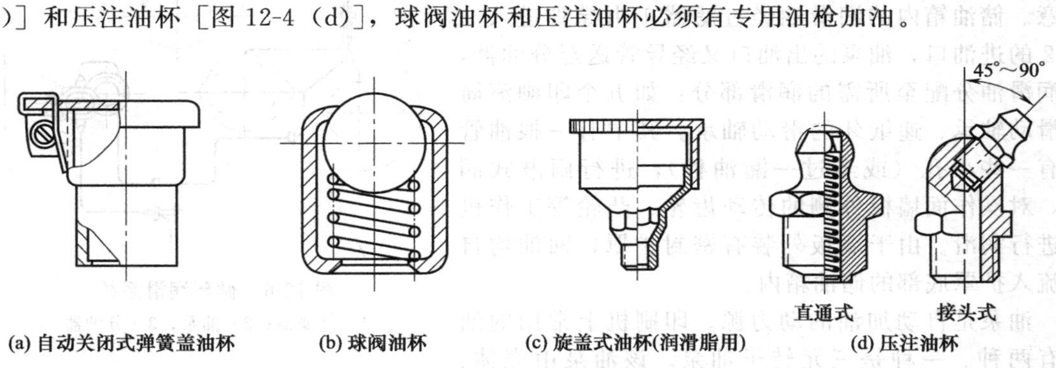

图 12-4　油杯形式

② 滴油润滑装置　图 12-5 所示为用于滴油润滑的装置，图 12-5（a）为油绳式弹簧盖油杯，它是利用虹吸原理和毛细管作用，靠羊毛线或棉线——油绳，把油杯内的润滑油滴入润滑表面。油绳能起滤清杂质作用，但经长期工作后，毛细管作用降低，甚至会停止供油，必须定期更换。在印刷机上往往在一个大油杯处集中多条油绳，给多条导油管滴油，每个油管把油导入各润滑表面。该种油杯存在的缺点是机器不工作时仍会滴油。而图 12-5（b）的针阀式滴油杯可以克服这个缺点，且供油速度可以调节，当手柄在水平卧倒位置时，针阀在弹簧的推力作用下而被推下，使出油孔堵住，当手柄直立时，针阀被提起，油即源源滴出，出油速度可由调节螺母调整并可通过观察孔窗观察滴油情况。

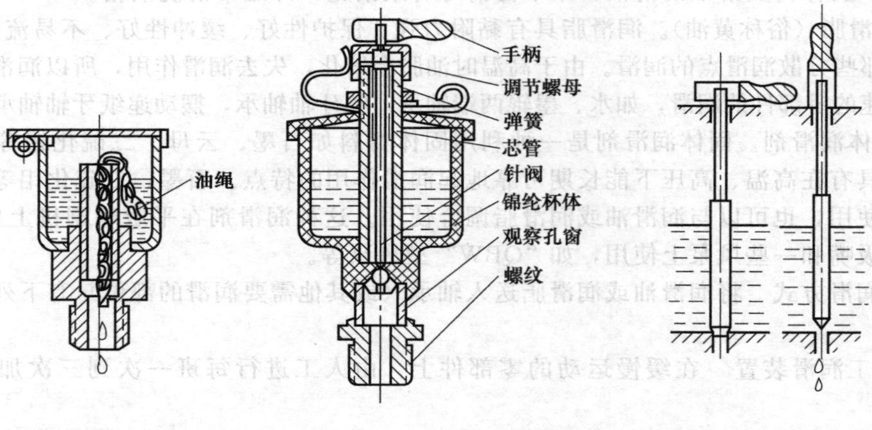

(a) 油绳式弹簧盖油杯　　(b) 针阀式滴油杯

图 12-5　滴油式油杯

③ 油池润滑装置　在所需润滑的零部件底部设置一密封箱，保持油面的一定高度，使工作零部件部分浸入油内，这种润滑方式常用来润滑传动齿轮和滚动轴承等。零件工作速度过大，会造成油的发热和氧化，引起能量消耗，油池润滑的优点是自动、可靠、给油充足、耗油省。

④ 循环润滑装置　印刷机主机墙板外侧，有较多的传动齿轮、凸轮、杠杆、轴承等工作机件，都采用循环润滑系统，进行自动润滑。循环润滑装置包括储油箱、过滤器、油泵、分油器、油管等。图 12-6 为印刷机操作面墙板外侧循环润滑系统示意。储油箱内的润滑油经过滤器 1 由导管进入油泵 2 的进油口，油泵的出油口又经导管送至分油器，把润滑油分配至所需的润滑部分：如五个印刷滚筒的滑动轴承、递纸牙的滑动轴承。其中有一根油管开有一些小孔（或经过一漏油板），进行雨淋式润滑，对操作面墙板外侧的传动齿轮、凸轮等工作机件进行润滑。由于墙板外装有密封护罩，回油均自动流入护罩底部的储油箱内。

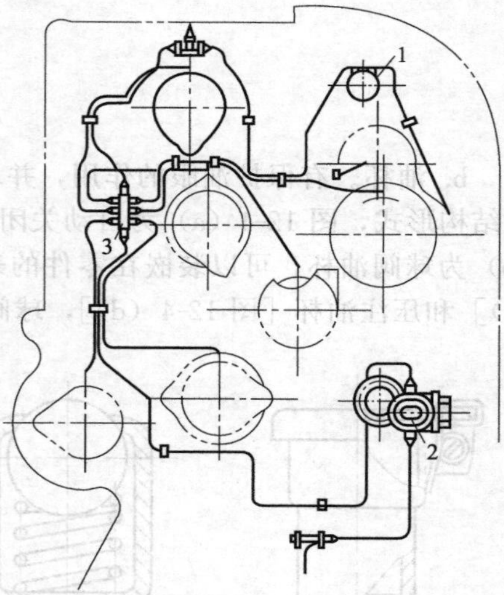

图 12-6　循环润滑系统

1—过滤器；2—油泵；3—分油器

油泵是自动加油的动力源。印刷机上常用的油泵有两种。一种是三元转子油泵。该油泵由壳体、转子、油压滑块、小滑决及销轴组成。当转子转动时，油压滑块及小滑块随着转子一起转动，销轴是与壳体固定在一起的，销轴中心与转子旋转中心有一偏心距 e，故油压滑块转动时，在销轴和小滑块的作用下，油压滑块同时作径向的滑移运动，因而形成真空（吸油）区和压力（出油）区。当销轴中心在转子旋转中心的下方，转子顺时针方向旋转时，则左边为进油区，右边为出油区。该油泵制造工艺比较复杂，性能不十分可靠。

另一种为齿轮油泵。当上方的主动齿轮顺时针旋转时，左边形成真空的进油区，右边则是压力的出油区。

过滤器的作用是对润滑油进行过滤，以保证润滑油干净无杂质。循环润滑油进入油箱后，首先经过沉淀，在进油口的周围放存了永久性磁铁，因而杂质中的铁屑会被吸附，润滑油在进入油泵前首先经过铜丝网的过滤器进行粗过滤，润滑油从油泵中打出后还要经过另一过滤器的精过滤。

3. 加油工作

为延长机器的使用寿命，防止意外事故，保证产品质量，必须严格注意对机器的润滑工作。首先应详细阅读机器的说明书，了解印刷机上各部分的加油位置及其装置，润滑油的种类——润滑油还是润滑脂；加油时间间隔——有的每班一次或数次，有的每周一次。每台机器上应配备一张机器润滑图。

印刷机的印刷部分、匀墨部分的润滑是重点。更需经常检查润滑情况，如油孔有无堵塞，油箱内是否缺油等，并应随时注意操作面和传动面的视油窗孔，必要时打开护罩盖检查供油情况。

新机器在开始使用两周后，应彻底更换油一次。一般情况下，建议 2～3 月应换油一次。换油时应对油池彻底清洗。油箱内的储油量，不得高于油位指示玻璃高度，否则会造成漏油，但储油量也不得低于油位指示玻璃高度。电动机每工作一年就应由电工进行一次清洗和加润滑脂。

对于过滤器，每隔 1～2 月应清洗一次。在工作中，如果发现润滑油变黑，就应更换过滤芯。如果发现上油量不足，过滤芯可能被堵塞，也应更换过滤芯。过滤芯只能使用一次，不能反复使用。

加油工作中还应注意下列问题。

① 加油要按一定顺序加油，防止遗漏。

② 加油工作尽可能在机器开动前完成。机器在运转中加油时，需严防油壶卡入机器或造成人身事故。

③ 注意润滑油的种类必须适合润滑装置，严防弄错而发生事故。

④ 加油时应注意油的清洁，油眼、油管是否阻塞。

⑤ 对印刷滚筒轴承等主要机件不仅在加油时应重点注意，运转中在可能情况下还应检查是否有发热过度现象。

第四节　印刷机的保养和维护

一、印刷机的日常清洁保养

机器清洁工作是维护保养机器的重要方面，平版印刷工人务必养成干净利落的操作习惯和认真细致的工作态度。认真做好机器定期揩擦的工作，不仅可以延长机器使用寿命，而且能发现事故隐患和机器磨损或损坏情况，并及时地检修。

印刷机一般体积庞大、结构复杂、转速很快、机器的价值昂贵，印刷工人不仅要爱护机器设备，精心保养，更重要的是要防止发生人身事故。

二、设备维修保养制度

（1）日常维修保养制度

① 严格遵守操作规程，认真检查设备运行情况。

② 按规定给各传动部位加注润滑油，使设备经常保持整齐、清洁、润滑、安全。

③ 班中设备发生故障，及时给予排除并认真做好交接班记录。

④ 设备周围场地清洁、整齐、地面无油污、无垃圾等杂物。

（2）一级保养　以操作工人为主，维修工人为辅，根据一级保养细则要求认真做好保养工作。一级保养完成后应填写一级保养作业单，并由车间或班组设备员验收。一班制设备每半年做一次一级保养工作，二班制设备每季作一次一级保养。

（3）二级保养　以维修工人为主，操作工人为辅，根据二级保养细则要求认真做好，完成后应填写二级保养作业单，并由车间设备员、厂设备管理员验收。

三、主要装置的保养和维护

1. 输纸装置的保养和维护

现代多色平版印刷机，印刷速度高，输纸装置的气泵必须使用石墨泵，而不能使用加润滑油的气泵。因一旦润滑油经气泵流入到输纸器的旋转气阀内，与纸张中的纸粉结合，极易使旋转气阀阀芯与阀套之间咬牢，造成严重的设备损坏事故。如图 12-7 所示。

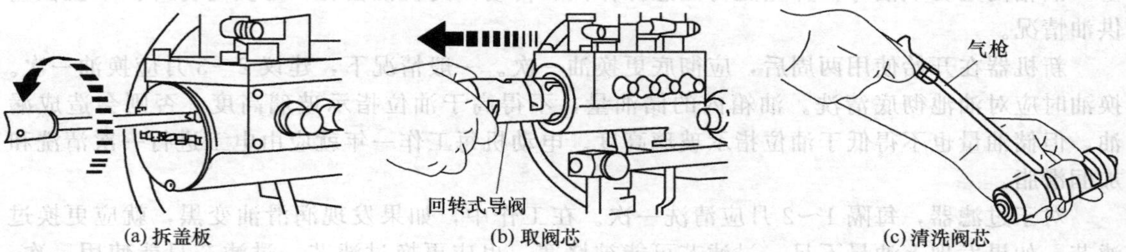

图 12-7　旋转气阀拆卸与清洗

回转式导阀每月都要清洁一次，清洁旋转阀要使用汽油或酒精，不可使用煤油或机油，以防旋转阀咬死。旋转阀清洁完毕不必加润滑油或润滑脂，因为石墨泵中的石墨粉起到了润滑作用，如图 12-7 所示。输纸器分纸凸轮和送纸凸轮每周要加适量的润滑脂，予以润滑，切记不可过量，过量会造成分纸吸嘴或送纸吸嘴的动作失调，影响产品质量。为了确保输纸器送纸吸嘴动作的稳定性，输纸器的送纸吸嘴动作不仅受凸轮的控制，还受导槽的控制，所以在保养输纸器时，导槽内也应适当加注润滑脂，以减少机械摩擦。

输纸前端处的摆动挡纸牙每周都必须加注润滑油一次，因为纸粉、纸毛极易造成摆动挡纸牙缺油而干摩擦。在加油时，油量要适当，以免油迹碰到纸张上而影响产品质量或造成产品的报废。

输纸台板上一般设置 6～8 根线带，线带被绷紧在线带轴上起输送纸张的作用，在线带轴座上都设有加油孔，每周必须对线带轴轴承加油。

每周设备保养时，对机械双张控制器的摆动及转动进行确认，以免闷车事故发生。

2. 定位装置的保养和维护

定位装置是多色平版印刷机的重要部件之一，产品套印的准确性主要靠定位装置来保证，所以对定位装置的保养和维护丝毫马虎不得。定位装置的保养主要包括前规和侧规相应的润滑，如图 12-8 所示。

3. 润湿与输墨装置的保养和维护

输墨装置的保养因机种的不同而不一样。需根据操作说明书的要求定期加注润滑脂；建

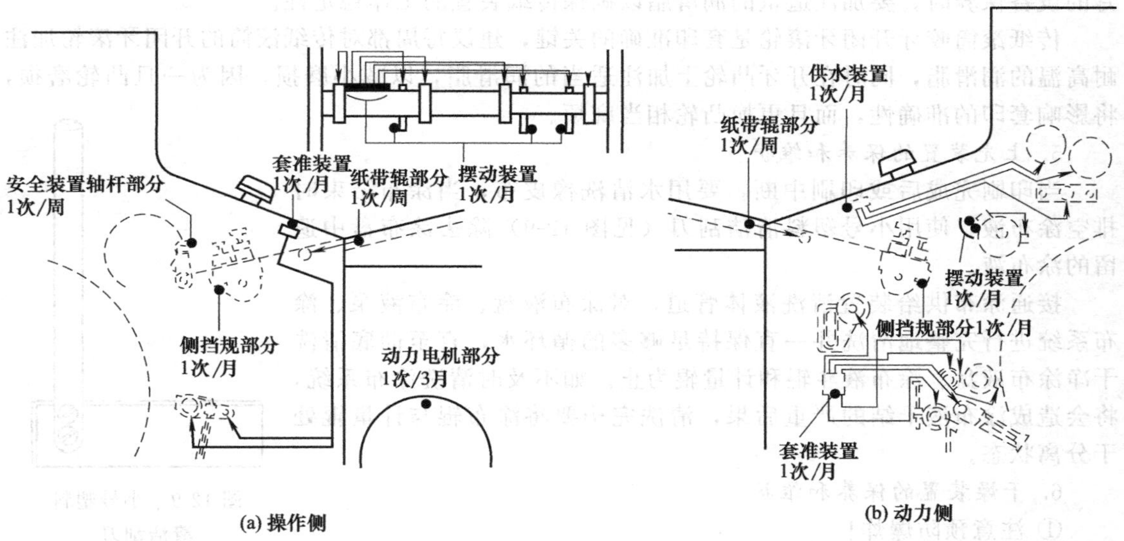

图 12-8 定位装置的加油点示意

议每周对其中一个机组的墨辊拆卸进行清洁保养，对已老化或呈橘子皮状的墨辊及时更换，并在拆卸墨辊时对两边的轴承进行检查，如有松动或磨损，应及时更换，以免造成轴座或轴套的过量磨损和脱落。

在拆卸墨辊时要注意对硬质墨辊的清洗。硬质墨辊起着匀墨和吸附墨皮、纸毛的作用，清洁时切不可用铲刀或锐器，以免损伤硬质墨辊的表面。每周拆洗一组墨辊，并对墨辊的压痕进行确认，这样就能确保输墨系统的工作正常。

凡酒精润湿的水辊（水斗辊、计量辊、着水辊等）都可拆卸，为了拆卸的方便，一般传动齿轮都在墙壁外侧，呈暴露状态。在清洗墨辊时，极易造成油墨溅入传动齿轮中，所以在清洁保养过程中，要注意对传动齿轮的清洁，在安装水辊时要注意对传动齿轮加注润滑脂。

水辊使用一定周期后，水斗辊和着水辊都会发生直径缩小，当水辊调节到传动齿轮稍有震动时，应更换水辊，以免造成传动齿轮不正常磨损，而产生白条痕。

4. 印刷装置的保养和维护

正确的维护对延长印刷滚筒（尤其是压印滚筒）表面的使用寿命起着重要的作用。为了避免损坏压印滚筒表面，各种可能产生机械损害的物质（刻针、砂皮、含抛光剂的清洁液、墨铲等）不要作用于滚筒表面。无论印刷机是否有自动清洗装置，每天至少要手工清洗压印滚筒表面一次，不要使用强酸（如洁版剂）及油墨清洗剂清洁滚筒的表面，不要使用含氯的清洁剂。强碱溶液同样不能作用于压印滚筒表面，印刷滚筒的肩铁必须每天清洁一次。

对压印滚筒的保养：咬牙轴每月加注润滑脂一次，开闭牙滚轮每周加注润滑脂一次（耐高温），开闭牙凸轮每周加润滑脂一次，每年或适时清洁牙片与牙垫，清洁方法按操作说明书进行。

对于传纸滚筒的保养和维护也十分重要，传纸滚筒工作的稳定性关系到产品套印的准确性。传纸滚筒一般都有因纸张厚度变化而调节牙垫高低的结构，在印刷常规规定范围厚度的纸张时，不必调节该机构；在印刷非常规厚度纸张时，必须调节传纸滚筒上的牙垫高低，否则会造成套印不准和传纸滚筒的咬牙非正常磨损。传纸滚筒咬牙轴上有多个润滑脂嘴，在每月的设备保养时，要加注适量的润滑脂以确保传纸装置的工作稳定性。

传纸滚筒咬牙开闭牙滚轮是套印准确的关键，建议每周都对传纸滚筒的开闭牙滚轮加注耐高温的润滑脂，同时在开牙凸轮上加注适当的润滑脂，以减小磨损，因为一旦凸轮磨损，将影响套印的准确性，而且更换凸轮相当麻烦。

5. 上光装置的保养和维护

当印刷完成后或印刷中断，要用水清洗橡皮布，当涂布结束时排空涂布液，使用小号塑料清洁刮刀（见图 12-9）除去涂布盘中遗留的涂布液。

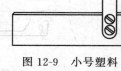

接通涂布供给装置清洗液体管道，对涂布液盘、涂布液泵、涂布系统进行完整地清洗并一直保持足够多的循环水，直至彻底清洗干净涂布液盘、涂布液斗辊和计量辊为止。如不及时清洗涂布系统，将会造成涂布液干结的严重后果，清洗完毕要将涂布辊与计量辊处于分离状态。

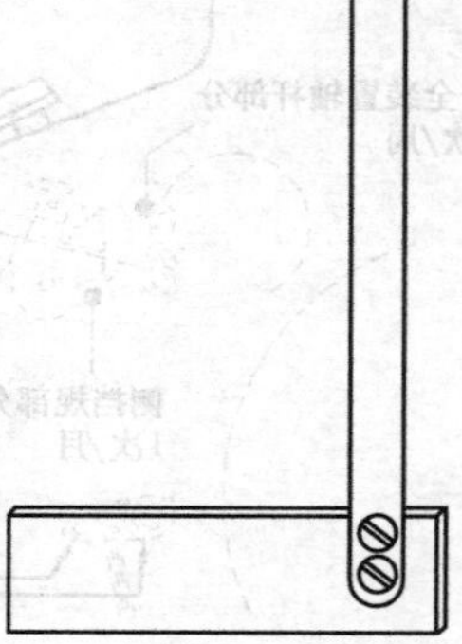

图 12-9　小号塑料清洁刮刀

6. 干燥装置的保养和维护

① 注意预防爆炸！

当干燥装置工作时，只能使用加热情况下不产生爆炸性气体的油墨和上光油。禁止使用在安全数据表中爆炸限制栏中标明的“不能使用的材料”，这在操作说明书中有明确的表述。

当印刷机使用溶剂时（例如手动清洗），不准将溶剂流入烘干区域，溶剂不许存放或应用于干燥区域，否则，由于溶剂受热而气化，有可能引起爆炸。

印刷机自动清洗时，必须设置好清洗程序，这样当橡皮布滚筒进入印刷状态时，表面是干燥的，不会将清洗液带入干燥区域。否则，由于溶剂受热气化，有可能引起爆炸。

及时清理干燥区域的废纸，否则有可能引起着火。

② 注意预防表面温度过高而灼伤人！

在干燥区域工作时，避免接触过热的烘干器表面，维护工作必须等待干燥器表面冷却下来才能进行。

在保养工作开始之前，关闭干燥器主电源，并将干燥器开关置于“安全”位置。

③ 注意如果很长时间没有使用热风干燥装置，在再次使用时不要立即将热量调至最大，首先将其转过停止标志，接着将吹风系统打开，吹掉加热零件上的纸屑，防止发生引燃事故，然后再逐渐增加热量。

④ 注意干燥器置于自动操作模式时，调节旋钮不再起作用。此时，旋钮的位置用来指示自动模式的起始值，建议将调节旋扭转到和手动操作时大致相同的位置。

图 12-10　收纸散热器

⑤ 警告：在维修保养工作开始之前，关闭干燥器控制台上的总开关，使其处于安全状态，并使干燥器冷却到室温。

⑥ 为延长散热器使用寿命，机器运转前，应注意清除管线上的粉末。如果长期未使用干燥装置，再次使用前，应注意先将散热器擦干净。

⑦ 注意散热器（如图 12-10 所示）很容易受损害，不要用手直接接触发热的散热器，不要敲打扭拉和挤压散热器，不要用任何含

有研磨剂或酸性的清洗剂，否则散热器的金色表层会被损坏，使散热器不能工作。

7. 收纸装置的保养和维护

人们对收纸装置的保养重视程度往往不及对主机那么重视，实际上对收纸装置保养维护好与差同样影响产品的质量及机器使用寿命。

收纸装置的保养要求：每季度要用钢丝板刷，将吸附在收纸链条上的油垢擦干净。否则不管是手动加油还是自动加油，油都仅仅加在链条的油垢上，而链条本身并未受到机油的润滑。

旷日持久，势必造成链条缺油而磨损，造成链条断裂等设备事故，还将造成人身伤害事故，所以必须坚持做好每季度对收纸链条的清洁工作，并用手动方式加注润滑油，确保收纸链条始终处于润滑状态。

对整个收纸装置进行粉尘的清除工作。多色平版印刷机都配置了喷粉装置，大量的喷粉会堆积在收纸压风装置上或支撑杆上，当喷粉堆积到一定程度就会发生“雪崩”情况，如“雪崩”落在大面积实地上，就会造成产品报废。所以在印刷大面积实地的产品时，首先要对整个收纸装置进行除尘工作，否则会引起不该有的质量弊病，或造成不必要的经济损失。对收纸牙排加注润滑脂的工作不可遗漏，必须坚持每月一次，收纸牙排开闭牙幅度虽然不大，但每天需开闭上万次，忽视了对牙排的保养而造成了过早、过量的磨损，会造成牙排咬力不足或牙排不放纸的故障，容易发生剥纸故障。

四、附属装置的维护和保养

1. 气泵

① 定期更换真空油。由于胶印机工作一段时间后，气泵的油液里会有微量的金属铁屑、纸灰、纤维杂物，在气泵工作状态不会磨损气缸，因此，应该及时更换真空气泵油，另外，应采用专用真空油，不能用普通机油代替。

② 保证气泵冷却清洁。一般平版印刷机的气泵都有十几根铸铝管冷却管，常称为散热管。它们的作用就是冷却泵内的热空气。长年累月的工作运转会使冷却管上垒上一层很厚的油垢和灰尘，要及时清洗干净，否则就会影响冷却效果，导致烧坏轴承和滑动的叶片。

③ 确保气泵的散热效果良好。气泵的散热是利用冷热空气的对流来实现的。因此，应将气泵放在空间大、易通风、散热的地方。气泵在高温状态下长时间的作业时，泵体温度会很高，气泵很容易烧坏。此时，用风扇帮助气泵散热，其效果比较理想。

④ 及时、定期清洗滤清器。滤清器的作用是过滤空气。吸气滤网吸气时避免把纸灰吸入气泵内；吹气滤网吹风时避免把油雾吹到纸张表面；另外，在气泵底座有四个滤油网，它们的作用是去除油雾，防止油雾被吹出。因此，要定期检查滤清器有无吹漏或损坏，并及时清洗或更换。

⑤ 维修气泵后，要确保所有的密封圈密封状况良好。

2. 空气压缩机

在印刷机中，水墨路、离合压等的气压控制动作是由空气压缩机供给高压空气来实现的。其保养项目有以下几种。

① 每日检查压缩机油位，不能低于红线标志位。

② 每日排放储气罐中的冷凝水。

③ 每周清洁进风口过滤器芯，用高压气流吹。

④ 每月检查传动皮带松紧，用手指下压皮带后，其弹动范围应为10～15mm。

⑤ 每月清洁马达及散热片。

⑥ 每3个月换1次油，而且彻底清洁油腔（如果是新机，工作2周或100h需换油）。

⑦ 每年更换进风口过滤器芯。

⑧ 每工作1年检查气压下降（漏气）情况，具体方法是关掉所有的供气设施，让空压机旋转打足气，观察30min，如果压力下降超过10%，就要检查压缩机各密封件，并更换损坏的密封件。

⑨ 每工作2年大修1次，拆开进行全面检查维修。

3. 喷粉设备

其保养项目有以下几种。

① 每周清洁气路过滤器芯。

② 每周清洁喷粉控制凸轮，在收纸链条轴上，感应凸轮会因积太多粉尘而失去其周期性准确度的控制。

③ 每月清洁马达及散热扇。

④ 每月疏通喷粉管，必要情况下拆下来用高压气流吹或高压水来冲洗，收纸机上方的喷粉小孔用针疏通。

⑤ 每月清洁喷粉容器及搅拌器，将粉全部倾出，并吹出容器内的残渣。

⑥ 每6个月检查泵石墨片磨损情况。

⑦ 每工作1年对压力气泵进行大型检修。

五、印刷机定期检查

为了及时消除设备事故的隐患，每台机器都要定期检查。检查分每天检查、每周检查、半年大检查，特别是对关键部位要经常检查，万一发生紧固件松动，就可能酿成严重事故，因此平时花费少量时间，却能消除事故隐患，保证安全。

(1) 每天交接班检查　接班时应详细查阅交接班记录，了解上一班机器运转情况，上一班操作工人应详细填写交接班表。交接班时开车前应详细检查一遍。观察有无杂物，观察是否有损坏、轧坏等现象。一般上班时首先是正反点车几圈后才开车。运转时注意“听”、“摸”、“查”，提早发现机器运转中异常症状。

(2) 每周中检查　一般印刷厂每周要留出半天的时间用作机器的检查和保养，一般要打开护罩看看，观察有无异常现象。油路是否畅通。每周的检查要对全机进行清洁保养，仔细地对全机进行擦洗。

(3) 半年大检查　定出大检查内容，一般全机油箱要换润滑油，过量摩擦的零件要更换，电器也需进行大检查。对影响工人操作安全和机器安全的零部件要进行修换。机器大检查可以结合机器完好率考核来进行。

六、海德堡速霸CD102系列印刷机的维护保养细则

1. 海德堡速霸CD102系列印刷机每日维护保养细则

① 清洁所有大滚筒（印版滚筒、橡皮布滚筒、压印滚筒）肩铁。

② 洗墨刮刀，每次洗完后需清洁附着于橡皮刮刀上的脏物。

③ 清洁输纸板下的电眼。

④ 自动清洗橡皮布滚筒与压印滚筒。

⑤ 未开电前检查单元循环油是否在上下限间。

⑥ 放掉高压空气压力表集水玻璃杯中的水，并检查工作压力是否为5～6bar[(5～6)×10^5Pa]。

⑦ 清洁保护酒精水槽，保持水辊清洁不可沾墨。

⑧ 要用橡皮布恢复液来保护清洗橡皮布。

⑨ 以高压气流吹轨道拉规座下的纸毛/灰尘等杂物。

⑩ 检查着水（墨）辊的靠版压力。

⑪ 检查酒精与润湿液自动吸入头滤网是否有阻塞。

2. 海德堡速霸 CD102 系列印刷机每周维护保养细则

① 给水斗辊及钢辊传动齿轮上黄油孔上油。

② 给传动印版滚筒圆周方向调整装置上的机油孔上油。

③ 给收纸牙排系统凸轮上的黄油孔上油。

④ 清洁吸风轮。

⑤ 检查链条油油量。

⑥ 清洁吸风轮及纸尾整平器吸风的滤清器。

⑦ 给水循环系统更换水及清洁滤清器。

⑧ 清洁静电消除器。

⑨ 清理并保护输纸装置。

⑩ 清理中央供气滤网△形窗型。

⑪ 检查胶片（CPC）是否破损。

⑫ 清洗冷却水槽回水滤网（袋）。

3. 海德堡速霸 CD102 系列印刷机每月维护保养细则

① 给操作面的保护门后的黄油孔上油。

② 给前导纸轮上的机油孔上油。

③ 输纸装置传动链条（输纸装置板下）用机油上油。

④ 给输纸装置皮带的转动轴（于输纸装置的前后端）黄油孔上油。

⑤ 给所有牙排的张合油嘴上油。

⑥ 清洁所有气泵滤清器（若是新型的中央供气，需清洁后盖两边入口）。

⑦ 给润湿装置的所有水辊全部拆出检查并打油保养。

⑧ 清理润湿液冷却装置的散热片并检查冷却量。

⑨ 给输墨辊装置的着墨辊传动轴上的黄油孔及墨斗辊上的机油孔上油。

⑩ 给收纸装置的收纸牙排中间及左右两端的黄油孔上油。

⑪ 给吸风轮上的黄油孔上油。

⑫ 给上光装置的液斗辊黄油孔上油。

⑬ 将自动清洗橡皮布系统所有装置拆下并清洁。

⑭ 清洁红外线、紫外线灯管及反射罩。

⑮ 对输墨装置所有的橡胶辊表面用墨辊清洁膏除去硬化墨膜。

4. 海德堡速霸 CD102 系列印刷机每季维护保养细则

① 给所有牙排上的打油孔上油。

② 给所有油式气泵更换机油。

③ 检查主电动机炭刷。

④ 干式气泵检查炭刷片。

⑤ 拆下所有水墨辊进行清洁并检查表面及直径，重新调整水墨辊压力。

⑥ 以专门清洗剂喷洗收纸链条。

5. 海德堡速霸 CD102 系列印刷机每半年维护保养细则

① 给第一着墨辊上的打油孔上油。

② 给匀墨辊打油孔上油。

③ 清洁底座。

④ 测试所有安全装置。

⑤ 检查传动皮带紧度。

⑥ 清洁输纸装置风量分配阀（保养油为：00.580.2611）。给前导轮传动轴上的打油孔

上油。

⑦ 给侧规传动轴上的打油孔上油（操作边）。

6. 海德堡速霸 CD102 系列印刷机每年维护保养细则

① 单元中央润滑油每年更换一次。

② 若中央润滑油的机油滤清器显示红色时需拆下清洁。

③ 随时注意外部清洁。

第十三章 集成印刷与数字化工作流程

传统的印刷工艺流程环节繁多，技术复杂，设备投入大，产品质量难以控制，交货周期长，管理成本高。为了解决这些问题，一些业内人士提出了印刷CIM的概念，即将印刷生产流程与管理信息完全集成，从作业提交、制版、印刷到成品发送等整个印刷工作流程都由计算机进行控制，高效运行。

所谓CIM是指计算机集成制造（Computer Integrated Manufacturing），就是把计算机辅助设计（CAD，Computer Aided Design）、计算机辅助制造（CAM，Computer Aided Manufacturing）技术与数据库技术（DB，DataBase）结合起来的一种新型制造加工技术。其中，CAD是将计算机技术应用于产品设计的技术；CAM是把将生产中各个工艺环节集成起来，采用计算机进行加工控制或过程控制的各种技术；而数据库技术则可以接受、存储各种生产加工、控制、管理信息，并能向各个工作部门提供所需信息的技术。CIM则是上述三种技术的有机结合，使企业实现了自动化、智能化生产，极大推动了社会生产，CIM技术在一些机械、电子加工制造行业已经得到广泛应用。而对于印刷工业，由于印品原稿丰富多样，印刷工艺复杂，环节繁多，在印刷生产中要实现完全的CIM还有相当的困难，印刷CIM的应用目前仍处于起步阶段。

CIM技术的核心是计算机技术的广泛应用，对于印刷行业来说，计算机的应用日益广泛和深入，从电脑设计到CTP技术和设备的出现，数字技术为印刷行业带来了一股清风。数字印刷工艺的出现使印刷过程简化为电脑制作、印刷、分发三个步骤，制作周期大大缩短，全数字化的工艺流程、快速的交货周期、简洁自动的操作环节、产品质量的大幅提高、管理成本的降低以及与Internet的直接连接等，为印刷企业提供了一个全新的生产平台，同时也为今后实现完整意义上的集成印刷（CIM）打下了良好的技术基础。

第一节 印刷工作流程的数字化

一、印刷工作流程的发展

随着计算机技术和网络技术的普及，印刷生产正面临一场前所未有的技术革命，正在从传统的模拟生产转向现代的全数字化生产。

印刷工作流程指从接受原稿到印刷品完成的整个生产处理过程，通常可分为印前（prepress）、印刷（press）和印后（postpress）三个子过程。

印刷技术的发展经历了一个由简单到复杂，由低级到高级，由模拟到数字的过程。在不同的阶段，印刷的设备和工艺不同，工作流程的内容和形式也各有不同。总的看，可以将印刷工作流程的演变简单地分为：模拟方式、模拟＋数字方式、数字方式三个发展阶段。

现代印刷是以照相制版为起点，“照相分色＋文字照排”的印刷方式是一种完全的模拟生产工艺，图像和文字处理完全分开进行。目前这种工作流程基本上已不再采用。20世纪70年代，出现了电子分色机。图像处理过程中的分色、加网及相应的色彩和阶调调整等部分工序开始采用计算机，逐渐以数字方式进行处理。文字照排也逐渐采用计算机进行处理，出现了第四代激光照排系统。然后将生成的网点片（图像）和照排片（文字）拼成整个版面，再进行拷贝、晒版及印刷等后续处理。这种生产工艺是一种模拟＋数字式的混合生产方式。标志着图像处理和文字处理开始进入以计算机为基础的数字化时代，不过那时图像和文字的处理需要分别在不同的系统中完成，而且当时采用的计算机都是专用系统，软件也由各个厂家独自开发，不同厂家的系统之间数据不能共享，处于互不兼容的封闭状态。到 20 世纪 80 年代末期，随着计算机的计算速度和存储容量迅速提高，出现了计算机图文合一处理技术，并且开始进入实用阶段。这样，不但可在同一台计算机系统内完成图像和文字的处理，而且可将处理完毕的图像和文字在计算机屏幕上进行拼接，完成传统手工难以实现的复杂拼版作业。这样所形成的数字式页面在质量上已达到专业水准，完全可以满足直接扫描输出的要求。到了 90 年代，出现了图文合一输出设备——图像照排机（Imagesetter），能够输出图文并茂的数字式整页页面，印前处理开始进入计算机图文合一整页胶片输出的时代，数字式流程链从原稿延伸到了整页胶片。在这个时期出现了建立在开放式通用计算机平台（如苹果机、PC 机和工作站）之上的桌面出版系统（Desktop Publishing System）。

进入 20 世纪 90 年代，又出现了直接制版（CTP，Computer to Plate）技术，即将数字式页面直接输出到印版上，而无需再借助分色片或照排片等中间产物。直接制版的关键输出设备和材料——印版照排机（Platesetter/Platerecorder）与 CTP 版材相继投放市场。CTP 技术省去了以往印前处理的所有中间环节和产物，从而结束了印刷复制长期依赖银盐感光胶片的历史，实现了印刷复制过程的无银化（不使用银盐感光胶片），这将成为今后的主要制版方式。从信息加工处理流程来看，CTP 技术实现了印刷复制过程的全数字化，原有处理和加工均可归纳到图文合一的数字式处理系统之中，最大限度地简化和缩短印刷复制过程，彻底摆脱传统印刷复制过程依赖实物载体转换的局面。

随着图文合一处理技术的不断完善，又出现了直接印刷技术（或称数字式印刷技术——CTP，Computer to Printer），即计算机直接在承印物上输出成像，这就是将数字式页面直接转换成印刷品，从而省去了制作印版的过程。20 世纪 90 年代后期，数字式印刷机（Digital Press）已开始投入使用，它能够将彩色数字式页面高速度、高质量地转换成彩色硬拷贝——印张，数字式印刷机是直接印刷技术得以实现的关键所在。数字式印刷技术将数字链将从原稿一直延伸到印刷品，贯穿印刷复制的全过程。从原理上讲，这种印刷方式不再使用印版，至少是传统的内容固定的印版，而属于无版印刷工艺（Plateless Printing）。数字式印刷技术不使用印版，可以实现所谓的可变信息印刷（Variable Information Printing），这是采用传统印版所不可能实现的。

更进一步，如果将数字式印刷机与全球数字化通信网络（Internet）连接，可以构成所谓的按需印刷/出版系统（也叫网上印刷/出版），即 On-demand Printing/Publishing（Web Printing/Publishing）。这种印刷/出版方式与传统方式有很大的区别，它是建立在数字信息处理、高密存储和网络传输基础上的全数字式生产方式，完全可以克服以实物载体转换、仓储和交通运输为基础的传统印刷/出版过程所难以逾越的时间和地域障碍，提供个性化的按需服务。

从上述的发展可以看出，随着数字链的不断延伸，复杂的传统印刷复制过程不继简缩，传统工艺中必需的中间产物，如分色片、照排片，甚至印版正逐步消失，所有的阶段产品均以数字化的方式存在和传输。

如上所述，数字化的结果是数字链在不断延伸，整个印刷复制过程浓缩为一个高度智能化的数字式处理系统，它融入了印刷复制处理的所有功能和操作，所有中间产物都以数字方式进行存储和流通。只要将适当的数字化信息源（也称广义的“源稿”）与这个系统连接，就可以将相应的信息转换成所需要的视觉产品，如彩色印刷品、彩色样张、彩色显示图像等。同样，如果这个系统配备适当的输出设备，就可以得到不同形式的信息复制品，如整页胶片、印版、样张、印刷品等。

传统的印刷生产模式，可以简单地概括为以“实物载体转换＋仓储＋交通运输”为基础的模拟或模拟与数字混合的生产模式。照相制版是彻头彻尾的模拟生产方式，由于受印刷复制处理的特殊性和当时技术的局限必然要出现繁多的中间产物，如分色片、照排片、拷贝片、印版、样张，而且所需要的原材料（各种胶片、纸张、油墨及其他辅助材料）都需要依靠仓储和交通运输的方式进行调配，最终产品的发行销售则更是如此。因此，模拟式的生产过程实际上是各种实物载体相互转换，仓储和交通运输的过程（见图 13-1）。

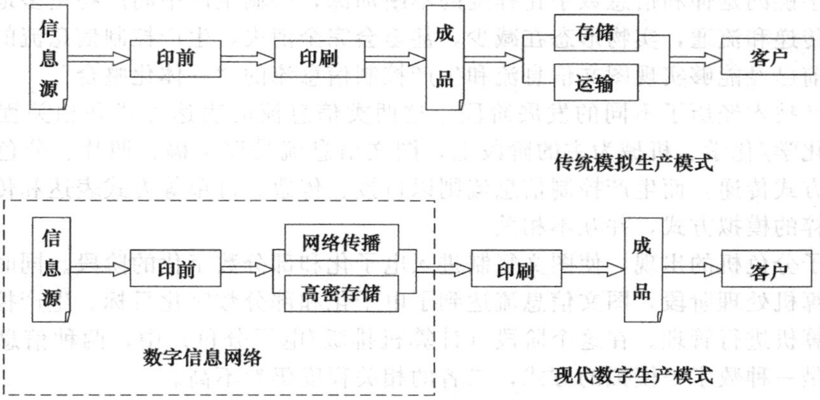

图 13-1　印刷生产模式的发展

随着数字链的延伸，印刷生产逐渐融入到印前数字式处理系统中，中间产物更多地以数字化的方式存在、传递和流通，实物形态在减少，甚至会完全消失。数字式印刷是彻头彻尾的全数字化印刷复制技术，在整个生产流程中，各种胶片、印版都不复存在。当这种数字式印刷技术和网络技术结合而构成按需印刷系统时，传统印刷生产过程所必需的仓储和交通运输也将减少到最低限度，甚至不再需要。这是因为数字化网络将与印刷生产相关的所有要素，如作者、出版社、广告商、创意设计/美术设计中心、印前处理中心、印刷厂、销售网点、客户等连接成为一个完整的系统。制作输出最终印刷品/出版物所需要的数字式页面，已按数字化模式在网络中存在和流通，而生成这些数字式页面所必需的生产和商务操作也都通过网络进行。最终的印刷品制作将分散到客户所在地，在客户需要的时候按客户的具体需求进行。

这样，在数字化生产模式中，数字式高密存储和网络传输，“印刷品/出版物”在与客户见面之前完全以数字方式（数字式页面）存在和流通，既不必集中进行印刷加工，也不存在产品以实物形式进行仓储和交通运输的问题。“数字信息处理＋高密存储＋网络传输”的运作模式，最大程度地克服了传统印刷生产和销售过程中遇到的时间和地域的限制，可以在全球范围内提供按需或个性化的服务。

二、印刷工作流程的数字化与整合

随着信息处理的数字化和计算机控制技术的应用日益广泛和深入，在印刷生产领域，人们开始提出“数字化工作流程”(Digital Workflow) 的概念，以数字化的生产控制信息将印前处理、印刷和印后加工三个分过程整合成一个不可分割的系统，使数字化的图文信息完整、准确地传递，并最终加工制作成印刷成品。

通常，印刷成品需要经过印前处理、印刷以及印后加工三个步骤的加工生产获得。要高效、优质完成上述任务，就必须在从技术和管理层面上不断地进行优化，以减少时间、材料、人力等的消耗，同时也减少对印刷产品质量带来不良作用各种因素的影响，使生产运行更加顺畅、产品质量稳定在一个较高的水平上。

从技术角度上分析，在印刷生产中存在着两种信息流："图文信息流"和"生产控制信息流"。"图文信息流"是需要印刷传播给公众的信息，如：由客户提交复制的文字、图形和图像等，图文信息流解决的是"做什么"的问题；"生产控制信息流"则是使印刷产品正确生产加工而必要的控制信息，例如：印刷成品规格信息（版式、尺寸、加工方式、造型数据）、印刷加工所需要的质量控制信息（印刷机油墨控制数据、印后加工的控制数据等）、印刷任务的设备安排信息等，控制信息流则解决"如何做"、"做成什么样"的问题。

随着数字链的延伸和信息数字化程度的不断加深，印刷生产中间产物更多地以数字化的方式存在、传递和流通，实物形态在减少，甚至会完全消失，生产控制信息流的数字化也逐步实现。目前已经能够实现图文信息流和生产控制信息流的"一体化整合"。

印刷生产技术经历了不同的发展阶段，这两类信息流的表达方式和相关程度也各不相同。在以光化学/化学、机械为主的阶段上，图文信息流是以文稿、照片、分色胶片、印版等实物形态方式传递，而生产控制信息流则以口授、传票、订单等方式表达和传递。两类信息流都是纯粹的模拟方式，并互不相关。

随后电子分色机的出现，使图文复制进入电子化和部分数字化的阶段。同时，文字信息也进入了计算机处理阶段，图文信息流达到了电子化和部分数字化目标。生产控制信息流也少量地由计算机进行管理。在这个阶段（计算机排版/电子分色）中，两种信息流实现了部分数字化，是一种数字＋模拟的方式，二者的相关程度仍然不高。

DTP 和 DI 技术的出现，使图文信息流已经完全数字化，人们借助计算机进行文字图形的输入、编辑、排版、分色等处理。图文信息流突破印前领域的限制，传递到印刷机上制版、印刷，表现了全数字信息化的通行性。在此阶段，印刷机也实现了计算机全数字化控制。"图文信息流"和"生产控制信息流"都实现了数字化，联系愈来愈紧密。

至此看到，"图文信息流"和"生产控制信息流"经历了一个由模拟到数字的发展过程，数字化的设备、工艺不断出现，印刷的质量和速度都得到了极大的提高。但相对而言，印刷过程中生产控制信息的生成和传递机制并没有完整地建立起来，生产控制信息流还不能较顺畅地与图文信息流融为一体。为此，有关专家提出了"集成化印刷"（Integration of press）的概念，希望实现图文信息流和生产控制信息流的"一体化整合"，将印前处理、印刷、印后加工工艺过程中的多种控制信息纳入计算机管理，用数字化控制信息流将整个印刷生产过程联系成一体，提高印刷产品的效率和质量。集成化数字工作流程的建立，是在高于以往的层次上对图文信息流和生产控制信息流进行更充分、更有效的应用，以获取更高的利益。

三、CIP 与 JDF 的概念

1. CIP3

1995 年 2 月世界上 26 个知名印刷企业（包括 Adobe、Agfa、Fuji、Kodak、MAN Roland、Heidelberg、Polar 等印刷厂商）联合发起了 CIP3 联盟，CIP3 是 Computer Integrated of Prepress，Press，Postpress 的缩写，即计算机集成印前、印刷和印后之意，其目标是实现印前设备、印刷机、印后设备的系统整合，通过网络、磁盘或手工输入数据等方式将整个系统连接起来，以数据控制印刷过程，使机器在正常的线性化标准下，实现数据化、规范化管理，降低成本，提高生产效率。

CIP3 中一个完整的 PPF 文件包含了印件在印刷、印后所用到的各种数据，所有这些信息都以 PostScript 语言描述，并以多种方式存储，PPF 文件可以在能解释 PostScript 语言的各个设备（如印刷机、折页机、裁切机等）间进行传递交换，以控制印件的加工。

但其还存在一些缺点，它还只是集中在自动化印刷机墨斗设置和折页机、切纸机等部分加工工序的控制上，并没有实现从下订单开始到成品印刷全过程的集成。

2. JDF

JDF联盟成立于1999年初，由原CIP3联盟成员的四家公司（Adobe、Agfa、Heidelberg和MAN Roland）另行组成，该联盟希望把MIS（Management Information System）管理信息及印刷工艺信息的内容与软硬件设备结合在一起，不但考虑了CIP3所要求的垂直整合，而且努力达到水平整合，并尝试扩展到互联网中的应用。

JDF即作业（印件）描述格式，是一种基于XML（可扩展标志语言）的用于印件的描述及交换的格式。JDF把印刷任务当成一个要经过许多生产过程的印件，并提供一种描述印件生产过程的格式，明确地指明每一工序过程中所必要的控制，指导印刷设备去执行印刷全过程。

在印刷生产中，过去也存在一些标准如PPF、PDF、PJTF等，而JDF是基于这些技术之上，把这些技术以及其他的一些标准融合在一起而成为一种更有效、更适用的标准。这使得JDF很快发展成一种正式标准，并被推荐作为行业标准而获得广泛应用。而其他任何一种格式都不能涵盖从业务管理到生产管理再到资源管理，以及印前、印中和印后的全过程，而JDF可以做到这一点，如图13-2所示。

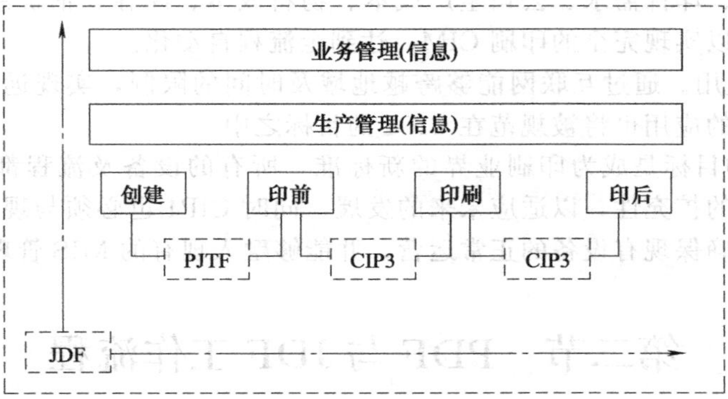

图13-2　JDF的工作范围

3. CIP4

CIP4联盟的前身为CIP3联盟与JDF联盟，两联盟于2000年7月14日正式合并为CIP4联盟，原则上CIP3联盟所发展的内容及架构不变，再加入JDF联盟所发展的内容成为CIP4。CIP4是将原本CIP3的全名再加上Processes（工作流程）而成为“International Cooperation for Integration of Processes in Prepress，Press and Postpress”。CIP4的目标是实现印刷工作流程的数字化、规范化、标准化，随着新的印刷设备技术的不断出现，其内容定义也在不断完善更新。

CIP4的发展目标包括以下几个方面的内容。

① 实现印前系统的自动化。DTP、CTP、PDF、数码母版等概念和技术的引入与应用，使计算机技术在印前生产中的作用日益突出，同时也为实现印前自动化提供了良好的技术条件。

② 印刷机的自动化。印刷机正朝着自动化与数码化的方向飞速地发展，除了提升速度及印量外，在自动换版、自动洗车、增加校准的方便性及精密度、减少准备时间等方面的技术也得到了很大的提高，印刷机制造厂商陆续推出了“遥控墨槽键”加“印版扫描机”，能够在正式开印之前便获得印版中网点分布的状况来进行墨槽键的预先校准，以大幅减少调校时间，再配上“印刷样张密度自动测量反馈系统”，以保证印刷过程中的印品质量的稳定性，提高机器运作的自动化程度。

③ 印后加工自动化。随着客户对印品要求的多样化，印后加工的复杂性也与日俱增，各种不同的装订需求，使得装订后加工机具也要适应复杂化的加工需求，保持自动、高效。

④ CIP3 的整合。前面提到的三个领域，在数字化、自动化方面已经取得了很好的成效。但观察三个印刷过程，可以发现有相当多的信息是重复输入、重复计算的，其中以墨槽键默认值最为明显，因为不同厂商、不同型号的印版，其乳剂成分不同，所呈现出的颜色甚至对比度也都不尽相同，经扫描而得到的数据误差相当大，如此一来，印机墨键的调校费时费力，实际应用效果并不理想。现在，印机墨键的分布可由印前系统产生信息透过 CIP3 的 PPF 标准格式传送到印机自动控制。透过 CIP3 PPF 格式装订设备也可以直接获取印前流程所提供的信息以进行自动控制。

⑤ 制程信息的融入。CIP3 的 PPF 格式着重在印前、印刷、印后加工三者之间的信息共享和流畅传递，但在生产流程上还有待改进之处，例如生产计划的安排，以往都需要有经验的师傅根据交货期、生产状况、物料库存等情况做出决定，CIP4 中的 JDF 便尝试自动化解决这些问题。

⑥ 管理信息、控管及查询反馈的导入。除了生产信息，管理信息也是重要的一环，例如客户的基本数据、印件需求、公司生产成本、物料成本、库存、估价系统、财务系统等，与生产流程相结合以实现完全的印刷 CIM，达到全流程自动化。

⑦ 互联网的应用。通过互联网能够跨越地域及时间的限制，实现远程作业、全时段运营，以及电子商务的应用也将被规范在 CIP4 的目标之中。

总之，CIP4 的目标是成为印刷业界的新标准，所有的设备及流程都必须支持 CIP4 标准，并且保留良好的扩充性，以适应未来的发展，同时 CIP4 也必须与现有的设备与流程保持一定的兼容性，确保现有设备的正常运营，并能够融入现有的 MIS 管理系统。

第二节　PDF 与 JDF 工作流程

数字化印刷设备是印刷过程数字化的硬件基础，而更为关键的软件则是数字化工作流程。要实现印前、印刷与印后各个过程及管理系统（MIS）的集成一体化，必须要有一些共同的标准格式。近年来，随着人们对印刷生产流程自动化的研究与追求，陆续出现了多种标准与规范，使用这些标准与规范，可以把印前、印刷与印后等过程及管理系统的某些环节有机地连接起来，逐步形成了一些数字式的工作流程。

一、PDF 的引入

PostScript 是由 Adobe 公司于 1985 年推出的基于矢量的页面描述语言。PostScript 的最大特点是能够综合处理文字和图像，它可以将印刷品中的文字、线条、图像等各种信息要素都用一种计算机数据来表现和描述，然后 RIP（光栅图像处理器）对这种用页面描述语言描述的文件进行解释处理，生成可控制激光记录仪输出用的点阵命令，再将这些点阵资料送到记录仪上，最后得到胶片或 CTP 印版。

20 世纪 90 年代，PostScript 在继续发展的同时，也遇到了一些障碍。许多印前厂商开始推出基于 PostScript 格式标准的众多版本，出现了 PostScript 语言的很多种“方言”，而每一种方言解释的文件各不相同，互不兼容，由此造成一种混乱的局面，其在文件输出方面日益需要更加稳定和可预示性。

基于 PS 语言的缺陷，Adobe 公司于 1996 年推出了一种新的文件格式——PDF（Portable Document format，便携式文件格式），PDF 是一种通用电子文档格式，它可以将文字、字型、格式、颜色、图形图像、超文本链接、声音、动态图像等信息封装在一个文件当中。

与 PS 语言一样，PDF 的页面描述指令是通过将选定的区域着色来绘制页面，着色的区域可以是字母轮廓、直线和曲线定义的区域以及位图。但其安全性和通用性上要比 PS 有优势。

PDF 文档可以包含在印刷领域中用到的所有要素：可以有文字、图形、图像等，也可以是一个图文合一的页面，甚至也可以为图文合一的页面再附加上声频和视频信息。而这些要素文档可以绝对独立于原始制作、处理软件而存在，同时 PDF 可以保留原有要素文档所包含的字符、字体、版式和色彩内的全部信息。

PDF 文档最大的优点之一是便于对文件的编辑和修改，比如要对由多个单页面拼成的大版修改，甚至对大版中的某几个单页面进行替换，也极为方便。PDF 将是一种用于拼大版的理想文档格式。PDF 是一种以数字形式存储的信息，能对文字、图像进行最优化的压缩。正是由于有这么多的优点，PDF 文件格式慢慢被印刷行业作为继 PS 文件格式之后的行业标准。

二、PDF 与 JDF 的结合

PDF 文档由于具备内嵌图文、设备无关、平台无关、可靠、开放、高压缩、可预览、可编辑、适合网络传输等优越特性，很好地满足了高端印刷的需求，成为事实上的印刷出版的工业标准。目前，能够对 PDF 文件进行处理的软件工具有很多。一个先进、开放的工作流程系统必须能够很好地支持 PDF 技术，这是毋庸置疑的，几乎所有的印刷工作流程都是基于 PDF 的工作流程。

一个真正的基于 PDF 的工作流程，除了能处理 PDF 文件外，更重要的是应采用 PDF 作为流程的内部标准文件，只有这样的流程才能真正体现 PDF 的种种优点，确保印刷内容的完整性和一致性，并且还能选择日益增多的 PDF 处理工具，保持流程的开放和不断扩展，满足不同用户的各种个性需求。

虽然在一些印刷企业已经实现了 PDF 工作流程系统，并将其应用于商务活动之中。但这项技术也存在一些不足之处，首先，在众多厂商的 PDF 流程系统种类繁多，其采用的工具存在很多差别，在灵活性和可测性方面有许多限制；其次，各 PDF 流程系统采用不同的方法实现 PJTF 和 PPF，这使得印刷者难以交换或集成大多数来自不同系统的组件，并且，PJTF 和 PPF 并不能完全地覆盖整个工作流程，只能覆盖其中的某些部分。

要有效地解决上述问题，需要将 PDF 和 JDF 结合起来一起应用于印刷流程中。前面提到的作业定义格式——JDF，是一种建立基于 XML 的作业规范标准。创建 JDF 的目标，是开发以内容生成直到印后各工序可记录信息的格式，而使用基于 XML 的作业传票可以更加容易地在生产系统和生产与商务系统之间进行通信。

JDF 工作流程系统的目标在于以下三点：

① 实现印刷活件在流程的不同部分不同阶段信息的描述和交换；

② 创建一个数字化的“活件包”；

③ 描述在所有存在状态中的印刷活件（图 13-3）。

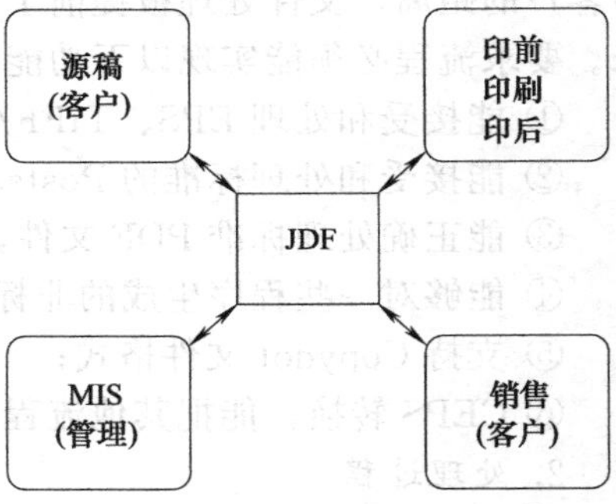

图 13-3 JDF 的作用

由图 13-3 可以看出，JDF 工作流程既在生产层面，又在顾客层面对印刷活件进行详细的描述，充分利用现有的技术，在现存的各种标准之间起到一个杠杆的作用。

一般地简单的 JDF 工作流程由以下几步构成：

① 客户和厂商洽谈印刷业务；

② 接收源稿，创建关于产品和传输要求的 JDF 描述文件；

③ 制定、描述活件的生产流程；

④ 活件开始执行，JDF文件传送到集成制造系统（CIMS）；

JDF格式的第一个版本在Drupa2000展览会上推出，并提交CIP4联盟作评估。自此以后，JDF在新产品开发中大显身手，如海德堡的Meta Dimension及爱克发的Apogee系列工作流程都适应JDF标准。至今，不仅大多数主要印刷机制造商在墨斗键控制方面应用了此类软件，在印后方面的一些骑钉机及裁切机也能根据CIP3档案进行自动设定，包括折页、裁切的自动定位等。

三、数字流程系统的应用

当前已经出现了许多基于PDF和JDF的工作流程系统，从其体系结构上看基本上都属于客户/服务器系统（C/S），工作流程中的每一部分都位于网络的不同位置上，各个生产部门可以通过网络协调工作。每一工作流程系统都应该拥有一个稳定可靠的数据库，目前流行的数据库系统（如Oracle和SQL Server等），都提供有关报告和管理工具的各种选择，可以很容易与商务系统集成在一起。

当前市面上主要的数字化工作流程主要有：AGFA公司的Apogee Series数字化工作流程系统，美国柯达公司的Prinergy印能捷工作流程，SCREEN（网屏）公司与Adobe公司合作开发的TrueFLOW数字工作流程管理系统，北大方正公司开发的方正畅流（ElecRoc）印刷工作流程等。

四、数字流程系统应用的一些问题

要实现CIP3/CIP4数字化工作流程，需要具备一些条件，主要有：网络化环境。要在客户、商务机构、印前/印刷/印后单位之间建立网络联系；同时，在某一个单位内部，信息管理系统与生产设备之间也需要有网络连接；在选购设备时，要求厂商提供能支持PPF/JDF文件传递和处理的设备；建立集成化生产系统（CIM）和管理信息系统（MIS），将生产设备与上述系统联系起来。

目前，一般数字化工作流程控制系统都能进行整个印刷生产工艺流程的数字化控制，生成符合规范的PPF文件。一些印刷、印后设备厂商也开发了能读取CIP4 PPF数据的部分印刷、印后设备。

在选用数字化流程系统时，主要对其在文件输入兼容性、处理过程的灵活性、输出部分对多设备的支持性等方面加以考虑。

1. 文件输入的兼容性

以前的流程系统是把这部分归入文件处理中，但在现在流行的PDF流程中，为了缩短与客户的距离，文件处理被提前了，特别在网络化生产过程中，这一部分的重要性就体现出来。要求流程必须能实现以下功能：

① 能接受和处理EPS、TIFF/IT-PI、CT/LW、DCS，即在老版本RIP都应有的功能；

② 能接受和处理标准的Postscript level1、Postscript level2、Postscript level3文件；

③ 能正确处理标准PDF文件，并能处理透明效果；

④ 能够对一些程序生成的非标准PS文件进行处理；

⑤ 支持Copydot文件格式；

⑥ CEPS转换，能把其他流程中的文件格式转换到现在用的流程去。

2. 处理过程

这个部分可以说是整个流程的核心，其关系到整套数字化流程系统的应用。流程系统必须实现：

（1）对PostScript的兼容性　PostScript是印刷行业的通用语言，现在的数字化流程必须处理PS语言多个版本的文件，它关系到RIP是否能解释各种软件制作的版面、输出中是否会出现错误等。

（2）PDF的兼容性　PDF为可移植文档格式，是全世界电子版文档分发的公开实用标准，要求流程必须兼容各个PDF版本的格式，特别是要支持一些新的文件效果，比如：有透明效果的文件。

（3）解释速度快　解释速度直接关系到生产的效率，它可衡量流程的生产能力，这个指数往往会受工作站（服务器）的影响，比如操作系统、CPU的速度、CPU的个数、网络速度等因素的影响。

（4）对多种文字的支持　要求流程具备文字管理的功能，因为在英文中有同名的字体，但效果和版本不一样，流程系统应当能够做出识别，避免出现文字差错；另外，还要考虑对汉字的支持。

（5）操作界面和功能　现在数字化流程的功能很强大，其功能结构和操作的灵活性对于实际生产非常重要。

（6）具备预视功能　预视功能可以用来检查解释后的版面情况，避免错误和减少浪费。

（7）拼版输出功能　照排机的胶片宽度是固定的，而输出的版面却千变万化，往往会遇到用很宽的胶片来输出较小版面的情况，造成胶片的浪费，具有拼版输出功能的RIP就避免了不必要的浪费。

（8）补漏白　在流程中与相应的补漏白软件配合一起，可解决彩色印刷中套色不准的问题。

（9）拼大版　在数字化流程中，一般是配合一些拼大版软件，根据印刷品的要求把单个页面组拼成大版，再出版印刷。流程系统中比较常见的拼大版软件有Pre PS和Art Pro。Pre PS主要用于书刊拼版，而Art Pro主要用于包装拼大版。

（10）在线修改　有时在出版前须对某一个页面修改，为避免重新RIP处理整张大版，要求只对这个页面做修改处理。有的流程是只对RIP以后的文件修改，而不用对这个页面做RIP，但有些流程是需要在源程序中改变单个页面，然后RIP这个页面去代替原来的那个页面。

（11）RIP一次，输出多次　即经RIP处理后的同一数据，可同时供给印前打样与最后成品输出使用，并要求RIP能根据不同输出设备输出不同分辨率，即数字式印前打样、激光校样、拼版打样与最后成品输出使用同一RIP，保证打样样张与最后成品的一致。

（12）广泛的设备支持能力　支持主流输出设备，并能提出更多的配置系统的灵活性和选择余地，最大限度地利用系统所提供的功能。

3. 输出部分

这部分包含数字打样、拼版打样输出、远程校样、印版输出、菲林输出、CIP3或CIP4数据文件的输出、生产系统数据的生成（ERP、PIS）等。

（1）数字打样　数字打样方案在整个流程中担任着非常重要的角色，最主要是看打样速度是否快、重复性是否好、是否节省原材料，同时还要看其是否可进行比较好的色彩控制，特别在远程打样和CTP输出的色彩管理的匹配和输出的一致性如何。

（2）拼版打样输出　这个功能是为了检查拼的大版是否是需要的结果。

（3）远程校样　远程校样功能的出现能满足客户全球化的要求，这个功能的体现有两种表现形式：一种是远程屏幕校样，客户通过Internet上印刷公司的服务器观看打样，并可在上面观察网点密度，还可以在上面标注意见和一些信息，印刷公司就知道客户的要求了；另外一种是可以通过一种经过色彩管理的打印机，打出与印刷公司一样色彩的样稿来校样。

（4）印版输出和菲林输出　数字流程应能支持菲林输出和印版输出，对刚采用数字流程的厂家来说，先用输出大版菲林是比较好的选择，因为在输出大版菲林时，可以先熟悉一些流程，在出现问题时，用修补菲林的办法来解决，可以避免一些没有必要的损失。等对流程系统操作熟悉后，可采用CTP，菲林输出机可以作为CTP的备份机器方案。

(5) 支持CIP3或CIP4数据文件的输出　生成的CIP3或CIP4数据文件可以应用于后工序中，大大提高生产效率。

(6) 生产系统数据的生成（EPR，PIS）　在现在一些流程系统中，把生产系统数据的生成作为一种趋势，为生产管理系统提供了数据共享资源，便于系统之间的无缝连接。

目前，数字化工作流程的应用尚处于初级阶段，还有许多工作需要不懈的努力。但十分明显，数字化工作流程的实施，可以较大幅度地提升技术、管理和信息化水平，由此推动整个社会的数字化进程，为信息社会的发展做出贡献。

附录一　印刷机产品型号编制方法
(JB/T 6530—1992)

1　主题内容与适用范围

本标准规定了印刷机产品型号编制的原则与方法。

本标准适用于印刷机产品型号的编制。

本标准不适于印刷装订联动机产品型号的编制。

2　引用标准

GB 147　印刷、书写及绘图用原纸尺寸

GB 788　图书杂志开本及其幅面尺寸

3　型号表示方法

印刷机产品型号由主型号和辅助型号两部分组成。主型号用汉语拼音字母（大写字母）表示产品的分类名称、印版种类、压印结构型式等。辅助型号表示产品的主要性能规格和设计顺序，用阿拉伯数字或字母表示。型号表示方法如下：

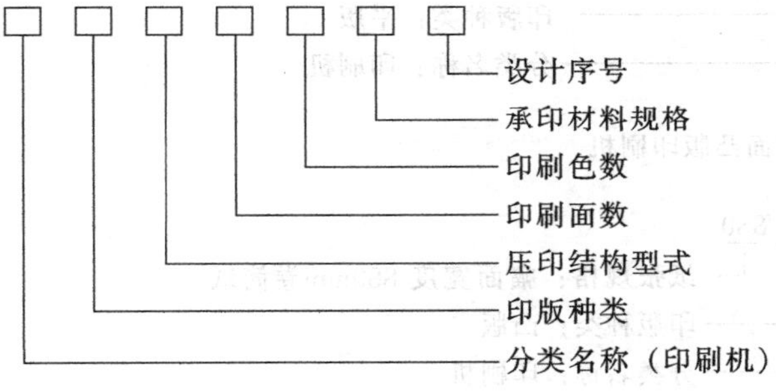

4　型号代号内容

4.1　分类名称（印刷机）代号用字母 Y 表示。

4.2　印版种类代号字母含义见表 1。

表 1

印版种类	凸　版	平　版	凹　版	孔　版	特　种
代　号	T	P	A	K	Z

两种印版组合印刷机或两种印版两用印刷机，在两个印版种类代号之间用短横“—”隔开表示。

4.3　压印结构型式代号字母含义见表 2。圆压圆的压印结构型式，型号中不表示；圆压平的压印结构型式，代号以压印滚筒在一个印刷过程中旋转次数或方向表示。

表 2

印版种类	凸　版					孔　版	
压印结构型式	平压平	停回转	一回转	二回转	往复转	平型	圆型
代　号	P	T	Y	E	W	P	Y

4.4　印刷面数代号用字母 S 表示双面印刷机或单双面可变印刷机。单面印刷机以及卷筒纸或其他承印材料（以下简称卷筒纸）的双面印刷机，型号中一般不表示。

4.5 印刷色数代号用数字 1，2，3，4，5，6 表示单面的印刷色数。一面单色而另一面为多色的印刷机，用多色的色数代号表示。单色印刷机，型号中一般不表示。

4.6 承印材料规格代号表示印刷机能承印的材料最大尺寸，对于单张纸或其他承印材料（以下简称单张纸）与卷筒纸，用两种不同的代号表示。

4.6.1 单张纸规格代号分别用一个字母和一个数字 A0、A1、A2、…；B0、B1、B2、…两个字符组合表示；A、B 表示 GB 788 中的未裁切单张纸尺寸系列。A 和 B 符号后面的数字，表示将未裁切的全张纸对折长边次数，如 A2 表示将 A 系列全张纸对折长边二次为四开；B3 表示将 B 系列全张纸对折长边三次为 8 开。

对于既可印刷 A 系列纸张，又可印刷 B 系列纸张的印刷机，按 B 系列标注。

4.6.2 卷筒纸规格代号用以毫米为度量单位的宽度尺寸表示。宽度尺寸应符号 GB 147 规定。

4.7 设计序号表示印刷机产品开发或改进设计顺序，依次用字母 A、B、C、…代号表示，位于辅助型号最后。首次开发的产品，型号中不表示。

对于不同生产厂家开发的具有相同印版种类、压印结构型式，适用于同种规格承印材料，功能也相同的印刷机，以及当产品的主要结构型式或性能改变时，均以设计序号加以区别。

4.8 若产品型号中某一位代号不用表示时，后位代号往前排齐，产品型号中不得留空位。

5 产品型号示例

例 1　对开双色平版印刷机

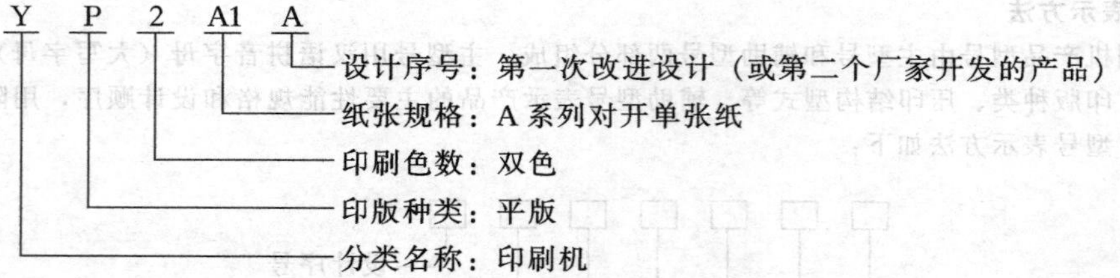

例 2　卷筒纸单色双面凸版印刷机

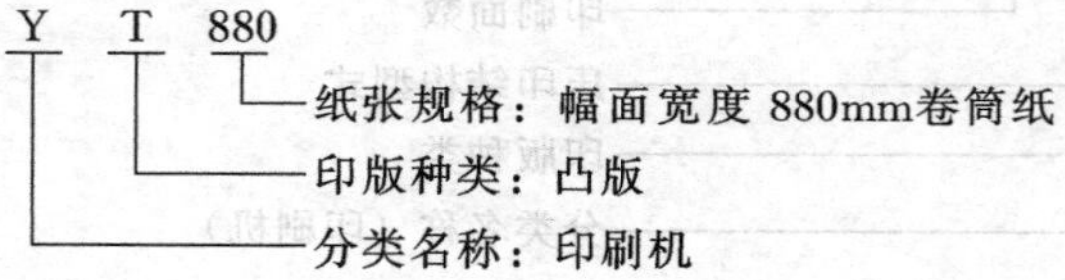

例 3　四开单色停回转凸版印刷机

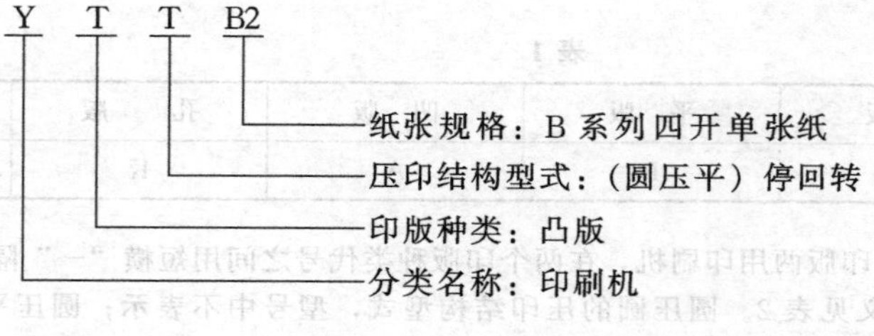

例 4　卷筒纸四色凹版印刷机

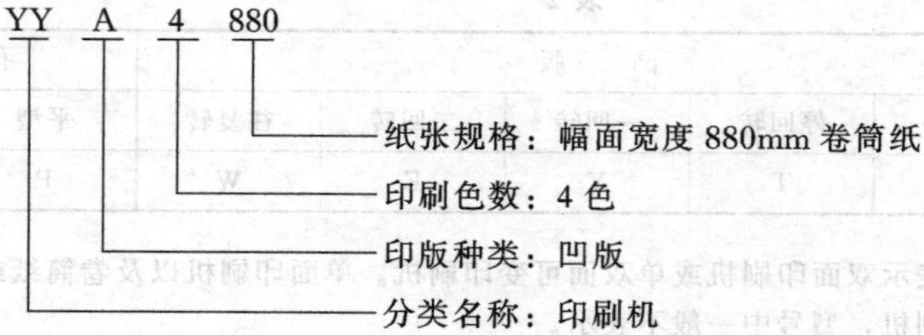

例 5　八开四色平型丝网印刷机

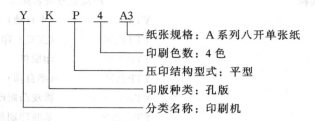

```
Y  K  P  4  A3
│  │  │  │  └──纸张规格：A系列八开单张纸
│  │  │  └─────印刷色数：4色
│  │  └────────压印结构型式：平型
│  └───────────印版种类：孔版
└──────────────分类名称：印刷机
```

例 6　卷筒纸双色双面平版凸版组合印刷机

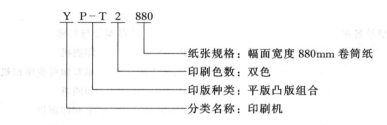

```
Y  P-T  2  880
│   │   │   └───纸张规格：幅面宽度880mm卷筒纸
│   │   └───────印刷色数：双色
│   └───────────印版种类：平版凸版组合
└───────────────分类名称：印刷机
```

附　录　A
印刷机产品名称与型号的表示
（参考件）

A1　产品名称

A1.1　产品名称应为中文名称，一般可使用简称，必要时用全称。已在产品型号中表明的型式、规格等特征（如印版种类、压印结构型式、印刷面数、印刷色数、承印材料规格等）一般不在产品名称中重复。

A1.2　对于产品的其他技术特征或需要特别说明的特征，以及专门用途的机型，在产品名称中增加该部分内容。

A1.3　对于承印材料为非纸张的专用印刷机，产品型号按印版种类编制，在产品名称中增加表明专用的承印材料名称，位于分类名称代号之前。

A1.4　产品的全称可依型号中代号含义从后往前依次读出，对于需要特别说明而型号中未表示出的其他技术特征，补充在印版种类与分类名称（印刷机）之前，作为产品全称的一部分。若产品名称为某种印版的特例，在产品全称中用其专有名称，印版种类可省略（见标准第5章例5及A2）。

A2　产品名称与型号示例

A2.1　凸版印刷机

产品主型号名称	产品型号与名称	
卷筒纸凸版印刷机	YT××××	印刷机
卷筒纸凸版书刊印刷机	YT××××	书刊印刷机
卷筒纸凸版报纸印刷机	YT××××	报纸印刷机
圆压圆凸版印刷机	YT×△×	印刷机
双面圆压圆凸版印刷机	YTS×△×	印刷机
二回转凸版印刷机	YYE×△×	印刷机
二回转凸版半自动印刷机	YTE×△×	（半自动）印刷机
一回转凸版印刷机	YTY△×	印刷机
双色一回转凸版印刷机	YTY2△×	印刷机
停回转凸版印刷机	YTT△×	印刷机

产品主型号名称	产品型号与名称	
停回转凸版半自动印刷机	YTT△×	（半自动）印刷机
停回转凸版立式印刷机	YTT△×	（立式）印刷机
平压平凸版印刷机	YTP△×	印刷机
平压平凸版半自动印刷机	YTP△×	（半自动）印刷机
卷筒纸橡皮凸版印刷机	YT××××	橡皮凸版印刷机
苯胺印刷机	YT×△×	苯胺印刷机
柔版印刷机	YT×△×	柔版印刷机

A2.2　平版印刷机

产品主型号名称	产品型号与名称	
平版印刷机	YP×△×	印刷机
单双面可变平版印刷机	YPS×△×	单双面可变印刷机
卷筒纸平版印刷机	YP××××	印刷机
卷筒纸平版书刊印刷机	YP××××	书刊印刷机
卷筒纸平版报纸印刷机	YP××××	报纸印刷机
卷筒纸平版凸版组合印刷机	YP－T××××	组合印刷机
卷筒纸平版凹版组合印刷机	YP－A××××	组合印刷机
平版金属板印刷机	YP×△×	金属板印刷机
平版凸版两用印刷机	YP－T×△×	两用印刷机

A2.3　凹版印刷机

产品主型号名称	产品型号与名称	
凹版印刷机	YA×△×	印刷机
卷筒纸凹版印刷机	YA××××	印刷机
凹版卷筒薄膜印刷机	YA××××	塑料薄膜印刷机

A2.4　丝网印刷机

产品主型号名称	产品型号与名称	
平型丝网印刷机	YKP×△×	丝网印刷机
平型半自动丝网印刷机	YKP×△×	（半自动）丝网印刷机
卷筒纸平型丝网印刷机	YKP××××	丝网印刷机
卷筒纸圆型丝网印刷机	YKY××××	丝网印刷机
孔版凸版组合印刷机	YK－T×△×	组合印刷机

A2.5　特种印刷机

产品主型号名称	产品型号与名称	
盲文印刷机	YZ×△×	盲文印刷机
喷墨印刷机	YZ×△×	喷墨印刷机
激光印字机	YZ×△×	激光印字机

注：×表示一个阿拉伯数字 0，1，2，…，8，9。

△表示拉丁字母 A 或 B。

附录二 部分典型印刷机的主要部件机动时间

表 1 J2108A 型机主要部件的机动时间

分类＼名称	部件或动作名称	动作角度	间隔角度	分类＼名称	部件或动作名称	动作角度	间隔角度
1	压印滚筒咬牙开始咬纸(闭牙)	0°(360°)	1°～1.5°	8	输纸机的输纸吸嘴开始放纸(断气)	90°	
2	递纸牙咬牙开始放纸(开牙)	359°～358.5°	1°～1.5°	9	递纸牙摆臂滚子开始不与凸轮接触	93°	27°
3	输纸机前压纸滚轮开始压纸	320°		10	递纸牙摆臂滚子开始与凸轮接触	66°	27°
4	双张控制器压纸滚轮＋B28 开始压纸	300°～274°		11	递纸牙咬牙在牙台上开始咬纸(闭牙)	77°	
5	纸张刚到达前规的时间	148°		12	侧规拉纸滚轮刚刚接触纸张时间	110°	
6	收纸滚筒咬牙开始咬纸(闭牙)	94°19′	1.5°～2.3°	13	侧规拉纸滚轮刚刚抬起的时间	77°	
7	压印滚筒咬牙开始放纸(开牙)	92°	1.5°～2.3°	14	前规刚刚抬起的时间	74°	

表 2 PZ4880-01A 型机部分部件的机动时间

分类＼名称	动作名称或部件		动作角度 起点	中点	终点
1	纸张到达前规				227°
2	递纸牙咬纸				295°
3	侧拉规抬起				298°
4	前规开始下摆		299°30′		
5	递纸牙开始离开纸台		307°9′		
6	递纸牙与前传纸滚筒交接		359°	0°	1°
7	前传纸滚筒与第一机组压印滚筒交接		104°54′	105°54′	106°54′
8	第一机组	第一次合压完了			45°
		第二次合压完了			190°
9	第一机组压印滚筒与第一传纸滚筒交接		292°56′	293°56′	294°56′
10	第一传纸滚筒与第二传纸滚筒交接		138°52′	139°52′	140°52′
11	第二传纸滚筒与第三传纸滚筒交接		86°10′	87°10′	88°10′
12	第三传纸滚筒与第二机组滚筒交接		292°6′	293°6′	294°6′
13	第二机组	第一次合压完了			302°
		第二次合压完了			87°
14	第二机组压印滚筒与第四传纸滚筒交接		190°20′	191°20′	192°20′
15	第四传纸滚筒与第五传纸滚筒交接		36°17′	37°17′	38°17′
16	第五传纸滚筒与第六传纸滚筒交接		343°34′	344°34′	345°34′
17	第六传纸滚筒与第三机组滚筒交接		189°30′	190°30′	191°30′

续表

名称 分类	动作名称或部件		动作角度 起点	中点	终点
18	第三机组	第一次合压完了			200°
		第二次合压完了			345°
19	第三机组压印滚筒与第七传纸滚筒交接		87°44′	88°44′	89°44′
20	第七传纸滚筒与第八传纸滚筒交接		293°41′	294°41′	295°41′
21	第八传纸滚筒与第九传纸滚筒交接		240°58′	241°58′	242°58′
22	第九传纸滚筒与第四机组滚筒交接		86°55′	87°55′	88°55′
23	第四机组	第一次合压完了			97°
		第二次合压完了			242°
24	第四机组压印滚筒与收纸滚筒交接		345°9′	346°9′	347°9′

表 3　海德堡 Speedmaster102FP 主要部件机动时间

名称 分类		部件或动作名称	动作角度	交接时间
1		纸张到达前规	247°	
2		前规让纸	344°	
3		侧规开始拉纸	317°	
4		侧规拉纸完毕	12°	
5		递纸滚筒闭牙时间	11°30′	
6		递纸滚筒开牙时间	205°9′(204°54′+15′)	1.5°
7	第一机组	压印滚筒闭牙时间	203°39′(203°54′−15′)	
8		压印滚筒开牙时间	90°19′(90°4′+15′)	1.5°
9		第一传纸滚筒闭牙时间	88°4′(89°4′−15′)	
10		第一传纸滚筒开牙时间	285°13′(284°58′+15′)	1.5°
11		双倍传纸滚筒闭牙时间	283°43′(283°58′−15′)	
12		双倍传纸滚筒开牙时间	10°21′(10°6′+15′)	1.5°
13		第二传纸滚筒闭牙时间	8°51′(9°6′−15′)	
14		第二传纸滚筒开牙时间	205°14′(204°59′+15′)	1.5°
15	第二机组	压印滚筒闭牙时间	203°44′(203°59′+15′)	
16		压印滚筒开牙时间	90°19′(90°4′+15′)	1.5°
17		第三传纸滚筒闭牙时间	88°49′(89°4′−15′)	

注：该机第三、四、五机组压印滚筒开闭时间与第二机组相同，至于传纸滚筒与第一、双倍、第二传纸滚筒相同。

参 考 文 献

[1] 瞿根梅，孙竞斋. 印刷机结构原理. 上海：上海交通大学出版社，1991.
[2] 王淑华，许鑫. 印刷机结构与设计. 北京：印刷工业出版社，1994.
[3] 谢普南. 印刷设备. 北京：印刷工业出版社，2003.
[4] 陈虹. 现代印刷机械原理与设计. 北京：中国轻工业出版社，2007.
[5] 张海燕. 印刷机与印后加工设备. 北京：中国轻工业出版社，2004.
[6] 蔡吉飞. 胶印机领机必读. 北京：印刷工业出版社，1998.
[7] 赵吉斌. 平版印刷机结构与维护保养. 北京：印刷工业出版社，2007.
[8] 姚海根. 数字印刷. 上海：上海科技出版社，2006.
[9] 姚海根. 计算机集成印刷. 上海：上海科技出版社，2003.
[10] 潘杰. 现代印刷机操作指南. 北京：化学工业出版社，2005.
[11] 李小东，朱新莲. 印刷设备. 长沙：国防科技大学出版社，2002.
[12] 许文才，智文广. 现代印刷机械. 北京：印刷工业出版社，1999.
[13] 智文广. 包装印刷. 北京：印刷工业出版社，1996.
[14] 潘杰. 平版印刷机结构与调节. 北京：化学工业出版社，2006.
[15] 赵伟立，冯桂民，潘杰. 多色平版印刷工艺教程. 上海：上海辞书出版社，2003.
[16] 金杨. 数字化工作流程和印刷生产的集成化. 今日印刷，2002，(7).
[17] 张仁英. PDF工作流程系统. 印刷世界，2001，(4).
[18] 胡为民. 印前数字化流程的选用及CTP系统的应用. 今日印刷，2002，(7).
[19] 余喜. 数字化工作流程的关键技术——JDF概观. 广东印刷，2003，(4).
[20] Helmut Kipphan. Handbook of Print Media. Heidelberg，2001.
[21] Tony Johnson. Colour Management in Graphic Arts and Publishing. Pira International，2006.
[22] Kelvin Tritton. Colour Control in Lithography. Pira International，2003.
[23] GATF Staff. Solving Sheetfed Offset Press Problems. Graphic Arts Technical Foundation，2004.